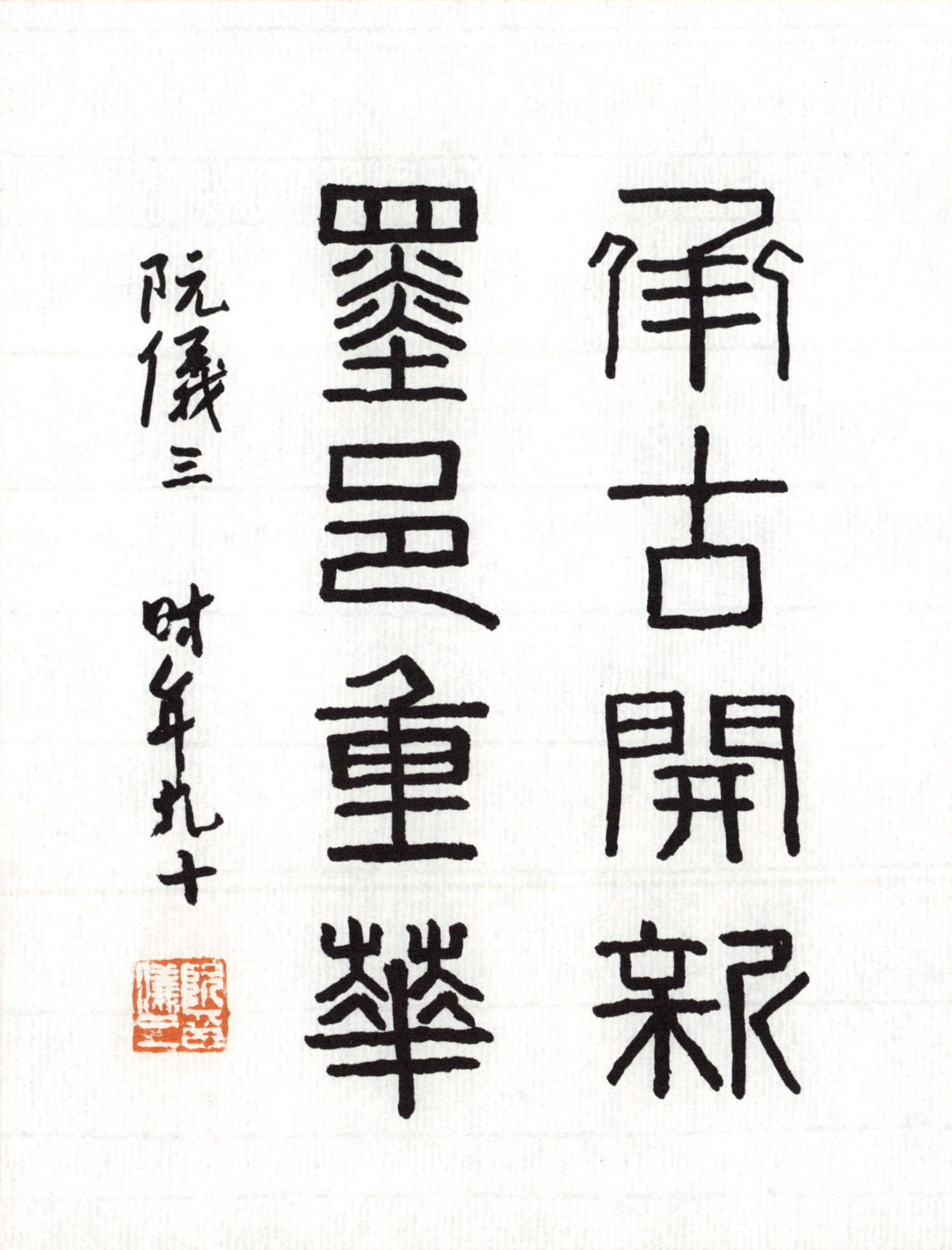

著名古建筑保护专家、同济大学教授阮仪三先生题字“承古开新 墨邑重华”。

JIMO
ANCIENT
CITY

即墨古城

墨邑重華

即墨古城复生之道

《墨邑重华》编委会 编著

2020年度青岛市社会科学规划研究项目

即墨古城

MOYI
CHONGHUA

JIMOGUCHENG
FUSHENG
ZHIDAO

上册

中国建材工业出版社
北 京

图书在版编目（CIP）数据

墨邑重华：即墨古城复生之道 / 《墨邑重华》编委会编著. --北京 ：中国建材工业出版社，2023.10（2024.5重印）
（筑城）
ISBN 978-7-5160-3826-0

I. ①墨… II. ①墨… III. ①古城－保护－研究－即墨 IV. ①TU984.252.3

中国国家版本馆CIP数据核字（2023）第168228号

墨邑重华：即墨古城复生之道
MOYI CHONGHUA : JIMO GUCHENG FUSHENG ZHIDAO

《墨邑重华》编委会　编著

出版发行：中国建材工业出版社
地　　址：北京市海淀区三里河路11号
邮　　编：100831
经　　销：全国各地新华书店
印　　刷：北京雅昌艺术印刷有限公司
开　　本：889mm×1194mm　1/16
印　　张：47
字　　数：620千字
版　　次：2023年10月第1版
印　　次：2024年5月第2次
定　　价：698.00元（全二册）

本社网址：www. jccbs. com，微信公众号：zgjcgycbs

《墨邑重华》编委会

永远的地标——写在《筑城》丛书出版之前

城，历史上人类聚集地建设的最高成就。城，古代人工修建最好的生存屏障。《筑城》丛书所说的“城”，既指城池，又指城墙。城池既包括古代州府郡县的城池，又包括屯兵卫戍的小城堡等。城墙既包括城池的墙，又包括用于疆土防卫的长城、封地建国的界墙、宫殿群的围墙，乃至村寨的围墙等。城墙固化为一种建筑形式后，园林中也有作为划分景观和空间而修建的城墙。凡此种种，在中国人的眼中，只要有很宽的台面，又带垛口的墙，均是城墙。

筑城活动始终与我们的祖先世代相伴。从有史书记载最早的城墙算起，历史上的筑城活动至少持续了两千六百年，各地修筑的城墙总长度至少七万公里。

中国的古城是人类古代城市的杰作。如果能对古人如何筑城多一分了解，就会对城与城墙的历史、科学、艺术等方面的价值多一分认识，也会对古代的城镇规划、御敌防患、防洪排涝以及建造技术等方面的研究多一分收获。

每一座建筑都是文化的载体，文化积淀深厚的建筑更容易深入人心，“城”即是如此。与“城”有关的歌曲、谚语、传说、故事、戏曲、诗词、楹联、绘画等文艺作品众多，总量远超其他任何建筑。

建筑是有精神的，也是有性格的。从秦始皇修筑万里长城开始，城墙已然融入中华民族的文化基因。城墙的形象已化作中国建筑的文化符号，其内涵已成为中华民族的精神脊梁。对于中华民族而言，城墙就是最具民族精神和民族性格的建筑。

当年梁思成在他的一篇文章中，把现代城市中遗存的古城比作这座城市的美丽项圈。几十年前，许多人并没有觉得古城像梁先生说的那么美好。多数地区的城墙还曾被看作妨碍城市建设、拖累现代化发展的标签。然而，今天的情况证实了梁先生当初的观点，凡是那些保留了城墙的地方都出了名。城墙保存得越好，这个地方就越有名；城墙形态完整的，多数会成为历史文化名城。

城，承载了中国人太多的乡愁。乡愁在儿时攀爬过的残垣断壁上，乡愁在离家远行时回望城门的那一刻，乡愁在月光下黝黝城楼剪影的记忆中，乡愁在祖辈驻扎过的高大坚固的兵堡里，乡愁在抵御外侮留下的累累枪痕弹孔中……

时间无法倒退，历史无法重来，多少座历史悠久、美丽壮观的古城已经消逝，筑城的年代已经渐行渐远，城墙和城门的形象在许多年轻人的脑中已经模糊。对于有些年轻人来说，老城甚至只是个抽象的概念。为了留住城的乡愁，中国建材工业出版社决定出版一套《筑城》的丛书。希望这套丛书能在介绍各地古城及城墙风貌的同时，记录和保存古城及城墙的历史以及与之有关的文化，汇集古城在规划设计和城市功能方面的研究成果，城楼与城墙在建筑形制、材料和工艺技术方面的研究成果，有中国特色城市风貌方面的探索成果等。相信《筑城》丛书的编纂工作一定会扎实推进，内容类型一定能不断丰富，从而达到在筑城技艺的继承和保护技术的创新两个方面都能有所收获，在对中国古城文化、中国长城文化的继承和弘扬两个方面都能有所贡献的目的。

城，我们心中永远的地标。愿“筑城”把城的乡愁留住。愿“筑城”把城的文化“筑”在人们心中。

 [1]

2021 年 3 月

1　刘大可，著名古建专家、瓦石宗师。

序言

城市是特殊的物质巨构，它的架构和填充体是在历史的发展进程中逐步添加、完善而形成的。城市又是为人而存在的，每一个时代的每一代人都在城市中留下了这一代人的痕迹，代复一代，沉积成城市的“年轮”，其间蕴含着不同时代人们的文化追求、审美价值和科技成果。城市从简单变得复杂、从低级走向高级的发展过程中，表现出顽强的生命力，源自有机体生存的基础——新陈代谢，这是一个适应环境、吐故纳新、扬优弃劣的过程，即有目的地保护、有选择地积累、有取舍地传承、有追求地再造。这种现象在众多历史古城的发展轨迹中得到了充分印证。

可以说，传承与发展是城市永恒的主题，古城的保护与利用是这一主题下的重要篇章。它一直以来是政府、社会和业界共同关注的课题，多地都在潜心求索创新之道，又力求规避在保护与更新间徘徊的窘境。这就需要在传承与激活中思辨，从城市总体发展和长远利益出发，在保留、改造、新建之间选择，在格局、单体、景观之间协调，在经济发展、社会民生和城市文化之间权衡，走出一条适合自己的复兴之路。

城市的区位条件、在地环境、气候类型、经济基础、人文背景、历史沿革差异性较大，具有很强的个性化特征。古城的差异化尤其明显，其复兴之道必定是各辟蹊径、因地制宜的，不可能都走同一条路。因此，准确的战略定位和适宜的战术选择就成为决策的关键。

即墨，古来即为形胜之地，以其悠久的文化底蕴、独特的历史地位和宏阔的气度、深邃的内涵而冠居一方，留下了山东半岛地区城市创始与流变的历史轨迹。它处于海陆交汇之地，面山邻海，充盈着博大的海陆精神，承载着多元文明交汇的近现代特征。随着近代青岛的开埠，即墨得益于开放和贸易，与西方文化产生了深刻的碰撞与交融。这一切，无不体现在即墨古城的空间环境中，其传统文化的绵延与外来文化的渗入令人印象深刻，是一座历史文化与现代文明共存、有活力、有温度的魅力之城。即墨古城的更新与复兴，只能沿着这条文脉延伸。为此，他们选择了“一座有生活温度的古城”的定位，确立了“再造”的模式，既要传承，又要创新。一方面，要维护好、利用好原有的记忆场所；另一方面，更应融会新知，适时构建新的记忆场所，结合城市公共空间的开辟，营造出体现城市文化主题、形式新颖、格调高雅、凝聚人气的活力区，凝结人们的集体记忆。这种记忆场所的构建，是新旧二维空间的转换与叠加，可通过记忆链条在代际间传递，留下魂牵梦萦的乡愁。

即墨在古城复兴方面做出了有益的探索，选择的“再造”不同于一般意义的复建或新建，这里有两个关键点：一个是贯通历史，另一个是融入当代。既要保护优先，延续文脉，使老城留下的历史印迹有形延续，又要实现功能复合，融入当代生活，以改善民生为基本目的而有的放矢地解决老城区的困境。这不是简单的一个点、一条线的更新与改造，而是一个片、一个面、一个区域的复兴。他们对城市的复合功能进行了创造性的探索，形成了传统基调与当代风貌交相辉映的城市综合功能区；对地下空间进行了充分利用，将简单的地面开发转化为立体空间的构建；从常规功能完善和“颜值”提升，发展到全面整治，注重文脉传承，打造一种新的“场所精神”，在一个快节奏的都市环境中，为市民提供了一个有边界的慢生活的城市开放空间，成为“一座有生活温度的古城”。所以，整体上看，即墨古城片区改造坚持了谨慎更新、有机更新、精明更新的思路。即墨的探索值得肯定，即墨的经验需要总结，即墨的做法可以借鉴。

作为《筑城》丛书的第一部，《墨邑重华——即墨古城复生之道》记载了即墨古城规划建设的历程，展开了一部匠心独运的建筑艺术长卷，汇集了丰富的文献、技术与艺术资料，弥足珍贵。借助它，人们可以更准确地了解古城复兴所经历的思索、博弈与决策，更深入地了解即墨古城再造的“定位”与“模式”，更深刻地理解传统文化活化的价值。《墨邑重华——即墨古城复生之道》即将付梓，可喜可贺。祝愿即墨古城未来的路走得更好，在传承与更新的思辨中，既筑城又筑梦。

宋春华[1]

二〇二三年九月一日

1　宋春华，原建设部副部长、中国建筑学会原理事长。

古城亦新城

冯骥才即墨古城谈话录

【编著者的话】

2014 年 11 月 26 日，古城规划建设指挥部首次派员赴天津，拜访全国政协常委、中国文学艺术界联合会副主席冯骥才先生，请他为即墨古城规划建设“把脉”，并聘请他为即墨古城顾问。2015 年 10 月 31 日，冯骥才先生到访即墨古城，对建设中的古城进行了实地考察，并参加了“即墨古城大家谈”活动。2017 年 7 月 5 日和 11 月 22 日，古城规划建设指挥部又两度派员赴天津拜访求教，围绕即墨古城的历史渊源、规划建设模式、发展定位和运营等方面与冯骥才先生进行了座谈、研讨。其言谆谆，其意殷殷，周详而又精到。

冯骥才先生长期致力于民族文化保护、传承与研究工作，对即墨古城规划建设给予了深刻关注和切实指导，提出“古城亦新城”的创见，为即墨古城再造提供了诸多卓有见地的意见和建议。他的真知灼见、遐思迩想，为即墨古城提供了广阔的视界和精确的定位，让建设者获益良多。鉴于此，特将数次谈话内容进行汇编节选，整理成《古城亦新城——冯骥才即墨古城谈话录》，以飨读者，并以此向冯骥才先生致以敬意。文中，“冯”为冯骥才先生，“宋”为古城规划建设指挥部总指挥宋宗军。文稿内容业经冯骥才先生审阅。

一、感受历史温度，寻找城市精神——重建即墨古城的缘由

宋：冯先生，我们是为重建即墨古城的事专程向您请教的。您长期从事民族文化遗产保护和研究工作，想请您为即将实施的即墨古城项目号号脉。

冯：说实话，我对建设古城这类事是保持警惕和冷静的，因为失败的案例的确不少。所以，得知你们要重建古城，我脑海里本能地先打了个问号。即墨这座有着悠久历史的古城有多少实体建筑被留存下来，到底有没有重建的必要性。即墨这座城历经沧桑变幻，若以“废墟”的形式存在会如何呢？连“废墟”存在的价值也消失殆尽了，那又怎么办呢？总不能冷眼旁观，继续任由岁月蒙尘吧。即墨古城重建的想法是好的，关键是怎么建？建成什么效果？对此，我还是有疑问的，先留一个问号吧。

宋：谢谢您的关注。在没到过即墨之前，即墨给您什么印象呢？

冯：即墨历史悠久，是全国极少几个从春秋战国到现在未改名字的城市之一，像成都、邯郸、临淄，等等。即墨与临淄一样，在当时是齐国最发达的城市之一，但现在古城的实体感觉很淡了。即墨城完好留存至今的历史遗迹很少，老城可见的历史样貌已经没有了，不能不说是一种遗憾。历史的“鸿鹄”飞走后，即墨作为古城，就其整体可触摸的实体形象而言，可以说早已没有了踪影，只留下一片片彩色的羽毛遗落在这片土地上。历史蒙尘已久，有些事似乎就像没有发生过一样。重建这座古城，一定要找到属于即墨自己的历史真实性和历史气质，彰显具有地域精神的文化特色。

宋：谨遵冯先生的教诲，重建即墨古城的依据是历史。从建城史的角度看，即墨应该始置于公元前567年，主要依据是《左传·襄公六年》齐侯灭莱的记载。灭莱后，置即墨，即墨的历史已经超过2500年。今天重建的古城，是隋开皇十六年，也就是596年，东移现址所建的，距今已有1400多年的历史。

冯：历史感很重要，有历史厚度，这一点很珍贵！

宋：传承历史文脉，是即墨决定重建古城的初心。不管是本地人还是外乡人，都有一份深厚的古城情结，不忍让这座心心念念的古城有名无实。

冯：我理解，这就是家园情怀，就是乡愁。一般就历史建筑来说，伴随岁月流逝而消失的，其实也是历史的一部分。“人间正道是沧桑”，带有沧桑感是可贵的，有时“废墟”也是历史存在的一种方式，也是我们感知历史的一种载体，就像圆明园遗址。一些拥有不少历史建筑的地区，首先就是从这里开始思考、研究和论证其必要性的，经历这样一番反向审视，试图证明“废墟”的价值。如果这个论证不成立，那反而有了重建的理由，也许这就是老子所言“反者道之动”的应有之义吧。

宋：确实是这样。想起当年的古城，我们都会感到温暖，但也会怅然若失。正如您所言，我们也反复思考过是否重建的问题。为此，即墨市委、市政府组织了十几次征询意见会，广泛征询市民、人大代表、政协委员、专家学者的意见，对这件事非常慎重。

冯：应该这样。在我给出重建即墨古城的明确意见之前，其实我还关心一个问题，就是即墨古城是不是文物保护单位。后来我查到，有“即墨故城”这个文物保护单位，但“即墨故城”与“即墨古城”不是同一个地方。

宋：对。“即墨故城”是齐置即墨的治所，位于今平度市古岘镇大朱毛村。从历史地理的角度看，自齐置即墨到秦汉时期，即墨的辖域很大，不仅包括今天的即墨区，而且包括胶州湾以东的青岛市区等地。隋置即墨以后，不仅是名称，辖域的主要部分也都延续下来。这是地脉，也是文脉，从齐置即墨到隋置即墨，即墨的文脉一以贯之。

冯：除了县治所在地不同以外，前后两度建制的即墨在行政区域和文化底蕴上是一脉相承的，可以表明即墨的历史长度，这一点很重要。再者，是不是文物保护单位，这一点也很关键，在很大程度上决定了古城重建的方式。对此我也专门研究过，也赞成以目前这种方式重建古城。固然，文人墨客、历史学者、艺术家等仅凭历史文献就可以想象出一座古城的样子，但是对于大多数人来说，若要感知一座古城的历史文化，还需要有具体可触摸的载体。说到底，是以何种方式面对历史的问题。

宋：是的，这也是即墨市民的共同愿望，不单是重建一座古城，而是要从即墨文化和社会发展大格局中，特别是从民生的角度看待这个问题，其实最早要求重建古城的恰恰是老城的居民。古城重建之前，城内环境杂乱不堪，居民的生活环境、质量堪忧。这一点是即墨下决心对该区域进行改造的重要原因。

冯：我特别理解老城居民的想法，改革开放取得了这么大的成就，这些成就首先应当让老百姓享受到。

宋：对于老城原住民来说，古城重建不仅是改善生活环境，他们更希望祖祖辈辈所赖以生存的老城能重现昔日繁华，其实这也是一种精神需求。

冯：这种精神需求最珍贵，是我们文化生生不息的一大动力。对于老百姓来说，什么是获得感？改善生活条件就是一种获得感，而其中一个重要因素恰恰就是历史文化，就是城市精神，通过古城重建找回即墨的文化品性、文化身份。

宋：即墨市第十七届人民代表大会第二次会议通过了《关于实施即墨古城片区改造建设延续千年历史文脉的议案》。重建即墨古城的做法，得到了即墨市民的广泛支持，老城居民更是翘首以盼。可以说，重建古城也出于即墨市民的文化自觉。

冯：这个提法很好。关于文化自觉的内涵，我记得费孝通先生总结过十六个字，即“各美其美，美人之美，美美与共，天下大同”，大意是说，首先要珍惜本民族的文化，同时要善于借鉴其他民族文化的长处，以相互欣赏的态度共同进步。这么多年来，我做了一些文化遗产保护利用方面的事，说到底也是希望我们珍贵的民族文化遗产能通过我们这一代人更好地传承下去，焕发出新的生机。即墨如此珍视自己的历史文脉，这一点让我感动。我也知道下决心作出重建古城的决策不容易，应该经历了很长时间的思索和论证。

宋：谢谢您的肯定。确实如此，我们秉持审慎的态度，务求找到一种历史和现实的平衡。

冯：即墨经济和社会事业飞速发展，这时候重建古城的想法和做法非常好。因为你们在认认真真地做古城、做文化，是在为老百姓做实事，这是不多见的。要知道“知易行难”，做好这件事很不容易，希望你们能成功！

二、厘清文化发展脉络，遵循历史延续性——即墨古城的“定位”及国内外经验

宋：冯先生，我们正抓紧时间推进即墨古城重建的规划设计等各项工作，力争交出一份无愧于历史和时代的答卷。

冯：我看过你们的规划设计方案，老城在物质形态上已经不存在了，即墨不是在拆古建新，而是对古城生态的重构，这个设想很有创意。从理念上看，广度、深度和高度都有了，但是要把理念变成实际，还需经历一个漫长的过程，需要付出艰苦的努力。

宋：这件事一旦开始做，才更加深切地体会到难度之大。

冯：要更多地从精神层面看待城市，让它闪光。城市，无论古今中外，你若将它视为一种精神，就会尊敬它，珍惜它；若仅将它视为一种物质，就会无度地消耗它，随意地改造它，甚至随心所欲地破坏它。

宋：谢谢您的指教。我们已经与即墨古城建立了深厚的情感，重建古城，传承文脉，已成为一种精神动力。

冯：这里涉及一个很重要的理念问题，就是文化遗产，它既是横向的，又是纵向的；既表现为空间广度，又表现为历史深度。城市发展要注意文脉的保护，历朝历代留下来的东西都是值得珍视的。

宋：从历史看现在，从现在看历史，需要相互审视。

冯：是这样的，西方人就特别注意这些问题。有一次我在意大利参观一座教堂，教堂是哥特时期的，后面有一面墙是巴洛克时期的。意大利朋友不无得意地告诉我，这面墙上的几段是不同时期建造的，这就是历史的纵深性。重建古城，要特别注重这一点。

宋：明白，城市是有历史厚度的，是历史的积淀。

冯：最近从意大利回来我写了一本书，其中提到一个细节：在意大利朋友家里，我们聊天的地方铺的是石头，其中有一个半尺多深、三四米见方的坑。当时我很好奇，就问它是不是有特别的意义。朋友解释说，二战时期，一颗炮弹打进来，留下了这个坑，当时他爷爷差点被炸死，这是他们家的一段历史，必须保留。如果没有这些见证物，后人怎么能触摸到这一段历史的依据。

宋：是这样的。目前城里留下来的古代遗存有即墨县衙，这是山东省内保存最完整的老县衙，也有西南城墙处乾隆年间修建的小坝遗址，还有 1924 年成立的即墨红万字会等。即墨古城建设过程中，我们发现了一些文物，也收集了许多老物件。另外，我们还利用拆下来的砖、瓦、石、木料，复原了一处传统民宅院落。我们希望用这些遗存，接续历史的生机和气息。

冯：这就对了，多一些历史见证物，城市的精神魅力就会更大。

宋：即墨历史悠久，所以就存在一个从历史维度、从时间纵线上定位的问题，需要有一个历史参照。这方面我们也想听听您的意见。

冯：古城重建，要选哪一个历史节点很重要，纵向的东西越多，即墨古城的历史文化含量就越大，真实性就越强。庆幸的是老城还有几处旧址保存下来，这很珍贵，而有些消失了的建筑也是历史。

宋：您说出了我们的心里话，这座城是真实存在的，这也是即墨古城可以重建的基础。对于那些消失了的历史建筑，能够梳理清楚的，认为确有必要复建的，我们会好好地把它做到位。

冯：我很欣慰你们非常透彻地思考过这个问题，“要做就做到位”，这是对历史负责的做法。

宋：做到位，是个难题。即使做精致了，也会有不同的看法。

冯：有不同的观点和看法也很正常。我很赞成你们的一点是把问题摆在前面，听取各方面的意见，特别是相关领域有代表性的专家意见，在做之前把问题讨论透了，让有不同意见的人把话说透，找到思维上和技术上的契合点，集思广益，这也是一个重要的保障。

宋：您曾经提到，国内外对重建古城持有不同观点，能否给我们讲一下这方面的具体情况？

冯：国内外对重建古城确实有不同观点，见仁见智，这很正常。你们考察学习，做了很多工作，要从成功的案例中得到有益的适合即墨的经验，更要从一些失败的案例中吸取教训，找到问题的症结，避免重蹈覆辙。对古城或者古建筑重建的观点，可以说泾渭分明。从反对者的角度看，意大利人就存在这种观念，面对两千年以前罗马帝国时期的古建筑，如果一根柱子倒下了是不能扶的，因为使柱子倒下的是历史和时间的力量，若扶起来，历史就消失了，相当于做了一件蠢事。所以我们看到罗马到处是废墟，有一种沧桑感，一种很遥远的时间感，也给我们带来了无限的遐想。而支持重建者的观点认为，可以从恢复的历史中找寻精神，二战以后，欧洲许多城市就面临这一问题，比如重建的华沙，英法两国沿大西洋岸边的不少城市是重建的，俄罗斯的很多历史建筑也都是重建的。

宋：那么，究竟应当如何理解“重建”这个概念？

冯：严格来说，“重建”与“新建”是有区别的。我认为“重建”是一个辩证概念，更加注重历史依据，是朝向历史精神的发力。虽说“新建”也会找依据，但随意性相对大一些，往往是出于商业动机的开发。历史上的许多古城，也都经历了破坏与重建的过程。在欧洲，许多古城在拿破仑时期被破坏了，后来重建，二战时被再度破坏，又重建，历史上这些古城也在不断更新，建造技术和材料也在不断改进。

宋：重建即墨古城一个关键就是如何处理好“新与故”的关系。这一点，不仅体现在规划建设过程中，而且决定了进入运营阶段后，即墨古城能否保持长久活力，我们也特别想听听您的看法。

冯：重建古城，关键是用哪一种“语言”来做。让现代跟历史相融，还是让现代跟历史对接？我认为，如果是修复古建筑，要尽可能用原来的材料，因为修复的是文物。而重建古城，不一定完全用原来的材料，可以用现在的材料，但要保留原来的形态。因为所有的城市都是不断发展的，身上可能带着古代的东西，也可能带着现代的东西，这是一个生命过程。即墨古城是重建的，可以有一定的自由度，包括使用新的工艺、材料。但同时每一段历史遗落下来的“羽毛”都要用心搜集保护起来，像出土的康熙年间即墨文庙《至圣先师孔子赞并序》碑，你们保护起来，这非常好。

宋：我们有一个共同的愿望，就是要把古城做到位，做出历史感和艺术感。在当今社会，应当如何理解“历史原真性”这个概念呢？

冯：我们所说的历史原真性，是所有古城、历史建筑重建时都要面对的一个问题。历史的原真性是叠加起来的，每个时代都会把它的信息放上去。比如，汉代的罐子就跟新做的罐子不一样，在两千年的光阴中不断产生痕迹，这是难以复制的。因此，历史的原真性是从文物保护中衍生出来的。与之并存的还有一个概念，就是历史延续性，不能说一座城是汉代建的就只能有汉代的东西。历史是一个动态的发展过程，每个时代都会留下印迹。这些印迹错综复杂，构成了历史，构成了历史记忆。我们用什么方法来重建古城，从本质上来说，是基于历史依据，需要有一个名正言顺的理由。比方说一座牌坊，衡量它建得是否成功，总要有一把尺子来卡一卡吧。后来听你们介绍说，手里有一大批老照片，其中多数是德国的吴淑曼女士捐赠的。

宋：我们特别感谢吴淑曼女士和其他提供老照片、文献资料的朋友。如果没有这批老照片作参照，想必再好的愿望和想法也很难实现。即便要做，也只能以“新建”的方式吧。

冯：可以这么理解，虽然“重建”和“新建”应当予以严格的学术界定，但是要有历史依据，不能凭空想象。从技术层面讲，在古城或者古建筑恢复过程中，有两个直接依据很重要，一个是建筑图纸，另一个是老照片。图纸我们找不到了，幸运的是即墨保存了这么多老照片，直观反映了其历史原貌，这成为重建古城的重要依据。

三、以特色为底色，因多元而多彩——对即墨古城文化本位的洞察

宋：老照片提供了初始依据，在建筑设计环节起了很大作用。那么如何让重建的建筑有历史感，您有什么可以让我们借鉴的成功案例吗？

冯：在俄罗斯，我看到有很多历史建筑，比如圣彼得堡，二战时已被炸毁了，可这座城市怎么还这么有历史感？后来才知道，很多历史建筑其实都是重建的，因为做得很到位，几乎让你感觉不出是新的。

宋：做到这一点不容易。

冯：城市要有画面感、艺术感。城市之美不仅表现在建筑上，而且表现在文化艺术上。重建古城，还要注重工匠精神。俄罗斯重建的很多古城，做得都非常精致，也像即墨目前所考虑的一样，找优秀的工匠来做，国内的成功案例也可以说明这一点。

宋：您提到俄罗斯重建古城的案例，可以理解为他们是通过重建古城重温历史荣光、增强民族自信心吗？

冯：没错。这里确实还有一个民族自信心的问题，也就是文化自信的问题。在俄罗斯，很多地方用重建的办法解决历史建筑问题。当人们在有历史感、值得自豪的空间里生活时，有一种感情会被激发出来，会更加热爱这片土地，这片土地也就有更大的文化凝聚力。

宋：这一点对我们确实有启发意义，需要对民族文化、对城市文化有更自觉、更深刻的认识。把握历史，也是为了更好地走向未来。

冯：可以这么说。我们都知道，许多地方更重视经济，往往会不

自觉地忽视文化，导致不少文化传统逐渐消失。从这一点上来讲，重建即墨古城的意义就更显著了，把一个有历史感和艺术感的古城尽心尽力地塑造出来，不仅让老一辈人有一个怀旧的场所，而且让孩子们有一个重温历史、珍惜传统的场所。所以，重建古城这件事不容易。敢做，有决心做好，是你们个人的底气，更是即墨文化的底气。

宋：您说得是，这是即墨文化的底气。正因如此，我们始终怀有敬畏之心，不敢有丝毫懈怠。您经常提到地方文化特色的问题，如何最大限度地体现地域文化？

冯：这个问题很重要。每个地方都有属于自己的文化内涵，说到底，就是要突出自己的特色。重建即墨古城要彰显地域特色，凸显人文气息，从这座城市未来的生活形态和商业业态出发，厘清即墨在齐鲁大地上独特的、有吸引力的、有魅力的文化要素。要多从人文方面思考，从恢复历史精神出发，从精工细作出发，每一座建筑、每一个细节都要用心考虑。建筑方面，应该深入研究即墨、青岛乃至山东地区的历史建筑特点、建筑形态、营造工艺等，彰显即墨本色、青岛格调、山东风格。找优秀的工匠来做固然重要，但还要尊重地域文化。比方说，古城的建筑上应植入何种图样，形成何种风格，这一点要由即墨主导。

宋：您的提醒很及时。我们要做好细节控制，通过细节的控制实现地方特色，确保建筑整体的感觉到位。

冯：是这样，要做出地道的即墨韵味。

宋：您说的这些话沉甸甸的，不仅有分量，更让我们感受到您对即墨古城的感情，让我们特别感动。

冯：我是被你们感动了，被你们传承传统技艺的执着态度感动了。这样做就是扬长避短，用建筑的纯粹和精致对“重建”这个问题进行合理纠偏，谁能说这不是对历史的尊重呢？

宋：谢谢您的理解！

冯：不过还有一点值得注意，我所强调的即墨特色、即墨韵味，并不是一个封闭的、静态的概念，任何文化形态的生成，其生命都是一个综合体系，内中少不了包容力。在牢牢把握即墨特色的前提下，有时恰恰需要采取一种开放的态度，合理吸纳一些看似不是即墨本土的元素，反而更能衬托、佐证即墨特色，这也是即墨文化包容性与创造力的体现。

宋：您讲得很透彻。其实历史上即墨的建筑就存在这种情况。比如，即墨的金口港是明代万历末年开海通商的，随着南北航运与海上贸易的发展，即墨成为南北文化交融之地，这一点也反映在了建筑上，如城楼和牌坊的翼角翘起这一细节，就明显是江南建筑的元素。对于这个问题，我们坚持尊重历史，在城楼和牌坊建设上，保留这一特色。

冯：历史建筑上南北风格的杂糅，就应该真实地体现出来，这恰恰反映了即墨文化的多元化。多元化与个性化并不矛盾，有时多元化恰恰凸显了个性化。我所提醒的是，不能盲目地、习惯性地添加一些不地道的东西。建筑采取什么样式，什么纹样，都要有根有据，有说服力。既然是即墨古城，不管由谁来做，主导权都在即墨自己，你们自己要把问题研究清楚了。说到底，建古城要有明白人。你们最了解即墨，而且经过一段时间的摸索，已经能够客观地站到专业立场上了，并想方设法把这件事做到极致，这一点很不容易。

有些建筑，像你们所考虑的，可能需要适度放大尺度。但一定要注意，不要随意放大。印象派画家凡·高的故居面积只有 6 平方米，那个时代凡·高的画才卖 6 个法郎，现在能卖 3 亿美元，但只有看到画家住那么小的屋子，才会让人更深刻地体味到那个时代的画家的生活状态，画家遭遇的苦难以及在苦难里寻求美的精神。如果重建凡·高故居，设置一个 100 平方米的大画室，那么人们对凡·高的认识就不一样了。保持历史的原真性，其实很多真实性就在于尺度。

宋：您讲到的尺度问题，我们一直本着科学的态度，慎重对待。比如即墨文庙，我们综合考量其历史规制与当代适应性后，从规划设计的角度提出了尺度问题，并进行了充分的专家论证，还征询了孔子研究院的意见。其他建筑，特别是城墙、城楼、城阁等城池本体，我们坚持设计建设经得起推敲的历史形象，让人们切实感触到即墨古城的历史脉搏。

冯：你们十分尊重专家学者的意见，这是明智的做法。一个地方政府能有如此之举，是非常难得的。

四、古城亦新城，前景更可期——即墨古城的发展定位与运营

宋：2014 年，在即墨古城项目刚刚启动不久，您就从规划建设方面提出了很多宝贵意见。目前，各项工程正在紧张有序地进行，您此次实地考察后，对目前进展和总体方向怎么看?

冯：我这次来确实收获很大。说心里话，没有实地考察之前，虽然对你们的规划建设有信心，但心里还不免有疑虑。我最怕的是“改造”古城，对文化进行开发。对于文化来说，“开发”往往是一个野蛮的词汇。重建古城，用什么样的方法，标准是什么，尺度怎么样，这是我没有想明白的问题，也不知道你们怎么去做。这次考察即墨古城，心里很高兴，原先的“问号”初步有了答案，这个结果是我没想到的。

宋：能让您把去年的“问号”稍稍拉直，是我们的一大收获，坚定了我们建好古城的信心。

冯：是的，不过只是问号的上半部分拉直，我希望将来“问号”会变成“感叹号”。市场经济时代下，你们说想把这座古城留给后人，当时我有点吃惊，这往往是艺术家的习惯想法。你们能有这样的想法弥足珍贵，我很钦佩。

宋：记得上一次您就提过，古城首先要做文化，不能仅做商业。

冯：对，今天我还要再强调一遍。商业因生活而存在，有了生活气息，古城才能活起来。你们不只算经济账，还算文化账，这我很赞同，就是要充分体现即墨精神。

宋：您说过“古城亦新城”，可谓一语中的，把我们一直思考的即墨古城基本定位的问题提炼了出来，阐明了“新”与“故”的关系。现在，“古城亦新城”已然成为上下共识。我们即墨人也常说“即墨不寂寞”，而这个“不寂寞”，运用在古城身上也是成立的，就是说古城有新活力，新城有古味道，就是融古开新。老城的原住民也很认可这一点。

冯：得到他们的认可，是成功的最基本保证。

宋：您一直在提醒我们，古城重建，要尊重老城居民，要体现老城居民的生活状态，这些年来我们也一直努力这么做。我们相信古城建起来后，会成为老城居民的公共会客厅。您还提到，可以给老城居民特殊政策，优先吸引他们参与其中，对提升古城的活力非常有意义，对此，我们也在努力。

冯：即墨重建古城，能让原住民随时都能看到自己祖祖辈辈的家园，这是一种人文关怀。就古城建设而言，我认为两个领域的人有必要参与进来，一个是规划界、建筑学界，他们已经参与进来了。第二个是社会人文界人士，要帮助政府总结各个方面的文化特色，有形的、无形的都进行提炼，我希望有人做一做原住民的口述历史影像和文字资料。无论如何，重温一下离我们渐渐远去的历史和记忆，这是赋予古城以地域特色的必要举措。

宋：您把老城居民的心里话给说出来了！您的情怀，以及由此而透现的民族文化情怀，让我们感动。近来，我们在思索一个问题，就是古城有形的物理空间搭建起来以后，怎么把古城的文化、精神和灵魂呈现出来，进一步提升古城的文化价值。

冯：能说出老城居民的心里话，是我的荣幸。至于进一步提升古城文化价值的问题，我希望能有一个主题博物馆，陈列这方土地上出土的文物，陈列居民的生活用品和富有地域特色的物品，这将是即墨古城一笔重要的文化遗产，具有代代相传的价值。还有一点，德国吴淑曼女士捐赠的照片，包括你们去德国采访她的影像资料，都可以在古城做一个非常好的展陈，讲好老照片背后的故事，这非常有意思。

它会帮助我们澄清古城的历史渊源，增加古城的底气。还可以把本土的非遗传承人请进古城，不仅解决了他们的生计问题，而且传承了他们的手艺，将市场供需结合起来。

宋：是的，即墨古城要为非遗传承活化提供生存和传播空间。

冯：对，要给本土的非遗文化提供空间，使来到古城的游客了解即墨和青岛的特色。近期，“今日头条”请我在国内选择两座城市写点文字，我想了想，其中一个是宁波，因为宁波是我的老家，文化的根很深；另一个，我想推荐的就是青岛。一南一北，两座城市，各具特色。

宋：作为青岛人，我们非常感谢您对青岛的关注和认可。

冯：青岛是我比较喜欢的城市，我把宁静优雅看作是她的特点、青岛人独有的气质。青岛作为东亚文化之都，自然也应包含即墨。

宋：我们这边有一个说法，“海上青岛，根在即墨”，即墨被认为是青岛的文化之源。从这一角度上看，重建即墨古城，其实也是青岛的文化自觉。

冯：我同意这个说法。

宋：2017年10月，即墨撤市设区挂牌，成为青岛市即墨区。您认为未来古城应当有怎样的商业业态，或者应当有一种怎样的生活形态？

冯：即墨与青岛，在文化上是一体的，要从青岛乃至山东半岛的维度上看待重建即墨古城的意义。文化是做不出来的，生活也是做不出来的，要创造条件，让文化、让生活本身闪光。你们的“生活温度”提法很好，就是让生活“活”起来，给老百姓好的环境，让他们自己来创造生活，不断提升文明程度，才能形成生活形态。文化是生活，生活是积累的结果。所以，我们要把该做的东西做好，把生活方式、商业业态的各个方面都搞起来，使经济活起来、转动起来，让本地人喜欢去，外地人也喜欢来，这个地方慢慢就有了自己独特的生活习惯，形成了特有的氛围，这样文化也就有了。

宋：是的，您的经验和看法给予我们很大的启示。技术上要成功，文化和商业上也要成功。文化和技术上要做的是一种情怀，商业上的成功有赖于市场的检验。

冯：要把握好文化和商业的关系。其实，把文化做足了，商业也就活了。要挖掘即墨独特的文化内涵，从即墨古城未来的生活形态、商业业态出发，统筹考虑。

宋：就是说要把即墨古城放在宏观文化背景上予以考察，从而找出即墨可以在更大范围内亮出的个性和形象。

冯：对，看看即墨有哪些在青岛、山东乃至全国层面上的亮点。

宋：目前，古城重建只是完成了一小步。投入运营后，不能只用新鲜感吸引周边的居民，更需持续提高知名度，吸引更多人前来了解、品味古城。

冯：我很欣慰，即墨古城刚刚开放一部分，每天就能吸引上万人前来休闲、消费。从目前的情况看，即墨古城建好以后，会是非常好的平台。关键问题是先把事情做好，内功做足了，把这里变成老百姓安居乐业的场所、游客流连忘返的地方，用事实说话，知名度也就有了。

宋：从古城规划建设之初，我们就特别尊重您和有关专家学者的意见，希望把即墨古城做成一个值得研究的案例。

冯：这个“值得研究的案例”讲得好！无论经验还是教训，都需要好好总结。

宋：是这样。

冯：最初，我没有想到，在中国还有即墨这么一座城市来做古城，凭一位德国友人提供的照片，引出一个非常浪漫的想法，棚户区改造的同时重建古城，寻找属于自己的文化身份。你们没有拘泥于单一的房地产开发模式，而是倾情做文化，用心做古城，做得很精致，有历史感，有艺术感。

宋：谢谢您的评价。正如您所言，“古城亦新城”，这已然是古城建设运营的基本理念。

冯：“古城亦新城”是我的提法，我觉得这里既是古城，又是新城，是古与今的结合。找时间，我再去即墨古城看看，不管是开展学术交流，作客“即墨古城大讲堂”，分享思想观点，还是在即墨古城落个画院、书房进行创作，在青砖黛瓦的小院儿栽点花，邀请文人墨客常来切磋，想必是一件很惬意的事情。

宋：这也是我们的愿望。欢迎您再次光临即墨。

凡例

一、本书以即墨古城规划建设为研究对象，旨在通过对古城再造的决策、建设、运营全景式记录，完整体现古城传统性复原与现代性表达完美结合的匠心轨迹，推动古城文化的传承创新与交流互鉴。

二、本书的年代断限，上限始自2012年，下限断至2021年，个别大事下延至2022年，涉及古城的历史文化内容上溯至事物发端。纪年采用历史纪年夹注公元纪年，民国时期以后采用公元纪年。

三、本书中，“即墨故城”指齐置即墨的城池所在地（今平度古岘镇大朱毛村）；“即墨城”指隋置即墨的城池所在地，即今即墨古城所在区域；“即墨古城片区”指包括安置区与核心区在内的区域，在书中亦称“老城区”；“核心区”即本书中的“即墨古城”。

四、本书中的“即墨市”“即墨区”名称，以2017年10月30日即墨撤市设区正式挂牌为界，此日期之前称“即墨市”，之后称“即墨区”，涉及相关单位名称亦相应改变。

五、本书标注时间的描述后所涉及的人物职务，均为时任职务。

六、本书若无其他说明，如“市委”“市政府”“区委”“区政府”等无具体地域标志的简称均指即墨。

七、本书所提“首发区”为即墨古城最先开放的区域，包括东城墙、潮海门、瓮城，学宫及古城东部区域的部分商业、居住建筑。

八、除特别说明，本书中的“建设者”指即墨古城策划、规划、设计及营造的所有参与者。

九、本书资料源于档案、图书、报刊、文件、年鉴、地方志以及调查采访实录、工程设计、施工数据。

目录

上册

中篇 · 盛世重光

下册

下篇·取精用弘

【导语】

即墨历史悠久，人文荟萃，充盈着海陆一体化的博大气象。

即墨是我国少有的名传两千多载且延续至今、城址犹在的城市。前人所谓“即墨之名，因水而得；即墨之设，其来久远，分析合散，代有不一；亘山联海，不改其常”云云，道出了即墨历史地理的复杂性和文化底蕴的一贯性。

历史地看，即墨为青岛的历史根源，为胶东半岛的文化渊薮，为中国古代城市文明的典型样本，涵养出底蕴深厚而独树一帜的文化形象。

而今，即墨又一次站在了凤凰涅槃的历史关口。

欣逢盛世，着眼于文脉传承、民生改善和城市更新的需要，即墨顺应中华民族伟大复兴的历史大势和时代要求，作出了古城再造的战略选择。

可以说，即墨古城的再造，正是千秋文脉的深沉呼唤，正是当代盛世的深刻见证。

即墨的文化自觉，从这里开始。因天时，擅地利，致人和。

即墨，山高水长，历久弥新。

即墨古城重建的想法是好的，关键是怎么建？一定要找到属于即墨自己的历史真实性和历史气质，彰显具有地域精神的文化特色。

——全国政协常委、中国文学艺术界联合会副主席　冯骥才

今古和鸣

上篇

JINGU

HEMING

即墨的历史渊源与古城再造的时代背景

虽历代之沿革，幅员之广狭，因时异制，然而山不改其高，水不改其深，埴坟壤黎瘠晰丰疲，

地气不从而变迁。志乘所为录方舆也。

即墨于古称奥区，俯仰其地，雄胜之概，今不殊昔，因以为利，复表海之盛无难焉！

兹备列于编，用资观省。

——清同治版《即墨县志》卷之一·方舆

即墨，东临瀚海，西展平畴，珍存地质奥秘，富藏文化基因，充盈商业活力，

允为“物华天宝，人杰地灵”的堂奥之地。

远溯 7000 年以上，先民就在即墨金口北阡一带繁衍生息，

揭开了青岛地区新石器时代的文化序章。

公元前 567 年，齐灭莱后，置即墨，标志着胶东半岛城市文明的正式发端，迄今已历 2500 余年。

隋开皇十六年（596 年），东移现址重置即墨，已有 1400 余年的建城史。

回望过去，即墨缘起东夷，肇创于齐而鼎立秦汉，重启于隋而延及明清，几经蝶变，

见证了中华文明起源与发展的历史进程。

近代即墨与青岛分治而并存，百年分合之际，不改的是共同的精神血脉。

现在，重新打开这部历史锦卷，走进这片山海胜境，结下宏阔的自然密约与文化诗意。

第一章

CHAPTER 1

东方秘境

探寻即墨的历史地理脉络

DONGFANG MIJING

1.1 山海名邦：即墨的历史演变轨迹

山海名邦，源远流长。

自先秦至汉代，即墨丰饶的物产，促进了商业勃兴，一直是“东方名城”，以殷盛繁荣著称于世。其文商并重的特点，自春秋战国时期已昭显，绵延数千载而至今。

隋唐至宋元，即墨在历史的烟霞变幻中延续。历经迁址重建的即墨城，也兼容并蓄了多种文化因子，沉浸在悠悠历史与朗朗读书声之中，丰神异彩，引人入胜。

明清以后，即墨的角色再次变化。从卫所风烟到海事流云，海陆一体化维度上的即墨不断吐故纳新。历经历史变迁的即墨，正描绘着新的山海画卷。

◎ 即墨古城历史影像：西城门和西阁里大街（摄于1898年）

1.1.1 鸿蒙初辟：即墨开青岛暨胶东半岛史前文明之源

即墨地处山东半岛西南部，依山面海、气候温和。远古时期，富饶的山海物产为先民在这里繁衍生息提供了丰厚而优越的物质条件。距今一亿五千万年以前的中生代，即墨马山一带成为地史堂奥，壮阔的柱状节理石群和神奇的接触变质带极具震撼力，硅化木及纳玛象、鹿角等动植物化石的出土，说明这里是古地质地理环境变化和古生物演化的典型区域，古老文明自此生生不息。

造化钟情，厚德载物，孕育万物之灵。文明拓荒的足音响起，在某个无法详述的日子里，最初的半岛“原住民”结束了一次漫长的迁徙跋涉，在陆海之间驻足眺望，完成了与“家园”的初遇。

在以古东海[1]与泰山为标志的这片广袤土地上，东夷民族创造了雄奇、浑厚、神秘的文化形态，史称“东夷文化”或“海岱文化”。而即墨，是审视东夷文化起源历史景深的一片文化沃土。

在即墨发现的众多新石器时代文化遗址中，北阡遗址最具代表性。北阡遗址位于金口镇北阡村，东临丁字湾。经考古发掘，除房屋基址、墓葬、灰坑等遗迹之外，还出土了大量的陶器、石器、骨器等文物，以及植物种子、动物骨骼等，这些发掘反映了新石器时代以采集和捕捞为主的生产生活方式和社会经济形态，呈现了这一地区聚落结构、社会结构、人与自然间的动态联系以及东夷文化的变迁，证实新石器时代早期和中期青岛地区已有较高水平的文明存在。

◎ 马山石林（李世明摄）

◎ 马山出土的硅化木

1　其北部为今黄海。

◎ 2017年5月，即墨金口镇北阡遗址发掘的探坑

◎ 贝饰（即墨博物馆藏）

北阡遗址的地层叠合着北辛文化、大汶口文化以迄西周文明的多重内涵，标志着青岛地区新石器时代的文明曙光，提供了青岛乃至胶东半岛地区新石器时期东夷文化的祖型，最早揭示出了东夷文化的海洋性质，把青岛地区新石器时代人类活动的历史引至距今7000年以前。总览青岛乃至胶东半岛地区的文明史演进历程，即墨堪称源头。

1.1.2 夏商西周：即墨建制前的历史回溯

夏朝的东方，即墨属嵎夷和莱夷。与夏朝同在的是岳石文化，这是继龙山文化之后而存在于“东方”的一种东夷文化经典形态，在青岛地区有着广泛的分布，继续演绎着东夷文化的传奇光影。后来，夏朝势力东渐，东夷之地虽不在其统治范围内，然已形成某种类似于藩

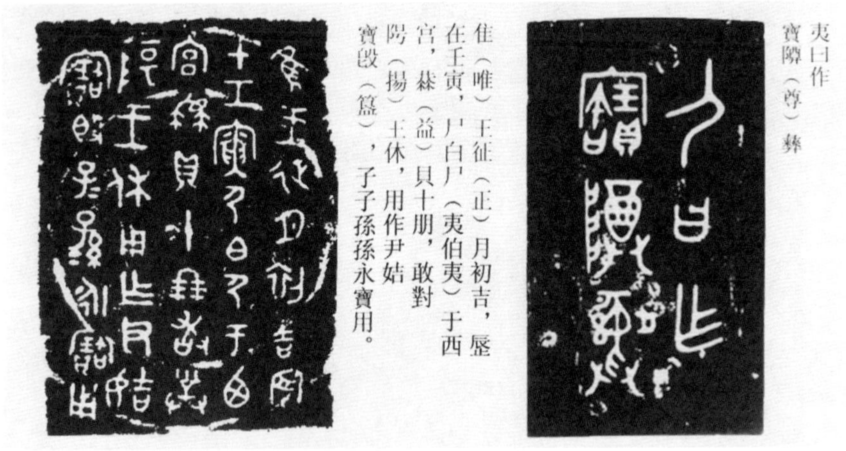

◎《海岱古族古国吉金文集》中关于夷国的金文记载

属的依附关系，东夷方国要向夏王朝进贡。禹贡九州时代，即墨地属青州[1]，为禹贡青州的重要区域。

商至西周，弥河流域以东的山东半岛地区有夷国、纪（其，己，纪）国和莱国（莱子国），呈现出邦国共存的局面，长期相互征伐，互有进退。它们均为东夷故族建立的方国，与即墨有着千丝万缕的联系。夷国都城设在今即墨蓝村一带，国境主要分布于胶州湾北岸及东北岸区域。《世本》略载其事，言夷国为妘姓[2]诸侯国。《读史方舆纪要》认为夷国故都即汉之壮武城[3]。殷墟甲骨卜辞中多有"夷方""人方"的记载，所指即夷国。至于其国力之盛，从《左传·昭公·昭公十一年》中"纣克东夷而陨其身"一语即可觅得端倪。武王克商后，夷国归附周朝，被册封为诸侯，爵位为伯爵。《左传·隐公·隐公元年》中"纪人伐夷"的记载，发生于鲁隐公元年（公元前722年）八月。后来，纪国和夷国先后被齐灭。

1 《尚书·夏书·禹贡》关于青州的记载有："海、岱惟青州。嵎夷既略，潍、淄其道。厥土白坟，海滨广斥。厥田惟上下，厥赋中上。厥贡盐絺，海物惟错。岱畎丝、枲、铅、松、怪石。莱夷作牧。厥篚檿丝。浮于汶，达于济。"所言为夏朝往事，大意是：大海（渤海与黄海）与泰山之间是青州的疆域。嵎夷经略有效，潍河与淄河已全面疏通。此地盛产海盐，还向夏王朝进贡细葛布及多种多样的海产品。莱夷擅长畜牧业，向夏王朝进贡的主要物品是柞蚕丝。从汶水到济水，皆可见青州运送贡品的船只。

2 妘姓为颛顼帝孙、火正祝融氏之后裔。

3 今即墨区蓝村街道古城村。

总体上看，夏商周时期，植根东方的东夷民族和鼎立中原的华夏民族，在不断冲突中实现了历史性大融合，东夷文化随之并入华夏文化，成为其重要组成部分。在这场民族大融合中，即墨逐渐确立起内蕴深厚而独树一帜的文化性格。春秋战国时期，即墨的风采开始释放，逐渐发展为胶东半岛的历史要地。

1.1.3 富甲东方：齐置即墨成一代名邦

春秋战国是中华文明百家争鸣、百花齐放的一个时期，正处于人类文明的“轴心时代”，中华民族建立了未来两千年的思想法度。即墨就是在这一重大历史时期诞生的，其建置史可追溯至2500年以前。

《左传·襄公·襄公六年》有“齐侯灭莱”的记载，讲述的是发生在鲁襄公六年（公元前567年）的重要历史事件。齐国灭莱国，迈出了统一山东半岛的关键一步，乃置即墨邑，以巩固疆域。当其时，选址今平度古岘镇大朱毛村建城立基，因城临墨水河，故名“即墨”。自此始，即墨声闻史籍。

◎ 春秋夔龙纹玉璜
（即墨博物馆藏）

战国时期，即墨为齐国五大都邑之一，地位仅次于齐都临淄，辖域包括今胶州湾以东的青岛市区及莱阳、海阳等地的部分区域。当时的军政首脑称即墨大夫，有三位入载史籍，曾产生过重大影响。

公元前284年，燕将乐毅率燕楚赵韩魏五国联军攻齐，一路势如破竹，连下临淄等七十余城，最后只剩莒和即墨两城，齐湣王逃亡在莒。危难之际，驻守即墨的田单坚守几年后，利用火牛阵转败为胜，收复失地，保齐国祚不灭。这是中国历史上以少胜多的经典案例，此后便有诸多史料阐述火牛阵的战事奇迹和英雄气概。虽说历史语境中闪烁着种种传奇色彩，然足以说明即墨具有保疆复国的实力。

◎ 即墨故城遗址

从经济层面看，即墨依山傍海，富甲东方。《战国策·齐策》记载，“临淄甚富而实，其民无不吹芋、鼓瑟、击筑、弹琴、斗鸡、走犬、六博、蹴鞠者；临淄之途，车毂击，人肩摩，连衽成帏，举袂成幕，挥汗成雨；家敦而富，志高而扬”。黄嘉善在《即墨志序》中也写道即墨“山川疆画，则击毂摩肩而称盛矣”。由见，即墨经济繁荣，可与临淄“并夸殷盛”，某种程度上享有齐国经济中心的地位。《史记·高祖本纪》中“夫齐，东有琅邪[1]、即墨之饶”一语便是很好的证明。

此外，即墨还是齐都临淄之外唯一拥有铸币权的城邑，即墨刀币成为当时主要的流通货币，后世出土的“即墨法化”“即墨之法化”刀币证明了即墨物质文明的发达和城市地位的尊崇。

◎ 即墨故城出土的春秋青铜镏金凤鸟（平度博物馆藏）

◎ 即墨故城出土的春秋龙虎纹铜簋（平度博物馆藏）

◎ 即墨之法化刀币（即墨博物馆藏）

1 “琅邪”即瑯琊，亦为齐之东方大邑，治在今青岛市黄岛区琅琊镇。

1.1.4 秦汉星空：山东半岛历史中心的即墨

◎ 西汉夔龙纹玉觽（即墨博物馆藏）

◎ 王吉墓出土的西汉青铜编钟（即墨博物馆藏）

车同轨，书同文。以刚毅果敢、富饶丰足著称的即墨，迎来了秦汉大一统时代。优越的自然禀赋和政商基因，延续了即墨"东方名城"的历史地位。

秦一统天下后，改分封制为郡县制，即墨始定为县，隶属胶东郡。公元前 209 年，陈胜、吴广起义，齐国旧贵族田氏兄弟随之举事反秦，重建齐国。公元前 206 年，项羽三分齐国（齐、胶东、济北），即墨隶属胶东国。公元前 202 年，韩信攻占齐地，田横自立为王，不肯称臣于刘邦，率五百徒属逃往齐国东部一处海岛[1]。刘邦派人招抚，为保岛上五百士的性命，田横被迫西赴洛阳。行至距洛阳三十里地的偃师，因不堪亡国之痛与臣服之辱，田横挥剑自刎。闻此噩耗，五百士集体自杀殉节。田横暨五百士的高节大义，至今犹令人击节浩叹。

汉定天下后，分封制与郡县制并行。即墨旧地设有即墨县、壮武县、不其县和皋虞县，其中即墨县和壮武县属胶东国，不其县和皋虞县属琅琊郡。汉文帝后元十六年（公元前 164 年），悼惠王之子刘雄渠被封为胶东王，都即墨[2]。汉景帝后元三年（公元前 154 年），因刘雄渠参与"七国之乱"，胶东国除，其地分为胶东郡与东莱郡。汉景帝后元四年（公元前 153 年），胶东郡复置胶东国，封刘彻为胶东王，后因刘彻被立为太子而除其国。汉景帝中元二年（公元前 148 年），

1　今田横岛。

2　治在即墨故城。

复置胶东国，封刘寄为胶东王，史称“胶东康王”。王莽始建国元年（9 年），废胶东国，置郁秩郡。东汉建武十三年（37 年），改郁秩郡为胶东侯国，封贾复为胶东侯。终两汉之际，作为国、郡、侯、县的治所，即墨故城成为山东半岛的政治、经济和文化中心。

不其县与皋虞县于东汉光和年间（178—184 年）改隶青州东莱郡。不其县辖域包括今青岛市胶州湾以东诸区和即墨区南部，建不其城于今城阳区城阳街道。县境内，另置泛乡侯国和不其侯国。皋虞县的治所在今即墨温泉街道东皋虞村，辖域为今即墨东北部。县境内，另置皋虞侯国和温水侯国。东汉初，皋虞县裁撤，其地并入不其县。

1.1.5 千秋紫霞：隋重置即墨，唐宋金元为之回响

时光纷纭错落，即墨，在魏晋南北朝波谲云诡的历史风雨中渐趋沉寂。作为一种区域文化形态，即墨文化也在等待着新的生机。

◎ 即墨古城历史影像：墨水河小坝及南城墙（摄于1901—1910年）

隋统一天下后，即墨的历史荣光得以重启。开皇十六年（596 年），治所由即墨故城所在地向东南方迁移约 40 公里，即今即墨古城所在地，沿用旧名“即墨”。故城以水名城，新城因城名水。着眼于历史

地脉的一贯性，遂将城外淮涉河的一条无名支流命名为“墨水河”[1]。这是历史的新篇章，是齐置即墨与隋置即墨的汇合，传续着历史记忆和文化性格上的共同内涵。此际，即墨兼有汉之壮武、不其、皋虞三县故地，属东莱郡，疆域达3000余平方公里。隋代首创科举制，即墨文教亦随之兴起，古老即墨的人文华章开始以新的方式续写。

推开唐代之门，花树缤纷，即墨东境之海上崂山[2]回响着李白“我昔东海上，劳山餐紫霞”[3]的盛唐歌音。唐宋以后的文献典籍中，提起崂山，辄称之为“东海劳山”或“即墨劳山”。崂山文化包容于广义的即墨文化之中，这是一种不可分割的文化共同体。唐开元、天宝年间（713—756年），唐玄宗李隆基曾派孙昙、王旻、李华周等道士入山采药炼丹，海上仙山进入唐王朝的视野。

北宋延续大唐风华，即墨的人文活动再臻佳境。开国之初，着眼于江山永固之思，宋太祖赵匡胤目光东引，视崂山为定海神针，特召见崂山道士刘若拙并敕封其为“华盖真人”，为之敕建太平兴国院[4]于上苑，崂山道教中兴。

金元之际，全真道在崂山集结，鹤山遇真宫位列崂山九宫八观之一，以“招鹤回鸣”和“水鸣天梯”之谜而见神奇，回响着悠悠太古之音。

---

1 据《山东通志》载，该河发源于马兰岭，西流转北入淮涉河。1959年，其上游建石棚水库，汇集了周边大部分天然降水，致使下游干涸，当地人逐渐把绕城而过的淮涉河统称为“墨水河”。1985年，即墨县人民政府将淮涉河正式更名为“墨水河”，延续即墨临墨水河之意。

2 历史上，崂山曾隶属即墨，明清人物著述中多见“即墨劳山”，其名称多变换。《山海经》所言“甘山”应指崂山，而“甘渊”则指胶州湾；汉代名不其山；东晋称牢山；唐宋以后多称劳山，唐玄宗时曾改称辅唐山；金元间，长春真人丘处机一度改其名曰“鳌山”。近世，方称崂山。

3 语出李白《寄王屋山人孟大融》，诗曰：“我昔东海上，劳山餐紫霞。亲见安期公，食枣大如瓜。中年谒汉主，不惬还归家。朱颜谢春晖，白发见生涯。所期就金液，飞步登云车。愿随夫子天坛上，闲与仙人扫落花。”

4 今崂山太平宫。

1.1.6 云烟广度：明清岁月的苍凉与沉雄

◎ 雄崖所南城门

◎ 金口天后宫

明清之际，伴随瑟瑟海风和啸啸马鸣，即墨的故事变得悠长。明初实施卫所制度，即墨东境析置鳌山卫，为山东九卫之一，并在其北、南部沿海要冲设雄崖守御千户所和浮山备御千户所，成为防御倭寇侵袭的前沿阵地。明洪武三十一年（1398 年），魏国公徐辉祖派指挥佥事廉高筑造鳌山卫城。浮山所的设立，使青岛主城区实现了最早的军事防御建制。明永乐二年（1404 年）置即墨营[1]，管辖鳌山卫、灵山卫、安东卫、大嵩卫等四个卫和石臼、夏河、胶州、浮山、雄崖、海阳等六个千户所。即墨地区出现了县、营、卫并存的局面，即墨也从齐秦汉时期的大邑名都变成海防重镇，成为国家海防要塞体系上的重要一环。清雍正十二年（1734 年），鳌山卫及雄崖所、浮山所裁撤，重归即墨县。风雨飘洒六百余载，海上卫城已不复旧闻，惟雄崖所城依旧矗立于世。

复观旧事，卫所云烟中回荡着一部移民、卫戍与垦荒的交响乐。当其时，大量移民从“小云南”[2]或“大槐树”[3]涌来，今即墨及青岛地

1 “营”是都指挥使司和卫之间的军事指挥机构。时，山东设即墨营、文登营和登州营三营。即墨营初设于县南 35 公里处的金家岭，明宣德八年（1433 年）移至即墨城北 5 公里的营上村一带。明末迁至胶州，更名为胶州营。

2 “小云南”频见于本地家谱、族谱中，初指云贵交界处的乌撒卫，后渐演变为移民故乡的代名词。

3 明代山西移民在洪洞县的集结点，后成为移民故乡的代名词。

◎ 即墨县衙出土的明代瓷片

区多数村落始于明洪武至永乐年间（1368—1424 年），是卫所制度下移民史的客观反映。

海色苍寒，演绎着禁海与开海的双重变奏，海风中重新出现了帆影，标志着海禁困局的相对突破，隐约间也延续着海上丝路的流风余韵。明万历年间（1573—1620 年），即墨的行政区划城关分为 3 厢，全县划为 7 乡 82 社，然民生艰困，社会凋敝。为解民生之困，知县许铤上疏朝廷，建议开放即墨三口（金家口[1]、女姑口、青岛口）为通商口岸，海事缘此而渐兴。此后，金家口得先机而一度发展为本地区最大的航海与贸易中心。而对于后来成为国际名港的青岛来说，青岛口的开辟是一个里程碑事件，揭开了青岛为海上名港的历史前缘，意味着一片荒凉海岸将成为多元文化交汇的桥头堡。

随着鲁闽贸易的发展，妈祖信仰北传，金家口、女姑口、青岛口及沧口、沙子口等口岸陆续建起了天后宫，成为南北贸易与文化相互影响的印证。

1.1.7 百年分合：青岛之近代开埠与城市化肇始于即墨

即墨历史文化是构成青岛地区文化完整性的重要板块，是体现其历史连贯性的重要环节，承载着青岛地区的古代文明和岁月乡愁。近代以来，在“三千年未有之大变局”[2]中，即墨与青岛一度分治，却也始终不离左右。

1891 年 6 月 14 日，清廷议决在胶州湾设防，调登州镇总兵章高元率部驻防胶澳[3]，置总兵衙门于青岛口[4]。这是青岛近代开埠的历史前奏。

1897 年 11 月 14 日，德国借曹州教案[5]，派远东舰队在青岛口登

1 今金口镇。

2 语出李鸿章。

3 “胶澳”作为一个历史地名，很容易引起歧义。所谓“澳”，是指可以泊舟的海湾，在当时的历史语境中，其初始含义指胶州湾。后来，用以代指青岛，所以往往将“胶澳”视为青岛的旧称。

4 时属即墨县仁化乡青岛村。

5 亦称“巨野教案”，为胶州湾事件的导火索。

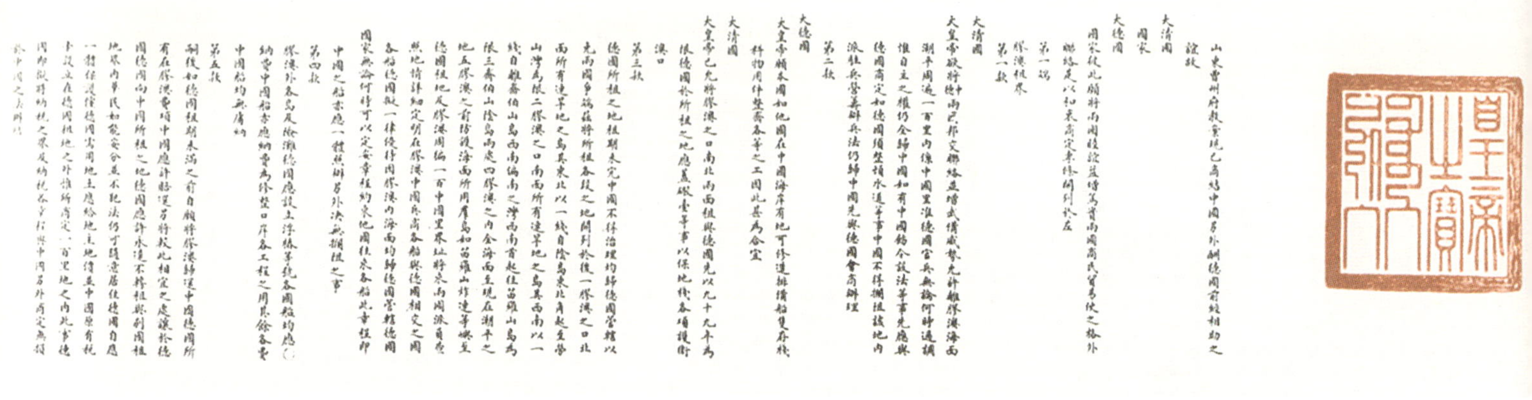

◎ 中德《胶澳租借条约》（局部）

陆，强占胶澳，此即震惊中外的“胶州湾事件”。1898 年 3 月 6 日，德国强迫清政府在北京签署了中德《胶澳租借条约》[1]，胶州湾海面、潮平周边 50 公里、陆海总面积 1128.25 平方公里的区域被划为“胶澳租界”，其中包括即墨县的白沙河以南地区[2]。所谓“德占胶澳，青岛析出”云云，界定了在特定历史条件下青岛与即墨的关系。至此，青岛从即墨析出，沦为德国租借地，开始了近代化与城市化历程。这是青岛与即墨历史上的一个重大转折点，青岛与即墨分治而并存。数千年来，即墨与青岛文化共同体首度出现了断裂，长久环抱一起的两地命运，在东西方文明激烈角逐间突然偏转。青岛一步步发展壮大，成为欧亚文化交汇地，成为中国近现代史上一座举足轻重的港口城市。而即墨，也在风雨磨洗中重新定位。

1911 年辛亥革命爆发，清王朝倾覆，历史进入民国时期。1912 年，废府设道，即墨县属山东省胶东道，全县划为东移、文星、海润、福海、西移、移风、城区、仁化、里仁、温泉、灵山、龙泉 12 区。1929 年，即墨县划为以序数命名的 10 个区。1931 年，即墨县的第二区土寨河以南地区和第四区聚仙河以南、以东部分地区划归青岛。

1935 年，隶属于即墨县海润乡的崂山东部地区被划入青岛市。随着城市建设，拥有现代化港口的青岛，逐步成为胶东地区新的政治、经济和文化中心。即墨作为胶东重镇和商业之都的区位功能也随之转

1　见青岛档案信息网。

2　包括仁化乡的大部分、里仁乡和福海乡的一部分。

移，留下的是传承千载的历史传统和文化积淀。

1958 年 10 月，即墨县划归青岛市。1961 年 3 月，即墨县改属烟台专区。1978 年 12 月，复归青岛市。1989 年 7 月，撤县设市挂牌，即墨成为青岛下辖县级市。2017 年 10 月 30 日，即墨撤市设区挂牌，融入青岛同城发展的新时代。

整体上看，青岛与即墨有着至为密切的历史渊源。青岛之源，根植即墨。因为即墨的存在，青岛不仅是一座仅有百余年历史的近现代城市，而且是千秋文明要津。

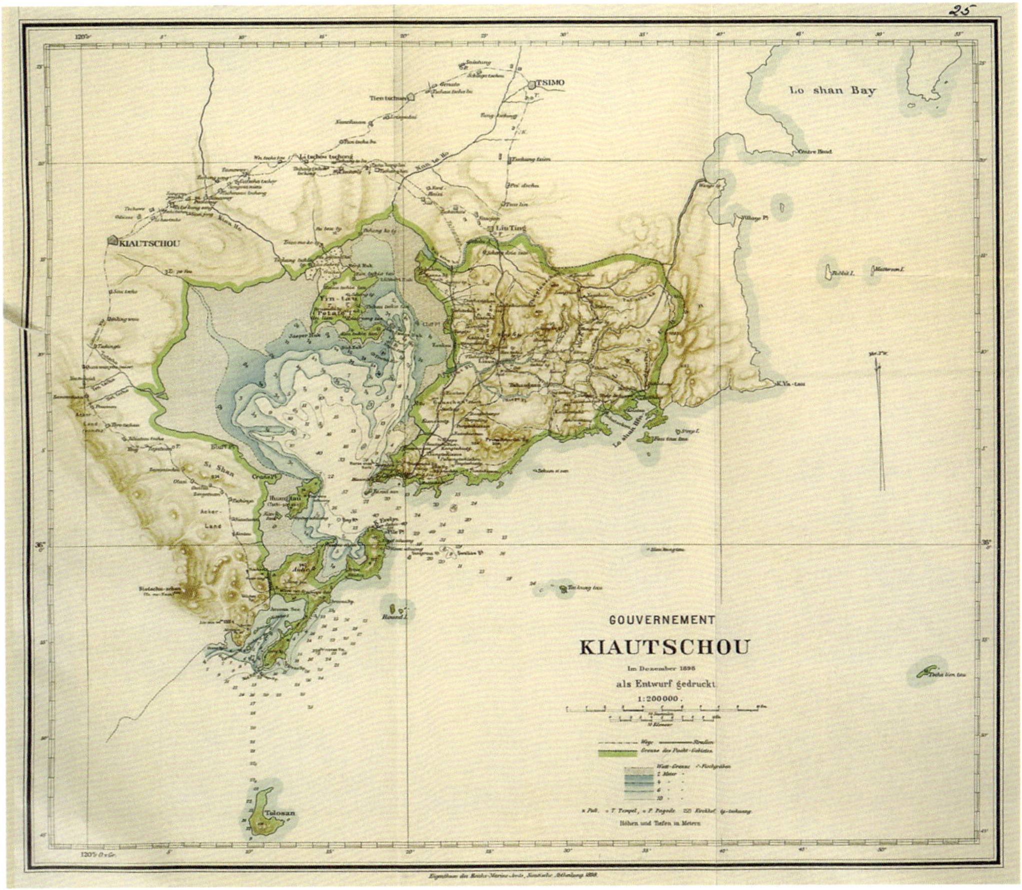

◎ 1898 年《胶澳总督府辖区图》（青岛市档案馆藏）

1.2 千秋名城：即墨城的修筑与历史格局

城与人之间有一种奇特的共生关系，彼此成就，共成历史。

千载而今，即墨傲立于天地间。其为城，有着广博的历史地理景深，集结着古代天文、地理、政治、经济、文化、社会、建筑、园林等多学科的历史认知与科学研究价值，从建城史和筑城学的维度上，构成了一个典型的历史样本。解读这座城，是与源远流长的城市文明对话，是为了更好地建设未来。

1.2.1 山环水抱：即墨城初建时的理念

筑城学作为古代社会的一类专门学问，是建立在地理、历史、建筑、道路、风俗等基础上的综合学科，是古人对天文地理、人居环境等多领域进行探索的智慧结晶。在古代，筑城是一件神圣、严谨、艰难的事，上承天意，下接地脉，中合人心。古人对筑城十分谨慎，从选址、规划到建设等阶段，都有环环相扣的逻辑关系，都要经历细致、严谨的论证过程，这其中，堪舆是不可或缺的一环，也反映了古代筑城学的特色。

隋代重置的即墨城，其本身就是当时城市文明、智慧、功能集成的结果。它坐落于盟旺山西南 3 公里处，明万历版《即墨志》关于盟旺山的记载中有“县脉自此出”一语，言明其地脉逻辑。时空亦远亦近，既有盟旺山为即墨奠立基脉，傍山水而建城，享其美境。

城址事关重大，包含着古人对天文地理、城市建造的哲思。即墨城的选址尤其注重空间视野中的山水关系。这里地理位置优越，符合筑城的环境条件：淮涉河抱城于南，远西河[1]抱城于西，遂呈“金城环带”之势。关于其整体格局，明万历版《即墨志》有“东腋沧海，南面华楼，西襟马岭，北负灵山”的说法，形成了“平阳龙结穴”的格局。

1　今龙泉河。

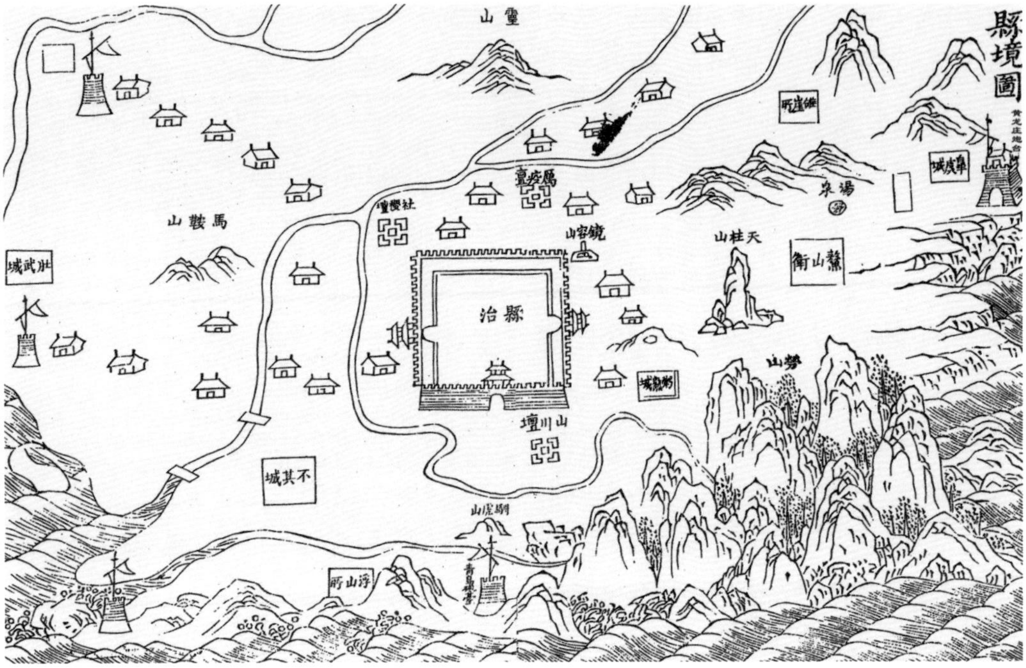

◎ 清乾隆版《即墨县志》载县境图

对于即墨城的选址，古人赞叹其妙，有诗云：

初开墨水列三关，气取劳峰在巽间。
盟旺马鞍兑震位，零峰主案坎离贤。
乾方流水坤宫去，艮位爻虚寅上安。
借取六鳌心内土，修成八足镜镕山。[1]

诗中所呈现的是以山定城的思维，在一重开阔的地理视野中，将即墨名山尽揽其中，让山脉成为城池的天然屏障。尤其耐人寻味的是，在环城群山的基础上，人们还特意在城外东北角营造出一座镜镕山，夯土为山，建石为峰，高约一丈，继延盟旺山之地脉，又称“继盟山”。

“平阳龙结穴”反映出来的筑城逻辑一直延续了下来。一千四百余年间，城址未变，在山环水抱之中养育着一方百姓，城之功德，于斯为盛。作为古人总结的实践经验，内中不乏对后世有启发意义的因素，体现了古代筑城者对这一方城池的良苦用心，寄托了对其前景的美好祈愿。

1 语出明万历版《即墨志》。

当然，真正影响即墨城命运的是宏观历史的变迁，其战略定位、建筑形态也始终处于不断变换之中。隋重置即墨以后，即墨在维持其深厚历史底蕴和独特文化性格的同时，形象有所改变，从战国到秦汉时期富庶的东方大邑、诸侯国都开始逐渐演变为明清时期的海防重镇，依旧傲立东方。作为胶东咽喉，即墨历史地理依旧保持着恒常逻辑，地处海防前线，一度深受倭寇袭扰，致使城建和城防布局透出了防御色彩：即墨城三门、四阁及瓮城环佑，东盟旺、西马鞍以及南面的墨水河形成山水勾连的天然壁障，巍巍城墙与山水相辅相成，构成了一整套环环相扣的多层次城防预警体系。

1.2.2 时空维度：即墨城的修筑历程

时光累积，深处透现出的是历代筑城的印记。

据清同治版《即墨县志》记载，历史上即墨城大体经历了筑城、增筑、重修等阶段。

隋开皇十六年（596 年），即墨城迁于今址重建，然垣墉狭薄，仅初具规模。历经唐、五代十国、宋、金诸朝，皆沿袭旧制。

元至正十一年（1351 年），知县吕俊土筑城墙，阔其规模，周四里，高一丈六尺五寸，厚一丈二尺，城外有护城河。设三门，三门题额为东“望海”，南“景岱”，西“临川”。立四阁，东曰“寅东”[1]，北曰“拱辰”，西、南两阁名称失考。

明正德、万历、崇祯年间城池均有修葺，尤以明万历年间（1573—1620 年）修筑规模最大。明万历六年（1578 年），知县许铤、县丞杨采重修城墙，砖砌三门，城堞埤墙，皆极整固。明万历二十八年（1600 年），倭寇屡警，知府龙文明檄委知县刘应旗重修即墨城，城墙易土以砖，三门改题，东“潮海”，南“环秀”，西“通济”。由大理寺丞董基撰写《修城记》。

清康熙、乾隆、咸丰年间先后重修七次。乾隆二十五年（1760 年）知县尤淑孝重修城池，增筑城楼，城墙外垣之砖，内垣之土，完

1　语出清乾隆版《即墨县志》，此处曰“惠日”。

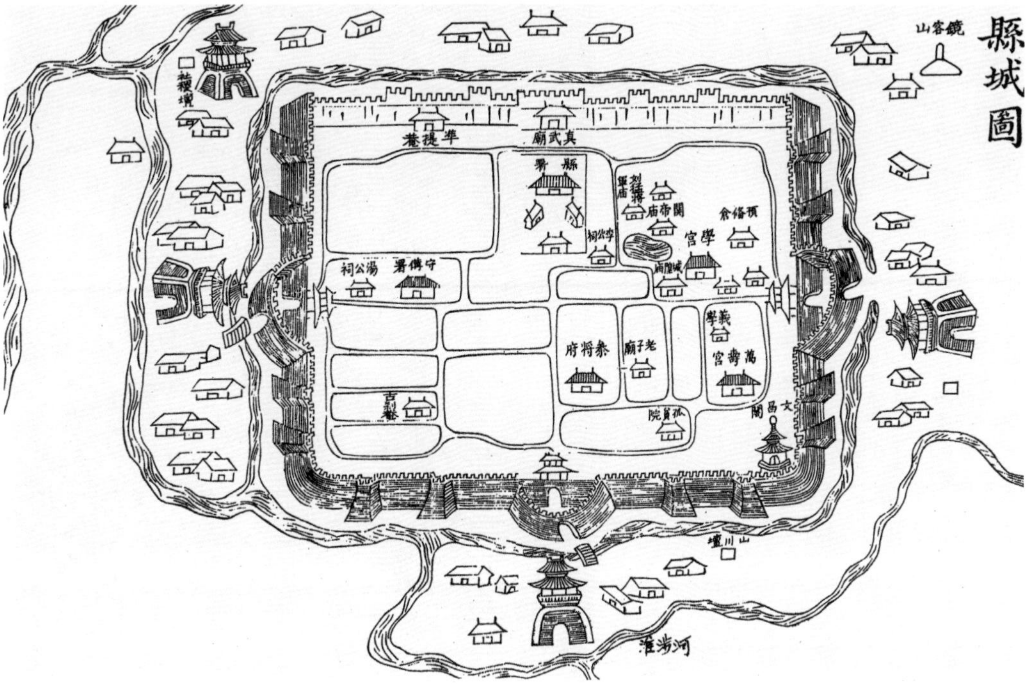

◎ 清乾隆版《即墨县志》载县城图

整宽厚，蔚为壮观，撰《修城记》。咸丰三年（1853 年），知县郑鸣冈倡修城垣，六年未竣。咸丰九年（1859 年），知县李云环继之，工始竣，有《城垣碑记》。至此，三门鼎峙，楼橹维新，水环石堤，城邑巩固。在经历了千余载光阴后，即墨城池格局渐趋完备。

民国时期，在波谲云诡的历史烽烟中，即墨城经历着惨淡回响和剧烈阵痛。1938 年至 1949 年，即墨城在抗日战争和解放战争时期经历了 4 次战火，城墙、城门等遭到严重破坏，部分建筑损毁。

二十世纪五六十年代，随着人口的快速增长和基础设施建设的严重滞后，陈旧的老城已不堪重负，即墨城面临着发展困局。1955 年前后，城门被拆除。1956 年，淮涉河水位大涨，虽进行了抗洪护城行动，但城墙还是受到了严重损坏，城楼、城阁、牌坊随之毁损。原“关厢”也在城市化进程中同周边区域连片发展，其千百年来形成的地理边界逐渐模糊。唯有即墨城内的即墨县衙、即墨红万字会、少部分民居及街巷格局等得以保留。

1.2.3 森然有序：即墨城的空间布局

◎ 即墨古城历史影像：即墨古城航拍图（摄于1939年）

从空间布局上看，即墨城南北略短，东西稍长，历经千年变迁，其空间尺度基本保持不变，主街呈“丁”字形排布。经考证和测绘，即墨城东西方向长608米，南北方向长492米，城墙周长约2200米。

着眼于防御的需要，即墨城城墙外均建有一座矗立于高台之上的楼阁，东阁为“魁星阁”，南阁为“火神阁”，西阁为“观音阁”，北阁为“三官阁”。四阁在东南西北四个方位上拱卫着即墨城，形成一个有严谨方位感、严密逻辑性的天地四方布局。

元代筑城以来，即墨城始终保持三门结构，这对城内建筑布局与生活状态的影响显而易见，有别于其他古代城市常见的“十”字形主街，表现为相对独特的“丁”字形布局。即墨县衙位于整座城的核心位置，位于南北主路的北端，前面是宽阔的东西主路。真武庙位于县衙北侧，城隍庙、文庙、学署、考院等其他公共文化建筑均分布在县衙东侧，其中城隍庙、文庙、学署等在东门里大街路北，万寿宫、考院在路南。县衙西侧是家族院落及商铺的聚集地。可见，即墨城格局严谨，层次分明。就是这样一座城池，充盈着穿越千载至今仍未冷却的生活温度。

清末民初，由于居住和商业空间向城外扩展，即墨城逐渐形成并维持着城厢相倚的双元空间格局。后来，由于人口剧增、城墙倾颓等因素的影响，城厢双元格局被打破。

1.3 渊源有自：即墨城的文化图谱

《易经》有“观乎天文，以察时变；观乎人文，以化成天下”的说法，道出了中华文明创始的基本逻辑。

文化，是一城一地的“精神矿藏”，也是一族一脉的“思想基因”。人类不同族群之所以能够融合交流，其根本原因在于文化的共通性；而不同族群各具特色，亦是因为文化的多样性。

渊源有自，承载即墨共同记忆和历史传统的，是这片家园，这片土地。从过去、现在到未来，充满历史底蕴和生活温度的共同记忆，将即墨人的心紧紧联系在一起。前贤今人共同谱写了即墨的文化图谱，引导着人们对即墨历史文脉和城市精神的认知方式，昭示着文化的深度、高度与广度。

弥足珍贵的是，就历史丰富性、性格代表性和文化绵延性来说，即墨城已然成为一个范本，反映了齐鲁海洋文明的生成与嬗变肌理，反映了中华文化、生活逻辑在一座古老城池的具体存在方式，反映了海陆一体化维度上的文化演进历程。

1.3.1 文运璧奎：文庙、文昌阁与奎明楼的时空呼应

文庙、文昌阁与奎明楼在即墨城的东部形成了精妙的呼应关系，其历史存在都是和这座城的文运相关，恰好给出了一个理解千秋文脉的合理视角。

文庙为儒学殿堂，文脉渊薮，是体现古代城市规格、范式与历史宗脉的经典建筑。自汉武帝“罢黜百家，独尊儒术”以后，儒学成为中国传统文化正统，成为封建社会的立国之基与兴国之本。隋唐以后，科举制兴起，士子们对儒学文化有了更深的依存感，县级以上治所普遍兴建文庙。即墨文庙坐落于即墨城东门里大街以北，在很大程度上标志着即墨城的文明基脉和文化高度。

文昌阁坐落于城墙东南角，是启文脉、主文运的标志性建筑。古代文化传统中，文昌帝君被认为是可以开启一城之文运的星神，所以各地

普遍建有文昌阁。而奎明楼是与之密切相关的一个特殊存在，明代筑城者在城之东方兴建此楼，明显有开文运、启文思的用意，所谓“文取天章，义传奎焕，是建楼之制所以逞观制度，以示崇明之体也”[1]，即为此意。“奎”即奎星，俗称魁星，为中国古代二十八星宿之一。天文视野中，北斗七星的前四星为天枢、天璇、天玑、天权，合称“魁星”，亦称“斗魁”，被尊为主文运之神，以文昌帝君侍神形象出现。所以，奎明楼与文昌阁俱在东方，是有深意的。

◎ 即墨古城历史影像：圣庙主入口及古碑（摄于1901—1910年）

文庙、文昌阁与奎明楼都与文运相关，在文教维度上建构了古城的人文体系，成为士子们的精神殿堂。

即墨城厢植根儒学且文教兴盛，具有深厚的儒学文化历史积淀。隋置即墨，历经千余年，深受儒学的浸润。明清之际，即墨崇文重教，儒风昌盛，城内文庙、学署、书院、考院一应俱全。这一时期，先后涌现出70余名进士，他们在政治、文化、军事等领域卓有建树。即墨文教之兴，由此可见一斑。

1.3.2 无远弗届：即墨城的传统文化思想映照

即墨城的文化基因中有一个更为宏阔的文化体系，不仅系之于文运，而且关乎更广阔的生活与思想图景。

文明起源以来，中国文化历经数千年的历史变迁，儒、释、道三种文化形态逐渐融合。在中华民族的传统思维意识中，儒学被认为是一种哲学、一种社会伦理形态的体现，对中国社会生活的影响非常深

1 语出清同治版《即墨县志》载即墨教谕冯思撰的《奎明楼记》。

刻。而佛教与道教亦复如此，与孔子一样，释迦牟尼与老子都是真实的历史人物。与其说是宗教，莫若说是一种思想，一种精神学问。以此视之，中国文化中“三教融合”的实质是“三学融合”，展现了中国文化的包容性、创造力和生命力。

在中华优秀传统文化体系中，儒释道文化是最具代表性的三种形态，建构了我们感知、理解中国传统文化的基本范式。因缘际会，即墨城本身就是儒释道融合的缩影，具体而微地见证了中国文化思想的生成与演变过程。

儒学自不待言，以文庙为中心的儒学建筑在即墨城内形成聚落。城厢内外，牌坊林立，崇德尚礼，诗书传家。明清时期，在海禁时代沉寂动荡的历史地平线上，从即墨走出了一批卓有成就的文化人物，涌现出一大批传世作品，可谓人文荟萃，荣光弥漫。明代著名音乐理论家王邦直所撰《律吕正声》入载《明史》，清初被收入《四库全书》，代表了明清时期琅琊王氏在文化上的历史成就。生活在即墨城里的“周黄蓝杨郭”五大家族逐渐兴旺起来，将即墨的家族文化推向新的历史高峰。以五大家族为代表的文化艺术创作丰富多彩，多为官佳话，亦多艺文佳构，为即墨的历史谱写了绵绵华章。

◎ 王邦直《律吕正声》
（即墨博物馆藏）

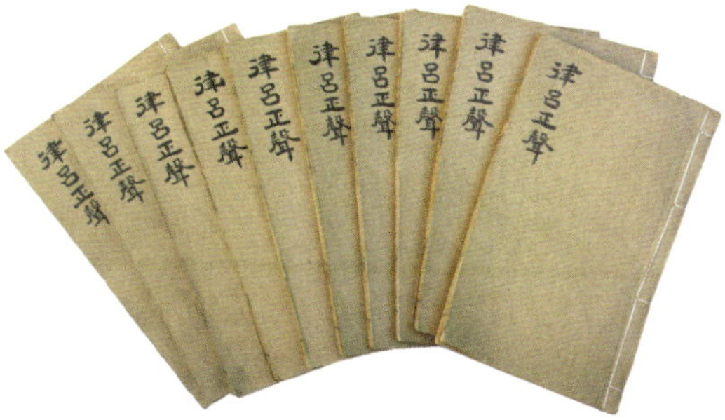

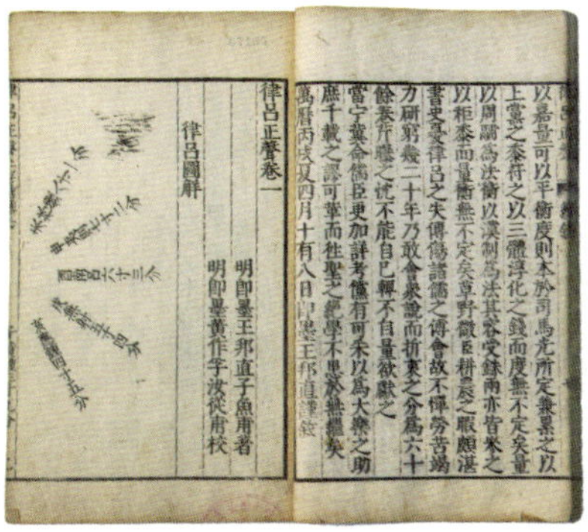
律呂正聲卷一
明即墨王邦直子魚甫著
明即墨黄作孚汝從甫校
律呂圖解

萬曆丙戌夏四月十有八日即墨王邦直謹敍

佛教起源于古印度，兴盛于中国，成为中国思想体系中的一端。大乘理想与禅宗思想深刻影响着即墨，城内建起准提庵、观音阁等建筑，与其东境崂山及周边区域的佛教胜迹相呼应。即墨黄氏后人黄坦在崂山东麓那罗延山辟建华严庵[1]，是即墨城内准提庵的下院。

道教化生于中国，其起源与即墨所在的青岛地区有着重要的历史关联。西汉太始四年（公元前93年），汉武帝东巡不其县，敕建明堂、太一祠、交门宫并祀太一神，这是道教史前的路标，可视为道教起源的标志。而“华盖真人”刘若拙与即墨城的关系同样能有力证明，他在北宋风雨中云游于东海崂山与开封府之间，开创崂山道教中兴，羽化登仙

1 今华严寺。

后遗骨安葬于即墨城东关的高真宫。作为本土化的文化形态，道教与即墨城的日常生活有着密切联系。受道教文化的影响，即墨城内充满着浓郁的民俗文化氛围。城内外，曾建有关帝庙、真武庙、城隍庙、三官庙、火神阁、八腊庙等与百姓日常生活息息相关的庙宇，构建了丰富多彩的民俗景观。

1.3.3 中西之间：近代以来的多元文化对话

近代以来，外来文化融入即墨与青岛，以建筑艺术为基本载体的西方文明要素结合到城市文化演进过程中来。随着西方文化的传入，即墨城内外多了基督教堂、教会学校等带有西洋风格的建筑，使即墨城在多元文化碰撞、对话与融合中，形成了更具包容力的文化图景。

1873年，美国传教士郭显德由烟台到即墨传教，基督教开始传入即墨。1901年5月，德国传教士卢威廉、邵约翰等由青岛到即墨传教，设立了基督教即墨信义会。1905年，信义会在即墨城南的花园村东建教堂并开办萃英书院，在胡家村南设教会医院。后来，长老会和浸信会也传入即墨，基督教在即墨快速发展，成为即墨多元文化的佐证。

1921年，世界红万字会肇创于山东，后从山东扩展至海内外，成为一个具有多元文化属性和内涵的世界性慈善救灾组织。1924年，世界红万字会即墨分会成立，在即墨慈善史上留下了深刻印记，在丰富即墨城多元文化内涵的同时，也彰显了跨文化对话的必然性。

1.3.4 千年商都：商业文明的内在基因

◎ 即墨古城历史影像：萃英书院（摄于1936—1948年）

与即墨“千年商都”之美誉相匹配的，除了无可辩驳的史料印证，还离不开“农商兴邦，书礼传承”的家底和心气。文商并重的风尚，给即墨在历史发展中的审时度势和灵活转圜提供了更多机遇。

即墨历史悠久，商业传统深厚。早在春秋战国时期，其物产丰盛、富庶繁华可与都城临淄媲美。出土的战国时期即墨刀币和币范，便是这一时期经济繁荣的有力佐证。后战乱频发，人民流离失所，即墨一度黯然失色。然其内在的精神基因未曾消弭，等待着新的转机。

明代中期，海禁稍弛，贸易始通，金家口逐渐发展成为本地区的航海与贸易中心，航路通达南北，成为胶东半岛的著名口岸。至天启年间（1621—1627 年），即墨全县有 14 个海口，为百姓捕鱼煎盐之所，兼通海运，城乡通过集市“货”通有无。据明万历版《即墨志》载，全县共 7 乡，有大集 12 个，其中，即墨城有东门里、南门里、东关、南关、西关等 5 个大集。至清同治十一年（1872 年），城乡集市沿袭，渔商海口增至 24 处。清光绪年间（1875—1908 年），即墨城内有当铺、药铺、估衣铺、酒馆、银匠楼等，为即墨的商业经济中心。摊贩中尤以过街小吃生意最为兴旺，炉包、火烧、一滥面卷子、五香豆腐等沿街叫卖，非常热闹。商业随着青岛港口、铁路及城市的发展而亦趋发达，织布业、杂货业、花边业、服务业、修理业等行业亦不断增新，城厢门市一跃而起，坐贾、行商也随之增多。

◎ 山东省级非物质文化遗产：即墨老酒酒窖（孙宝金摄）

作为齐鲁文化的海上桥头堡，即墨向来以淳朴民风和仁义风骨传颂于世。得海洋文明之惠，其文化性格中多了几分探索和包容情怀，以勇毅的精神积极进取。历史地看，即墨的文化传承与商业发展相辅相成，贯通一体。齐鲁文化的滋养，多元文化的浸润，让商人不仅精于商道，而且不忘根本，有了开阔的眼界和坚定的信念，有了可资长久发展的精神追求。而商品经济的发展，又为文化的传承与传播提供了客观条件和基本保障。作为中国历史上的富庶地区，即墨物阜民丰，山海鱼盐、粮食果品一应俱全，其中不乏传世名品，“即墨老酒”自明代以来一直享有盛名；起源于明清时期的即墨花边，针法工艺独特，造型宛如浮雕，行销 40 多个国家和地区；官庄筛子、大欧鸟笼、窝洛子缸、葛村榼子、杨头斧子……各类凝聚着千年农耕文明的手工艺品，勾勒出胶东半岛地区人们的生产生活场景和审美情怀。

◎ 青岛市级非物质文化遗产：葛村榼子（梁孝鹏摄）

◎ 山东省级非物质文化遗产：大欧鸟笼（梁之磊摄）

◎ 国家级非物质文化遗产：即墨花边

1.3.5 风华流传：民俗暨非物质文化遗产

何以从浸润博大、质朴而精美的地域精神中发现民生奥秘？民俗是也。

即墨城可谓一个宝库，风俗之美，随处可见。多种多样的民俗文化在此萌发、集结。

首先，乡音就是一种民俗，即墨话之亲切、质朴令人感动。而从浓浓乡音中衍生出来的民间艺术宝藏柳腔，清乾隆年间（1736—1796年）发端于即墨，尔后广为流传于周边地区，是中国民间戏剧百花园中的奇葩，久被誉为“胶东之花”。数百年来，柳腔之音时常回响在

◎ 国家级非物质文化遗产：即墨柳腔《三女拜寿》剧照（刘岩摄）

◎ 国家级非物质文化遗产：田横祭海节

即墨城。

祭海是即墨地区的重要民俗活动，其中尤以田横祭海节最为悠久，发端于明永乐年间（1403—1424 年），清末民初形成规模，一般在每年初春举行。当其时，渔船挂起彩旗，准备出海，祭海仪式隆重而热烈，场面十分壮观。即墨城内的诸多商家，尤其是经营海产品的商家和居民踊跃参与其中。2008 年，田横祭海节与即墨柳腔同期入选第二批国家级非物质文化遗产名录。

要说节庆习俗，可以通过如今即墨古城年年举办的“过大年”活动，对这里流传千载的民俗文化有一种生动观照，有一份深切的体验。龙灯、舞狮、高跷、秧歌等歌舞形式的“踩街”活动遍布城里城外，其中独具即墨特色的“九狮图”（亦称“九狮舞”），是百年前衍生于即墨的一种传统舞蹈，其气氛之热烈，韵律之激昂，形象之粗犷，动作之彪悍，充分体现了即墨人豪迈与奔放性格。

明代以来，即墨为移民宝地，八方民俗在此汇集，蕴含出兼容南北东西的民生图景。随着海上交通和南北贸易的不断发展，起源于闽南地区的妈祖信仰传至即墨，在金口港等处兴建了天后宫。这种南北兼容的文化现象在建筑上也有所体现。

我们为什么要做古城？即墨经济飞速发展之际，即墨人民需要一种精神，需要一种文化身份，所以在这个时候采取的办法就是恢复重建古城，找回历史的尊严和历史的精神。

——全国政协常委、中国文学艺术界联合会副主席 冯骥才

无历史，何以洞察时代？无时代，何以复活历史？

即墨古城曾以纵跨千载的耐心与温情，传续着即墨的文化香火。

而今，当她韶华尽失，青春不再，又怎能任由她形容憔悴，衣衫褴褛？

况且身处一个昌明隆盛、文明理性的大时代，也应该给历史一个明朗的交代。

复生古城，不单是复原旧时的城市样貌，也是给当代即墨人营造一个今古交辉的精神空间。

千秋即墨，在当下迎来了再造机缘。

即墨古城的再造是在中国文化复兴的宏观背景下展开的，

这是大历史景深中的一座古城的微观再造，具有坚实的历史依据和鲜明的时代特征，是历史发展与文化传承的必然选择。

古城的再造，是对民生的体察与改善，是对文化的景仰与安放，是对发展的共识与创新。

千年大计，必要深谋远虑，在历史、现实和未来的视野中聚焦，把握时代主题，惠及民生，延续文脉，驱动未来。

第二章

CHAPTER

2

其命维新

即墨古城再造的时代要求与战略决策

QIMING
WEIXIN

2.1 大势所趋：即墨古城再造的时代要求

近年来，有识之士不断发出重建即墨古城的呼吁。拂去历史岁月蒙尘，重现即墨城厚重人文，为先贤奉上一份抚慰，也为后代留下一份记忆。即墨人心底所珍怀的“城”，即使是沧桑的面目，也是城市记忆的圭臬。

复生古城，既是其本身历史文脉延续的需要，亦是文化发展的必然结果，投射在历史与时代大势中，是中华文明复兴的一个具体而微的表征。理所当然，当今所要再造的并不仅仅是一座有形的古城，更深沉、更内在的动因在于城市精神，在于传统精髓，表现为一种深刻的文化自觉，一种坚定的文化自信，某种程度上可视之为弘扬中华优秀传统文化、延续民族精神的具体行动。

2.1.1 留住记忆：延续历史文脉的必然性

即墨之为城，恰似一部厚重的史书。每个年代的记忆，都隐然对应着一个章节；每个事件的发生，都纵情跳跃在字里行间。其中，作为历史文脉的直观载体，建筑的意义尤其耐人寻味。正如俄国现实主义文学的奠基人果戈里所言：

◎ 孩童与古城

> 建筑是世界的年鉴，当歌曲和传说已经缄默，它依旧在诉说。

然而，历史织就的面纱，如云雾缥缈，美则美矣，等闲人是难有耐心与悟性看到其真容的。而即墨古城的复生，可以让描述变成触摸，让阅读变成行走。人与城的交流，就生动多了，也深刻多了。

多少人曾作如是思考，期待着一座古城的复生，想象着一座古城的未来。千载光阴浸染中，即墨城形成了独特的文化环境，令人倍感亲切。虽说沧桑老城已不复旧观，然光影闪现，唤起了多少人的回忆和怀想。思之，其魅力在于深厚的文化底蕴，在于抹不去的关厢记忆，在于世代相传的城市精神。那些关于府邸、院落、坊表、老字号等众多耐人回味的故事，被即墨人口口相传，视若珍宝，这是一种文化精神的凝聚。然而，当时光照进二十一世纪第二个十年之时，这片区域已沦为残破不堪的棚户区。如何实现这一区域的复兴？无论如何，延续文化生态是对该区域进行改造必须考虑的问题，而这恰好也是探索城市更新与发展模式的必然方向。

◎ 即墨古城历史影像：南城门的瓮城、城门楼及城墙（摄于 1922—1930 年）

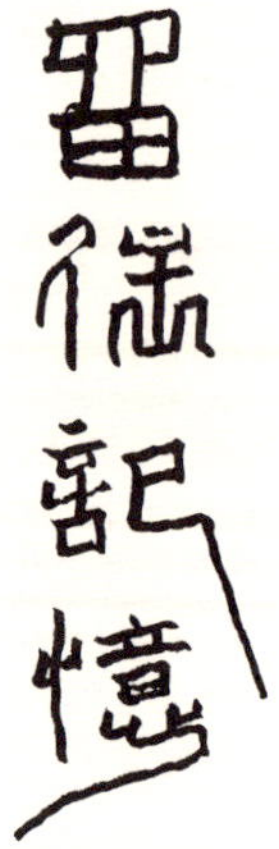

◎ 阮仪三为即墨古城题字

将即墨放在中国文化现代化转型的宏大背景下予以考量，这里呈现出多重互为依托的历史背景和时代趋势以及城市更新的文化逻辑，凸显了贯古通今的文化关系。若从即墨人的家园意识角度来看，重建一座城是为了留住乡愁，提供内心向往的诗意栖居之所。著名古建筑保护专家、同济大学教授阮仪三先生所题写的“留住记忆”就是对即墨古城再造必然性的高度浓缩。

历史文化街区的重塑是留住记忆的载体，是系住乡愁的纽带，也是实现文化复兴的起点。从宏观上看，即墨古城再造符合中国传统文化现代化转型的逻辑，契合中国文化复兴的历史大势和时代要求，也是文化强国战略具体而微的体现。

2.1.2 以人为本：改善民生的必要性

从文脉延续的维度上看，古城再造势所必然，如果说这是长远之虑的话，那么从民生需求的维度上看，老城区的改造已是燃眉之急。

曾经承载着即墨历史文化的老城区，已经在时代前进中力不从心。

◎ 老城区改造前的状况
（摄于2012年）

即墨的经济和发展前景令人瞩目，而老城区人居环境同城市整体发展逐步脱节。

历史上，即墨城饱经战乱和岁月侵蚀，城内大部分老建筑已不存在。进入二十一世纪以来，看到照片中老城区的杂乱、落后状态，人们尤其感到痛心。建筑老化严重，部分空置房屋因年久失修而坍塌，一些后来搭建的建筑严重破坏了老城区的整体风貌。同时，居住条件和生活环境恶劣，水、电、气、暖、路、通信等基础设施滞后，严重困扰着世居于此的人们。

即墨城的历史痕迹即将消失于岁月的更迭磨洗之下，令人忧心。历经太多纷乱和磨难，老城已无法澄明自身的文化气质，无力适应新时代的发展节奏。反观周围区域，多是欣欣向荣的景象，往昔繁华的老城却已沦为即墨这座千年商都“有碍观瞻”的片区。

◎ 晨曦中的墨水河畔

如何提高该区域内居民的生活水平，如何挽救岌岌可危的历史文脉？毫无疑问，老城更新和城市发展，是顺应民心，满足民众生活改善需求的必然之举。纵观古城再造的缘起及实施过程，根本动力是人民对美好生活的向往，而贯穿始终的政策导向是以人为本，是即墨人长远的文化发展需求和迫切的民生改善需求。

改革开放以来，即墨取得了骄人的发展成就，理应让古城片区居民拥有更好的获得感，切实提高他们的幸福指数。其实，对于生活在这片土地上的居民来说，所要改善的不仅仅是人居环境，而且是一种文化气质，是对本民族文化的认知与传承方式。如果对老一辈即墨人来说，复生古城是要找回城市记忆，对新一代的即墨人来说，这又何尝不是家园情怀和文化自信的培育。

2.1.3 区位发展：城市更新的可行性

当下，城市更新和老旧城区改造是中国很多城市必须面对的课题。通过对一些成功和失败案例的总结，人们普遍形成这样的共识：无论是在当下还是在历史上，旧城更新都不是静态的，而是一个动态过程。针对改造区域的重新规划和建筑更新，固然可以优化其空间形态和整体风貌，而更重要的是通过规划和设计，结合城市运营等手段，构建一种有效而合理的城市活化模式，以确保该区域的更新、建设和未来发展能够进入良性运转，实现自我成长和再度繁荣。因此，确定更新改造区域在城市生态中的地位，为它找到最适宜的功能定位，是实现以上目标的第一步，也是最关键的一步。

即墨地理位置得天独厚，自古便是重要的区域性商贸中心，但随着古代内陆型经济的发展，国家经济中心向中原和江南转移，偏隅北方

沿海的即墨曾一度黯然失色。二十世纪八十年代，即墨人秉承传统，把祖先重农桑、劝女红、极技巧、通鱼盐的本领发挥得淋漓尽致，即墨开始作为经济强县迅速崛起，村镇工业发展突飞猛进。二十世纪九十年代，借助地理优势和现代交通运输业的发展，即墨服装批发市场、小商品城等二十多个专业批发市场闻名全国，形成了江北最大的市场群，“南义乌，北即墨”的名号渐渐响亮，千年商都再度兴盛起来。

随着经济社会快速发展，人们开始更加关注精神文化的需求，文化即墨建设成为重要的战略方向，作为江北重要的商贸名城，其商业文明和潜在的经济实力为城市更新带来了可行性和新的探索方向。

历史逻辑豁然明朗，悠久的文化传统具备了复生的可能性。在找寻表达城市文化和形象的适宜地段之时，人们的目光又回到了当年城市的中心——即墨城。

彼时，社会各界对古城再造达成广泛共识，形成了深厚的民意基础。让古城重新焕发青春，既要“破旧立新”，又要“继往开来”；既要有敢作敢为的胆识，又要有博闻多思的见解。即墨思考着如何更新老城，顺应经济、文化与社会发展大势；如何突破现状，在更新城市生态基础上获得未来发展的新动能。

拥有悠久灿烂文化和“千年商都”美誉的即墨，在经济高速发展的时代，应该给自己一个机会，重拾千秋朗然的历史风貌，重现天地浩然的文化气度。

2.2 千年大计：即墨古城片区改造战略决策

即墨城从来不是仅仅停驻于记忆中的旧影，尽管风华渐逝，但一直是人们珍贵的历史记忆。她的陈旧，只因为经历了太多风雨沧桑，无法在激越的时代变奏中生长。如何在发展经济的同时，延续文脉，惠及民生，这成为城市更新的重要方向。在棚户区改造过程中顺势将人们心中的“城”筑起来，是找寻即墨历史文化根源与自信、塑造即墨城市精神的重要举措。

千年大计，必深谋远虑。着眼于经济、社会与文化发展的整体需要，在科学调研和征询民意的基础上，即墨市委、市政府决定启动即墨古城片区改造项目。欣逢盛世，墨邑重华，是对历史的璧还，亦是对未来的期许。

2.2.1 人心所向：即墨古城片区改造成为“一号议案”

一封封百姓来信，一次次群众来访，一年年殷切期待……随着经济社会的快速发展，社会各界对改造即墨老城区的呼声日益高涨。可以说，改造老城区是民意所系、民心所向、民望所归。但这是牵一发而动全身的大事，与即墨城市长远发展密切相关。

2011 年 12 月，中共即墨市第十三次代表大会提出“建设开放型现代化城市”的总体目标，实施“现代产业体系建设和特色精品城市建设”两大战略及“疏老城、建新城，连滨海、融青岛”的城市发展思路，新一届市委、市政府将目光聚焦到了即墨老城区。这一片区位于即墨城区的中心位置，承载着即墨千年历史文脉，其改造将对改善人居环境，加快推进经济社会发展具有重要意义。着眼于历史文脉延续和现实发展的迫切需要，即墨市委、市政府在广泛听取民意的基础上，审慎决策，将老城区改造提上议事日程。随后，开展了一系列调研、论证和咨询工作，形成了对即墨古城片区改造项目规划建设必要性和可行性的科学认知和普遍共识。

2013 年 1 月 17 日，在即墨市第十七届人民代表大会第二次会议上，34 名市人大代表联名提出了《关于实施即墨古城片区改造建设延续千年历史文脉的议案》。1 月 18 日，经过全体人大代表的认真审议并表决通过。这一议案便是当年备受社会瞩目的“一号议案”。

议案提出，即墨古城片区改造要紧紧围绕改善民生和传承历史文脉两大着力点，将古城的保护、开发和利用相结合，使古城片区的古老形态和现代城市功能相结合，实现老城与新城联袂发展、交相辉映，赋予其改善民生的功能和现代城市的生活业态。在投融资运营机制上，建议探索“政府主导、企业参与、市场运作”的模式，采取多元化的投资渠道和经营模式，调动各方积极性，选择有实力、在古城建设运营方面有丰富经验的企业参与，确保建成经得起历史检验的精品工程。

◎ 即墨市人大常委会关于转办“一号议案”的通知暨议案文本（部分）

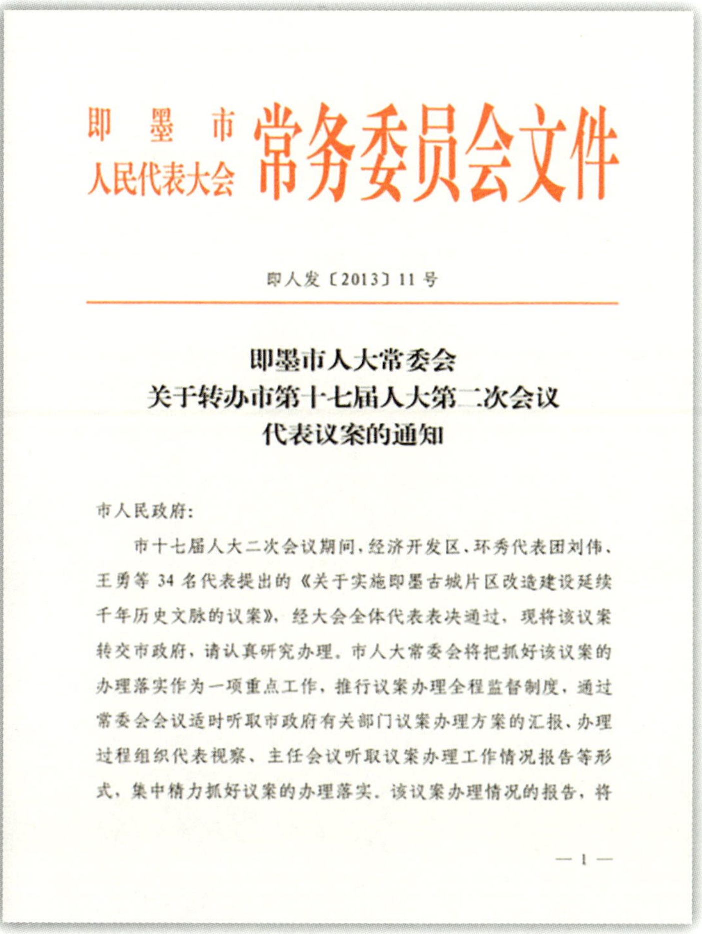

即　墨　市
人民代表大会 常务委员会文件

即人发〔2013〕11 号

即墨市人大常委会
关于转办市第十七届人大第二次会议
代表议案的通知

市人民政府：

市十七届人大二次会议期间，经济开发区、环秀代表团刘伟、王勇等 34 名代表提出的《关于实施即墨古城片区改造建设延续千年历史文脉的议案》，经大会全体代表表决通过，现将该议案转交市政府，请认真研究办理。市人大常委会将把抓好该议案的办理落实作为一项重点工作，推行议案办理全程监督制度，通过常委会会议适时听取市政府有关部门议案办理方案的汇报、办理过程组织代表视察、主任会议听取议案办理工作情况报告等形式，集中精力抓好议案的办理落实。该议案办理情况的报告，将

— 1 —

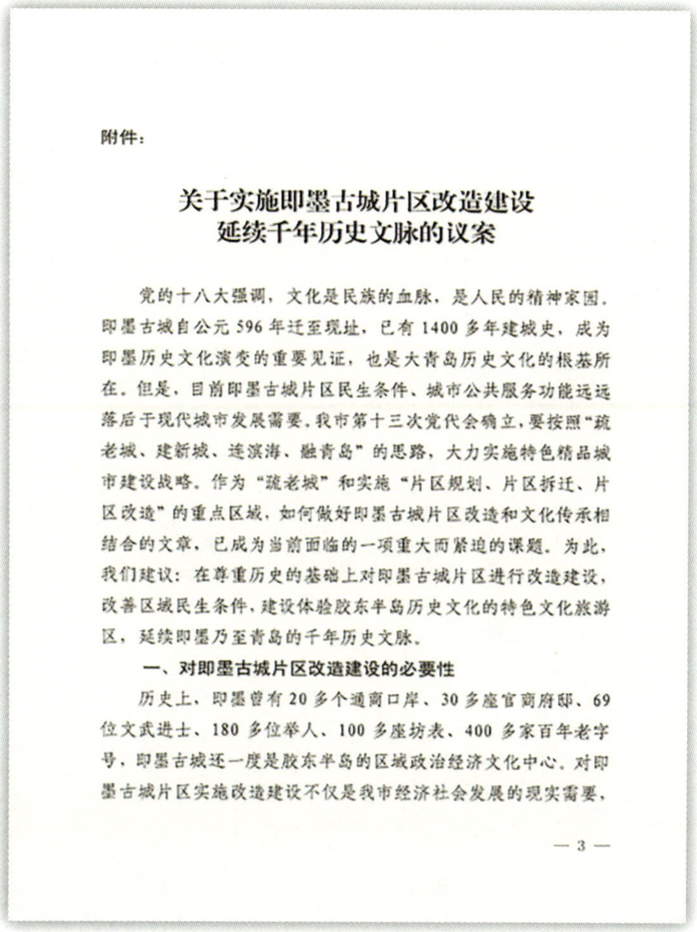

附件：

关于实施即墨古城片区改造建设
延续千年历史文脉的议案

党的十八大强调，文化是民族的血脉，是人民的精神家园。即墨古城自公元 596 年迁至现址，已有 1400 多年建城史，成为即墨历史文化演变的重要见证，也是大青岛历史文化的根基所在。但是，目前即墨古城片区民生条件、城市公共服务功能远远落后于现代城市发展需要。我市第十三次党代会确立，要按照“疏老城、建新城、连滨海、融青岛”的思路，大力实施特色精品城市建设战略。作为“疏老城”和实施“片区规划、片区拆迁、片区改造”的重点区域，如何做好即墨古城片区改造和文化传承相结合的文章，已成为当前面临的一项重大而紧迫的课题。为此，我们建议：在尊重历史的基础上对即墨古城片区进行改造建设，改善区域民生条件，建设体验胶东半岛历史文化的特色文化旅游区，延续即墨乃至青岛的千年历史文脉。

一、对即墨古城片区改造建设的必要性

历史上，即墨曾有 20 多个通商口岸、30 多座官商府邸、69 位文武进士、180 多位举人、100 多座坊表、400 多家百年老字号，即墨古城还一度是胶东半岛的区域政治经济文化中心。对即墨古城片区实施改造建设不仅是我市经济社会发展的现实需要，

— 3 —

2.2.2 风正帆悬：成立组织领导机构

2013 年 2 月 18 日，对于即墨古城片区改造项目而言，是一个重要的历史节点。依据“一号议案”提出的要求，中共即墨市第十三届委员会第三十次常委会会议就实施即墨古城片区改造项目进行研究部署，决定成立以市长郑德雁为组长的即墨古城片区改造工作领导小组，下设即墨古城片区拆迁指挥部和即墨古城片区规划建设指挥部，统筹推进古城片区改造工作。两个指挥部分工负责、相互配合、协调运转、统筹推进，确保拆迁和规划建设同步运行。组织领导机构的成立，标志着即墨古城片区改造项目正式启动。

即墨古城片区拆迁指挥部（以下简称“拆迁指挥部”）主要负责即墨古城片区的拆迁工作，由市委副书记于澎担任总指挥，市人大常委会副主任刘守君担任常务副总指挥，其他 16 名副市级领导干部担任副总指挥，其中 13 名副市级领导干部直接包村居。拆迁指挥部设立了 6 个专项工作组，从市直部门和街道办事处抽调 150 余名骨干力量，组成了 12 个驻村居工作组。每个村居都成立了由包村市级领导、驻村居工作组、村“两委”成员组成的拆迁工作单元组。

即墨古城片区规划建设指挥部（以下简称“古城规划建设指挥部”）主要负责即墨古城片区的规划建设工作，由副市长宋宗军担任总指挥，市政协副主席孙俭习担任常务副总指挥。古城规划建设指挥部成立之初，由 7 名副总指挥和 44 名工作人员组成，设综合协调、规划建设、投资融资 3 个工作组。

通过将市级领导、市直部门、基层组织和群众力量的有机整合，形成了协同作战的有效合力，在后续系统、科学的顶层设计和体制机制、工作理念、工作模式不断调整创新的基础上，有力推动了“一号议案”的落地生根、开花结果。

2.2.3 春秋六载：规划建设组织机构的变迁

2013年2月27日，即墨古城片区规划建设指挥部第一次全体会议召开，来自不同部门，不同岗位、专业的工作人员为了同一个目标汇聚在一起，开始了一项陌生而富有挑战性的工作。他们凭借满腔热忱和对古城的热爱，从零开始，“摸着石头过河”，将建筑艺术与历史、文化、人文、民俗等元素相融合，见证着即墨古城的诞生和成长，也逐渐成为古城规划建设方面的行家里手。

随着项目的深入开展，古城规划建设指挥部的机构设置不断完善，专业技术人员随之增加，专项工作组适时调整变化，力争实现人力效能的最大化。2013年5月，考虑到“项目未动，招商先行”的必要性，古城规划建设指挥部在原有的综合协调组、规划建设组、投资融资组的基础上，增设了招商服务组，全面负责古城的招商及各项建设手续的办理工作。2014年10月，应宣传推介和文化研究需要，专项工作组再度调整，划分为含文化研究职能的综合协调组、规划建设组、投资融资组、宣传招商组。

良好的运行机制是激发古城建设活力的关键。为解决人员编制问题，也为后期运营管理做好铺垫，2015年5月，市委、市政府决定成立即墨古城管理办公室，下设综合科、财务科、规划建设科、文史研究科、招商促进科、运营管理科6个科室，负责即墨古城规划建设、宣传、招商、运营管理等工作。即墨古城管理办公室在古城规划建设指挥部的统一领导下开展工作。

春秋六载，人员更迭，岁月磨砺出一支坚韧执着的队伍，他们从即墨古城的一砖一瓦、一草一木、一字一画开始，孜孜以求、废寝忘食、夜以继日，与这片土地同频共振。他们有一个统一的名字：即墨古城建设者。

2019年2月2日，古城规划建设指挥部最后一次全体会议召开，标志着“一号议案”顺利办结，古城规划建设指挥部至此完成使命。

即墨古城不是没有灵魂的建筑，而是有生活温度的载体，人们在这里能够追寻到历史文化。
她就像一本立体书，把历史、现代、未来结合在一起，一页页翻看，在这里能回望过去，
看到现在，预见未来。

——中华全国妇女联合会副主席（兼）、中央民族大学教授 蒙曼

历史是根，文化是魂，树立延续历史文脉的文化自觉，留住文化基因，是城市持久发展的动力。
为古城再造提供精准的历史文化依据，文化挖掘工作需先行。
可以说，历史文化的探索与发掘，是连接棚户区改造与城市更新的桥梁。
而以严谨的治学态度，以史家精神展开工作，既能在建设中杜绝浮华的时弊，
又能为即墨古城的再造奠定坚实沉着的气质基调。
即墨城的文化存量不仅存在于文献典籍中，更存在于这片地域的自然与人文环境中。
让传统文化在当代“活起来”，是即墨古城再造的目标之一，也是保持其活力的关键所在。

第三章

CHAPTER 3

博古通今

即墨古城片区的文化发掘

BOGU TONGJIN

3.1 追本溯源：历史文化资源普查

千余年以来，即墨城饱经岁月沧桑和战火洗礼，历史遗迹所剩无几，对其现存的历史资源进行普查、挖掘、整理，摸清“家底”，是重构古城历史原貌的基础，也是老城区改造的一项奠基性工作。

2011 年 11 月，即墨市文化广电新闻出版局对即墨城内建筑开展了三次走访调查，对一些有特色的老建筑进行拍照、丈量和记录，摸清了明清时期城内部分名人故居的位置和历史故事，如明代的黄嘉善故居、黄培故居、杨家祠堂、胡从宾故居、黄贞麟故居、周家大院，清代的傅家大院、郭家大院、姜元衡故居，民国时期的董政国故居等。这些建筑历经岁月淘洗，仅存部分砖、瓦、石构件或纹饰，风貌已变，失去了保留价值，但相关痕迹为古城建筑风格的确定提供了重要参考依据。

2012 年 7 月，即墨市政府下发《关于开展即墨古城历史文化旅游资源普查工作的通知》（即政发〔2012〕30 号），围绕市委、市政府建设特色精品城市战略的实施，决定对古城片区历史文化旅游资源进行普查。即墨市古城历史文化旅游资源普查领导小组就此成立，下设即墨市古城历史文化旅游资源普查办公室（以下简称“普查办公室”）。历史文化资源普查作为即墨古城片区改造项目的先导全面展开。

◎ 普查中征集的部分族谱资料

历时半年，范围包括大同街[1]以东、东关街[2]以西、蓝鳌路以南、墨水河以北区域，涉及9个村庄。工作人员按照历史、古建筑、仕林、坊表、商业5条主线，采取座谈、走访、外调、考察等方式，将史料记载、照片档案、考古发掘、回忆口述等多方面信息相互印证，分析即墨的历史渊源及发展变迁。

普查期间，工作人员走访了百余位老人，挖掘出一批珍贵的口述资料，搜集整理了数百段史料。通过这些老人的口述，基本还原了即墨家族商号、家族兴衰历史和名人故居院落布局，以及已消失且缺乏记载的古建筑群落的格局和风貌。在走访调研的同时，普查办公室组织顾问委员、村庄党支部书记和村民代表召开了几十次座谈会，提高了社会各界对即墨城历史文化的认知度，获得了一些有价值的线索以及对该区域发展的意见和建议。此外，还赴烟台、潍坊等地调研，发现了一批明清时期的文献善本和抄本等珍贵资料。通过对历史片段的重塑、历史记忆的重组、历史发展脉络的衔接，探究了即墨城的文化史、建筑史、商业史等，再现了城厢历史文化形态。经历了一番史海钩沉，最终形成的百万余字基础资料，成为即墨古城策划与规划设计的重要参考。

1 今坊子街。

2 今镜熔街。

3.2 沧海遗珠：即墨城老照片的发现

即墨城老照片很有价值，为古城重建提供了非常好的样本。对于即墨古城来说，这是一个得天独厚的优势。

——著名历史地理学家、复旦大学教授　葛剑雄

历史，总是偶然与必然的交织。多少曾经光芒四射的丰功伟业隐于时代浪潮，未留下一丝痕迹；但总有一些浮光掠影，会在风浪中留存下来，终成沧海遗珠，重绽光华。

因缘际会，即墨城得以再现真容，重回民众视野，有赖于那些机缘偶得的老照片。作为对近代历史图景最直观、最形象的记录，老照片价值非凡。岁月尘封，真容难辨，即墨早已不复旧观。所幸的是大量的老照片流传于世并回归即墨，让世人看到百年以前即墨城的模样。

◎ 即墨古城历史影像：城墙脚下的赶路人（摄于1901—1910年）

3.2.1 光影初现：马维利提供的老照片

2005年10月，德国波恩大学历史学博士马维利[1]来青岛参加“青岛与德国历史文化论坛”。其间，经青岛市档案馆与即墨市档案局接洽，马维利到即墨查找德占青岛时期的相关史料。在即墨市档案局，他

1　马维利，1930年生于青岛，其父老马维利曾在即墨传教，1925—1930年任萃英中学（即墨一中前身）校长。

看到了由黄济显[1]策划主编、赵宝云[2]绘制的《即墨古城图文集》一书，非常感兴趣。随后，经即墨市档案局局长李万林协调，黄济显应允将该书赠予马维利。为表示感谢，马维利展示了他带来的25张带有德文说明的即墨城老照片，即墨市档案局进行了翻拍。这些照片系1901年至1910年间由德国传教士拍摄，主要表现的是即墨城东南厢及“丁”字街以东区域的建筑，多为街景，也有部分人物照片，涉及牌坊及其他建筑的完整照片较少。

3.2.2 不解之缘：吴淑曼捐赠的老照片

◎ 2005年11月23日，吴淑曼捐赠老照片

2005年11月，马维利遇见了正在青岛做访问学者的德国汉堡大学语言学教授吴淑曼，谈起他的即墨之行。当月，为帮助好友贝蒂娜[3]找寻其祖父卫礼贤[4]的即墨行迹，吴淑曼来到即墨。青岛市摄影家协会主席任锡海帮忙联系到了即墨市田横镇党委书记宋宗军，吴淑曼被安排参观了即墨城区。这是她首次近距离接触和了解即墨，从此与这座城结下了不解之缘。

吴淑曼对中国历史文化有着浓厚的兴趣，曾在柏林档案馆、教会档案馆等处收集、刻录了许多青岛及其周边区域的老照片，将其赠予了青岛市档案馆。在参观即墨县衙时，她表示想将自己收集的老照片

---

1 黄济显，原即墨市委常委、市政府副市长，原即墨市政协副主席、党组副书记，曾任《即墨市志》特邀编审、即墨谱牒研究会会长等职。

2 赵宝云，即墨后庵村人，青岛市美术家协会会员、即墨诗词学会理事。

3 贝蒂娜，德国传教士卫礼贤的孙女，2005年她决定拍摄一部关于祖父的纪录片，遂到中国搜集素材。之后播出的纪录片中，收录了吴淑曼帮她搜集的卫礼贤的即墨行迹。

4 卫礼贤，德国信义会传教士，著名汉学家。1898年来青岛，创办礼贤书院。在青岛的22年中，将《易经》《论语》《道德经》《大学》《中庸》等中国典籍译成德语，使青岛成为东学西渐的桥头堡。其间，多次到访即墨。

无偿捐给即墨。得知消息后，宋宗军向即墨市政府领导作了汇报，并受命经办此事。2005 年 11 月 23 日，吴淑曼将 130 多张老照片交给了宋宗军。次日，这些老照片入藏即墨市档案馆。2006 年 3 月，在田横祭海节上，部分老照片首度公之于众，城墙、殿宇、房舍、街巷、风土人情等一一呈现，可谓即墨城历史风貌的全景展示。

2012 年 8 月，副市长宋宗军在德国参加培训期间，曾专程到汉堡拜访吴淑曼。2017 年 7 月，古城规划建设指挥部又委派专人到德国看望她。那年，吴淑曼家中刚刚遭遇不幸，房子被烧毁，且身患重病，精神状态大不如前，但看到即墨古城的建设影像时，她满脸惊喜，感到非常震撼，激动地说，十年前即墨老城，还在沉睡之中，现在，她被唤醒了。临别前吴淑曼用中文深情地说“即墨朋友，谢谢你”。

从策划、规划、设计、施工建设到文化、商业植入，即墨古城已然脱胎换骨，这里面包含着吴淑曼的特殊贡献，建设者特邀请她身体好转后实地参观即墨古城。但自那一年之后，便与她失去了联系。不过，故事依然在延续。

2017 年 8 月 7 日，即墨古城举办《城市复兴与街区发展》高端对话，中国建筑学会原秘书长周畅提出，吴淑曼的故事可通过雕塑的形式加以呈现，进一步丰富即墨古城的东西方对话元素。因感念吴淑曼对即墨古城再造作出的贡献，古城规划建设指挥部决定为其塑像。2019 年 7 月 23 日，著名雕塑艺术家曹春生创作的吴淑曼塑像在古城基督教堂东侧落成，设计形象取自她 2005 年捐赠老照片时讲述照片内容时的神态。

◎ 古城里的吴淑曼塑像

2019 年 9 月 12 日，国际博物馆协会原主席、德国历史博物馆馆长汉斯・马丁・辛茨到古城参观。在学宫，他饶有兴致地欣赏着标注德文的即墨城老照片，在听到吴淑曼的故事后深有感触，回国后几经探访，才得知吴淑曼已于两个月前离世。因时空相隔，竟终未能话别，幸而那段宝贵的记忆仍有余温。如今，吴淑曼的塑像静静地矗立在即墨古城，她俯首垂眸，仔细端详着手中的一沓老照片，似乎在向人们讲述着老照片背后的那些往事。

吴淑曼捐赠的老照片是即墨古城再造的重要依据。当年她以深情将珍藏托付，而即墨则以诚挚回馈信任。相隔万水千山，却因一座城，造就了一段跨越半个地球、横亘百年的缘分。百余年前，外国传教士和侨民穿行于即墨城的大街小巷，拍下了一张张照片，记录了当时的历史风貌。如今，吴淑曼和马维利等学者捐其所藏，往昔那些珍贵的历史影像重现即墨，构成了即墨古城记忆的一部分。

3.2.3 吉光片羽：即墨人拍摄的老照片

2005 年至 2007 年，在受即墨市档案局、旅游局、文化局委托，编纂《即墨古城照片档案》一书期间，黄济显和赵宝云搜集中发现了 14 张即墨城老照片。其中，3 张为 1936 年春黄象柱经营的永昶照相馆拍摄，由黄象柱的旁支后裔黄梓显提供；3 张为二十世纪四十年代由戴仲文与刘云秀合办的济云摄影社拍摄；8 张为即墨新华书店经理栾艺林于 1958 年前拍摄，其中，1 张为基督教堂，1 张为即墨信义中学，6 张为牌坊的照片。

◎ 即墨古城历史影像："四世一品"坊（摄于 1936 年，左）

◎ 即墨古城历史影像：西阁（摄于 1940 年，右）

虽然照片数量不多，但弥补了近代即墨人所拍历史影像的空白，以即墨人的视角记录下了即墨故事。虽是吉光片羽，然弥足珍贵。

3.2.4 岁月印记：老照片结集问世

2007 年 10 月，黄济显主编的《即墨古城照片档案》问世，收录了 100 多张老照片，书中每幅照片都有翔实的文字说明。其中大部分照片由吴淑曼、马维利提供，集中呈现了即墨城的近代风貌，包括城墙、街巷、公共文化建筑、商户、民居等，往昔场景跃然纸上，即墨城的形象在人们心中逐渐清晰起来。

2011 年 11 月，刘赞松担任新一届中共即墨市委书记。他的故里是原即墨县河套公社[1]，因而有一种特殊的即墨情结。某日，他偶然翻开《即墨古城照片档案》一书，被一张张老照片所打动，思忖着照片中的即墨古老印迹或许可以在当下重现……

◎《即墨古城照片档案》

青萍之末，有风吹起；一念即生，大海微澜。

1 1961 年 3 月划归青岛市崂山县，今为城阳区河套街道。

3.3 旁搜博采：建筑构件、老物件和历史文献的征集

建筑构件及相关老物件承载着古城的历史沧桑，对古城再造具有特殊意义。

即墨老城区拆迁之际，特别注意留存原有建筑的构件，同时及时搜集反映日常生活风貌、可能被随手丢弃的老物件。为此，2013 年 4 月，面向全市征集反映当地历史、具有一定研究价值和时代特征的建筑构件、老物件和历史文献，主要包括反映 1949 年以后即墨地区重要历史事件、活动的实物及各类资料，具有古风造型的门窗、石础、砖雕、石雕、木刻等民居建筑、公共文化建筑的建筑构件，各种建筑装饰、家庭陈设、古旧家具、卧具、厨房用具等实物及民俗物品等。

征集通知一经发布，立刻得到了社会各界特别是乡贤后人的积极响应，他们对古城建设满怀期待，对这片承载了几代人记忆的城池深有感情，捐赠了大量实物和文献史料。这些实物和文献反映了即墨城的生产生活风貌，丰富了古城文化史料的存量，成为古城规划建设的重要参考。

这些原本只是关于老城区的细枝末节，但正如生物体的“细胞”一样，每一个微小的构件、物件，或者几张有据可查的文件，都蕴含着即墨城独特的基因。即墨古城，将从这些细枝末节中重构自己的基因链条。

◎ 建筑构件

◎ 老物件（清代细雕炕桌）

◎ 老物件（清代寿字供桌）

3.4 探明地脉：古城片区的考古发掘

考古是即墨古城历史风貌和人文景观的发现之旅，可揭开千年古城的第一层面纱。

考古的作用在于准确地澄清历史，让考古对象在特定的空间和时间中变得清晰。即墨古城再造，需要的就是这种“准确”和“清晰”，特别是城址和经典建筑的准确性与清晰性尤显重要，这是校准古城再造大方向的重要一步。有了这一步，既可通过历史遗物印证文献记载和社会记忆的准确性，也可为进一步深入研究即墨城历史、重构即墨城历史风貌提供准确依据。

3.4.1 地层探秘：考古的目的和意义

即墨城自隋代迁今址重建以来，历代重修，其文化累积比较丰富，而这种“累积”也必然反映在地层以及相关埋藏物上。千年以来，沧海桑田，除了即墨县衙等少数建筑尚存之外，其余建筑均已无复旧观。诸多建筑的地上部分已毁，所幸的是由于该片区为老居民区，大规模的建设项目较少，地下文物遗存保留比较完好。建筑回答不了的问题，可向地层求证。因此，在分析了各种客观因素和古城片区改造的实际需要之后，考古发掘工作率先拉开帷幕。

即墨古城片区改造项目启动后，青岛市文物保护考古研究所对区域内约35万平方米的范围进行了文物调查勘探及考古发掘，寻找埋藏在地下的建筑基址等文化遗存，以科学方法鉴定地层及出土文物的具体年代，观察分析不同时期即墨城内的建设和生活图景，以实现待建古城与现存老城的契合。

在考古勘探中，重点对即墨城三门四阁的基址、城墙基址与城壕遗址的局部截面、即墨县衙、准提庵遗址、真武庙遗址、万寿宫遗址、西北城墙角及护城河遗址等处进行考古勘探，发现地下掩藏着悠久而丰富的历史遗迹，从新石器时代大汶口时期的红陶文化，到龙山时代的黑陶文化，再到秦、汉、宋、金诸代的墓葬风俗，明清以迄民国时期相杂糅的文化形态。

考古发掘过程中，意外发现古城片区的历史跨度远超想象。就这片区域的历史积淀来说，建城以后的历史也仅仅是大时空中的一个片段而已。考古发现证明，此地的人类居住史可上溯至新石器时代，即墨城的历史容量和文化内涵由此更加丰富和厚重。弥足珍贵的正是多重历史相叠合的文化时空，可以理解为古今双重时空的复合逻辑。古城规划建设本身的合理性，其实也正是双重时空的深度复合。

即墨古城片区的考古，是对即墨历史的深度探索与梳理。在不断发现与求证之间，千年古城真容渐渐展露。曾经酣眠于土层之下的即墨风华，悠悠转醒。

◎ 左侧远处红砖山墙为江志墨确认的东城墙内墙位置

◎ 城址考古现场

3.4.2 校准时空：城墙基址的考古勘探

欲知即墨城的具体方位和结构，首先要弄清楚城墙的样子。城墙基址的考古勘探是校准时空的重要标志，对确定古城四隅有重要意义。

在勘探前，考古工作人员首先找到了时年 92 岁的老城区居民江志墨先生了解情况，他回忆了亲见亲历的东城门面貌。据他提供的线索，很快就确定了东城墙内侧的位置，并进行了 GPS 定位。在探寻城址的过程中，即可据实测定东城墙基址的具体位置。

随后对东城门遗址进行考古勘探，发现了明代城墙的残存基址，出土了一批砖石。虽说其他有价值的信息较少，但对确定东城门位置起到了至关重要的作用，据此也可确定西城门位置。据历史记载推算，

◎ 明代城墙砖

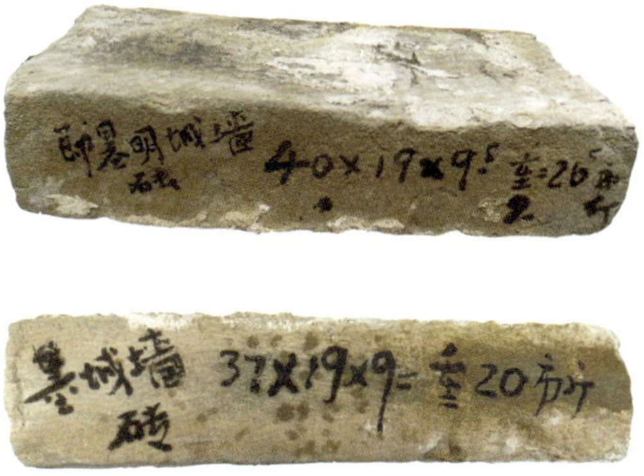

东西两城门的直线距离为608米。以东城门为起点，向西608米处探寻到了西城门遗址，即墨古城的空间框架首先在东西维度上显现出来。

当然，仅有东西两点尚不足以还原古城的四至和尺度，探秘过程还需继续。于是，勘探重点就放在城墙西北角。2013年9月21日，工作人员对城墙西北角进行了探挖，经多次尝试，终于找到了城址的确切位置，还出土了一些元代城墙黄坚土质地的地基夯土块，并发现了数座古代储存粮食的土窖。此外，在较深的活土层中还发现了一些红陶片，证明新石器时代早期此处就有人类繁衍生息。

经过对城址的考古勘探，即墨城空间分布的大逻辑框架逐渐变得清晰、醒豁起来。城墙坐标的校准，得益于文献、记忆与科技的三重勘定，这种多维定位的探索方式和研究方法，不仅在考古发掘中有用，而且贯穿于即墨古城规划建设的全过程。

3.4.3 千年古衙：即墨县衙的考古发掘

即墨县衙现为山东省重点文物保护单位，作为区域内最重要的古建筑，是考古勘探工作的重中之重。对于即墨县衙的认识，过去仅限于《即墨县志》等古代文献的记载。此次考古发掘工作，科学揭示了即墨县衙的建筑布局演变和历史文化内涵。

2011 年 10 月 16 日至 12 月 17 日，青岛市文物保护考古研究所联合即墨市博物馆，对即墨县衙进行了考古发掘。

3.4.3.1 发掘方法、范畴及重点

此次考古发掘采取探方和探沟相结合的方式进行，以大堂、二堂、三堂的中轴地带及四周为重点，兼顾其他区域，涉及面积 9000 余平方米。由于古树保护等原因，部分区域未进行完全发掘，实际揭露面积约 4000 平方米。

在大堂至三堂东西两侧及三堂与二堂之间空地，按正南正北方向布 10×10（米）探方 40 余个。为探明即墨县衙的始建年代，在大堂露台左侧布一条 28×3（米）的探沟，解剖至生土层，寻找各个时代的遗迹并力求澄清县衙的最早建设年代。

为保护地下遗存，在清理出相关遗存后即停止发掘。

3.4.3.2 考古成果

此次考古发掘取得了一系列重要成果，主要表现在以下几个方面：

第一，经过发掘，共清理出房址 36 座、墙基 51 条、排水沟渠 12 条、道路 13 条、灰坑 5 个、水井 2 口、露台 1 座、古地道 1 处、近现代防空洞 1 处等遗存。因此次考古是配合即墨县衙修缮进行的清理工作，故对整个发掘区未全部清理至底部，大部分仅清理至清代晚期文化层。经过初步分析，大致了解了从清代晚期到中华人民共和国成立后县委大院时期，该区域内的地层堆积及其建筑分布情况，为县衙的修缮提供了考古依据。

第二，出土了大量瓷器、陶器、石器、骨器、铜器、铁器、玉器和建筑构件等各类遗物，尤其是大量明代瓷器标本的集中出土尤为珍

◎ 即墨县衙考古区域分布图

◎ 即墨县衙发掘出的古地道示意图

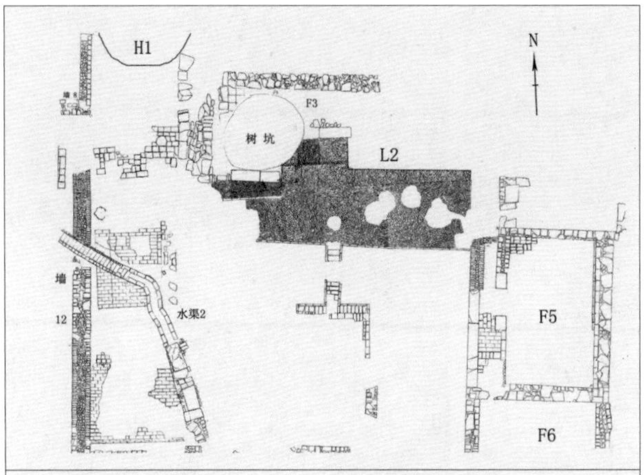

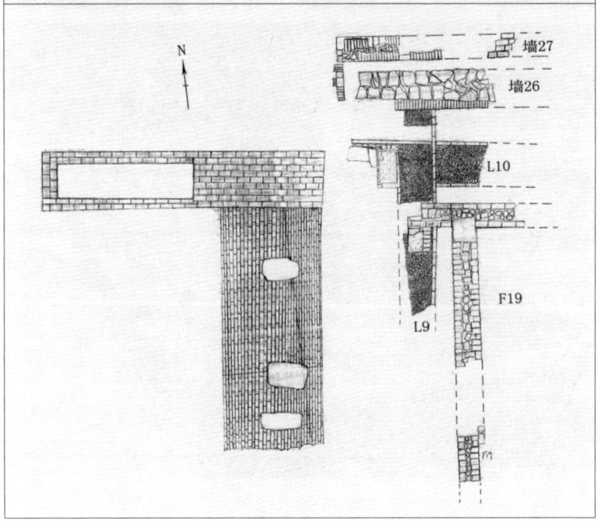

贵，其中不少是可复原瓷器，且品种众多，时代特征明显，对于遗址断代具有重要价值。这些文物的出土，对了解县衙的建筑形态及其内部的生活状态等提供了实物资料。

第三，通过地层解剖发现，距地表深约 3 米处为原生土层，整个遗址地层可划分为 10 层。

第四，对重点区域进行了深度清理，根据地层堆积情况及出土物品分析，1 ～ 2 层为现代层，3 层为民国层，4 ～ 6 层为清代文化层，7 ～ 8 层为元明时期文化层，9 层为宋代文化层，10 层及以下为唐代文化层。县衙地层的科学揭露，为揭示即墨城的发展与变迁提供了一条清晰的历史脉络。与此同时，探沟发掘揭示出遗址最下层的莲花纹瓦当为唐代典型建筑构件，佐证了地层逻辑，证明不晚于唐代即墨县衙便出现了建设活动，对确定即墨县衙的始建年代极为重要。

3.4.3.3 保护利用建议

基于考古勘探结果，考古工作人员对即墨县衙提出了综合运用展示性保护、回填式保护和维修性保护三种模式：维修复原大堂至三堂中轴线建筑及露台基址和南部甬道；两侧区域内保存较好、比较清楚的遗迹可进行原址展示性保护；其他部分与景观、绿化、参观道路等相结合，予以回填式保护。这些建议为即墨县衙的修缮、保护与展示提供了基本思路。

◎ 即墨县衙考古发掘出的古地道（左上）

◎ 即墨县衙考古发掘出的古甬道（右上）

◎ 即墨县衙发掘出的建筑基址

◎ 即墨县衙出土的唐代瓦当（左）

◎ 即墨县衙出土的明代瓷碗（右）

3.4.4 东夷余韵：北阁遗址的考古发掘

在对北阁遗址的发掘过程中，探寻到了即墨更为久远的讯息。

2013 年 10 月 15 日，探沟开挖到北阁街[1]路西中段，并延伸至城西北角处，发现了北阁遗址。从基址情况看，其本体为清代建筑。勘探过程中，还发现了龙山文化遗存，出土了大量灰陶和黑陶片，还出土了一件黑陶灯台、一个灰陶鬶和一只不足 20 厘米高的黑陶尊。黑陶尊漆黑乌亮，薄如蛋壳，系用优质澄泥转轮制作的薄胎黑陶，与在三里河遗址等处发现的薄胎黑陶镂空高柄杯等器物异曲同工，其细致的碾压工艺和火候把控令人叹为观止，反映出龙山制陶技艺之精湛和龙山文化之精妙，证实了即墨在东夷文化起源与流变中发挥了重要作用。

北阁遗址的发现，证明距今 4500 年左右，就有人类在此繁衍生息。根据陶片的出土走向延伸至即墨城的西北角处这一线索推断，在大汶口文化时期定居在城内西北角至城里一带的远古先民，逐步繁衍扩展至近西河岸畔的北阁遗址处生活定居，在这里留下了丰富的人类生活遗存。

3.4.5 自汉迄清：南关村墓群的考古发掘

拆迁过程中，在原南关村发现了许多有几何图案的汉代墓砖。2013 年 9 月 22 日，对该区域进行探沟挖掘。

工作人员由东西向延伸 100 多米、由南北向延伸 100 多米，开挖了 10 多条 1 米多深的探沟。经勘探，这是一处跨越汉唐明清的墓群，数量众多，但均不完整。另发现一处砖窑群遗址，其中有深约 10 米的取土大坑，坑底埋有骆驼等动物遗骸及屠宰垃圾。取土坑南侧离地面约 2 米的深土层下发现了数座明代墓葬。坑东西侧还发现了两处已干涸的古井遗址。历史上，该墓群多次遭破坏，但遗物传达的信息较为准确。

---

1 今营流路。

3.4.6 北宋墓葬：北关村墓葬的考古发掘

2013年7月15日，北关村谢姓村民向古城规划建设指挥部提供信息，称其住宅院内发现了一处古墓葬。得到消息后，考古工作人员立即赶到现场。经发掘，这是一处北宋青砖发券古墓，方头圆角形制，墓主人为年轻女性。在墓坑头部位置出土了两只釉陶碗，以及数枚北宋铜钱。

3.4.7 地下穹庐：西关村墓群的考古发掘

2013年10月6日，在拆迁过程中发现了一处穹庐式墓葬群。考古工作人员随即开始发掘，共发掘清理出6座较完整的墓葬。

此墓群位于中山街以北80米、北阁街以西60米、刁家崖子以上、管家半截子胡同前20米的区域内。墓穴形制为圆形、椭圆形和圆角长方形，与汉族天圆地方式样不同，是典型的西北游牧民族穹庐蒙古包

◎ 西关村墓群考古现场（上）

◎ 西关村墓群出土的有图案的砖雕（左下）

◎ 西关村墓群出土的金代绿釉碗（右下）

式圆形攒顶墓葬。墓穴的中上部已毁坏，下部的墓基和遗骸部分保存比较完好，墓内砖壁上有用多色涂料绘制的桌椅家具图案。此外，墓内还发现了砖雕以及侈口粗瓷半釉罐、盘、碗、碟和大量牛马猪羊遗骨。砖雕刻画的是表面经过涂料粉饰的图腾动物形象，包括似龙似蛇的透雕和似羊似鹰的浮雕。

在唐宋时期，穹庐式墓葬仅在西北游牧民族地区流行，而在主要为汉族人聚居的山东半岛农耕地区，地下考古发掘尚未发现该类墓葬。宋金交战之际，金代铁骑兵锋曾南下占领即墨，该墓群很可能是当年世袭统治即墨的金代贵族墓群。

3.4.8 明代宝刹：准提庵遗址的考古发掘

准提庵由黄宗昌所建，与崂山“华严庵”齐名，构成上下两院。老一辈即墨人对这段历史比较熟悉，但对准提庵的风貌却很模糊。2013年9月11日，准提庵遗址考古工作开始，逐渐揭开其历史面纱。

经过一个多星期的考古发掘，准提庵的建筑规模与基本布局呈现出来：遗址东西长45米，南北长38米，主入口宽2.8米，由主入口向北延伸出36米长的石质甬道，其两侧铺有三排东西向砖质甬道。建筑主入口宽2.8米，整体为三进院落。在山门位置，出土了一尊石雕佛造像和两件较为完整的石鼓门墩和几根长条石；在院内，出土了若干砖石、瓦当和瓷器残片，瓷器形状、釉色及部分器物图案具有明末清初时期的特点，另一些器物图案则具有民国时期的特点。这些器物进一步证明准提庵的建造年代、嬗变轨迹与历史记载相吻合。

◎ 准提庵遗址出土的明代门当

◎ 准提庵遗址考古发掘遗迹

即墨古城片区改造项目既给市民提供了很好的居住环境，又有很好的历史记忆和归属感，

可以说是创建了一个模式。

——全国工程勘察设计大师、中国建筑西北设计研究院总建筑师　赵元超

宜其遐福，安居乐业，

为古城片区居民提供良居，共享发展成果，

是即墨古城片区改造项目的一个基本目标。

即墨古城片区改造项目对接发展所需、民心所向、幸福所指，

反映了延续文脉与改善民生相互牵动、互为条件的关系。

因此，即墨古城片区改造工作领导小组成立伊始，就立下军令状，一定要让老百姓按时回迁。

历时半年的拆迁工作和历时两年多的安置区规划建设，

为即墨古城核心区的建设奠定了基础。

第四章

CHAPTER 4

惟民惟生

即墨古城片区拆迁与安置区规划建设

WEIMIN WEISHENG

4.1 和谐拆迁：为古城复生创造条件

即墨古城片区改造项目是一个庞大、繁复的系统工程。其改造范围包括大同街以东、东关街以西、蓝鳌路以南、墨水河以北的围合区域，共涉及经济开发区和通济街道 14 个村（居）。拆迁安置成为项目启动后第一个要妥善解决的问题，也是保证即墨古城建设顺利推进的关键。

经过历史变迁和城市发展变化，即墨老城区已成为老行政办公区、老工商企业聚集区、老文化中心区、老居民居住区“四区合一”的特殊区域，涉及的村居多、房屋多、人口多，房屋现状复杂多样，面临着资金筹措难、利益关系平衡难等诸多问题，是“建设特色精品城市”和“疏老城”最关键、最重要的区域，也是拆迁难度最大的区域。

自古城片区拆迁工作启动后，拆迁指挥部用时一个月，全面摸清

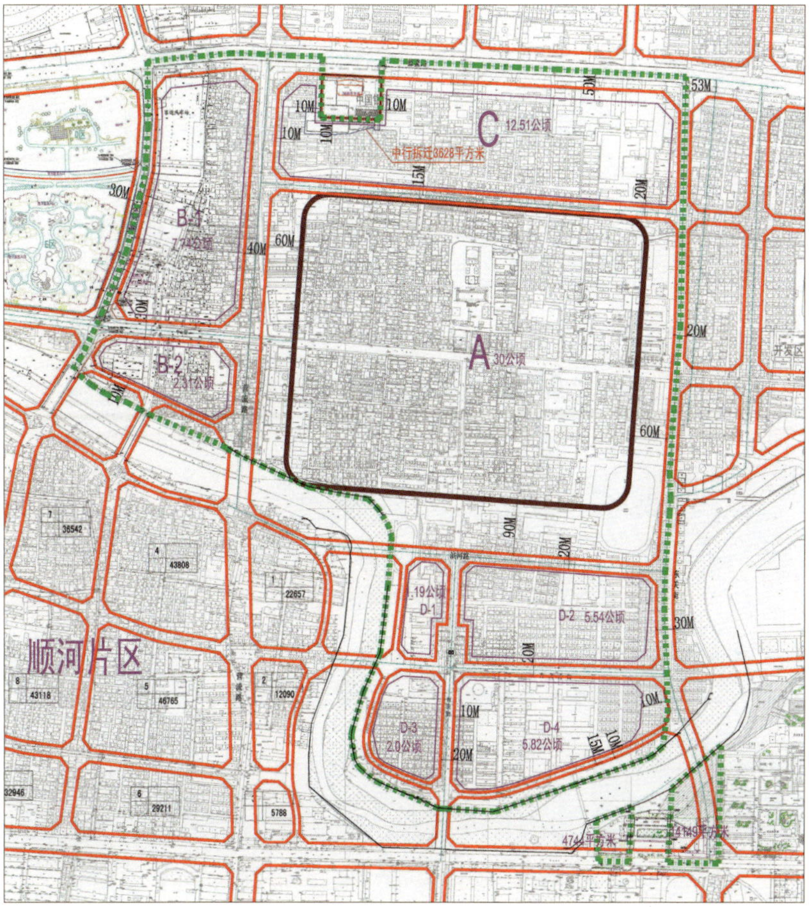

◎ 即墨老城区拆迁范围示意图（绿线范围内）

了片区内房屋情况和群众诉求，建立了稳步推进的工作机制，探索实施了“宣传发动、调查摸底、制定征收补偿方案、征收房屋、抓阄确定选房顺序号”五个阶段30多个步骤的工作方法，并对每个阶段、每个步骤超前研究，保证各项工作审慎筹划、有序实施。

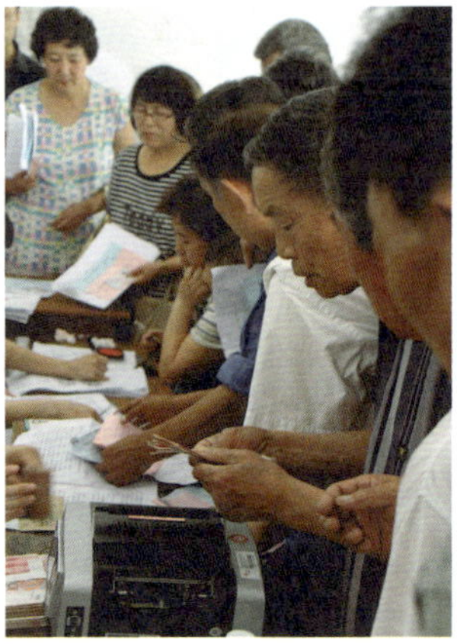

◎ 古城片区居民领取拆迁安置款（左）

◎ 古城片区居民展示房屋补偿协议（右）

为保证拆迁群众的合法利益，拆迁指挥部依据国家和本地有关政策法规，对符合规定、应享受房屋公摊面积的，将公摊面积计入房屋补偿面积；对带院落的房屋，按“进门算面积”的办法给予补偿，让利于民。

拆迁过程中，群众最担心的是补偿不公平。为此，拆迁指挥部编写了通俗易懂的补偿政策和规划设计方案卡通画册，成为群众的“明白册”和计算个人补偿情况的“小账本”。对国有、集体企业职工所住公房的拆迁问题，拆迁指挥部通过“改、买、租”三种形式加以解决。对片区内的工商业户制定了原地、就近安置原则或价值对等的补偿政策；对选择房屋补偿的业主，在规划设计时就确定了具体的安置位置。同时，考虑到村庄的长远发展，为涉及拆迁的村庄按一定比例配建商业网点，确保集体收入有稳定来源，维护群众的长远利益。

即墨古城片区是一个复杂的社会空间结构，时常会碰到那些存在于几代人之间的矛盾纷争。有些矛盾看似是个别问题，一旦与拆迁工作掺杂在一起，就可能使问题变得复杂，影响整个拆迁工作的推进。因此确立了“先拆矛盾后拆房屋”的工作理念。

面对大量矛盾纠纷，工作人员认真分类、仔细研判、综合施策，通过制定符合绝大多数群众利益的政策化解了一批；通过开门接访和主动下访化解了一批；通过尊重事实、找出相关证据化解了一批；通过寻求第三方力量协助化解了一批；通过真情服务、打开心结化解了一批。据统计，在房屋征收之前，收集发现的3600多起矛盾纠纷都得到了及时妥善解决。在整个拆迁过程中，未发生一起群体性事件和较大的治安案件。

经历了一系列准备工作和前期铺垫后，拆迁工作一步一个脚印地推进。2013 年 7 月 1 日，房屋征收补偿协议签订工作正式启动。20 个签约平台同时展开工作，当天签约率近 50%，5 天内拆迁签约率达到 99%。整个征迁工作仅用时半年就顺利完成，实现了科学拆迁、和谐拆迁、阳光拆迁，被誉为和谐拆迁的典范。

“拆顺迁顺百事皆顺兴古城，你心我心万众一心谱新篇”，这是拆迁完成后，群众送来锦旗上的赠语，他们还自发给即墨市委、市政府送去了感谢信，为和谐拆迁点赞。

◎ 拆除场景

◎ 建设场景

◎ 安置区规划总平面图

4.2 环城良居：安置区的规划设计

即墨古城片区改造项目规划用地98公顷，分为安置区和核心区两大区域。安置区规划用地37公顷，总建筑面积117万平方米，其中地上建筑面积92万平方米、地下25万平方米。核心区规划用地43公顷，总建筑面积37万平方米，其中地上建筑面积17万平方米、地下20万平方米。

2013年4月3日，古城规划建设指挥部第二次全体会议将该项目名称统一规范为“即墨市南关等14个村（居）棚户区改造项目”，涉及拆迁居民4959户。作为当时即墨历史上规模最大的棚户区改造项目，2013年，该项目被列入全国1000万户棚户区改造项目计划，获得国家开发银行28.5亿元资金支持；2014年，获得保障性安居工程配套基础设施建设中央预算内投资5000万元和中央财政城镇保障性安居工程资金3448万元。2013年7月16日，随着墨水河南侧顺河片区改造项目[1]启动，两大片区联动建设、拥河发展，古城片区改造项目被列为国家开发银行、财政部、住房城乡建设部的重点扶持项目。在国家政策资金的支持下，即墨古城片区改造项目的推进更加顺利。

1 折迁改造范围为东至南关桥，南至文化路（今文峰路），西至烟青路（今墨城路），北至墨水河，涉及折迁居民3774户，总规划用地约43公顷，总建筑面积168万平方米。

4.2.1 不离左右：安置区与古城的关系

城，以盛民也。安居工程关系到群众的切身利益。让群众实实在在感受到居住环境的改善和生活品质的提升，是古城片区改造的初衷，也是古城规划建设指挥部的职责所在。

安置区建设地块环绕在古城周边，既能兼顾安居工程和古城再造工程，又满足老城区居民希望就近安居的愿望，让原住民见证即墨古城的生长，守护附着于这片区域之上的历史文脉。

规划设计时，尽量将同一街道、同一村庄的居民安置在同一社区，以维持原有的邻里关系。居民虽居住在新社区，但在文化、空间以及社会关系上都延续原有的社会形态，确保其出城不离城。

为进一步科学合理地安排安置区布局，体现归属感、均好性、秩序感，在安置区规划设计单位选择上，建设者更加注重设计方案中安置区与古城在空间形态上的呼应，尽量达成一种平衡。2013 年 4 月 19 日，即墨古城片区安置区修建性详细规划、建筑单体设计及核心区概念规划方案专家评审会召开，全国勘察设计大师李高岚等 5 位国内知名专家对入围的 5 种设计方案进行了评审，最终选定青岛绿城建筑设计有限公司（以下简称“青岛绿城公司”）方案。

◎ 安置区分布示意图

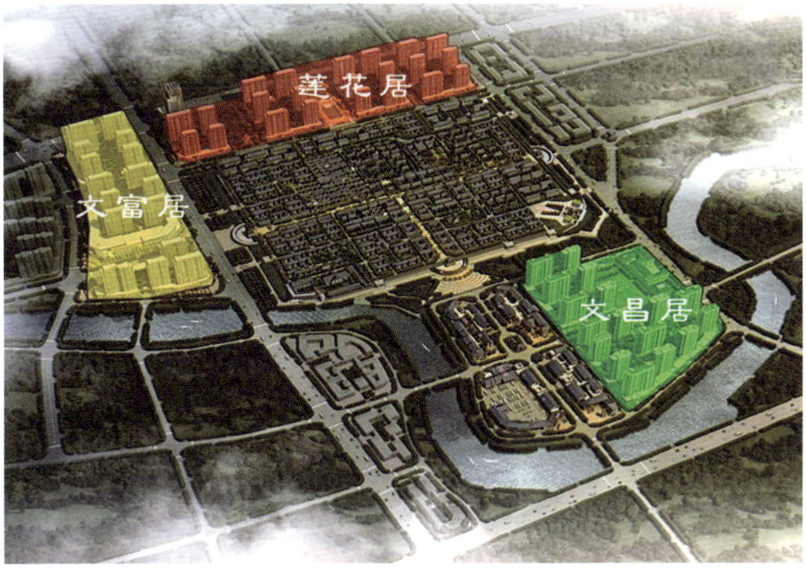

4.2.2 相融共生：三大组团及其命名

安置区环绕即墨古城，分为北、西、南三大区域组团。

为体现安置区与古城的文脉连续性，古城规划建设指挥部根据史料记载，将这三大组团分别命名为莲花居、文富居、文昌居，共设计了56个楼座[1]。

莲花居位于古城北侧。据史料记载，城东北处原有一莲花湾，莲花有“出淤泥而不染，濯清涟而不妖”的高洁品质，缘此命名为“莲花居”。

文富居位于古城西侧，取自城西的“文富巷”，该处原为即墨名人姜元衡和董政国故居所在地，富有文化底蕴。

文昌居位于古城东南侧，与东南城墙上的文昌阁呼应，寓意文运昌盛，形成一种方位与精神上的呼应。

三大区域的命名所体现的正是即墨城固有的人文内涵，一条生生不息的人文廊道向居住区的合理延续。与其说是建筑空间上的呼应，不如说是居住者内心的呼应，每一个名字都有一份文化寓意。

在空间形态上，通过构造北、西、南三条入城轴线，实现安置区与即墨古城的相融相通。北阁、南阁作为古城整体的组成部分，可视为古城景观向南北方向的自然延伸，成为新中式社区的地理核心和文化秘府，也是安置区与即墨古城相融共生的桥梁和载体。

4.2.3 古意犹存：安置区的建筑及景观设计

对于拆迁居民来说，他们最关心的莫过于房屋户型及周边的配套设施。

在充分尊重居民意见的基础上，古城规划建设指挥部多次与青岛绿城公司研究讨论，先后对设计方案进行了20余轮（次）修改完善，形成了60～140平方米的9种户型设计方案，做到户户朝阳、南北通透，满足回迁居民的不同居住需求。

同时，规划建设了1处小学、2处幼儿园及1处社区综合服务中心，结合滨河景观规划了特色商业街，致力于建设功能齐全、环境优美的现代化特色精品社区。

1　其中2个楼座为20层、42个楼座为22层、12个楼座为26层。

◎ 建筑设计效果图：莲花居

◎ 建筑设计效果图：文富居

◎ 建筑设计效果图：文昌居

安置区设计为典型的新中式风格，虽为新舍，然古意犹存。色调上，以不同层次的灰色和白色为主，在总体统一和谐的风格和色彩下，三个社区建筑风格和色彩各有特色，使居住在不同社区的居民更有归属感。

莲花居在古城北面，如屏障一样展开，在南北视角上构成了整座古城的大背景，其建筑色调采用较为低调的深灰和浅灰色彩组合。建筑风格上，采用古典三段式构图，丰富的中式元素和细节充分体现传统特色。

文富居位于古城西面，是市民和游客进入古城时常经过的区域，也是即墨现代城市和古城之间的过渡区域。鉴于此，采用了古典建筑的色彩和比例，以简洁大方的细部做法，充分体现新老建筑风格的相互渗透。

文昌居位于古城之南的景观延伸面，是市民和游客从南城门进入古城的必经地带。其风格在体现古城新面貌的同时，更注重色调与环境的协调，用简洁的比例和细节体现东方文化的神韵。

如何营造具有中国文化精神的社区生活空间，是安置区景观设计的主题。从景观构成的角度看，一方面通过围墙、廊道等景观元素，营造社区内的庭院生活空间；另一方面通过凉亭等半户外空间，为居民提供社区生活和邻里交往的场所。从空间关系上看，通过三进式的有序空间，将安置区中心景观轴进行有机串联，层层深入，从而达到步移景异、小中见大的美学效果。

在造景方法上，采用中国古典园林的框景、障景等手法，运用传统符号进行绘景或制景，营造出丰富多变的景观空间，使回迁居民在怡人环境中处处感受到传统文化的浸润。

为使周边自然生态环境和公共设施最大限度被群众所用，将安置区建设与古城建设、墨水河综合治理，以及顺河片区改造项目统筹考虑、同步规划、整体推进，营造共享共治的生活环境。

4.3 日新月异：安置区建设与居民回迁

从规划设计过程可以看到，安置区的各个方面都充分考虑到了居民的利益和愿望。改善民生是古城片区再造的初衷，这一点也落实在规划建设的方方面面。

从古城片区改造项目的时间进程上看，安置区的规划建设走在了前面，目的就是让居民尽快实现安居，享受城市更新带来的福利。

4.3.1 齐心协力：安置区暨古城片区改造项目启动

即墨古城片区改造项目启动后，古城规划建设指挥部开始在全国范围内考察施工企业，寻找合作伙伴。经过十余次洽谈，即墨市政府与中国建筑第八工程局有限公司就安置区投资合作事宜达成共识：由中建八局第四建设有限公司（以下简称“中建八局”）与即墨市城市开发投资有限公司（以下简称“即墨城投”）共同出资组建公司建设安置区，其模式是“投资 + 工程总包 + 股本回购”。2013 年 6 月 17 日，即墨市政府与中建八局签订了《即墨古城片区改造项目安置区合作协议》，开启了合作建设之路，并配套成立了国有融资平台——即墨市鼎泰盛开发建设有限公司，该公司在古城规划建设指挥部统一领导下，承担安置区建设融资任务。

“古城片区拆迁完成之日，就是工程开工建设之时”，这是古城规划建设指挥部向市委、市政府立下的军令状。在其成立之初，便对项目前期各项手续办理事宜进行了专题部署，按时间节点倒排工期，提前做好项目建设前期的准备工作。2013 年 11 月 19 日，即墨古城片区改造项目开工奠基仪式举行，包括安置区建设在内的即墨古城片区改造项目正式进入施工阶段。

2014 年 3 月，安置区完成地基处理工程；4 月，完成防水工程施工；5 月，完成基础工程施工；6 月，完成主楼地下室施工；7 月，开

◎ 2013年6月17日，即墨市人民政府与中建八局签订《即墨古城片区改造项目安置区合作协议》

◎ 2013年11月19日，即墨古城片区改造项目安置区开工奠基仪式现场始主体结构施工……周计划、月计划、年计划，安置区施工环环相扣、有序推进，逐步搭建起百姓安居乐业之所。安置区从开工建设到2014年12月29日全部封顶，历时仅一年一个月零十天，创造了即墨旧改类项目安置区施工工期管理的新纪录。随后，外墙保温喷涂、内墙装饰装修及水、电、暖安装工程在保质保量的基础上加快推进。

◎ 2014年11月20日，安置区文富居封顶

◎ 2014年12月29日，安置区莲花居封顶

4.3.2 顾全大局：气象局迁址重建

安置区建设是重大的民生工程，2016年1月按时回迁，是即墨市政府对回迁居民的庄严承诺。一旦延期，将造成一系列的社会问题和经济损失。但其建设并非一帆风顺：有来自融资的压力，有设计方案反复调整的纠结，有个别未拆迁房屋的影响，还有因政策新规而迟迟不能搬迁的即墨市气象局带来的困扰。

即墨市气象局坐落于即墨古城东南侧的安置区内，连同观测场地共占地6667平方米。2012年12月1日实施的《气象设施和气象探测环境保护条例》规定，只有在国家重点工程建设、城镇总体规划调整和探测环境遭到严重破坏失去恢复可能的三种情形下，气象局方可迁移，且气象台站新址与旧址之间应进行至少1年的对比观测，经气象主管机构验收合格投入使用后，方可改变旧址用途。

客观地讲，随着城市的发展，即墨市气象局所处观测环境已不能适应当时的观测需要。因此，即墨古城片区改造项目启动后，便将其列入搬迁计划。从着力优化气象观测环境的角度出发，即墨市政府在城西调剂了 2 万平方米土地，投资 3700 万元建设了新气象局，新址报经中国气象局审批合格，相关工作开始有序开展。

随着安置区建设进入关键施工阶段，原气象局所在区域内的部分楼座已施工至地上 4 层，有 6 个楼座开始影响气象观测，其他 11 个楼座也将陆续影响。依照新实施的条例，新旧观测场真正完成交接还需 6 个月。为保证气象探测环境，安置区部分楼座只能暂时停止建设。2014 年 6 月 11 日，古城规划建设指挥部就停工事宜召开专题会议，要求停工后统筹安排好劳务人员、机械设备、建筑材料等，采取切实可行措施，在确保不影响气象探测环境的前提下，尽最大努力降低社会风险、减少经济损失。

即墨市政府多方统筹协调，在充分尊重气象部门意见的基础上，积极与省、市气象局汇报沟通，争取理解与支持，共同探索解决之道。2014 年 7 月 15 日，中国气象局审批通过了即墨市气象局新址搬迁事宜。2015 年，即墨市气象局新址正式启用。

安置区建设事关群众的切身利益，但气象探测同样关乎民生。此次停工虽造成了工地劳务人员安置补偿、相关材料设备租赁、工程维护等方面的经济损失，却彰显了古城规划建设指挥部及相关合作方的大局意识和协作精神。随着气象局搬迁问题的解决，安置区建设工作重新回到正轨。

◎ 气象局原址

4.3.3 乔迁新居：古城居民如期回迁

2016 年 1 月 13 日，即墨古城安置区交房活动启动，6216 套新房钥匙顺利交到回迁居民手中，标志着即墨古城片区改造项目回迁工作如期完成。从奠基到顺利交房，历时不到 26 个月，回迁居民陆续搬入新家，老城区旧、堵、脏、乱现象彻底改变，城市面貌脱胎换骨，人居环境得到有效提升。

安置区建设取得成功，是古城片区改造项目整体进程中的一个阶段性胜利，也为下一步顺利推进即墨古城核心区的规划建设奠定了坚实基础。

乔迁新居后，老城区原居民的生活条件和幸福指数显著提高，他们将更多的注意力转移到了即墨古城的建设上来，热切期盼着她荣光重现的那一天。

◎ 为安置区配建的小学

◎ 莲花居

◎ 文富居

◎ 文昌居

“古城亦新城”是我的想法，我希望即墨古城是一个有历史元素的，但是也有时代精神的古城。

——全国政协常委、中国文学艺术界联合会副主席　冯骥才

即墨古城将以何种形象面世？无数人在思考，在怀疑，在纠结。

无论如何，这都是一个探索的过程，意志已然坚定，挑战才刚刚开始。

棚户区改造大刀阔斧地进行，可是，在一片瓦砾面前，

即墨古城由谁来建、怎么建、建成什么样子？

面对如此浩大的工程，惟以敬畏之心来面对历史和未来，以精诚之意来做好工作。

在不断考察、学习、积累、论证的过程中，思路一点点清晰起来。

对每一处细节，都用心琢磨；对每一个问题，都勇于大胆假设，果断取舍。

在不断摸索中找方向，定基调，逐渐接近理想的答案。

古城的定位与合作模式的探索历程，集纳了各领域专家的智慧，也铭刻着建设者八方求索的艰辛。

第五章

CHAPTER

5

上下求索

即墨古城的定位与合作模式的探索

SHANGXIA

QIUSUO

5.1 海纳百川：考察调研汲取经验

欲知己，须先知彼；若知彼，则更知己。

为了进一步厘清思路，古城规划建设指挥部考察了全国各地多处既有或重建的古城、古镇及历史文化街区，行迹遍布全国各地，以考察对象规划建设的经验教训为参照，界定即墨古城的规划建设逻辑，以取得文化传承与城市更新的平衡。

正如人民教育家、思想家陶行知所言“事事在劳力上劳心，便可得事物之真理”。从宏观到微观，从纵向到横向，古城规划建设指挥部在考察中学习，在学习中摸索，感知每一座古城的风貌，体验每一座古城的氛围，探讨每一座古城的开发运营模式，总结相关建设经验和启示，通过比较互鉴，找准即墨古城的建设之道，以历史记忆为原点，逐步展开了即墨古城规划建设的线与面。

“知是行之始，行是知之成”。理论知识与实践认识，是在不断行进和研究中逐渐合一的。在每一个环节上借鉴经验、剖析样本，在一定程度上也保证了即墨古城规划建设中决策的科学性。

考察过程中，古城规划建设指挥部对全国各地古城、古镇（街）进行了梳理：以平遥古城、同里等为代表的“既有古城”，主要以历史遗产和文化资源为城市发展的原动力；以丽江古城等为典型代表的“复原古城”，把文化品牌建设作为长久发展的核心动力；以台儿庄古城等为代表的“重建古城”，把扎根地方文化作为其兴盛的关键。

关于中国传统建筑的存在方式，著名古建筑学家罗哲文认为：

> 现存的古建筑90%以上都是经过维修加固，或重大修缮，或重修重建的。如果没有历代的修缮、重建，就没有中国传统建筑的传承。

上述观点言明修缮、重建的历史逻辑。随着时代发展、社会进步，在条件许可或发展需要的情况下，一个以本地区深厚历史文化为基础，又能够持续生长、不断自我更新的古城，反而更具生命力。只有新旧融合发展，文化在延续传承中不断丰富和创新，才是一座古城乃至城市良性发展的常态。因此，无论是对既有古城的保护和利用，还是对历史古城的复原和再造，甚至是对地区历史文化融合再提炼的新建，富有历史感的建筑空间和体现地域文化特色的生活旅游体验，是古城收获人气与口碑的根本所在。

通过对国内部分古城、古镇和历史文化街区的分析和总结，古城规划建设指挥部对即墨古城的建设有了新的认识和思考：充分保护、发掘和利用历史文化资源，必将促进城市发展和民生改善，同时也是提升市民归属感和自豪感、打造城市文化形象的重要途径。作为一座有历史传承和文化积淀的城市，即墨悠久的历史文化是其宝贵财富；作为即墨历史文化的集中地和浓缩地，即墨古城也必然成为其发展的价值潜力和核心动力。通过科学合理的建设和运营，即墨古城可充分利用其历史文化资源实现经济效益和社会效益的统一。

因此，蕴含本地区特色的传统建筑风貌和舒适、人性化的空间游线策划和设计，不仅要获得本地群众的文化认同，还要满足外来游客开拓视野、体验别样生活的旅游需求，形成自身独特的吸引力，这也是提升古城竞争力的硬件条件。在保护本地居民生活状态的基础上进行积极引导，使居民自觉自愿展示地域文化特色和精华，是古城与城市有机融合、借力发展的关键。

◎ 2014年2月18日，吕舟审阅《即墨古城规划设计方案》

5.2 守正出奇：古城亦新城

你们把古城做活了，就算做成功了。

——清华大学教授、清华大学国家遗产中心主任　吕舟

古城项目甫一确定，建设者苦苦思索的一个问题，就是怎样才能将即墨古城做成功？2013年年初，宋宗军到北京拜访吕舟先生，就这一问题，吕舟先生给出了上述解答。即墨古城从规划建设到后期的管理运营，都要想方设法呈现一个有活力的古城。

5.2.1 返本归真：“即墨古城”名称的确定

在“即墨古城”这一正式名称确定之前，古城的命名经历了多次讨论。

在项目确立之初，这片老城区统称为“即墨古城片区”；在确定规划范围时，这片区域分为安置区和核心区，“核心区”是古时城墙的围合区域及城墙外公园，但这一名称并不能呈现即墨的历史文化底蕴。缘此，需要给它一个文化符号，让人们感知历史上即墨城的空间概念，感受其丰富的文化内涵。

“即墨”二字始于春秋战国，至今未改，而“核心区”为隋代即墨城始建之地，冠以“即墨”之名，既彰显地域，又承载千秋；同时考虑到建成区域的功能、文化定位及发展方向，提出了“古城”“老城”等概念。这些名称看似接近，但细想却又不同，着实让建设者推敲了许久。

古城一般指拥有百年以上历史、保存完好或经修缮基本恢复原貌的古代城市，但当下这样的完整城池少之又少。现代重建的古城，不应是简单地复制历史，而是要在传承历史的基础上融入时代发展。

从即墨的城市肌理和建筑风貌来说，老城区已基本没有了古代城池的实体延续，但其留存的历史信息丰富，而且基本格局仍在，千年文脉未断，在这种情况下考究历史格局而建造的城池更具历史感。从文化外在表现看，“古城”的概念更能涵盖主体风貌和文化内涵。“古城”是地方历史文化的外在表现，“古”偏重对风貌和文化的表达。以“古城”为名，有探秘之感，带给人们的心理期待有别于现代风貌，是传统生活和地域文化的汇集区。但确定名称时，有专家认为该项目在即墨的核心区域，可命名为“即墨之心”，用历史的方式塑造即墨之心。古城规划建设指挥部考虑该区域作为探索中国古代城市建筑风貌和建设样本，在名称上体现其年代感和区域感更为重要，因此，将之命名为“即墨古城”。

2014 年 11 月 26 日，带着对古城文化传承与发展的思考，古城规划建设指挥部赴天津大学拜访冯骥才先生，请他为即墨古城规划建设“把脉”。冯骥才先生结合即墨地域文化，提出即墨古城建设要找到属于即墨自己的历史真实性与气质，彰显地域文化特色等意见和建议，并挥毫题写了“即墨古城”四个字。这四字墨宝作为即墨古城的文字标志一直沿用至今。

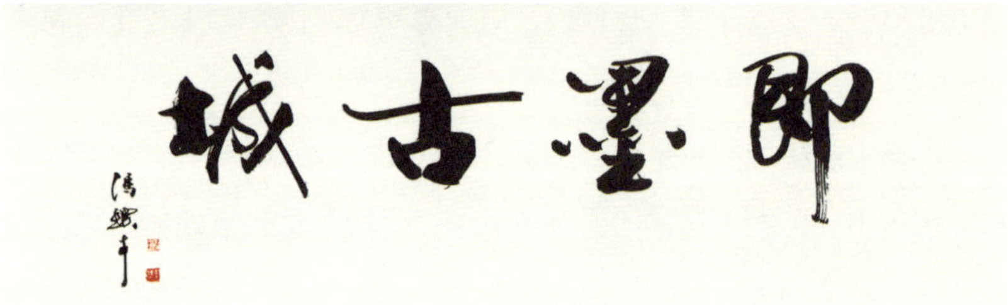

◎ 冯骥才到访即墨古城并接受采访

◎ 冯骥才题写“即墨古城”

5.2.2 返本开新：即墨古城的定位

即墨古城不等同于历史文化名城，如何定位，关系其未来的规划建设方向。当下，“真保护”还是“假古董”的讨论一直是热议话题，只有搞清楚即墨古城的定位，明确古城从前的“身份”和状态，才能排除“假古董”建设项目之嫌。简言之，即墨古城是棚户区改造中城市更新的一种模式。

2014年12月7日，在市级领导班子务虚会上，古城规划建设指挥部总指挥宋宗军首次提出即墨古城的规划建设定位：实现古城复兴，要正确处理“好”与“快”、“新”与“古”、“形”与“神”、“放”与“管”的关系。其中，就“新”与“古”的关系，他指出，古城作为地域历史和文化的现实载体，必须把优秀的传统文化承载好、传承好，最大限度地保持原有历史风貌，同时还要立足现实生活需要，科学植入现代城市功能和时尚生活元素，努力在新功能植入与传统文化保护中实现有机统一。

新建城市是否可以承载丰富的历史记忆，从而获得存在理由呢？这是理所当然的。重建的古城也可以成为传统文化的集聚地，其赖以存在的已不仅仅是历史建筑，其精神奥秘更系之于文化内涵的酝酿和文明给养的培育。即墨古城不是文物保护单位，不能单纯以过去的模样面对当下，而是要以其博大的历史胸怀融入当代，她是在历经历史沧桑后的自我更新，是找回自我、重现历史荣光的努力，也是即墨对待中国传统文化的一种态度。那么，究竟应当如何认知古城，如何重建古城呢？对此，冯骥才先生从建筑材料的角度谈了自己的看法：

> 如果是修复古建筑，要尽可能用原来的材料，因为修复的是文物。而重建古城，不一定完全用原来的材料，可以用现在的材料，但要保留原来的形态。因为所有的城市都是不断发展的，身上可能带着古代的东西，也可能带着现代的东西，这是一个生命过程。

即墨古城是老城，亦是新城，应在尊重传统文化的基础上，注重文化与经济的融合发展；在改善人居环境的同时，给后人留下感怀的空间。通过古城的形式，将传统文化元素与现代有形实物呈现于世人面前，这不仅仅是一种城市精神的孕育，也将成为即墨经济社会发展的重要动力。

“古城亦新城”，是即墨古城的定位。这是触摸古城之核而得到的启示，是建立在即墨古城历史、现状与未来发展愿景基础上的，其哲学内涵就是返本开新，意味着即墨古城采取的是今古一体化的态度，处于一种持续的动态文化生成过程之中。虽然“古城亦新城”是一种新提法，但内在的文化逻辑是自然形成的，久已生长在中国文化智慧中。放眼历史，哪一座城池不是亦古亦新呢？若是只见古而不生新，恰恰是有违历史逻辑和生命发展本质的。

即墨古城的再造，是老城区更新和城市发展的一种有效途径。一座城池，代表一个地域的文化，历史上每一座城池的修葺体现了不同时代或者不同历史阶段的特征。即墨城的筑造经历了从土夯到砖砌时代的变迁，即墨古城的建设应是一个重现历史的过程，也应是一个运化生新的过程，自然会带上新时代的烙印，在不断创新中体现古老技艺与现代文明的碰撞，让传统工艺在当下城市建设中发光并成为经典。即墨古城的再造更加迎合当代，不仅要以传统工艺将破旧不堪的棚户区改造成一座有生活温度的古意古韵之城，也要以历史文化精神打造一个现代人的生活体悟区域，建造一个有文化聚合力的时尚之都，走出一条尊重历史、顺应时代、适合自己的生存发展之路。

5.2.3 奠定基调：古城风貌的界定

何谓“风貌”？它是外在的视觉形象，亦是内在的文化底蕴。如何界定即墨古城的基本风貌，是古城规划设计工作开展之前需要深入研究并予以明确的问题。

建筑风貌选取的时间节点，是判断一个城市历史与气质的重要依据。选定哪一历史阶段的城厢风貌作为基本依据，来呈现即墨古城的建筑特色？这让建设者陷入沉思。

纵观即墨历史发展脉络，明清时期，即墨渐入繁荣，文化兴盛，名人辈出，人文特征也较为丰厚，建筑呈现出一定的规制差别。特别是老照片中的即墨城大部分呈现的是明清时期的建筑特色，同时兼具近代建筑的风貌。拆迁时城内尚存清末民初的建筑遗存，具有较高的参考价值。

每一座城市都是一个不断演化、不断发展的生命体，在其发展演进过程中必然会留下属于那个时代的记忆。纵向的东西越多，城市的历史文化含量就越大，场景就越生动，体验感也越强。通过历史溯源与年鉴分析，古城规划建设指挥部确定古城整体风貌以明清时期和近代为主，展现多层次的建筑风貌，主要公共文化建筑以老照片为基准，以明清时期官式建筑形制为补充；院落民居则集中展现本地传统民居特色；历史人文培育以即墨史载为要，凸显历史的阶段性，同时注重不同历史时期的主要特征和发展的连贯性，根据历史资料和考古发掘，由过去、现在向未来延伸，尽可能接近即墨城自然演化和发展的样子。

无论是内在定位，还是外观风貌，即墨古城从未被简单地视为一座冰冷坚硬的城池。她会思考，能呼吸，有温度，注入了即墨经年养成的气魄与灵魂。复生之后，将陪伴着即墨人继续成长。

5.3 运筹帷幄：古城建设合作模式的探索

古城规划建设指挥部成立后，首要任务是寻找建设即墨古城的合作伙伴，但科学选聘专业团队的过程并非一帆风顺，经历了较长时间的摸索过程。其间，出现了合作模式的变更、合作单位的更换等波折。原因多种多样，可视为探索之路无法回避的曲折。虽然古城的规划探索阶段经历了很多艰难尝试，但也拥有了更多、更广泛的想法和思路，为之后探索古城的投融资、规划建设和运营管理模式积累了丰富而宝贵的经验。

5.3.1 合作共赢：合作团队的选择

市场经济是现阶段生产力得以迅速发展的有效形式，让市场在资源配置中起决定性作用，同时更好地发挥政府职能，这是一个止于至善的过程。即墨古城想要更好更快地建起来、活起来，离不开市场化运作和政府的协调推动。在合作团队的选择上，古城规划建设指挥部不断探索合作思路，按照合作共赢、灵活多样的原则，推进与相关企业的谈判，充分发挥企业在古城类项目建设运营方面的经验优势，寻找合作的最佳模式，引导古城自我生长、自我更新、自我完善。

有资金投入实力、有古城建设经验、有专业运营团队、有良好经营业绩的企业，是选择合作团队缺一不可的标准。在面向全国招商的过程中，古城规划建设指挥部先后与全国十多家知名企业进行了洽谈。由于古城建设前景未知，让不少企业迟疑、观望。他们或因承接项目周期长、资金压力大而拒绝；或因建设成本高，提出高额保底利润的要求；或只想以顾问形式参与等。在一次次洽谈、筛选中，江苏一德集团有限公司（以下简称“江苏一德集团”）、青岛天泰集团股份有限公司（以下简称“天泰集团”）逐渐进入视野，成为古城规划建设指挥部的主要谈判对象。天泰集团作为本土企业，熟悉即墨的历史文化和地理环境，在传统品质院落建设方面具有丰富经验。“建筑爱的世界”的企业理念同即墨古城建设运营理念颇为相似。2013 年 4 月 27 日，即墨市政府与天泰集团就即墨古城改造项目投资框架达成初步共识。考虑到天泰集团对古城的运营管理缺乏相关经验，在即墨市政府统筹促进下，天泰集团与江苏一德集团进行了洽谈协商，达成合作意向，共同负责即墨古城的开发与运营。

5.3.2 优势互补：合作模式的建立

除了甄选优秀的团队外，探索一种较为完善的合作模式，为参与者搭建可以充分发挥专长、及时交流探讨的合作平台，是保证项目顺利推进的基础。搭建平台的过程，也是一个不断摸索、积极调整的过程。

2013 年 6 月 27 日，即墨古城片区改造项目核心区合作框架协议签订，江苏一德集团、天泰集团正式成为即墨古城的建设团队。为加快推进工作，古城规划建设指挥部建立了三方联席会议制度，定期协商对接，集中解决项目建设中遇到的各种问题。

其中，建设资金的足额持续投入是决定项目顺利落地的关键。在签订合作框架协议之后，古城规划建设指挥部又与江苏一德集团、天泰集团展开了十几轮洽谈，于 2013 年 9 月 6 日达成共识：由即墨城投与天泰集团、江苏一德集团签订项目投资合作协议书。2013 年 10 月，古城规划建设指挥部决定由即墨城投出资注册成立即墨市鼎泰德开发

◎ 2013 年 6 月 27 日，即墨市人民政府与江苏一德集团、天泰集团签订古城片区改造项目核心区合作框架协议

建设有限公司（以下简称“鼎泰德公司”），并筹措资金竞得古城项目用地；后由天泰集团和江苏一德集团成立的青岛天泰一德投资发展有限公司（以下简称“天泰一德公司”）向鼎泰德公司增资，双方按照出资比例持股。鼎泰德公司主要负责即墨古城部分公共文化建筑的建设、文化旅游项目开发、商业及住宅开发等。2014 年 9 月 19 日，鼎泰德公司董事会第一次会议召开，各项工作逐步展开。

5.3.3 至臻至善：合作模式变更

即墨古城开发建设过程中，受房地产形势、融资环境等多种因素叠加影响，该合作模式遇到了不少问题，面临着能否继续推进的严峻挑战。

2015 年 2 月 27 日，天泰一德公司提出申请，拟将持有的鼎泰德公司股权全部转让，以“代建”模式继续参与即墨古城建设。此时，古城规划建设指挥部考虑到，若天泰一德公司全部退出，转为代建，届时来自资金、市场等多方压力将全部转嫁给政府，且后续一系列资产清算、权益分割等问题将耗费大量时间，对项目推进十分不利，因此并不赞同这一申请，而倾向于通过调整各方持股比例，使即墨城投成为鼎泰德公司的控股公司。

经过综合考虑和多方谈判，最终由即墨城投按照原股值出资受让天泰一德公司持有的鼎泰德公司股权，其余股权则有条件地转让给第三方——青岛亚美物产有限公司，由该公司负责筹集项目建设所需资金，争取优惠的贷款利率。同时规定，青岛亚美物产公司不参与鼎泰德公司的日常管理以及古城项目开发建设、销售、招商、运营等事宜，并不按照其出资比例参与公司的任何利益分配，仅按协议约定收取相应的融资服务费。

伴随股权变更工作陆续完成，2015 年 7 月 10 日，即墨古城片区改造项目核心区成为政府主导工程，鼎泰德公司负责整个项目的资金筹措、管理、使用及偿还等事宜。天泰一德公司通过代建模式，继续参与即墨古城的规划建设及运营。

5.4 立足本土：文化策划的探索

建筑为体，文化为魂。历史研究与文化落位是古城建设过程中的重要工作，并贯穿始终。而古城的文化植入，特别是对公共文化建筑内涵的发掘、内部展陈的布局等，是其中的点睛之笔。

即墨历史文化策划，源于对历史的溯源，对当地文化的深入了解和分析，对即墨古城建设的深思与探究。文化落位的过程更是对建设者学识和胆识的锤炼。随着即墨古城建设的逐步深入，文化策划团队从无到有，逐步走向成熟。

即墨古城的文化策划工作最初由天泰一德公司负责，此后，北京大学文化产业研究院、Urbaneer 都市工作群、黑弧奥美等多个团队相继加入，他们提出了很多理论性建议，但即墨历史文化元素与古城建设的融合，在当时仍是短板，研究尚未深入。

文化补位，迫在眉睫。古城规划建设指挥部最初想借助外部力量，为古城的文化商业策划助航，但远水解不了近渴。文化工作要有充分熟悉历史文化植入和展陈工作的专业人士加入，更重要的是，要由精通本地文化的人士把关。为此，组建了专业的文化团队，由总指挥宋宗军直接牵头负责该项工作。

2014 年 11 月，古城规划建设指挥部文化研究组成立，即墨古城的文化策划工作正式从依靠外援转变为政府主导。随后，古城规划建设指挥部邀请长期致力于研究地方历史文化的刁岳岩加入。至此，文化研究力量日渐增强，文化落位渐入正轨。

5.5 八方问策：深入科学论证

古城再造是即墨城市建设中的大事，关系到不同主体的利益和期许，更需要多领域、多专业的人才深度参与。因此，在广泛征求人大代表、政协委员、老干部意见，形成普遍社会共识的基础上，古城规划建设指挥部还邀请行业领域内的著名专家学者进行专业指导，以求古城规划尽量少留遗憾。

规划建设之初，有专家提出，要打造有生活场景的古城，既需要专业技术人员进行规划建设，又需要懂生活的人积极参与，还要有各领域专家的鼎力相助。考虑到专业技术人员和专家力量是古城建设质量的重要保障，古城规划建设指挥部聘请全国各专业、各领域的著名专家学者担任古城顾问，组建了顾问团队，动态跟踪古城规划和指导建设施工各环节，以实现现代功能植入与传统文化传承的有机统一。在项目建设过程中，先后邀请了规划设计、文物、古建、木雕、石雕、漆器、彩画等领域的百余位专家学者和文化名家为古城“把脉”，其中近20位受聘为即墨古城顾问。

专业论证是古城各项方案实施的必经环节。对此，古城规划建设指挥部建立了方案论证机制，邀请各行各业的权威专家组建方案评审团，集思广益，对即墨古城的每项设计方案进行专业评审，汇聚专业性意见。每种方案在“出炉”前，必经过多次切磋、琢磨，甚至是不计其数的“博弈”。每次论证都是思想上的碰撞与提升，尽可能实现方案的最优化，确保可行性、创新性与科学性。

专家的见解，有的如渊深海阔，甄选适合即墨古城的解决方案，正是一个取精用弘的过程。古城的每个重要节点与环节的落地经历了不断地论证、淬炼与升华。正如宋宗军所言：

> 各方专家的观点我们一方面虚心听取，另一方面要予以鉴别和有选择地采用。

在古城建设问题上，专家意见所蕴含的技术之道和创新思路，为即墨古城的定位指明了方向。思辨伴随整个建设过程，不变的是对历

◎ 2014年6月5日，就古城规划设计方案向单霁翔请教

史的尊重以及对地域特色的认同。有些意见虽然专业性、创新性很强，但与即墨历史人文特征不符，或与古城建设实际情况缺乏契合度，古城规划建设指挥部在尊重专家意见的基础上，多方论证，辩证采纳。例如，在牌坊材质选择上，有的专家从安全角度考虑，认为使用现代钢筋混凝土材料建造的牌坊更保险，且建设成本相对较低。古城规划建设指挥部则认为牌坊作为古城一大特色，应延续历史风貌。为验证石牌坊的安全性和适用性，他们赴各地考察，查阅史料，在河北找到了遭受数次地震而始终屹立不倒的石牌坊案例，有力佐证了纯石料牌坊的安全性。同样，对于公共文化建筑是采用纯木结构还是混凝土结构，专家也提出了各种意见，在综合考量承重、构筑物安全性及维护成本等各种因素的基础上，古城规划建设指挥部就设计方案与设计方进行多次碰撞，把政府想要的、社会想要的和专家想要的融合在一起，有些沿用传统木结构，有些则采用新材料、新工艺，在保证其外观延续历史风貌的前提下，尽最大努力营造出一件件经得起专家和老百姓品评的传世精品。

开门问策，智汇八方。传统、现代、传承、创新，是博弈，也是融合。可以说，即墨古城从规划设计到建成运营，每一个环节都经历了各方反复深思与研究，大到古城建设规模、范围，城内建筑格局和风貌，公共文化建筑的去留与建设规制，后期管理运营等，小到城内的一砖一瓦、一草一木、一笔一画等细节。参观、学习、讨论、判断、取舍，建设者在迷雾中前行，一步步探索，一点点研究，在经过无数循环往复之后，即墨古城终于有了清晰的轮廓和未来的方向。

【导语】

千载而今，城市更新，规划先行。

一座城市的文化基因是城市生长与崛起的资本，明确这一点至关重要，这是规划的逻辑起点。

惟有如此，方可看清历史本质，赋予其现实动能并昭显未来发展方向。

即墨古城的形式是传统的，功能是现代的，内涵是丰富的。

鉴古知今，是尊重历史，传承文化；古为今用，是去芜存菁，继往开来。

渊源有自，怡养古城之神，理所当然要深刻理解其历史逻辑和文化底蕴，

向传统致敬，然须赋予古老传统以当代活力，切忌食古不化。

即墨古城自身带有文化自觉与商业发展基因，与整座城市一起成长，

其历史性、艺术性和实用性都需要在今古一体化的维度上予以科学确认，

既要激活历史资源，亦要适应当代生活需求，

让人们在享受古城文化、美学、建筑艺术并形成宜居体验的同时，加入到文化复兴的实际行动中来。

把规划设计做到最优，目的是给历史一个庄重交代，也给未来留足发展空间。

要形成文化、旅游、商业和居住深度融合发展的活力生态，让广大民众既能安居，亦可乐业。

因此，再造古城并非教条式的复制，还应充分考虑当代人的感受与审美。

“法古而不泥古”，在尊重历史规律的基础上，有所扬弃，有所创新。

即墨古城的建设并非恢复或重建那么简单，而是要实现历史文脉的创造性转化，

在厘清千年城市肌理和生长规律的基础上，

全面融合筑城学、功能学、形态学、社会学、经济学、建筑学与景观学的策略，

形成一种多元化的、有历史深度和文化底蕴的城市体系，

使其符合当代生活和古城发展需要，让这座古城真正充满魅力和活力。

融古开新，今古和合，是为古城规划之道。

即墨古城项目是一种“再造”。即墨的探索值得肯定，即墨的经验需要总结，即墨的做法可以借鉴。

——原建设部副部长、中国建筑学会原理事长 宋春华

盛世重光

中篇

SHENGSHI CHONGGUANG

即墨古城的规划设计与建设运营

即墨古城自规划之初就对传统与现代的关系进行了慎重考量，

不仅传续了历史记忆，而且改善了民生，以今古结合的理念打造了一座既充满传统韵味，

亦符合现代人生活需求的古城，这一思路值得肯定。

——中国工程院院士、首届梁思成建筑奖获得者 魏敦山

不谋全局者，不足以谋一域。建一座怎样的古城，定位很关键，规划很重要。

“君子务知大者、远者”，规划设计的水准，决定着古城成长空间和未来发展方向。

古城既要卓然而立，拥有真正的传统精神空间和文化承载力，又要鉴古知今，让现代人乐于接纳和喜爱。

其中的施策方寸和运筹规矩，都离不开科学、精准的决策。

从某种意义上说，理念上的“顶层设计”，与具象的建筑设计一样重要，甚或过之。

“精细化、生态化、人文化”是即墨古城的规划建设理念，贯穿始终。

古城规划建设过程中，城市更新的理念与实践已从一个点过渡到一个面、一个片，从单一功能扩展到复合功能，

从注重地上空间到合理利用地下空间，从对文化遗存保护到在保护前提下的合理利用……

通过寻找传统的建筑本体、空间与现代功能需求间的契合点，使中国传统思想、方法与现代生活空间有机融合。

文化与活力并存，风貌与功能并重。

即墨古城应是一个宜商宜居、风貌优美的生活社区；

一个古色古香、舒适宜人的休闲园区；

一个古今中外文化交融汇聚、时尚现代的文旅地标。

再造的即墨古城，应是一个带着历史印记和现代活力，承载着即墨人精神，

能够与即墨、青岛和胶东半岛地区一起走向未来的有温度的古城。

第六章

CHAPTER 6

今古和合

即墨古城的规划之道

JINGU HEHE

6.1 秉轴持钧：规划设计思维及探索历程

即墨古城再造是城市更新、城市修补的一个新尝试，经验值得总结推广；在建设标准、传统建筑的应用，地上、地下开发的结合上，以及对传统建筑的现代化表达上，值得学习借鉴。

——中国建筑学会原秘书长 周畅

即墨古城将以何种方式存在？如何实现传承千年文脉、改善民生和城市更新的目标？这是一个重要命题，首先需要在规划中予以明确。

从全国来看，没有可直接“拿来”复制的案例。可以说，即墨古城的规划建设几乎是在一张白纸上进行的，多少有那么一种“筚路蓝缕，以启山林”的味道。虽说无以与先贤那种伟大的拓荒精神相比，但对于当代建设者而言，即将展开的规划建设历程难度确是超乎想象的，几乎就是一次充满未知的精神探险。建设者每每有“战战兢兢，如履薄冰”之感。

作为上位规划，《即墨市城市总体规划（2013—2030）》提出，中心城区城市空间特色总体结构为“古城居中、轴带融城、山湖秀绿”。老城更新的规划工作不仅决定其空间形态和整体风貌，更重要的是通过规划设计，结合城市运营等手段，构建一种有效而合理的城市活化模式，以确保该区域未来相当长的时间内能够良性运转，实现自我生长和再度繁荣。

在即墨市第十七届人民代表大会第二次会议通过的《关于实施即墨古城片区改造建设延续千年历史文脉的议案》中，已确定“改善民生、延续文脉、城市更新”是即墨古城规划建设的宗旨。融通历史与当下、文化与经济、传承与发展等多重图景，从人文角度出发，适应人的审美，满足人的期待。

在改善民生方面，应深刻把握群众的现实需要和生活期待，从生活体验感出发，对古城进行科学的功能分区和景观营造，使人们在享受传统文化、建筑艺术和宜居体验之外，获得归属感、幸福感和自豪感。

在延续文脉方面，一方面尊重传统，以即墨历史图文资料为依据，以中国传统城市思想及相关建筑营造工艺为指导和参照，做好文化传承，留住城市记忆；另一方面要充分研究即墨历史文化，谋划古城未来的运营及业态发展，为展示和体现本地传统文化创造充足空间，为文化生长提供条件。

在城市更新方面，以“城市名片”为建设和运营目标，优化城市物理空间，提升城市形象和文化地位，将即墨古城作为即墨、青岛乃至胶东半岛的历史文化承载地，使之成为“即墨的精品文化商业街区与市井庙会生活区”“青岛特色风情休闲区和溯源地”“胶东半岛传统文化的博览园”。

6.1.1 相辅相成：城市四态的塑造

通常所谓“规划”，就是在对某一区域人文地理及其社会形态深刻认知的基础上，把握其规律性演进路径，确定城市空间布局和功能分区，科学设定建筑风貌及营造法则，勾勒城市未来建设的整体形态乃至运转模式，满足人们的物质生活、精神生活和城市自身经济社会发展需求。简言之，一个好的规划，对城市要有塑造力，这种塑造力，大致可概括为四态——文态、形态、业态、生态。

文态，即城市区域的文化特质和场所精神，表现在街区的历史文化特色、都市商圈的时尚文化氛围等方面；形态，即城市空间与风貌体系，表现在城市特色街区格局或建筑风貌等方面；业态，即城市主要功能和分布方式，表现在商业街区、住宅区、开发区等城市功能区域；生态，既可指单纯以自然风景、绿化植被为主的自然生态，亦可指生活在该区域内的人的活动和城市机能的运转方式等。视具体城市空间的不同特征，四态在规划设计中有所侧重，如历史文化街区更注重文态与形态，功能性商业区更注重业态分布，城市绿地或自然景区更注重自然生态，居民区侧重人居环境和社区运转方式。

城市空间要有特色，要承载丰富多彩的城市活动，其形态构建关系到业态生长，需要对古城的功能及不同使用对象的需求作通盘考虑。即墨古城不是单一的文旅或商业项目，而是一个城市综合体，是对老城区城市功能的提升。对古城而言，文态意味着其作为青岛的文脉溯源，要展现历史的丰富性和深刻性，主要载体是现存文物建筑和重建的历史建筑。在此基础上，要融入当代生活要素，实现历史文化与当代文明的融合。形态是对古城空间结构的直观展现，通过合理延续建筑尺度和街巷肌理特色，呈现一个有历史深度和文化厚度的城市体系，并使其符合当代生活和古城发展需求。考虑到上述要素，在规划定位上，即墨古城应是一座开放的、功能多元的古城。其城市四态塑造可总结为：以合理布置业态与实现良性运转的人居生态为基础，以充分展示古城文态、完美再现古城形态为目标。有了文态、形态、业态的合理建构，古城的生态则会自然而然地形成。

6.1.2 动中肯綮：传统和现代功能的有机融合

从四态的塑造来看，决定古城再造成功与否的关键是，以何种设计手法和空间建构方式延续即墨传统文化、再现古城历史风貌，避免僵化复制和布景式展示。简言之，在古城再造过程中，既要体现历史传承形成的“年代感”，又要规避时空距离带给人的“疏离感”，让来访者置身于充满历史感的情境之中，进而萌生今古和鸣的精神感怀。

古代城市空间尺度在满足现代城市功能等方面存在很多矛盾，即墨古城规划设计的重心和难点也在于此——既不能为了追求功能便捷而牺牲风貌和忽视文化传承，也不能过度追求视觉效果而无视实际使用功能，降低生活舒适度。解决这一难题要充分考虑即墨历史文化如何与公共文化建筑、市民活动、城市开放空间和城市品位更好地结合，实现内涵与物质空间载体的有机融合。

城墙的呈现方式、城内道路的格局、整体建筑的尺度等是古城整体形态的关键要素，决定着古城整体风貌，也是后续规划设计的大前提。而建成的古城能否为城市的整体运转和经济发展带来新的活力，很大程度上取决于空间层次的规划和功能分析。因此，对外要着重解决即墨古城与即墨城区的空间关系，包括交通流线的组织、城市界面的形态与柔性过渡以及市政管线的对接等技术性问题，规划好古城与周边既有城市环境的衔接与交互；对内有针对性地处理传统空间与现代功能以及建筑安全规范之间的冲突与矛盾，按照不同的建筑类型、功能和道路体系，设计不同的建造方式和呈现方式，塑造良好的人居环境。

此外，即墨古城的建筑应是“中而新”的，有传统的风貌，也有现代的创新，在建设时融入艺术加工创作，运用传统理念和现代技术手段，留住乡愁和记忆。古城再造并非机械地搬运抄袭，理应充分考虑现代人的感受与审美，做到“法古而不泥古”，在尊重历史传统的基础上，积极尝试建筑与文化转化的新路径，证明古城融入当代城市生活的可能性，为老城改造探索出一条切实可行的解决之道。

6.2 柳暗花明：规划过程与相关方案的形成

即墨古城肩负着传承千秋文脉的使命，如何实现“古城亦新城”的定位，规划设计是关键。其修建性详细规划的形成可谓一波三折。在上海万生景观设计有限公司（以下简称“上海万生公司”）编制的《即墨古城概念性规划设计方案》基础上，先后有南京大学建筑规划设计研究院（以下简称“南大设计院”）、北京翰时国际建筑设计咨询有限公司（以下简称“北京翰时公司”）、江苏一德集团和北京华清安地建筑设计有限公司（以下简称“华清安地”）等规划设计单位参与其中，在反复调研、探讨与争论中，修建性详细规划历时一年多编制完成。

这是一个艰苦探索的过程，也是集思广益、厚积薄发的过程，共识的达成虽然艰辛，但实践证明，最初的曲折探索是完全值得的。由感性到理性，从模糊到清晰，古城的规划设计经历了一个思维上的调整和理念上的升华过程。

6.2.1 读城悟城：即墨古城规划设计的初始阶段

对古城历史文化的精准解读是规划设计的基础，关系到历史与当下的衔接及古城发展方向。2012 年，着手历史文化资源普查的同时，相关概念性规划已启动，最早参与的是上海万生公司，其总经理陈劲多次带队考察，探讨即墨古城的规划之道。

即墨古城片区改造项目正式启动之后，2013 年 5 月，上海万生公司开始着手编制即墨古城的规划设计方案，对即墨历史文化资料做了较详细的整理归纳，通过“读城”“悟城”予以进一步分析解读，编制了初步的概念性规划方案，提出“一心，两轴，九坊”的空间格局：“一心”指以即墨县衙为中心；“两轴”指“丁”字街两条轴线；“九坊”指以历史建筑肌理为基底，布置县衙坊、工艺坊、文教坊、礼乐坊、膳食坊、衣锦坊、寝居坊、酒醇坊、功德坊等九个功能组团。这成为即墨古城规划谋篇布局的开端。其“布局对称，城池完整；街巷

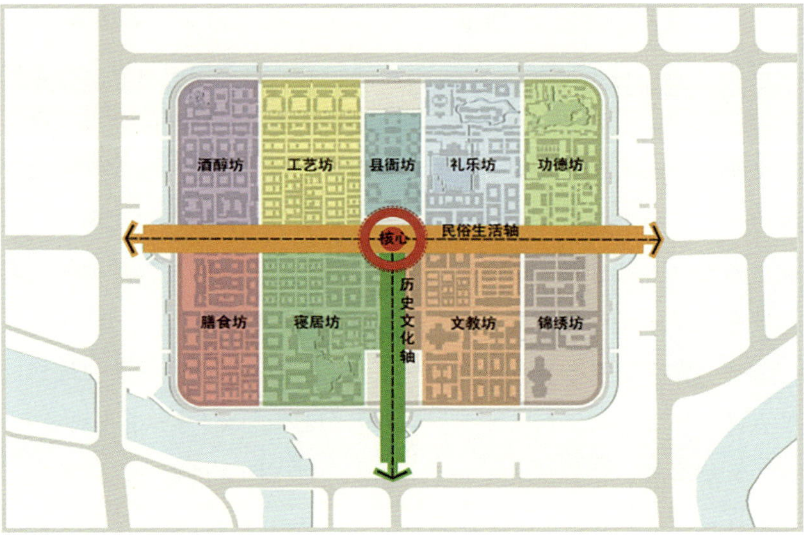

◎ 上海万生公司提出的“一心，两轴，九坊”的空间格局示意图

有序，坊里井然；合院严整，楼阁巍峨”的思路为此后古城的规划设计提供了重要参考。

6.2.2 院落生长：即墨古城概念性规划成形

2013 年，江苏一德集团作为即墨古城合作方之一，参与了古城的规划设计，董事长陈俊与天泰集团董事长戴大为多次率队实地考察，就即墨古城的发展定位、业态布局和建设运营等方面进行了深入探讨。

为延伸和丰富即墨古城概念性规划设计方案，江苏一德集团开展了新一轮规划设计，基本内容及主要规划目标包括“再现即墨城空间格局”“彰显历史文化底蕴”“营造人文归属故里”和“打造旅游度假胜地”等方面。

在研究前期积累的相关历史文化资料的基础上，江苏一德集团对即墨及其周边传统住宅的类型、材质和工艺特征进行了具体分析和归纳整理，为即墨古城的建筑设计提供了有针对性的参考资料。此轮方案中，首次提出了“打造城市会客厅”的概念。随着古城规划设计的不断深入，设计方对古城的规划定位逐渐有了更为深刻的感悟与理解，形成了“以院落为生长基因”的规划理念，提出了“打造胶东半岛商旅聚合地，建设一座带有生活气息的古城”的目标，明确了即墨古城应该是充满生活归属感、兼具商业生长逻辑的城市综合体。

概念，在此可理解为古城规划理念之概要，是认识和积累的结果，是一种方向性的探索，逐步触及即墨古城的规划定位核心。总体上看，无论是“一座带有生活气息的古城”“城市会客厅”的概念定位，抑或是“院落组团生长”的设计思路，都具有一定的合理性，从不同角度确定了即墨古城的文化基调。上述这些概念，在随后编制完成的即墨古城修建性详细规划方案中均被合理吸纳提升，并有效运用到了古城的建设与运营过程之中。

6.2.3 未来图景：一座有生活温度的古城

> 即墨古城形式是传统的，功能是现代的，内涵是有丰富历史文化的，体现了城市的历史肌理与文脉延续，给即墨人民以及后人留下了一个比较直观的城市发展历史记忆和联想，提供了一个很有活力的文商旅相结合的城市公共会客厅。
>
> ——北京市城市规划设计研究院原院长 柯焕章

经过多轮设计思考和方案的探讨，即墨古城概念性规划方案日趋丰富，设计思路虽几经完善，但修建性详细规划始终没有进一步深化，前后提交的多种设计方案相差不大，对古城功能和地下空间利用等关键问题的研究依旧停留在概念性规划阶段，尚未赋予古城文化个性，实现多元功能。有的方案中，文庙、学宫等公共文化建筑和居住建筑的设计样式雷同，缺少符合历史逻辑的创意设计理念，历史与现代功能之间缺乏合理过渡和深度融合，古城人文标识和风貌亮点尚显欠缺；有的方案中，居住院落造型呈现为条条块块、方方正正的组合形式，颇似房地产楼盘样式，缺少与即墨地域精神和文化特征相符的设计元素。

2013 年 12 月 2 日，即墨古城首发区项目规划设计工作专题会议召开，就前期规划工作进行了总结分析，认为目前的规划还不能准确把握即墨古城的设计风格，存在“不土不洋、不南不北、不今不古”的问题，不接地气。因历次方案达不到应有效果，学宫、文庙、东城墙及瓮城等作为即墨古城首发区的公共文化建筑又亟待开工。古城规划建设指挥部及时调整工作思路和方法，着眼于古城规划建设的实际，在全国古城类项目中进行考察，另行寻找合适的设计团队。

几经考察，参与设计福州三坊七巷、成都宽窄巷子等项目的华清安地进入了视野。2014 年 1 月，古城规划建设指挥部与华清安地常务副总经理林霄接洽，对接项目合作事宜。关于当时的情况，林霄回忆说：

> 当时已临近年关，对即墨古城这个难度大、要求高且时间紧、任务重的项目，我们是持谨慎态度的。后来，经过了多次接触，即墨古城丰富的历史文献资料，市委、市政府的决策力，古城规划建设指挥部的执行力和专业精神，以及求贤若渴的诚意感染了我们，最终决定承接这个项目。

随后，华清安地立即组建项目团队，派出负责规划、建筑设计、文化研究、景观设计等业务骨干入驻古城规划建设指挥部，现场调研办公。为进一步丰富和激发设计灵感，设计团队不仅对古城片区现场保留建筑及其周边建筑进行详细考察，找寻富有地域特色的建筑元素，还前往即墨沿海村落考察历史建筑及民居风格，深入研究建筑的细部做法、材料运用等方面的特征，力求在规划设计中体现本土特色的建筑文化元素。

在综合考量当地气候、生活习俗等因素的基础上，华清安地确定以北方合院建筑的布局模式和胶东建筑的用材、细部做法，作为古城商业和居住建筑的设计原型，并通过翻阅文献资料和相关图纸，勾勒出以古城内重要公共文化建筑大致格局及规模为主要内容的规划总图，形成了即墨古城规划设计方案。

2014 年 1 月 24 日，华清安地首次向古城规划建设指挥部汇报规划设计方案，并得到初步认可，双方合作随即开启。林霄担任即墨古城规划负责人，华清安地副总建筑师弓箭担任即墨古城建筑设计负责人，为即墨古城进行整体规划和建筑方案策划，并协调沟通后续各相关设计团队。随后，邀请中国文化遗产研究院文物保护工程与规划所副所长张谨加入，负责公共文化建筑的设计工作。为保证项目各环节协调统一，华清安地组建了包括规划、建筑、景观、照明等领域在内的 40 多人的规划设计团队，各项工作迅速开展。至此，即墨古城的规划设计进入深化和提升阶段。

华清安地对已有的规划设计成果予以重新梳理和研究，从空间结构、文化结构、商业结构、景观结构等方面，特别是对重要空间节点和公共文化建筑进行了深化设计，尽可能保留古城原有肌理，修缮即墨县衙、即墨红万字会，修建城墙、牌坊、文庙、学宫、城隍庙、真武庙等建筑，形成了以即墨县衙为核心的“丁”字街以及城墙环绕、门阁巍峨的格局，并确定了构成古城肌理的商业建筑、居住建筑的风貌和设计原则。同时，提出了“一座有生活温度的古城”的设计理念，进一步明确了即墨古城的规划设计方向。

6.3 时空思辨：城墙与地下空间的决策论证

城墙对古城意味着什么，是否需要重建，这是需要首先予以澄清的问题。对此，参与各方展开了几轮争论。可以说，这是一场关于古城形态的时空思辨。今天看来，思辨是有学术价值的，涉及城市建设方式的问题，关乎历史与现实的结合力度。

显然，轩峻高耸的城墙楼阁是古城最引人注目的标识。而深藏不露的地下空间，作为现代建筑的智慧结晶，直接决定着古城的使用体验与运转效能，在现代城市的空间规划中不可或缺，应统筹兼顾，科学规划，有效利用。

6.3.1 有无之间：关于城墙建设与否的探讨

历史上，即墨城是有城墙的，这在明清县志中有明确记载，其外观在近代拍摄的诸多即墨城老照片中也有清晰呈现。作为古城本体的基本组成部分，城墙“奠立四维而标举中心”，其意义不言而喻。历史变迁，城市观念已异于古时，现代城市并无固定边界，往往表现为开放性时空。当今，一些人对传统中国城市的认识比较粗浅，对古典精神的理解亦趋于模糊，加之受环境制约及发展思维定势等多种因素的影响，对于即墨古城来说，是否重建城墙成为争论焦点，其选择结果将直接决定即墨古城的风貌，并对其存在方式产生深刻影响。

早在即墨古城筹建论证初期，针对城墙存在与否的问题，已有争议。当时有专家认为，城墙建设投资大，无须重建，原城墙占地空间可做成绿化带、景观或者公园。由于当时诸多基础工作亟需处理，而古城规划建设的大思路尚未形成，关于城墙重建与否的讨论暂时搁置。

古城规划工作实质性展开后，问题凸显出来，城墙的“建与不建”及“如何建”的问题再次引发争论，其中有来自专家学者对重建城墙的价值衡量和学术争议，亦有站在实用角度的利弊权衡，认为重建城墙不仅增加建设费用，还影响城市交通的通畅性，似乎有点得不偿失。而设计方对体量如此之大的建筑物的利用问题也有顾虑。虽众说纷纭，但

◎ 即墨古城历史影像：
西瓮城及城门
（摄于 *1898* 年）

在建设者心中始终有一个共同认知：城墙是牵一发而动全身的关键，无论重建与否，都将从根本上决定即墨古城的未来呈现状态。

随着古城建设工作的持续推进，一直悬而未决的城墙重建问题亟待解决。当时，即墨古城规划负责人林霄及其团队也曾一度陷入矛盾之中，林霄说：

> 站在城市运营的角度看，城墙围合必然会对城市区域形成阻隔，影响城内商业的经营发展。起初我们是有所担心的，考虑到种种可能出现的不利因素，当时大家更倾向于局部构筑或意向性展示。

当时，这是一种颇为典型的观点，倾向于以不封闭的状态营造古城，使古城与城区其他部分在空间上无界限地融为一体。但问题是，这样的古城是否符合历史逻辑，是否能满足大家对古城的心理期待？城墙本身虽然分开内外城，但在符合其历史形态的同时，也可以带来更深刻的历史与现代的融合感。

为了充分论证城墙重建的利弊，市委、市政府，古城规划建设指挥部和设计方先后赴各地古城考察，着重调研城墙对城市空间的影响及建成后的利用问题。在考察中，建设者体会到城墙对整个古城文化氛围和城市记忆的意义和作用。对此，市委书记刘赞松表示：

城墙承载着即墨人对古城的深厚情结，也是现代与历史最好的分界。

的确，作为一个形态完整而风貌独特的城市社区，古城需要一个空间界定，也需要一条通道，以适应从现代都市到传统风貌的转变，而穿越城墙进入古城的过程恰好为人们提供了一种明确路径，使普通的穿行具有了融入古城的仪式感。同时，城墙的建设也会给未来的古城管理和经营创造更多有利条件。从文化记忆的角度来说，城墙不仅是即墨古城的基本标志，还是即墨这座城市的文化标识，是城内百姓的守护者，也是即墨人不屈不挠抵御外侵的最好见证。其实，城墙不仅是城内与城外的分界线，亦是历史与现实的融合面。

这样，完整重建城墙首先在古城建设团队层面达成了共识。为保证决策的科学性，古城规划建设指挥部通过实地走访等方式广泛征求民意。群众的意见也十分明确：城墙寄托着即墨人的深刻记忆，没有完整的城墙，即墨古城的历史形态就显得不完整。即墨人对城墙、对古城有一份深沉执念，有一份殷切期待。

在听取多方意见基础上，2013 年 11 月 19 日下午，市委召开即墨古城规划建设专题会议，并达成共识：城墙是即墨城的重要地标，应完整规划建设，并赋予其新的功能。至此，争论多时的城墙重建问题有了最终定论。那象征尊严和气度的城墙，在即墨人的期盼中开始有了朦胧的轮廓。

在即墨古城的整体规划中，城墙与城阁是校准古城方位、界定古城范畴的时空坐标点，是确立古城直观形态的基准点。实际上，城墙深刻影响着地上空间的建设模式和地下空间的利用方式，不仅是完善即墨古城整体格局的要点，而且足以影响建成后古城的存在方式乃至其未来发展方向。同样，地上空间与地下空间的关系处理，也是现代建筑空间构成方式的一大关键。

6.3.2 古为今用：关于城墙形态的争论

确定重建城墙后，一系列对城墙规划和设计的思考摆在面前：如何在保证城墙传统形制基础上做到古为今用，如何在彰显厚重历史感的同时赋予其现代生活气息，如何通过有形的实体建筑传承无形的精神气象……种种思考萦绕在建设者的脑海中，城墙以何种方式呈现，关乎古城的历史形象，关乎古城如何重现自身并适应当代生活的一系列思考与实践紧锣密鼓地展开。

在城墙是否重建问题争论之初，相关规划设计单位业已提出“以地景或者雕塑为载体的概念呈现”“围而不合局部复原”等多种设想。上海万生公司的设想是，在保持城墙原有形制基础上，于紧邻城墙处引入墨水河修建护城河，市民和游客可通过吊桥进入城内；城墙内部设计两层高的大型落地窗式商业店铺，增加使用功能。南大设计院在参考意大利古城卢卡城墙、北京明城墙遗址、西安大明宫遗址相关处理方法的基础上，对城墙设计提出了两种方案。一种是按照原有尺度重建城墙，南侧规划为城墙酒店，北侧规划为城墙商业街区，东西两侧恢复城墙原貌；另一种是恢复部分城墙，并与景观相围合，北侧为城墙商业街区，东、西、南三侧局部采用景观方式围合，重建瓮城及两翼部分城墙，设景观绿坡、景观廊道等。北京翰时公司在设计中赋予城墙停车和居住功能。上述概念性构想提供了多种可能性，为下一步城墙形制的确定与设计提供了有益的参考。

在分析利弊、综合考量各种要素的基础上，华清安地认为修建城墙首先要遵循古为今用的原则，解决好城墙本体利用、城墙外部及周边环境处理等关键问题。在古代，城墙以夯土堆砌、外包坚硬石块或者以特殊烧制的实心墙砖砌筑而成，是城市的坚固壁垒，主要作用是军事防御。在当代，以军事防御为目的的功能要求已无必要，如果将体量巨大且界面单一的城墙仅作为景观构筑物，对于城市空间来说无疑是一种巨大浪费。随着时代发展和技术进步，体量较大的建筑物可以呈现多种形制，其内部空间也可采取多种方式加以有效利用。

◎ 规划设计效果图：城墙步道（左）

◎ 规划设计效果图：城墙内部商业空间（右）

在汲取西安、南京、荆州等地城墙保护利用经验的基础上，着眼于即墨古城城墙的空间考量，华清安地提出了新的规划设计思路。城墙本体对外保持历史风貌，按照原城墙砖尺寸进行立面设计；城墙上宽阔的步道可向市民开放，作为健身步道；城墙内侧赋予商业功能，并预留一定的服务安保空间；瓮城的底层与城墙内侧一样作为商铺，兼具文化生态和商业业态。这种根据实际情况和时代变化扬弃建筑功能的做法，恰恰延续了千百年来城墙之于城市空间应有的作用——保护和服务，也符合“古城亦新城”的建设理念。

时空穿梭，一“墙”内外，各有洞天。本用于城防的高墙，如今满足了文化、商业发展以及市民休闲、观光等多种需求，是古为今用的典型实践。

6.3.3 绿色屏障：城墙周边水系的处理

从历史舆图可以看出，旧时城墙四周原有与墨水河相通的护城河环绕，这也是古代城池普遍采用的建造方式。着眼于水与城的历史地理关系，早期规划设计曾提出了“引河入城”的设想，让墨水河穿城而过，营造水体景观，以增加古城的灵动性。但经过分析发现，古城地势比墨水河的水平面高，如此做法势必需要加装提升、净化、回流等专业设备，不仅建设成本高，后期维护难度也很大，而且多年来墨水河水量并不充沛，缺乏可行性。

虽说不宜引河入城，但是墨水河与即墨城从来就是不可分割的，无论从历史地理抑或文化传统角度审视，两者始终处于一体化情境中，存在着一种自然与人文的内在观照，这一点久已渗透进城市记忆之中，维系着即墨人的家园情怀。河与城构成一个互为映衬的地景体系，墨水河如玉带一样环绕在城南侧，构成即墨城的绿色屏障，映山衬廊，风光旖旎，历史上素有“淮涉八景”[1]之说，独具地域精神。

为了与即墨古城历史文脉相呼应，古城南侧的墨水河综合治理被纳入城市规划，再现淮涉八景之美。此外，着眼于古城西南城墙小坝遗址保护的需要，结合河道现状，参考历史舆图，研究墨水河的走向和形状，将其周边改造成葱郁清幽的城市公园。

总体上看，城墙周边景观的规划建设，使即墨城风貌得到了更完整的呈现，即墨古城在地平线上的大致轮廓逐渐显现出来。

◎ 即墨古城历史影像：共济桥（摄于1901—1910年，左）

◎ “引河入城”方案示意图（右）

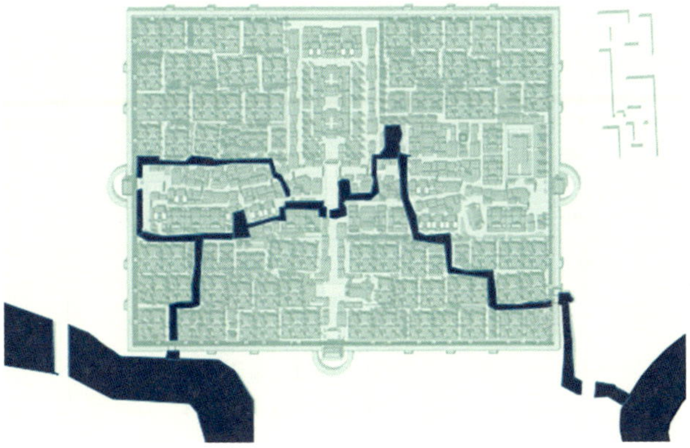

1 指平沙清流、锁龙泉石、古寺塔影、水阁临风、岸柳含烟、高堤垂钓、淮涉春流、长桥卧波。

6.3.4 以空为用：充分开发地下空间

作为城市空间核心区，即墨古城必将是文化活动、商业消费乃至旅游休闲的热点区域，也必将面临多种交通方式的通行压力。在前期进行规划时，需优先考虑交通疏导问题，并合理规划设计古城内部交通，包括车辆通行和停放等问题。

根据即墨古城功能、风貌定位的基本思路及未来运营需求，确定了古城内部道路体系规划原则，以保证游览和步行体验为出发点，塑造充满韵味的街巷空间——城内路网整体结构沿袭历史上的“丁”字形，街道设计最大限度地接近原有尺度。基于此，除特种车辆外，古城地面应禁止车辆通行和停放。

具体来看，在空间条件方面，以满足步行体验为出发点规划的道路系统和街道格局，其通行能力并不能满足城内居民的车辆通行需求；在氛围条件方面，古城的文化环境和整体氛围难以容纳大量机动车频繁通过与停留。综上所述，地上空间的设计应主要满足消防、设备运输和临时建筑搭建等特殊通行需求。

另外，人车分流也带来一大益处，那就是动静相宜，今古明晰。地面上无车辆来往，游人徜徉观光更舒适；地下则井然有序，保证来往通行效率。从文化角度看，这种立体分层设计容纳了不同代际的文明，将带来非比寻常的感受。

鉴于此，古城规划建设指挥部决定利用地下空间解决机动车通行和停放问题，采用外部车辆绕行古城或从地下穿行的动态交通方案和地下设置大型停车场、地面仅做少量临时停车的静态交通方案。同时，于城墙内环街设置一条备用环形机动车通道，与城外道路相连，满足特殊通行需求。这一交通方案不仅减少了城墙开洞过多的问题，使城墙外观风貌得到较好展示，还保证了城市交通的便捷畅通。

随着城墙重建方案和地上空间规划的确定，地下空间的开发面积、使用及建造方式等具体问题提上议事日程。基于建设预算和工程量的考虑，在最初的规划方案中，以满足古城交通通行和公共停车需要为上限，地下空间开挖 7 万平方米，并未充分考虑古城的中心地位与未来面临的过境交通压力。

2013 年 8 月 22 日，古城规划建设指挥部专题会议指出，在地下空间建设问题上，需有长远规划，科学论证古城地下空间设计方案，充分考虑古城运营管理等综合因素带来的交通问题，用足用好地下空间，使古城的地下交通四通八达、便捷高效，实现地上建筑与地下空间有机结合。

经过对古城整体布局和建筑单体的分析，着眼于特殊建筑和交通安全，2014 年 8 月 8 日，市城乡规划委员会 2014 年第三次主任办公会最终决定保留部分原始地面，不予开挖，其中包括东、西门里大街和南门里大街，墨城东、西、南、北街，即墨县衙，即墨红万字会等处，其他用地范围内约 20 万平方米的地下空间全部开挖建设，为古城和即墨的发展预留更充足的空间。

商业街区地下规划了 4 个相互贯通的大型停车库，设置 2866 个停车位，并建设 11 个出入口与城市干道相连。经过测算，古城地下车库建成后，不仅可满足现阶段古城停车的需求，部分停车位还可做公共停车资源，满足周边停车需求。

◎ 即墨古城地下空间规划平面图

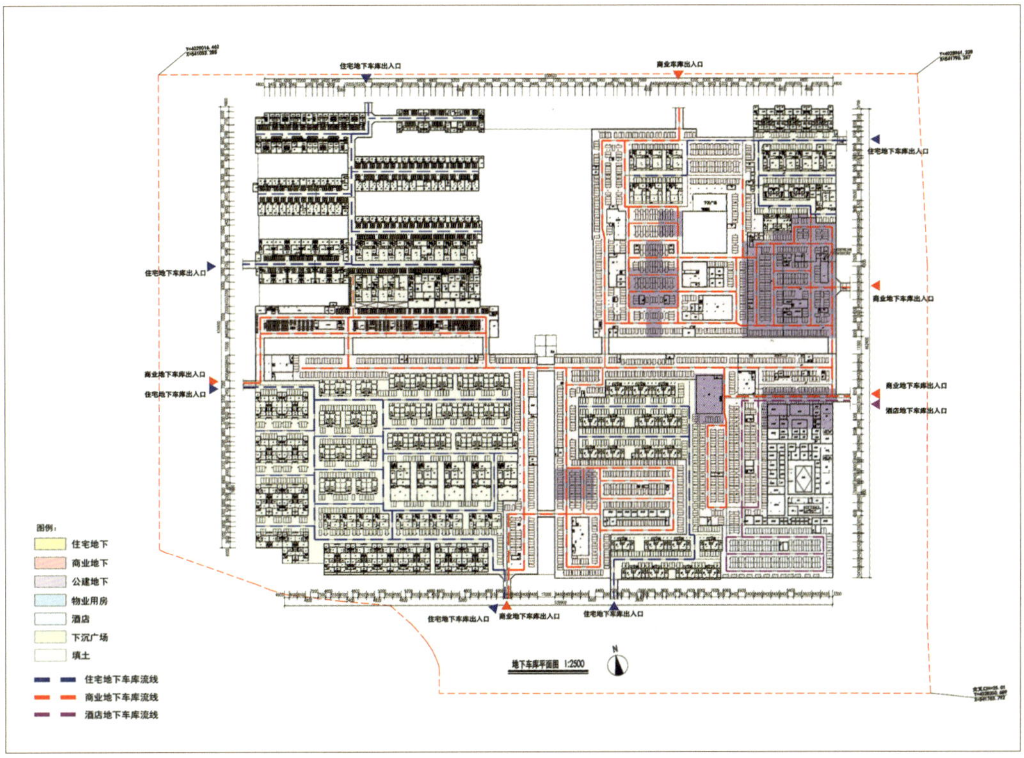

◎ 地下停车空间（局部）

在满足机动车辆通行和公共停车需求之后，设计方按照地面建筑的功能分区对剩余地下空间进行合理设计利用。如配合地下交通动线，将部分商业建筑的地下空间作为仓储及设备空间；居住院落地下设计直通院内的停车库，部分住宅单元设计了下沉式天井院落，扩大建筑的实际使用面积，提升居住品质。

此外，地下空间的设计还包括许多细节问题：在重要公共文化建筑的内部空间及主要景观小品、商业街内部等处，开辟了多处地上出入口，便于游客直达景点；结合地下空间的逃生通道和公共出入口，布置多部电梯，两层院落大都预留客用电梯，部分大型院落预留货用电梯的安装空间，满足服务使用及无障碍通行需求，提升舒适度。

6.4 星罗棋布：古城的整体结构与空间格局

经过专家评审，华清安地编制的即墨古城修建性详细规划获得通过。

在摸清即墨古城原有历史形态和文化内涵的基础上，详规解读了古城与即墨城市整体的关系、古城内部的结构逻辑及其功能分区，对古城的性质、建筑及街巷布局作了科学合理的界定，提出了“一城、两街、十景、十三坊”的规划格局，通过一条集文化、旅游、休闲于一体的绿色环行廊道，将“两街、十景、十三坊”串联于古城之内，部分与整体相生。

街巷纵横，屋宇错落，修建性详细规划复现了即墨城千年以来形成的空间肌理，彰显了古城传统与时尚并存的文化气质，形成了“古城亦新城”的文化气场，并朝向未来开启了新的业态孵化与文化培育。无数游客的观瞻和摩挲，将为厚重的即墨文化带来新的生机。

◎ 即墨古城总平面图

◎ 十三坊平面示意图

6.4.1 井然有序："一城、两街、十景、十三坊"的空间结构

即墨古城的空间形态为"一城、两街、十景、十三坊"，它们相对独立而又贯通一体，形成了一个井然有序的空间结构。

一城，指的是即墨古城的整体城厢格局。从建筑形态来看，"一城"是城墙围合与城楼矗立、城阁耸峙的城池主体架构。重建城墙从空间上进一步明确划定了"城"的范围，界定了一个具有独特人文地理内涵的城市空间，也再现了历史上即墨城颇具特色的城防体系。城内依照公共文化建筑、商业建筑和居住建筑布局，构建起一个融文旅、商业和居住功能于一体的城市综合体。

两街，指的是东、西门里大街和南门里大街，也就是以即墨县衙为核心的"丁"字形主街结构。"丁"字街是即墨古城历史格局的基本特点，勾画出古城的空间脉络。以此为轴线，重现城内标志性文化景观，以东、西门里大街和南门里大街牌坊林立的风貌，串联起传统风貌建筑的文旅动线，建构古城最繁华、最具体验性的时间和空间序列。

十景[1]，致力于建构富有历史底蕴和时代特征的建筑人文景观。公共文化建筑作为古城文化的基本载体，在规划体系中被统称为“十景”，其中包括即墨县衙和即墨红万字会两处文物保护单位，依据历史记载在原址周边重建的文脉地标——文庙，具有传统民俗特征的城隍庙、真武庙、财神庙、鸭绿池戏台和准提精舍，伴随近代东西文化碰撞和文化传播而修建的基督教堂，满足古城当代文化活动需求的学宫[2]。这些公共文化建筑是即墨古城建筑的精华所在，也是营造浓厚历史文化氛围、举办各种传统活动的重要场所。

十三坊[3]，着重塑造富有传统意蕴的诗意安居空间。古城道路体系分为街、巷两级，主要街道作为人流商业动线和游览路线，与商业街区和主要景点相连；巷，指服务通道和居住组团内的步行交通体系。纵横交错的街巷将居住组团划分为大小合理的街区——“十三坊”，它们分别是清信坊、乐寿坊、集贤坊、五福坊、新生坊、信义坊、葆光坊、周家坊、良臣坊、启秀坊、群英坊、福音坊和养济坊。坊内的居住建筑错落有致，基本上以即墨传统民居院落为原型，以提升居民生活舒适度和幸福感为出发点，融入现代元素和技术，精心设计了不同面积和户型的合院式住宅。

修建性详细规划确定后，即墨古城整体上的直观形象跃然纸上，建设者已可想见未来古城的模样。规划依照建筑的文化属性及其使用功能，将古城内的建筑划分为公共文化建筑、商业建筑和居住建筑三种类别。随后，依照它们的功能定位，对每一栋建筑逐步展开具体设计，从点到线，从线到面，古城一廊一柱、一砖一瓦的样貌开始慢慢显现。

---

1 “十景”指的是即墨古城内十座主要的公共文化建筑，是即墨古城文脉的主要载体。当然，“十景”之谓并不局限于十座建筑，考院和劳山书院也都在公共文化建筑序列中。云其“十景”，有“十全十美”之意。

2 “学宫”在早期部分图纸和描述中曾被称为“规划展览馆”。为避免混淆，按照其现状属性，本书后面行文中除个别情况外，一律统称为学宫。

3 “十三坊”是指通过次级街道划分出来的13个居住组团。“坊”字有多重意思，即墨古城“十三坊”的“坊”是指街坊邻居之“坊”，而非牌坊之“坊”。

◎ 即墨古城规划方案

鸟瞰效果图

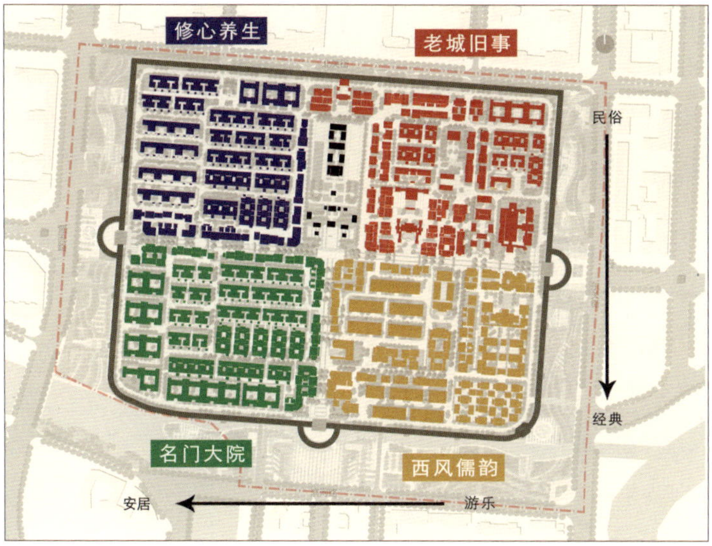

◎ 四大主题板块布局示意图

6.4.2 相映生辉：四大主题板块布局

在“一城、两街、十景、十三坊”的整体规划架构之下，即墨古城内的所有建筑有序分布，各形其胜。根据历史舆图中建筑的分布及地名信息，设计方以“丁”字街为轴线将古城划分为四个区域，赋予其不同的文化主题。

西北区域为“修心养生”板块，东北区域为“老城旧事”板块，西南区域为“名门大院”板块，东南区域为“西风儒韵”板块。通过“丁”字街和城墙内东、西、南、北环线，将四大文化板块串接，每个板块中又分布着众多次街和小巷。次街上，串联着多处公共文化建筑和景观节点，进而形成了闭合的旅游环线。

结合具体建筑及四大板块的功能来说，东北板块以文庙、财神庙等公共文化建筑为核心，以文化和民俗商业为特色，以鸭绿池戏台及周边广场为载体，通过与传统节庆、庙会、灯会等民间活动相结合，形成展示即墨传统特色和风俗的文化街区。东南板块以君澜度假酒店、考院和基督教堂为核心，主要表现即墨兼容并蓄、东西结合的时代印记，展示即墨古城的活力与包容。西南板块以精品文化院落为特色，重点展示即墨的名门轶事、非物质文化遗产。西北板块以准提精舍为核心，重点打造禅修养生等公共活动空间，营造一种宜居闲适的文化氛围。

东西呼应中，快慢两相宜。四大文化板块的设定，使古城形成了各具特色而又贯通一体的合理布局，在自北向南的展开面上，是从民俗到经典的主题嬗变；在自东向西的展开面上，是从游乐到安居的氛围跨越。即墨古城规划设计之初，便没有拘泥于程式化的刻板表达，而是站在一个更高的维度上实现自我定位，力求成长为一座有内涵、有温度的人性化的古城。

6.5 意味悠长：富有历史记忆的街巷命名

街巷，是私人空间和公共空间交会之处，兼容静态美与动态美。花树掩映，曲径通幽，是游人心目中最想探访的地方。透过临街窗户的窗扇，感受一条街的热闹氛围。而当人潮散去，入夜后只余下星星点点的灯光，更有静谧之美。

街巷，也是历史发展的线索，其格局记录着城市的记忆，构成了具体的城市肌理。缘此，街巷格局也是古城的重要展示界面。让人印象深刻的最好办法就是耳熟能详，即墨古城的街巷道路名称即是遵循此原则而形成的。为了让街巷名称呈现历史发展脉络，将历史记忆融入古城生活，文化研究组查阅了清末民初周铭旂编纂的《即墨县乡土志》，以及 1986 年编纂的《即墨县地名志》，研究了民国时期以来的地图、村庄名称，综合考虑拆迁前街巷名称和古城规划布局、功能，提出了关于即墨古城及其周边的规划道路命名的建议，主要有如下几种命名方式：

其一，按照公共文化建筑位置命名。将附近的公共文化建筑名称作为命名依据，具有明显的标识性，便于寻找相应景观，如学宫街、县衙东街和县衙西街、圣庙街、考院街、财神庙街、飞虹池街、城隍庙街、万寿宫街、文昌巷等，这是即墨古城街巷名称最明显的特征。

其二，按照旧有村落、历史街巷名称命名。某些历史街巷的名称在城市更新后依然具有标识意义，如新生街、新建街、后庵街、后汀街、神路街、五福巷、蓝家巷、新会巷等，随着古城片区改造项目的启动，成为乡愁记忆的符号，故加以保留。东、西门里大街，南门里大街等以方向为指引，串联古城东、西、南三个方向，也是源于历史名称。

其三，依据古代名人官职或褒奖命名，勾画历史人物故事。如太保巷，以黄嘉善加衔命名，黄嘉善曾总督陕西三边，军务大捷，升兵部尚书加太子太保；将军巷和锦衣巷的名称源于周鸿图、周鸿谟的勋绩，他们因战功卓著，诰封骠骑将军，赐莽服玉带，衣锦还乡。

其四，依据历史故事命名。在古城居住院落区域，有一条东西方向的小巷，名为“三尺巷”。此巷的命名由即墨城内的“鬼胡同”传

◎ 即墨古城街巷平面示意图

说演变而来。此处有很多民间传说，是一条充满故事的胡同：在建城之初被用作水道，又称“水胡同”，是黄、胡两姓邻居建房时各让一尺形成的；也有传言，因胡同狭窄，行人少，有阴森之感，而传为“鬼胡同”。因胡同宽约三尺，历史上发生过邻里间相互谦让的故事，故用“三尺巷”这一名称命名，意在倡导和谐的邻里关系。

2017 年，即墨撤市设区后，融入了青岛市区路网。古城的东、西、南、北顺城街，新会巷、文昌巷、文昌街、书院巷、东关街、南关街等道路名称与青岛市区现有道路重名，需根据这些街巷的历史文化特征和道路标识性重新命名。2019 年，青岛市人民政府发布《关于城区部分道路更名、新建道路命名、部分道路调整起止点和注销的通告》，对重名道路予以更名。东、西、南、北顺城街分别更名为墨城东街、墨城西街、墨城南街、墨城北街，新会巷更名为新馨巷，文昌巷更名为奎星巷，文昌街更名为奎明街，书院巷更名为聚英巷，东关街更名为镜镕街，南关街更名为环秀街等。

从城墙一进来就感觉穿越了，在这个时代还有这么棒的古城，这里的每一块砖、每一片瓦、每一处雕刻，都让我很吃惊，可以感觉到我们的血脉和这座古城是相通的，这就是我们老祖宗留下的东西。

——即墨古城形象大使、国际钢琴大师、联合国和平使者 郎朗

文武兼备，执其两端而用其中。历史上，城墙、城楼、瓮城及四阁构成了即墨城本体的完整体系。

既然决定重建城墙，就应将城墙及其附属建筑的历史格局呈现出来，将其悠久而深沉的历史格调展现出来，

惟此方能达到追怀历史、完整展示即墨城特色的效果。

而在实际操作中，城墙及其附属建筑的建造是一个包含了各种体量、各种造型、各种结构和构造逻辑的系统工程，

不仅范围大、工期长，且涉及周边河流区域和历史遗址，

还要保证未来交通和安全通行需求……工作可谓纷繁复杂。

第七章

CHAPTER

7

崇墉百雉

城墙及其附属建筑的设计营造

CHONGYONG

BAIZHI

7.1 复其旧观：城墙本体的设计营造

青砖耸峙，巍峨绵延的城墙，是即墨古城留给人们的第一印象。它雄伟宽厚，庄重热忱，守护着这座城，迎接着归乡的游子和远方的来客。城墙之内，林荫之下，弥散着千年古城的韵味；城墙之外，墨水河畔，敲击着有韵律的都市节奏。

整体上看，即墨古城城墙的设计营造恢复了传统形制，无论从高处俯瞰，还是在近处细观，呈现出的是一座充满深沉历史气息的古城，精致中不失沧桑感，令人印象深刻。

7.1.1 固若金汤：城墙本体的历史溯源

即墨城是一座有着悠久历史和深厚积淀的城池，堪称我国北方特别是山东半岛地区古代城市的典范。

今址即墨城的修建，有史可稽的年代可追溯到元至正十一年（1351年），成三门四阁规制，三门均建有瓮城，城外有护城河。后经元明清三代前后10余次重修而趋于完型，这也是人们在不少近代老照片中见到的形象。

触摸历史，可知在古人的文化意识中，即墨不仅仅是一个地名，更是一种精神写照。“御敌孤城存即墨，还家聚首似羌村”，一再经历离乱后，南宋诗人李洪写下了这句诗。彼时，春秋时期的齐国名城即墨早已湮没无闻，但在诗人心目中，即墨的形象仍然鲜活，期待着以即墨的“孤城”之志反击强敌，以克敌制胜而“还家聚首”。回望过去，人们脑海中时常会浮现出真实可感的历史形象，而城墙、城门、城楼变得形象起来，成为即墨精神的筋骨。

遥想当年，古代筑城者垒高墙、筑城楼、修题额时，应有着心怀黎民、开门纳客的胸怀。然在战乱年代，城墙、城门与城楼频遭损毁。而今，城池

◎ 即墨古城历史影像：东城墙北段（摄于1903年）

重现旧观，是对前人的一份告慰，也是对历史缺憾的一种弥补。

◎ 即墨古城历史影像：北城墙（摄于约1920年）

◎ 即墨古城历史影像：南瓮城及城门楼（摄于1940年）

7.1.2 延袭古貌：城墙本体的设计要点

即墨古城的城墙是微观设计首先要考虑的问题，城墙的高度、厚度虽有记载，但涉及城门、垛口等细部尺寸的相关数据却不够翔实。于是，老照片中人物的身高、城墙砖的大致匹数等客观参考要素成为验证校核的依据，以此确定城墙尺度的基本数据，进而推算出城墙附属物的尺寸。三座城门的城楼均为两层阁楼，长约20米，宽约15米。城墙截面呈梯形，外侧墙面倾斜，与地面成85度角，内侧墙面垂直于地面。城墙底宽8米、顶宽6米、高7.8米，上有女墙、垛口。东、西、南三面城墙各设4个马面，北城墙设5个马面。根据上述数据，设计方对城门、瓮城、城楼、马面等建筑部位进行了具体的样式、尺度设计。由于规划用地控制，即墨古城东、西城墙各设4个马面，南城墙设3个马面，北城墙则未设马面。

历史上，即墨城三个城门均带有瓮城。从景观角度审视，若城门与瓮城门位于同一轴线上，可方便展示古城内景观，达到管中窥豹的效果，有特殊的视觉吸引力。但古代逻辑有所不同，为加强防御，瓮城门与城门往往有一个偏移角度。虽说当今城墙已没有了防御功能，但着眼于历史传统的延续，综合权衡后，古城规划建设指挥部决定复现瓮城城门与主城门斜对的历史格局。

即墨古城东、西瓮城依据老照片及相关史料进行设计重建，而南瓮城的情况则有所不同。南城门是古城的正门，地理位置相对特殊，在当代思维习惯中，这一位置尤其需要呈现一种开阔的空间效果，达成一种更为敞亮的视觉美感和心理体验。若依照原有形制重建南瓮城，不仅外观上有闭塞之感，体现不出南城门及城楼的高大雄伟，而且也

◎ 城墙

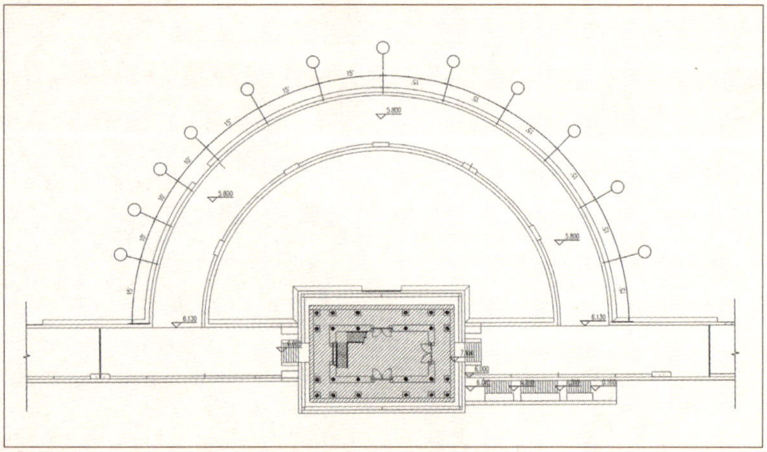

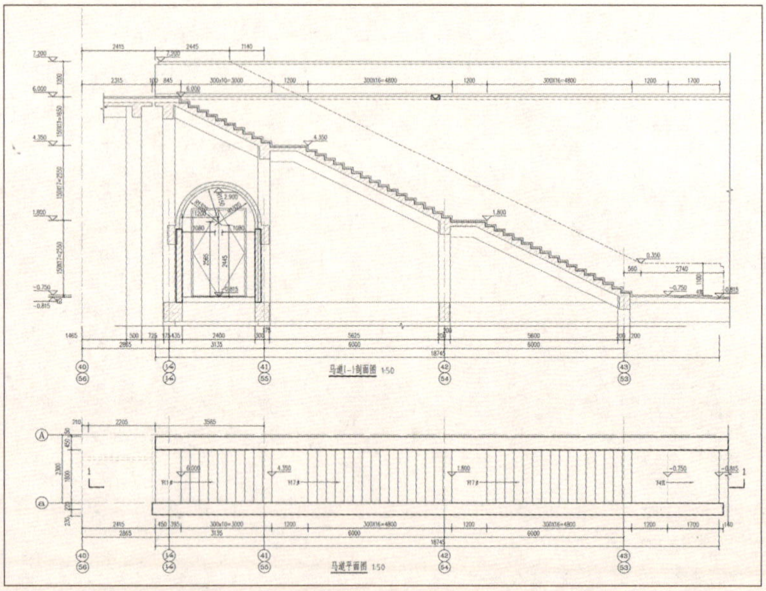

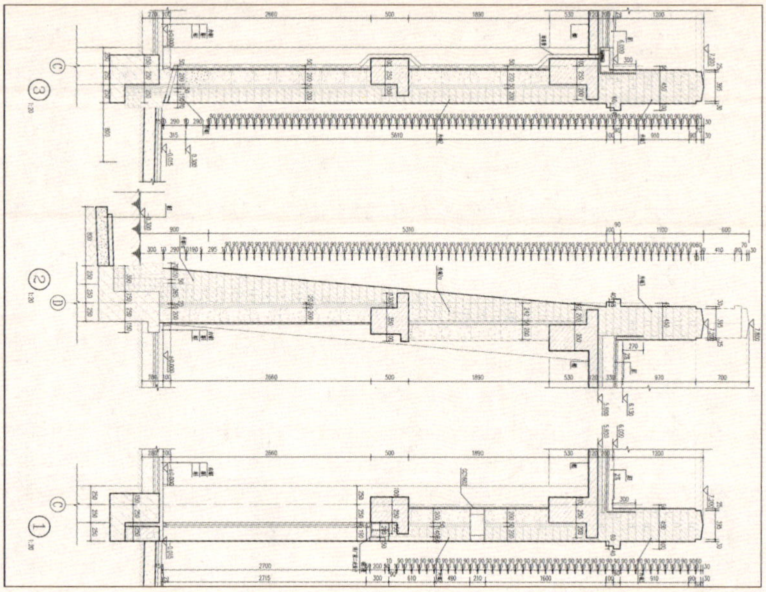

◎ 建筑设计图：东城门及瓮城二层平面

◎ 建筑设计图：北城墙马道详图

◎ 建筑设计图：北城墙东段墙身详图

不便于各种仪式和庆典活动的开展。鉴于此，经反复研究讨论，古城规划建设指挥部决定不再重建南瓮城，而借鉴聊城东昌府古城以遗址形式展示瓮城的案例，设计建设了南城门广场，在南瓮城基址处用大块石料铺装出瓮城的基本走向，为后人留下追忆历史的空间。总体上看，瓮城的取舍是因地制宜的结果，是融合历史要素并适应当下功能需求的结果，也符合“古城亦新城”的规划定位。

城墙墙体的利用方案在决策阶段已确定，设计方借鉴国内各地古城墙保护利用的经验，在城门两侧设计了可登上城墙的马道台阶，从功能上实现了古城墙的合理变通。登上城墙，俯瞰城内风景，远眺城外景色，或将产生某种居高临下的体验。此外，节庆期间，城墙之上的空间亦可作为游园会或灯会场地，拓展其使用功能，从而更加适应当代生活需求。

7.1.3 巍峨古雅：城墙本体的营造

◎ “二工”墙砖

◎ “七正”墙砖

◎ “东七”墙砖

古代城墙因地制宜建造，多与所在地的人文地理环境有着密切关联，虽有一套约定俗成的基本做法，但具体到每座古城亦各有特点。城墙，其实也是地域精神与地利因素的见证，是各地物产、建筑工艺与社会生活形态的集成。

即墨古城内化于中国传统古城大体系而又具有其自身特点，其城墙是依据文献记载、老照片和相关史料，参照出土遗物及砖石特征，分析其建造特色和相关细节，遵循古城规划建设的总体定位砌筑而成的。

7.1.3.1 循其旧制：城墙砖的选用和加工

古城建设之初，城墙用料曾有过争议。一种观点是采用传统城墙砖，另一种观点是选用石质材料。关于材料选择问题，建设者基于筑城初心思忖，自明万历年间即墨城池就改土筑为砖砌，要留住乡愁，保留城市记忆，仍需恢复城砖工艺，让人行走在城墙上可产生怀旧之感。一番思量后，确定城墙砌筑采用传统砖，以体现古城的历史感。

◎ 东城墙施工场景

◎ 北城墙施工场景

◎ 施工期间的城墙步道

当其时，城墙砖的数据和烧制工艺亦基本确定，前期考古勘探过程中，曾在即墨城及其周边发掘出土了一批刻有“一工”至“十三工”[1]字样、尺寸为40×20×10（厘米）的城墙砖，另见标有“东七”“七正”等字样的墙砖，这些砖为古城城墙的砌筑提供了基本的历史依据。工作人员通过对含沙量和颗粒大小等进行分析，推断这些砖系由即墨本地的窑头和苏家窑烧制。由于古城建设之际本地砖窑早已不存，所以决定采用外地烧制的传统砖料砌筑。为此，古城规划建设指挥部多次到河南、河北、陕西、江苏等地考察，就砖的质地、色泽、质量等进行反复对比实验，最终选择了西安临潼产的传统城墙砖。

于是，数十万块特别定制的城墙砖，经过工匠现场的精心打磨和砌筑，每块砖的对角线误差精确到以毫米计。为凸显城墙的古朴风韵，城墙基础部分采用古城片区拆迁时收集的旧石料和从墨水河打捞的旧石材砌筑。传统城墙砖和旧石料的运用，使城墙更显古朴本质，凸显了历史厚重感。

1　古时为保证砖的质量而对每个砖窑烧制砖料的标注。

7.1.3.2 中空之用：城墙所承载的现代功能

鉴于城墙要兼顾商业和服务功能，经论证，其内部空间宜采用钢筋混凝土框架结构。这样，在保证结构安全的同时，能最大限度地提供连续性空间。在具体设计中，城墙内每间商铺的面积控制在 30 ～ 50 平方米，配有落地玻璃窗。由于古城整体为传统建筑风貌，这使得大体量空间和展示界面稀缺。而城墙内部空间的营造恰好解决了这一问题，提供了相对开阔的可利用空间。在后续建设过程中，建设者更深刻地感受到了城墙内部空间和展示界面的效能，这一做法合理拓展了商业空间和文化展示空间，有效增强了古城与当代生活方式的适配性。

虽然城墙设计的基本原则是外观和细部尽量依照老照片和传统形制进行重建，但在细化设计中需要处理的实际问题还不少。如城墙围合后如何满足古城内部消防和交通需求，如何设计消防车和必要的机动车进出通道及线路，如何与古城地下空间连通，城墙内部空间如何符合民用建筑规范，这些问题都需要合理解决。

有鉴于此，设计方在古城东、西、南三面城门及瓮城两侧，加开了净宽 6.1 米、起券高 4.5 米、最高点 6.06 米的拱形消防通道，洞口形状、尺度及排砖方式等外观要素同城墙整体风貌及城门、瓮城相协调。此外，根据史料记载，北城墙未设城门，但出于消防安全考虑，在北城墙也设计建设了两处消防通道。

◎ 建筑设计效果图：城墙内立面及周边空间

为赋予城墙更多现代建筑的功能，在尽量不破坏其整体外观的前提下又进行了一系列改造提升：城墙顶部通道设排水渠，采用与城墙砖同颜色的花岗岩石板铺设；在城墙空调外机安装处设计了外罩瓦花，将其隐藏在女墙内侧等不显眼位置，方便安装及检修的同时，不影响城墙外立面的整体风貌。

城墙的内立面，特别是沿街商铺和功能用房的大面积门窗，在设计上追求简洁大方的风格。虽然部分材质有所不同，但在门窗扇的分隔方式、砖花装饰等方面，都力求与城墙主体所具有的古朴风格相协调，以达到审美效果与使用功能的统一。

◎ 城墙上的排水渠及空调通风口

◎ 建筑设计效果图：城墙商业

◎ 城墙

7.2 蔚为大观：城门、城楼与文昌阁的设计营造

城内人物辐辏，风俗充美；城外墨水萦洄，群峰错峙。

历史上，作为军事防御体系的重要组成部分，城门、城楼与城墙一起支撑起即墨城的风骨，将千年古城的风范更加直观地呈现于世人面前。

城门与城楼对于建立古城历史感与美感的整体形象，昭明即墨沉博而生动的人文气象，澄清即墨古城的地域精神起着重要作用。可以说，城门与城楼始终处于过去与现在、城内与城外双重视野的观照之中。它们将历史和现代、城内风物与城外烟霞连为一体，表达贯古通今的文化精神。

7.2.1 明史而为：城门、城楼设计的基本理路

欲彰其制，先明其史，建筑的设计与营造从这里开始。

明清县志均有记载，元至正十一年（1351 年），即墨城始建城墙时已有三门。明万历六年（1578 年），知县许铤砖砌三门。明万历二十八年（1600 年），知县刘应旗重修即墨城，将东城门题额改为“潮海”，西城门题额改为“通济”，南城门题额改为“环秀”，三门之名沿用至今。近代以来，三门饱受战火摧残，历经沧桑于 1955 年被拆除。

古城建筑形态设计，遵循如下章法：有老照片的，按其旧貌复原；没有老照片的，则依据相关史料记载并参照北方官式建筑样式进行设计。城门与城楼有老照片为依据，外观形象较为清楚。但在做细节设计时，还是遇到了不少困惑。如从照片上看，城楼整体形象符合北方建筑的特质，但屋脊却有镂空纹饰，屋檐起翘弧度非常大，这又属南方建筑的特点。循此可见，城楼的建筑样式呈现出了南北风格杂糅之感。到底是按老照片复原设计，还是按照北方传统建筑样式重新设计，设计师提供了北方官式建筑样式、即墨本地建筑样式和南北杂糅样式三种风格的城楼设计方案。经过反复对比和论证，最终决定严格依据

◎ 即墨古城历史影像：东城墙及城楼（摄于1903年）

老照片设计建造，延续即墨城的历史形象，体现即墨南北交融的千年商都特色，给人以遐想的空间。

老照片反映了建筑外观轮廓和基本形制，但诸多细节难以从照片上察明，尚需综合各种要素予以仔细推究。设计师参考了西安城门、故宫午门以及荆州、临海、襄阳、寿县、宣化等古城的城门外型、排砖方式，同时按照《清工部则例》中所记载的城墙及城门的传统做法，结合即墨古城的实际情况，确定了城门洞口的细节做法。

在遵循历史形制的前提下，适度吸纳了与之相应的现代因素。考虑到当代维度上城门的实际功用已不具备防御属性，而更多被赋予文化标志与审美属性，于是，对某些技术与材料的适应性予以评估之后，局部进行合理变通。将可开合的门扇改为新型钢木门，采用仿实榻、穿暗带、外封木板的做法，不仅减轻了城门的质量，优化了应力变化系数，而且降低了成本，从外观上看亦不失古建筑的历史形象。

◎ 奎明楼

7.2.2 潮海以奎明：东城门与城楼的设计营造

即墨城三座城门上，均建有形制相似的城楼，为二层歇山顶，翼角翘起。

明万历版《即墨志》载，东城门题额“望潮”，盖因东临沧海之故。城之东方约 25 公里处，即是烟波浩渺的海洋，古称东海，今称黄海。明万历二十八年（1600 年），东城门题额改为“潮海”。其上，起“奎明楼”，为明嘉靖四十二年（1563 年）知县汤明善所建。关于奎明楼的建造者及建造因缘，清同治版《即墨县志》明载其事：

> 江阴汤公，奉命来侯是邑，暇登东门，仰而叹曰：地灵久闭，胜概有逢，于斯立奎明楼，兹土当大盛。

◎ 即墨古城历史影像：奎明楼及其角门（摄于 1903 年）

◎ 奎明楼侧立面圆形窗

以建楼者的言行表征楼宇之意，简约言明奎明楼的历史渊源和人文价值。在明代建楼者心目中，斯楼一立，则天地昭明，可聚人杰地灵之气，可开物华天宝之光。面向东方的奎明楼，盖有寅宾出日之仪，寄托着即墨文运昌盛、人才辈出的期望。在这一点上，今人与古人所见略同，而内中因缘，无非即墨的千秋文脉与文化自觉。

缘此，潮海门和奎明楼的设计营造有了精准贯通历史的可能性。于是，按照老照片和相关文献予以设计营造。整体框架为钢筋混凝土结构，斗栱为木结构。潮海门于 2014 年 9 月竣工，其上为二层歇山顶城楼，依史名“奎明楼”。这是即墨古城首先建成的城门和城楼，以此为标志，古城形象逐渐清晰起来。

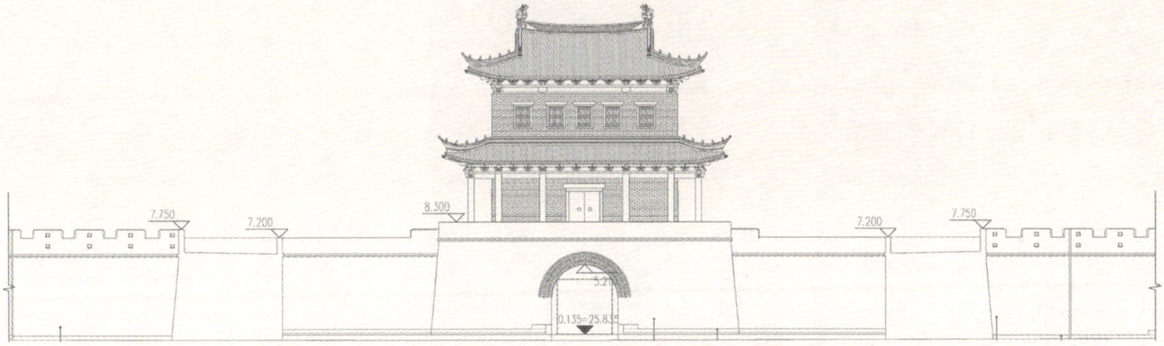

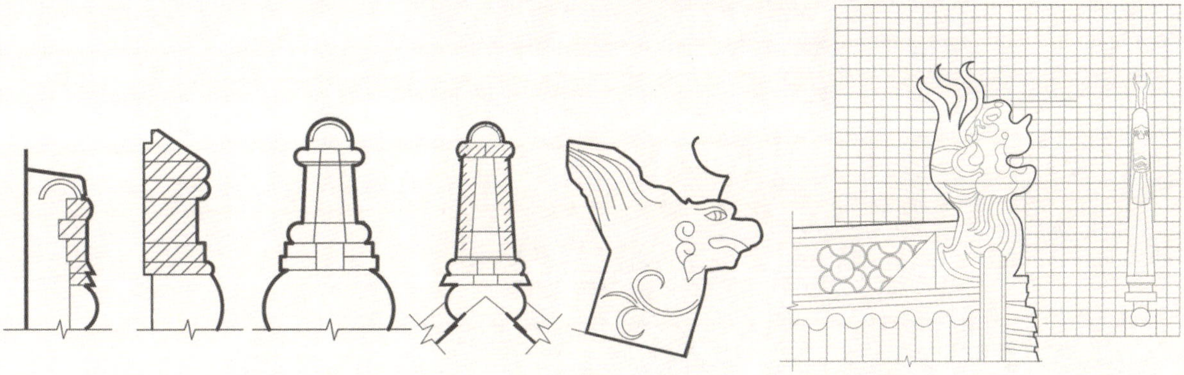

◎ 建筑设计图：
奎明楼与东城墙

◎ 建筑设计图：
奎明楼鸱吻与细部

◎ 建筑设计效果图：
奎明楼

◎ 潮海门、奎明楼及东瓮城施工现场

◎ 潮海门

◎ 奎明楼

7.2.3 通济以怀远：西城门与城楼的设计营造

即墨城西城门为通济门，亦建有瓮城。揆诸史册，其在清代的重修情况尚有简单记载，然其上城楼之本名及始建年代则不见于明清县志。

据清同治版《即墨县志》记载，乾隆二十五年（1760 年），即墨知县尤淑孝重修城墙时，曾经对通济门予以增修。其名在增修之前也屡有更变，旧称“临川”，盖因曾临环城北行的墨水河之故；亦名“钱晖”，或与西关、共济街一带商业贸易发达，为货币流通中心有关。明万历二十八年（1600 年）改称“通济”，则有通达八方、以济世利之意，城市境界显然更加开敞了，昭明即墨为商业重镇的历史地位。1920 年，通济门城楼毁于战火。

◎ 即墨古城历史影像：西城门外商贸发达的西阁里大街（摄于约 1903 年）

通济门及其城楼参照老照片和相关文献史料设计营造，城楼亦可见翼角翘起之姿。从历史的角度看，这一特点应是南北文化交流的产物，从一个侧面反映了即墨为千年商都，八方辐辏，商贾云集，南北交通与贸易发达的历史。自明万历末年，即墨开海通商以来，南北海上交通渐成气候，其中鲁闽海运贸易尤为兴旺，诸如即墨城楼及青岛口、金家口等地建造的天后宫，均表现出了南方建筑的一些特点，可能就与这一历史背景相关。至于是否有南方工匠参与了城楼的设计营造，已不得而知。

2016 年 5 月，西城门与城楼重建竣工，城门依旧制称“通济门”；西城楼被命名为“怀远楼”，与“通济”之意契合，通济而怀远，这是一种商贸属性和文化气度的反映，昭明中国文化“怀远以德，协和万邦”之大义。

◎ 建筑设计图：
怀远楼正立面

◎ 建筑设计图：
怀远楼侧立面

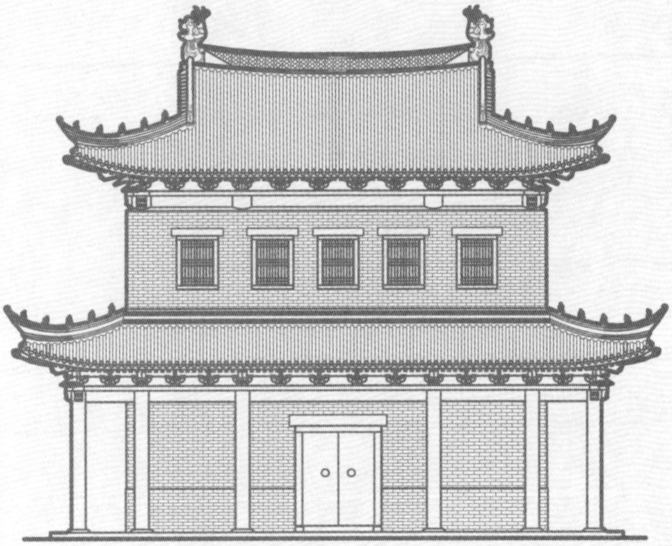

◎ 通济门、城楼及瓮城
施工现场

◎ 建成之初的通济门
和怀远楼

◎ 即墨古城历史影像：南城门及城门楼（摄于1898年）

◎ 即墨古城历史影像：南城楼及周边（摄于1901—1910年）

7.2.4 环秀以中和：南城门与城楼的设计营造

即墨城南城门为环秀门，从方位上看，是全城的主入口。

每一座城门，其名字都与所处地理环境有关，是地理、地景和地利的反映。南城门旧称“景岱”，而“环秀”之名，始自明万历二十八年（1600年），系当时即墨知县刘应旗重修即墨城时所题。无论“景岱”，抑或“环秀”，都是寄情于风景，表彰即墨之地景精良。登临其上，纵目远望，满目灵秀而心旷神怡。南方视野中，四野平旷，群山起伏，近处墨水河玉带环绕而清波荡漾，远处崂山青峰如黛而环列如屏。看上去，恰如一重画境。1940年，环秀门城楼毁于战火。

环秀门及其城楼的设计营造也是在参照老照片和相关文献史料的基础上展开的。循其旧制，与东、西城楼一样，南城楼亦为二层歇山顶传统城楼，可见翼角翘起，面阔三间，进深一间，周围环廊。环秀门城楼建在高6.9米的城台上，台明高0.45米，东西长19.1米，南北宽13.2米，建筑面积252.12平方米，建筑总高16.18米，正脊端部升起0.3米。在建筑形制、尺度及风格上，三门城楼具有共同特点。

2017年10月，南城楼重建竣工，是三门及其城楼中最后一个建成的，标志着城池本体的完工，即墨古城开始以整体形象面世。取法中国哲学的中和思想，南城楼被命名为“中和楼”。

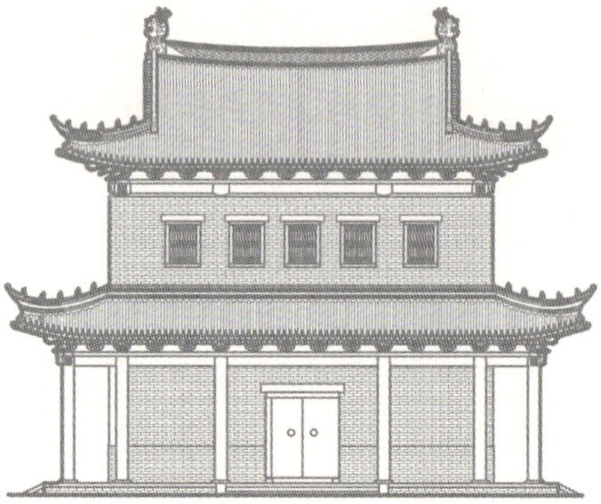

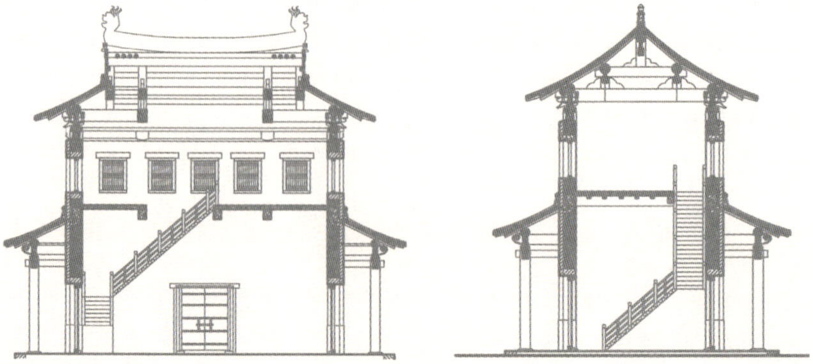

◎ 建筑设计图：
中和楼正立面

◎ 建筑设计图：
中和楼正剖面、侧剖面

◎ 建筑设计效果图：
环秀门及中和楼

◎ 中和楼西南视图

7.2.5 昭明文脉：文昌阁的设计营造

◎ 即墨古城历史影像：文昌阁（摄于约1930年）

明清即墨县志记载，明万历三十年（1602年），即墨知县刘应旗始建文昌阁，后经三次修缮，一次重建。1950年因年久失修而倒塌。

文昌阁的老照片较为清晰，史料记载相对完善。设计师根据老照片和史料，参照原有形制进行了复原设计。通过比照老照片，仔细推敲出柱高、出檐等影响建筑整体观感的关键尺度。对照片上显示不清的细节，则请教业内权威专家，确定诸如屋顶宝瓶是否有须弥座、屋脊是否在须弥座上等问题，力求还原其历史风貌。此外，综合考虑周边环境、城墙流线、观景及摄影角度等实用因素，将文昌阁台明适度抬高，使其鳌居城墙东南角，与远处的三标山遥相呼应。

在建设过程中，工匠们根据阁内空间感受和实际建造需求，将文昌阁内部木质楼梯宽度由设计图中的1.2米变更为0.8米，在保证通行的基础上进一步优化了内部空间；由于结构变化导致墙身厚度增加了0.1米，外墙线因此做了相应修改。一系列调整让文昌阁更加实用。

2017年12月文昌阁重建竣工。这是一座八角重檐木结构建筑，内塑文昌帝君造像，展示相关历史文化图景。在即墨古城诸多传统风貌建筑构成的人文景观中，文昌阁体量虽小，然高矗于城墙之上，陡生巍峨挺拔之感。

在古城城墙的东南角，文昌阁以精巧华美的形象展现在世人面前，成为即墨古城一处独特的人文景观。人文地理纬度上，文昌阁与文庙、奎明楼及古城东南方新建的文峰塔相互映衬，形成珠联璧合之势，体现了即墨崇文重教的传统风尚。

◎ 即墨古城历史影像：
文昌阁（摄于约1907年）

◎ 建筑设计图：
文昌阁屋顶

◎ 建筑设计图：
文昌阁二层平面

◎ 建筑设计图：
文昌阁一层平面

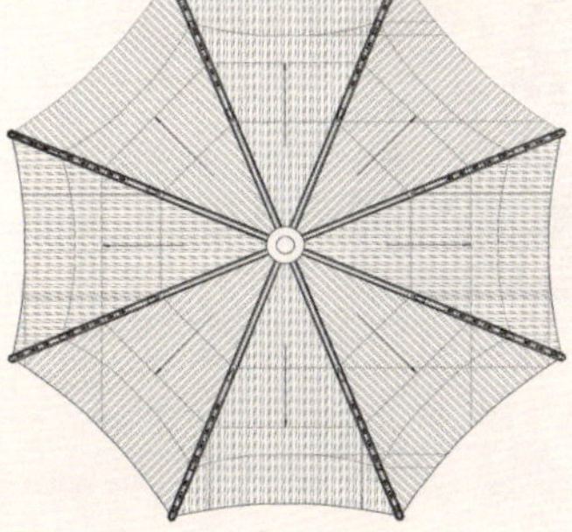

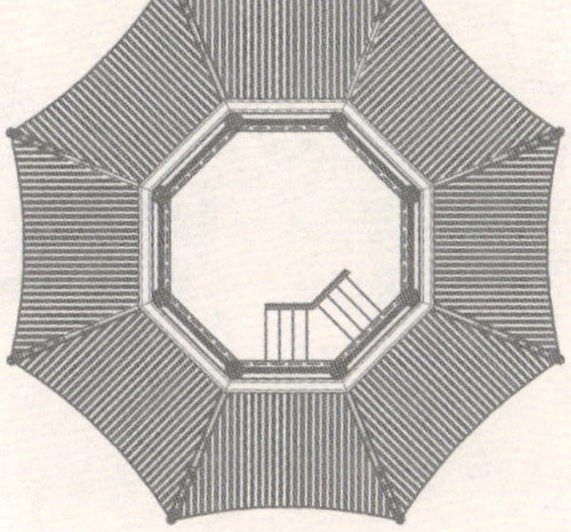

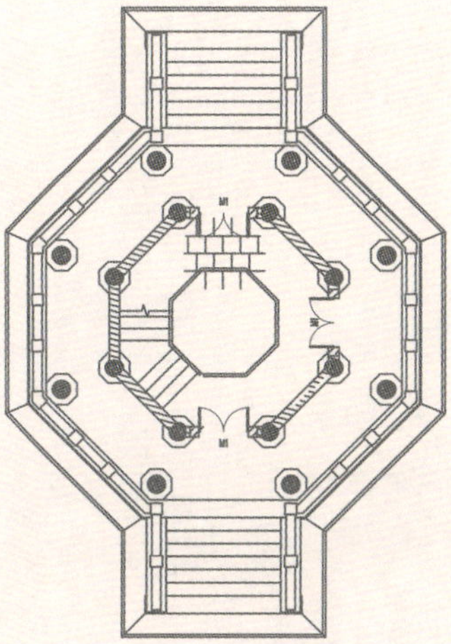

◎ 建筑设计图：
文昌阁主立面

◎ 建筑设计效果图：
文昌阁主立面

◎ 文昌阁

7.3 取舍有度：城阁的设计营造

◎ 即墨古城历史影像：西阁（摄于1903年）

城阁是分布在古城之外具有防御属性和护佑色彩的建筑物。

在一个严密的古城格局中，城阁与城门、城楼是城防体系的重要组成部分。城阁以陪伴者的形象出现在古城周边，默默表达着忠诚与护卫的意义。然随着城市的发展，建筑所在街区的现实状况与建筑原有形态难免会产生矛盾，这一点在城阁的建造过程中表现得突出。四阁原址所处环境发生了较大变化，所面临的建设条件也不尽相同。古城要融入现代生活，就要同民生与现实结合起来，与周边的设施、空间形成互惠共赢的关系，这就需要做好传统与现代价值的平衡和抉择。

7.3.1 因地制宜：四阁的适用性规划设计

即墨古城的北面为安置区广场，南面为墨水河畔的绿化公园。南北方向具备重建城阁的条件，因此北阁和南阁自然而然地纳入即墨古城的整体规划设计中。

东、西阁则不然，重建存在很大困难。东阁所在地是面临拆迁改造的东关片区，但当时该片区尚未拆迁，其未来格局、路网体系等均未确定，所以不宜先行建设，只能在后续的城市更新过程中再考虑统一规划建设。

重建西阁的探索更为曲折。据考证，历史上的西阁位于大同街与中山街[1]交叉口处，当时已是路网密集的繁华地段，若原址建造，势必与城市现状尤其是交通环境发生冲突，现实条件已不能同时满足西阁建造用地与交通运行的需求。遂调整了思路，另行考虑西阁的选址，设计方提出了两种方案，一种是将西阁置于西瓮城正西位置上；另一种

---

1 今为通济街。

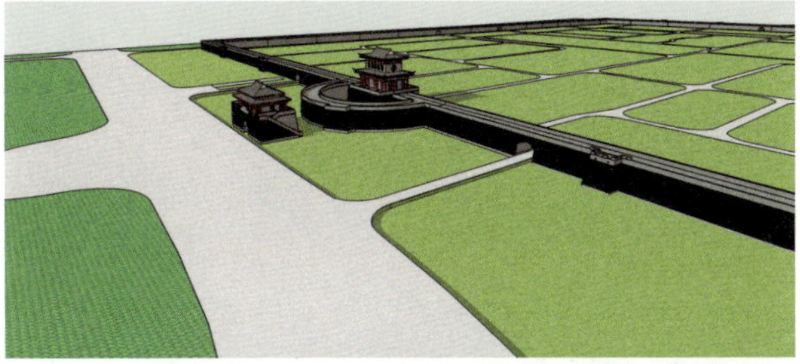

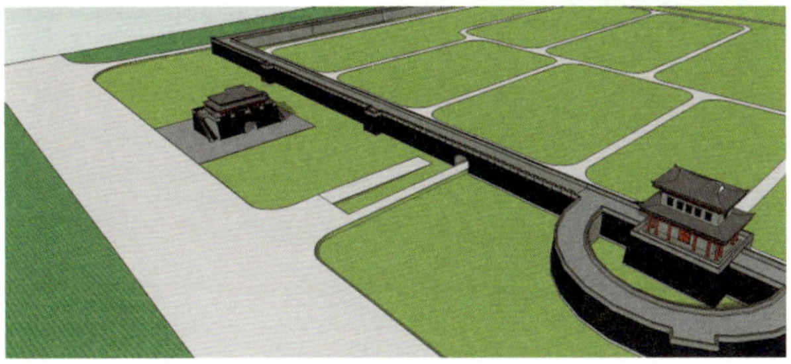

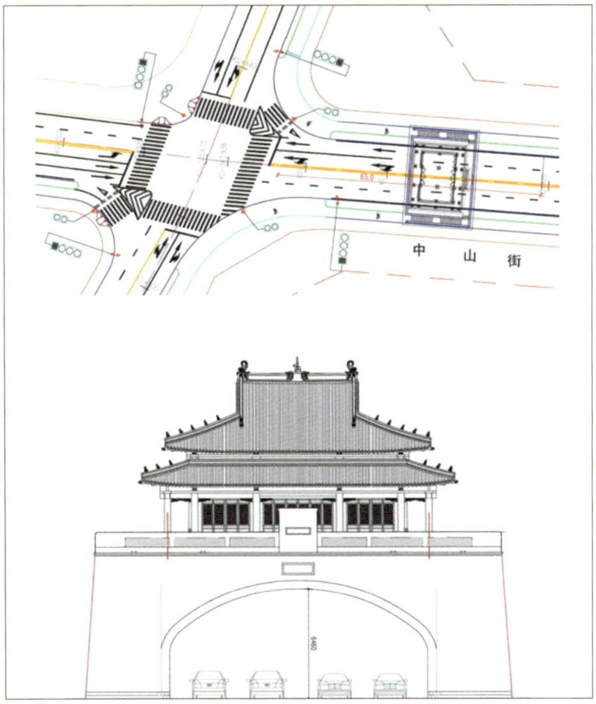

◎ 西阁选址方案（一）

◎ 西阁选址方案（二）

◎ 西阁选址及设计方案（三）

是将西阁置于西瓮城北侧，设计为承台加高 2 米的单拱车棚券门洞，以方便行人通过。虽说两种方案似乎避开了前述交通困境，然其与西阁的历史形制不符，也不能标明其特殊方位上的历史意义。无论从历史抑或现实的角度考虑，均不能达到景观、文化与交通兼顾的理想效果。

鉴于以上两种方案都不可行，为复观西阁这座历史建筑，设计方提出了第三种方案，目光再度回到西阁原址位置，拟选址于中山街与大同街交叉口以东约 50 米处，采用 15 米净宽门洞形式横跨中山街两侧。西阁主体则采用“底部城台、上部阁楼”的形式来营造，底部城台南北向长24.88 米、东西向宽 17.1 米、城台高 8.6 米、阁楼高 11.3 米，总高度 19.9 米。就西阁选址的合理性与可行性，尤其是对周边交通的影响进行了模拟分析，从交叉口视距、周边小区出入口视距、信号灯认识视距、慢行交通影响、车行道建筑限界等方面进行了论证。最终，因其体量过大，且设于路口中间位置，无法充分保证交通安全和通行顺畅，取消了重建西阁的计划。

7.3.2 朱雀之位：南阁

◎ 即墨古城历史影像：南阁（摄于约1910年）

南阁又称火神阁，位于环秀门南308米处，分上、下两部分，下面为城墙的建筑形制。在四阁中，南阁阁洞最长，阁洞规模形状与其余三阁相同，下为砖碹式样。阁上有火神庙，祀三眼六臂的火神。1958年，南阁被拆除。

如前所述，根据明清县志舆图和相关历史文献，南阁的地理位置得以基本确定，但因城市空间发生了巨大变化，还需充分考虑现实环境和城市功能等诸多因素，再进行合理设计建设。

现南阁位于环秀街与景岱街交叉口，向北通往奎明街，正对环秀门外广场。由于涉及周边机动车交通组织和旅游安全等问题，最终采用两侧绕南阁通行的方案进行建设。其台基为中国传统样式的城台建筑，女墙为镂空砖砌，登台台阶为两段式。主体建筑为单层歇山顶，屋面及屋脊檐口均为灰色，正脊为镂空瓦花装饰，正吻样式与常见官式建筑不同，为鳌鱼咬脊、鱼尾上翘的形象。建筑墙体为灰色砖墙，门窗洞口样式较为简朴，凸显其作为城防建筑的封闭性和实用性。考虑到城市道路荷载、建筑自身防水耐久性等因素，经专家论证，决定将原有的砖砌台基改为钢筋混凝土结构并外砌砖墙，提升建筑防火及抗震性能，防止建筑沉降影响周边路面。

南阁的设计经过了求真辨伪的过程。最初的设计来源于一张约拍摄于1910年的老照片。照片上南阁的东南角有一间似箭楼的砖砌坡顶小屋，与南侧花墙连为一体。但在建设过程中发现，该建筑与南阁的整体风貌并不协调，也不符合传统建筑的中轴对称之美，且四阁中只有南阁较为特殊。由此推断，小屋很可能是后期因祭祀防火需求而临时搭建的。鉴于其原有功能已丧失，遂未予建造。

◎ 建筑设计图：
南阁南立面
（过程稿）

◎ 建筑设计图：
南阁二层东立面
（过程稿）

◎ 建筑设计图：
南阁屋顶俯视暨
天花仰视

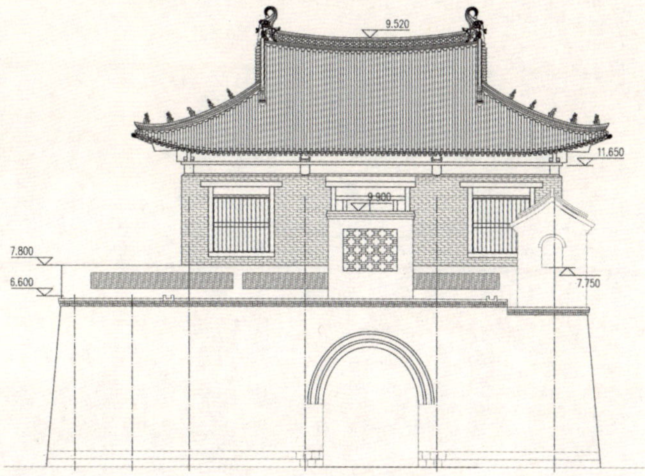

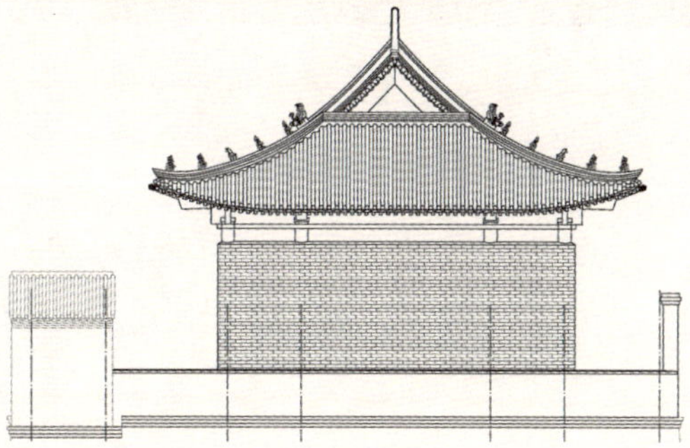

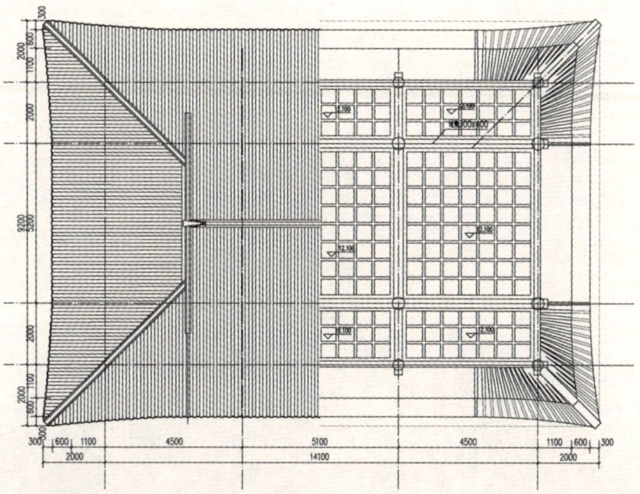

◎ 建筑设计效果图：
南阁西南视图（过程稿）

◎ 建设过程中的南阁（局部）

◎ 南阁

7.3.3 玄武之位：北阁

◎ 即墨古城历史影像：北阁（摄于 1901 年）

北阁又称三官阁，其北门石额刻有“拱辰”二字，南门石额刻有“三官阁”三字，阁上建有殿宇三间。阁内祀天官、地官、水官。1957 年，三官阁被拆除。

据清同治版《即墨县志》城池关厢图记载，北阁位于即墨城外西北方向，处于城市主干道——营流路的规划范围内。由于北阁体量较大，若建于营流路上，将严重影响城市交通，遂结合周边环境，按照老照片将其规划建设于现址。北安置区广场也因此被称为“北阁广场”。

从老照片可以看出，北阁为一层歇山顶建筑，正脊与戗脊虽不甚清晰，但相较于南阁较为华丽，除了两端吻兽，正脊中央还有走兽和吉祥纹样装饰（后推定为白象驮宝瓶和两只兽头）。四周为砖砌墙面，外有一圈带雕花雀替的外廊，装饰性较强。

因北阁立面层次丰富，装饰构件样式复杂，且老照片为仰视角度，在最初的设计中，设计师误以为其建筑平面为南侧单面外廊，南立面墙上开有六边形花窗。后经反复观察，最终确认其格局为四周外廊。原误认为花窗洞口的位置，应为外廊雀替投影产生的错觉。于是，修改了设计方案，使北阁更符合历史原貌。

现北阁位于即墨古城北侧、蓝鳌路以南的广场上，与城内真武庙、即墨县衙，城外南阁处于同一轴线[1]。北阁台基为传统砖砌台基，台顶围墙正对建筑位置设登台入口，其余部分均为清水砖墙青石压顶，台阶为两段式，主梯段位于南侧。总体来看，北阁南立面台基及主建筑的层次丰富，立体感强，与广场的景观功能相契合。

1　即墨古城中轴线上的建筑，北端始自北阁，经真武庙、县衙、南门里大街、环秀门、南阁、至南关桥。上述建筑呈现由正北向朝西南偏离的趋向。造成这种偏离现象的原因，是由于历史上各个时代中轴线上的建筑不断进行局部维修，没有遵循中轴线建设原则，如 1997 年南关桥修建，考虑到与桥南端的青年路在一条轴线上，忽略了与即墨古城旧有中轴线的关系，历史上这种建设情况的反复出现，导致即墨古城中轴线朝向偏离。

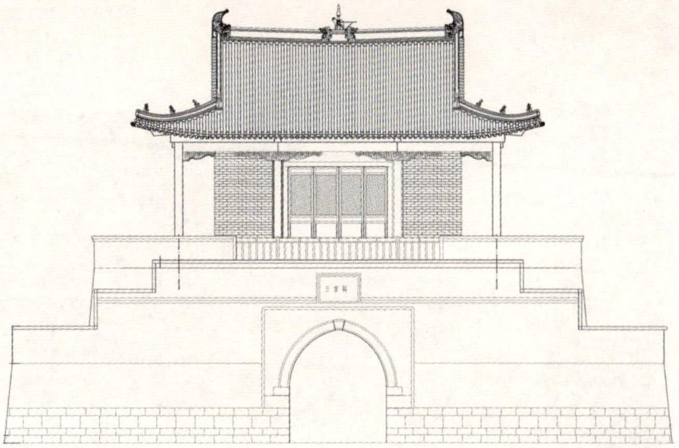

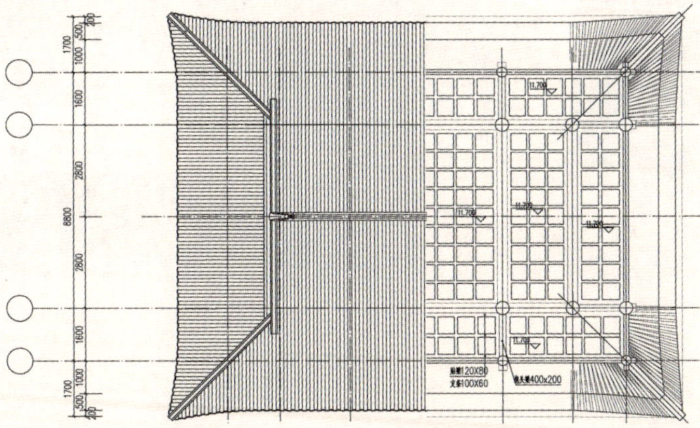

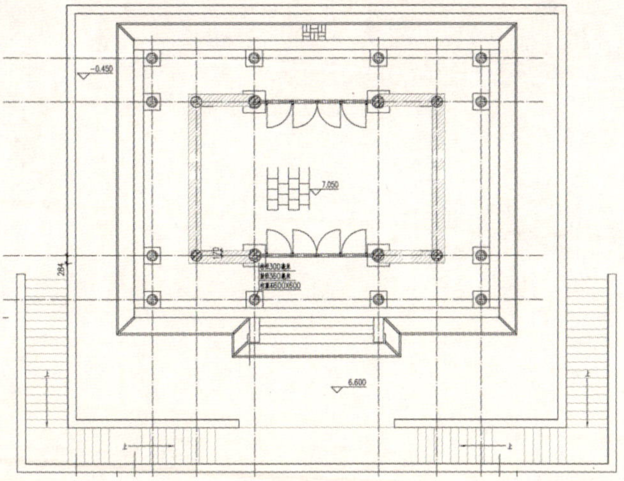

◎ 建筑设计图：北阁西立面上层（左上）

◎ 建筑设计图：北阁南立面（右上）

◎ 建筑设计图：北阁屋顶俯视暨天花仰视图（左下）

◎ 建筑设计图：北阁平面布局图（右下）

◎ 北阁

◎ 2015 年 8 月 20 日，就牌坊材质与安装工艺问题向王贵祥（右二）请教

7.4 因应变化：建筑结构及材料调整

历史上，即墨城的城楼均为木结构建筑，重建时有所调整。

木结构体现了中国古建筑的诸多经典特征，主要表现在其原生态的自然之美和整体的结构稳定性。在规划设计之初，城楼、文昌阁、真武庙、城隍庙等均设计为木结构建筑。部分专家指出，应综合考虑建筑的属性、具体位置和相互关系等因素，特别是要考量城楼与城墙、地下空间的关系，对其结构与做法予以必要调整。

2015 年 8 月 20 日，古城规划建设指挥部邀请清华大学建筑学院建筑历史与文物建筑保护研究所所长、中国紫禁城学会副会长王贵祥等专家，就古城牌坊材质与安装工艺等问题进行研究探讨。针对公共文化建筑是否全部采用传统木结构形式，专家们经过论证认为，即墨位于胶东地区，属于暖温带季风气候，空气较为湿润，而木结构受潮易腐蚀，且防火性较差，从保证建筑结构的坚固耐用、提高防火等级、降低投资和后期维护费用等方面考虑，建议城楼、真武庙等部分公共文化建筑由木结构改为钢筋混凝土结构。2015 年 9 月 1 日，古城规划建设指挥部专题会议集体研究通过了部分公共文化建筑由木结构改为钢筋混凝土结构的决议。此外，在充分考虑城墙受力情况的基础上，将城楼和文昌阁台明内用回填土填充改为加气混凝土轻体砌块填充，以减小自身荷载。

即墨古城在建设方面的调整，是实事求是、因地制宜的结果，客观上也促进了新技术、新材料的应用，体现了建筑技术的发展进步。

即墨古城再造，更需讲好即墨故事。讲故事很好的载体就是古城的牌坊，这些牌坊是很有特色的，每座牌坊背后都有故事。

—— 原建设部副部长、中国建筑学会原理事长 宋春华

岁月不语，唯石能言，越过千古沧桑而成其力。

作为中国特有的一种纪功彰德方式，牌坊非常典型地反映了中华民族精神的诸多内涵。

即墨古城牌坊林立，体现了人文历史与雕刻艺术的融合，千秋即墨的历史文脉得以彰显。

每一座牌坊都凝固着一段历史，珍藏着一个人、一个家族乃至一个时代的故事，见证了数百年的历史奥秘。

牌坊不仅承载着即墨自身的历史记忆，而且表达着对中华文明的敬意。

在建设者心目中，打造充满人文记忆、艺术魅力和地域精神的牌坊群，是昭显即墨古城人文气象的一种重要方式。

缘此，历史上即墨城牌坊林立的盛况得以重现，成为古城的标志性场景，营造出别具一格的空间体验。

漫步其间，自是一种非凡的精神享受。

第八章

CHAPTER

8

岩岩所瞻

牌坊的设计营造

YANYAN
SUOZHAN

◎ 即墨古城历史影像："丁"字街以东牌坊（四世一品坊至德配天地坊，摄于1903年）

8.1 泽被后世：牌坊群的历史格局

牌坊滥觞于汉阙，成熟于唐宋，至明清之际臻于巅峰。

历史上，牌坊多用于旌表功德、标榜荣耀和宣示教义等，多见于宫殿、庙宇、陵墓、祠堂、衙署、园林和主要街道的起点、交叉口、桥梁等处。除特有的文教意义外，牌坊的景观性很强，有点题、框景、借景等作用。

即墨历史悠久，底蕴深厚，人才辈出。据清同治版《即墨县志》记载，当时即墨境内各种牌坊有百余座，其中城区有48座，大部分集中分布于即墨城"丁"字街及其延伸线上，以东、西两阁为边际。清同治年间（1862—1874年），城内牌坊尚存38座；后历经战乱炮火而渐次倾圮，以至废弃、散落，至1949年保存较为完善的牌坊仅剩6座。1959年，剩余的6座牌坊也被拆除。

稽考明清即墨县志及相关文献资料，参照近代以来的老照片，可知清末即墨城内及其周边的主要牌坊的分布情况大致如下：

自东阁往西有纶恩坊、宪台坊、进士坊、节烈坊和贞孝坊。

城内，圣庙前有5座牌坊，均为尊崇和昭显孔子德政而立。圣庙主入口立有圣门坊，其两侧立有德配天地坊和道冠古今坊。圣庙正南方，自北向南依次立有斯文正路坊和万里云衢坊。

自"丁"字街口至东城门，有四世一品坊、亚魁坊、绣衣坊、恩宠宪臣坊、保釐两省坊、纶褒坊、世恩坊[1]和都宪坊。另有2座节烈坊坐落其间。

自即墨县衙至南城门，有山海名邦坊、京尹坊、贞节坊和太保坊。

自"丁"字街口至西城门，有少司寇坊、御史中丞坊、开天恩宠

1 当时城内最为精致壮观的一座。

坊、总督三边坊、恩荣坊[1]、扶植犹子坊、蓝公祠坊、登科坊、进士坊、太仆坊、廷尉坊、秋官亚卿坊和节烈坊。

城外，原北阁里村有经筵学士坊和贞节坊。北阁外，有节烈总坊。城北，周如砥墓前有大司成坊。

◎ 即墨古城历史影像：太保坊（摄于1936年）

上述牌坊，在明清县志中仅有少量记载。虽然文献记载多有不详之处，老照片所展现的细节也不够清晰，但仍可根据当时的社会经济发展状况、艺术风格特别是雕刻工艺手法，作出合理推断。这些牌坊均立于明清时期，采用大理石制作，以浅浮雕、高浮雕、圆雕等表现手法雕琢而成。它们鳞次栉比地簇拥着一排排殿堂屋宇，矗立在城内外的大街上，将古老的即墨城点缀得格外雄伟而生动，像一条深沉的历史长河，闪耀着岁月的不朽光华。这些牌坊也在老一辈即墨人心中留下了难以抹去的印记，成为他们津津乐道的话题。作为即墨城最具代表性的文化元素之一，牌坊不仅彰显着即墨悠久深厚的历史文化底蕴，而且承载着即墨人浓浓的乡愁，是古城不可或缺的一部分。

一座城市要想让人印象深刻，就要在城市空间上拥有突出特色和标志性景观，壮观的牌坊群正是即墨城的一大特色，是最具代表性的人文景观。

1　历史上即墨城内曾有2座恩荣坊，其一为明嘉靖三十二年（1553年）进士、曾任山西高平知县的黄作孚立，其二为明万历十四年（1586年）进士、曾任工部主事的周如纶立。

8.2 贻范古今：牌坊的选择与设计

牌坊承载深厚的历史文化，而如今每一座牌坊的设计建造也都经历了细致推敲、反复博弈、逐渐深化的过程，倾注了建设者大量精力与情感。总体上看，古城牌坊群的设计要点主要表现在三个方面。其一是确定再造牌坊的数量、名称及具体位置；其二是确定牌坊的整体形制，详细规定其尺寸和样式；其三是确定牌坊的题额和细节图案。

即墨古城牌坊群蔚为壮观，涵盖了两柱、四柱，三楼、五楼、七楼及冲天式等形制。穿行于一座座牌坊之下，似觉涌动着古代即墨的浩然气节，如一个个大写的“人”，兀立于时间的洪流之中。

8.2.1 甄优选精：牌坊数量的确定

2013 年 7 月 5 日，上海万生公司汇报古城规划方案时，建议恢复 28 座牌坊，除了历史上即墨城内出现过的 23 座，还包括城外的 5 座。

其间，不少市民希望建设家族名人牌坊，如黄氏建议为黄堂建名宦坊，杜氏建议为举人杜希贤、杜诰、杜栋建三世登科坊，宋氏建议为宋统殷建乡贤坊。古城规划建设指挥部意识到，当务之急是确定甄选原则，再精准研判。于是，牌坊建设的四个原则应时而生。一是所选牌坊的原位置在城内，可集中展现即墨古城的历史文化底蕴；二是历史价值突出，文化影响力较大，足以彰显即墨的历史文化地位；三是历史上有明确记载，资料较为翔实；四是重要历史人物原有多座牌坊者，一般选择其中一座有代表性的予以重建。

◎ 即墨古城历史影像：牌坊林立（摄于 1903 年）

2014 年，随着古城规划建设工作的有序推进，牌坊落位问题逐步纳入议事日程，并确定了统一规划、分步建设的方针。与此同时，牌坊的设计工作也在有序开展：华清安地对牌坊样式进行了细致的研究论证；古城规划建设指挥部奔赴福州三坊七巷、蓬

◎ 四世一品坊

莱戚继光故居、安徽歙县等地考察学习，以期借鉴各地牌坊建造的成功经验，并为即墨古城的牌坊设计找寻参照依据。

2015 年 3 月 13 日，华清安地完成了 21 座牌坊的设计初稿。其中，包括史料和图片较为齐全的四世一品坊、世恩坊、总督三边坊、恩荣坊、太保坊、进士坊 6 座；有老照片但文字记载不详细的恩宠宪臣坊、扶植犹子坊、亚魁坊、绣衣坊、都宪坊、开天恩宠坊、纶恩坊 7 座，以及圣门坊、德配天地坊、道冠古今坊、斯文正路坊、万里云衢坊、少司寇坊、京尹坊、山海名邦坊等，这些牌坊均为明清时期所立。

牌坊为专业性、工艺性很强的构筑物，施工方越早参与设计，越能顺利推进设计方案的落位。因此，与牌坊设计同步进行的是专业施工团队的引进，随着曲阳宏州雕塑园林有限公司（以下简称“宏州雕塑公司”）成为牌坊建设工程的合作单位，随即开始了协同设计。施工方与设计方就牌坊的设计方案进行了激烈的讨论，思维与艺术的碰撞一度表现得非常精彩。

施工方重点考虑的是雕塑问题，以及施工的可行性和相关技术规范的问题，对于牌坊这种专业性很强的雕塑工程来说，诸多节点确实很难在常规的建筑设计中落实到位。宏州雕塑公司对牌坊的样式、尺寸、比例等提出异议，认为需要对原有设计方案进行调整。于是，设计方与施工方之间产生了分歧。古城规划建设指挥部决定发挥双方专长，在尊重设计方所确定的牌坊尺度基础上，由宏州雕塑公司对设计方案进行深化和优化，使牌坊形象更具艺术价值，进一步体现出统一性和秩序感，凸显牌坊群的庄重、大气，但造型上不宜过于复杂，风格应简洁大方。

随后，古城规划建设指挥部进一步明确了牌坊的甄选原则：在最初拟定的牌坊中，除文庙前的五座牌坊及山海名邦坊之外，功德牌坊以即墨历史上有较大影响力的“周黄蓝杨郭”五大家族的名人牌坊为主，因记载“周黄蓝”三大家族牌坊的相关史料和老照片较多，且家族名人辈出，拟各选取 2 座；从“杨郭”两大家族代表人物牌坊中各选取 1 座。由于未见关于郭氏家族代表人物牌坊的明确记载，故将其列入新建牌坊。由此，家族名人牌坊数量得以确认。

新建牌坊则从即墨重要历史人物和历史事件中择题而立。历史上，即墨城曾有山海名邦坊作为地标性牌坊，基于古城再造的意义和总体规划考虑，需新建一座牌坊作为新地标。经多番讨论，规划建设组副组长迟超勋提议将这座新建的地标性牌坊命名为“墨邑重华”坊，寓意即墨城重放光华。

◎ 牌坊细部

2015 年 6 月，确定拟建牌坊分为原有牌坊和新建牌坊两大类，共 18 座。原有功德坊 7 座，从五大家族牌坊中甄选，分别为世恩坊、恩宠宪臣坊、四世一品坊、总督三边坊、父子御史坊、亚魁坊和世步青云坊；公共文化牌坊 6 座，分别为即墨县衙前的山海名邦坊，文庙前的棂星门坊、德配天地坊、道冠古今坊、斯文正路坊和万里云衢坊；新建牌坊 5

座，分别为墨邑重华坊、即墨大夫坊、齐王田横坊、瑯琊王氏祖脉坊和湖广总督坊。

因部分家族功德坊和新建牌坊尚存有异议，经古城规划建设指挥部研究，拟建设的 18 座牌坊分两期建造。第一期先行建设棂星门坊、德配天地坊、道冠古今坊、斯文正路坊、万里云衢坊、山海名邦坊以及四世一品坊、总督三边坊、父子御史坊、世步青云坊、湖广总督坊、世恩坊 12 座牌坊；将尚存异议、需进一步研究的恩宠宪臣坊、亚魁坊、瑯琊王氏祖脉坊、墨邑重华坊、即墨大夫坊、齐王田横坊 6 座牌坊，列入第二期建设，并且确定了 18 座牌坊的安装位置，相关细节需依据空间大小进行深化设计，以与周边环境相匹配。

2016 年 7 月，因西阁重建选址事宜，曾对部分牌坊的位置进行了调整，将原拟建于西瓮城外的即墨大夫坊移至南门里大街，将原拟建于南门里大街上的湖广总督坊移至东门里大街鸭绿池戏台东侧。后因场地条件等因素制约而放弃了西阁建设计划，即墨大夫坊依旧归位于

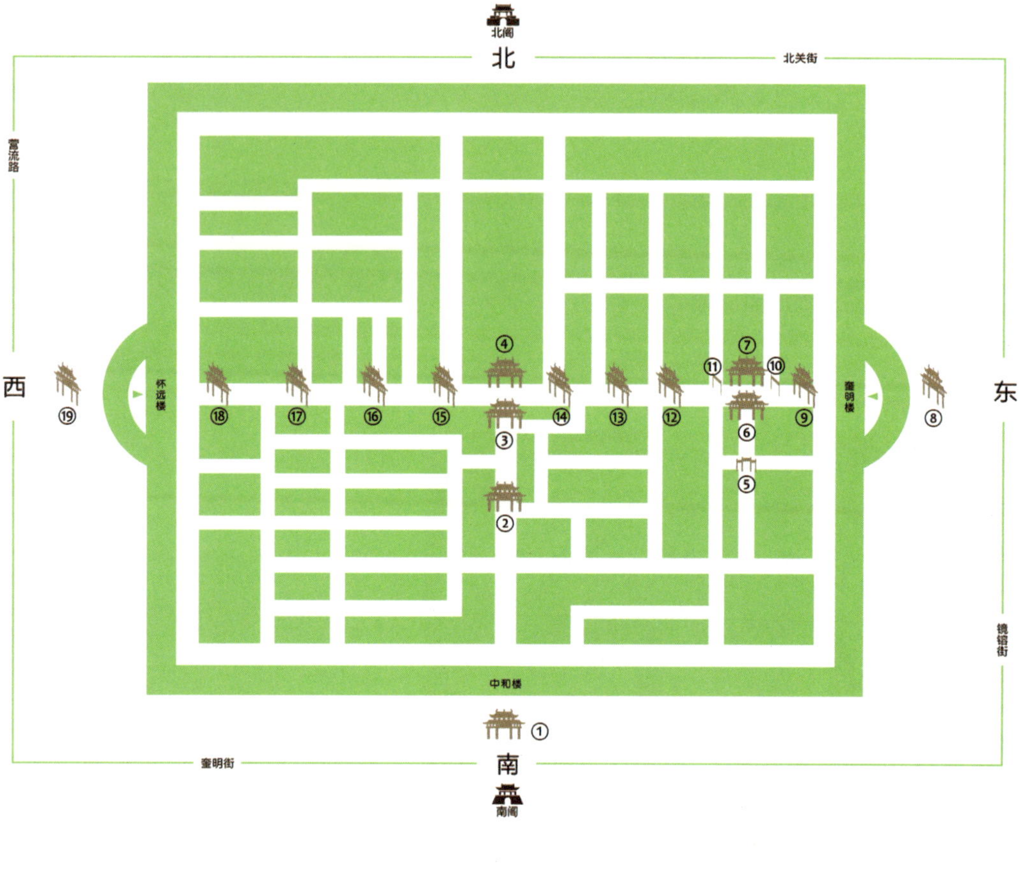

◎ 即墨古城牌坊落位示意图

① 墨邑重华坊
② 世恩坊
③ 玉壶冰清坊
④ 山海名邦坊
⑤ 万里云衢坊
⑥ 斯文正路坊
⑦ 棂星门坊
⑧ 齐王田横坊
⑨ 瑯琊王氏祖脉坊
⑩ 德配天地坊
⑪ 道冠古今坊
⑫ 湖广总督坊
⑬ 世步青云坊
⑭ 四世一品坊
⑮ 恩宠宪臣坊
⑯ 父子御史坊
⑰ 总督三边坊
⑱ 亚魁坊
⑲ 即墨大夫坊

西瓮城外。此时，南门里大街仅有一座世恩坊，略显空旷。考虑到一代清官、查赈大员李毓昌在即墨历史文化中的独特地位及现实意义，2017年9月，古城规划建设指挥部决定在南门里大街增设玉壶冰清坊，以纪念和褒扬李毓昌的高洁品质。同时，本着适度留白的原则，在环秀门至世恩坊之间，预留增加牌坊的空间。

至此，由19座牌坊组成的牌坊群落正式形成，即墨城牌坊林立的历史格局再度呈现，继续述说着百世流芳的故事。

◎ 即墨古城历史影像：亚魁坊（摄于约1940年）

8.2.2 有仪可象：牌坊形制与尺度的设定

对牌坊数量、位置问题进行探讨的同时，每一座牌坊的形制设计和样式推敲也同步进行。

明清时期，牌坊的建设是受各级官府乃至朝廷控制的行为，有着严格的等级限制。在制式上，除帝王可用五间六柱十一楼式牌坊外，其他一般采用三间四柱三楼式牌坊。从现有历史资料来看，即墨作为县级行政单位，牌坊多为三间四柱三楼式。传统牌坊基本形制分为两类：一类为冲天式，即柱出头式；另一类为柱不出头式。总览即墨古城的19座牌坊，文庙前的德配天地坊和道冠古今坊为单间两柱冲天式，南门里大街的玉壶冰清坊和文庙以南的万里云衢坊为三间四柱冲天式，其余均为三间四柱不出头式。虽然多座牌坊在基本形制上有趋同的一面，但在牌坊楼的数量和样式上进行相应区分，具体细节上再根据牌坊主题有所变化，由此形成了各具特色而整体协调的牌坊体系。

然而，在落实到单座牌坊的具体样式和风格界定上，又面临着许多难题。重建的牌坊外形需严格遵照老照片进行设计，以确保符合历史风貌。可实际操作中，却需要细加甄别。如从老照片看，亚魁坊是

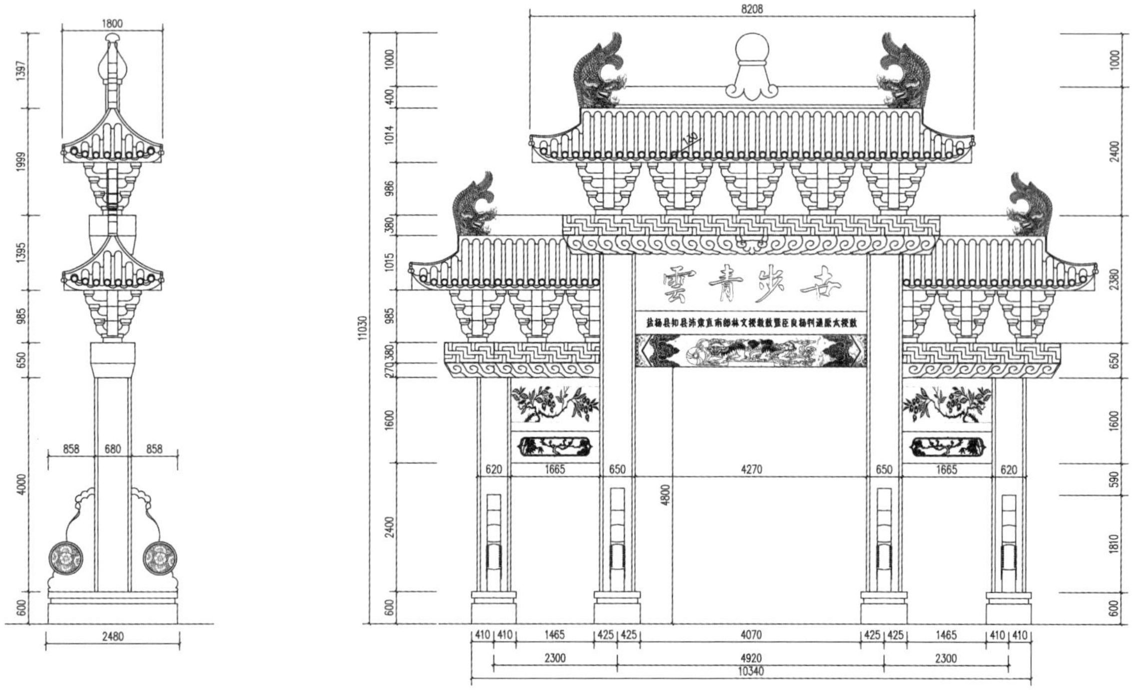

◎ 牌坊设计图：世步青云坊

单间两柱式，但经过仔细比对发现，拍摄照片时该牌坊已残缺不全，并非其原貌。设计师反复对比相关历史记载，分析其文化内涵和建造时的社会经济背景，确定其应为三间四柱三楼式牌坊。

新建牌坊样式的设计，则要求与原有牌坊的历史风貌相承续，保持统一性，体现应有的秩序感与协调感，以及历史延续性与文化的地域特征。这就需要经历一个整体把控、选择和取舍的过程。在讨论中，有人认为牌坊的历史文化属性较强，新建牌坊不应超过原有制式；有人则认为新建牌坊应体现时代特征，不必拘泥于古制，可选用冲天式牌坊或五楼牌坊的样式。持传统观念的人认为，冲天式牌坊在即墨历史上较为少见，而五楼、七楼牌坊等级过高，也缺乏足够的历史依据，而且体量过大，古城现有街道可能无法满足其尺度上的要求。经几方多番讨论，最终就新建牌坊的形制和风格达成了共识：鉴于即墨大夫、齐王田横和琅琊王氏在即墨乃至中国历史上的重要地位，决定为其设立的牌坊按三间四柱七楼的规制建设。墨邑重华坊虽为三间四柱五楼式，但作为即墨古城再造的地标性牌坊，在造型和体量上给予特别设

◎ 牌坊设计图：
德配天地坊
（单间两柱冲天式）

◎ 牌坊设计图：
万里云衢坊
（三间四柱冲天式）

◎ 牌坊设计图：
斯文正路坊
（三间四柱三楼式）

计，使之成为所有牌坊中规模最大、工艺最复杂的一处。玉壶冰清坊设计为三间四柱三楼冲天式，象征李毓昌清正廉明的浩然正气长存于天地间。

除了形制样式，还要设定牌坊的具体尺寸。为此，设计方一方面从老照片和相关史料中获取直观数据；另一方面通过对历史文献和相似牌坊进行考证。通过研究发现，即墨城内原有明清时期的三间四柱牌坊大多高约 8 米、宽约 7 米。这样的尺度在旧时的街巷环境中是合理的，但是放在现代建筑和商业空间中衡量，则显得不太协调。一个基本原因是，牌坊周边的建筑体量比古代要大一些，出于环境与尺度协调性的考虑，有必要适度提升牌坊的空间尺度。另外还有一个重要因素也对牌坊的比例尺度产生直接影响，这就是现代消防的规范要求。牌坊所在的东、西门里大街和南门里大街承担着消防车通行的功能，牌坊中心柱间距的宽度必须达到消防规范要求。鉴于此，依据《建筑设计防火规范》（GB 50016—2014），对牌坊的体量进行了合理调整，保证中间门洞净高 4.5 米以上，净宽 4 米以上；同时按最佳比例调整牌坊宽度和高度，宽度最大值设定为 11.5 米，高度最大值设定为 12 米。这样，既满足了主动线交通和消防的功能需求，亦达到了牌坊与其所在环境的审美一致。

牌坊尺度的调整，在视觉上优化了街道空间，以柔和的方式对宽约 15 米的主街做了二次划分，对通行和休闲空间做了必要界定，营造了更为丰富的街道断面层次和更宜人的游逛尺度。在东西方向上，牌坊作为通透的遮挡，缓解了东、西门里大街贯通古城的单调性，拉长了街道的视觉长度，营造出一种“犹抱琵琶半遮面”的氛围，增添了游览的趣味性和神秘感。来往的人流穿行其间，牌坊自然地成为一段旅程的引导者，在框定时空范畴和行为模式的同时，彰显着古老的礼仪风范，也带来了新的审美体验。

◎ 晨曦中的牌坊

综上所述，即墨古城的牌坊设计制作在遵循传统法度的基础上，紧密结合地方文化特色，从牌坊的基本样式选择和尺度把握，到主题浮雕及装饰纹样的设计，再到基于施工要求和雕刻工艺而产生的细节变化，每一个环节都力求尽善尽美。不仅如此，在做好每一座单体牌坊时，还需把握好牌坊群的整体协调性，处理好牌坊与其所在街道在色调、节奏上的搭配关系，以形成整体的文化磁场效应，使即墨古城成为一个浸润着历史气氛和艺术格调的地方。经过一年多的反复修改和调整，牌坊的深化方案才最终确定下来。

同时，即墨古城所建牌坊要经得起历史、现实和未来的三重审视。其中，部分牌坊的形制、尺度需要进行合理提升，以实事求是的态度，在对历史予以整体把握和深刻认识的基础上，全面评估现实条件和相关要求，寻求历史和现实的融合，通过牌坊澄清相关历史人物和历史事件的影响力，反映其应有的历史地位。意大利历史学家克罗齐曾说“一切历史都是当代史”，也是对历史和现实关系的把握。历史是活的，其生命力往往表现在对现实的影响力。当今应更深刻地认识、传承和激活历史，让历史活在当下，鉴照未来。一如李白“今人不见古时月，今月曾经照古人”诗句所吟，古今同理，唯有以“知常明变”之心观史，才是对历史的真正尊重，才能正确把握今古关系，拥有会通今古的人文情怀。

8.3 有史可稽：牌坊题额的确定

◎ 齐王田横坊背面题额

牌坊是即墨人对即墨城最形象直观的记忆，而附着于牌坊之上的题额、铭文等，作为牌坊的主题要素，也是即墨人文精神的寄托。如何将牌坊所承载的人文精神表达出来，是牌坊设计营造的一大要旨，而题额的确定则是重中之重。

在牌坊设计建设过程中，对见诸老照片或文献史料的牌坊题额，根据相关影像和文字记载予以原风貌呈现，如四世一品坊等；对影像缺失或模糊漫漶的重建牌坊和新建牌坊，则以相关史料为佐证，在澄清牌坊所涉及的家族、人物历史背景与事迹的前提下进行创作，挖掘提炼出与牌坊内涵相宜的题额。这些题额不仅做到了有史可依、有据可查，而且恰如其分地体现了人物、家族品格和功德。

例如，齐王田横坊之正题额为“至贤高节”和“宾客慕义”，出自司马迁的《史记·田儋列传》：

田横之高节，宾客慕义而从横死，岂非至贤。

是为正史精论，有历史高度，给出了牌坊题额最有说服力的选择。在《史记》中，司马迁以“史家之笔法”，奉之为“至贤”，对田横的仰慕之情溢于言表。此语背后隐含着一段悲壮的历史往事。田横不愿降汉而自刎于途，其手下的五百士随其赴死，谱写了一部慷慨激昂的英雄史诗。因此，建设者择取《史记》精义“至贤高节”和“宾客慕义”为题额，既展现了田横的高风亮节，又彰显了五百士的仁义忠勇，不仅提升了牌坊的主题高度，而且拓展了其文化景深。

琅琊王氏祖脉坊正题额为“德光炎汉”和“祥发皋虞”，出自即墨温泉街道王吉墓群中的王公祠大门上的楹联，寥寥八字，简明扼要地道出了琅琊王氏在汉代的光辉地位及其与即墨的历史渊源。

◎ 齐王田横坊
东视图

李毓昌牌坊题额的选取让建设者绞尽脑汁。为纪念这位清正廉明的清代查赈大员，最初从清嘉庆皇帝所作《悯忠诗》中提取信息，拟将牌坊命名为悯忠坊，题额为“天鉴孤忠”，取自诗中的“孤忠天必鉴”一句。就主题来说是恰当的，但后来考虑到无论是“悯忠”还是“天鉴孤忠”，表达的是皇帝对臣子的惋惜，尚不足以体现李毓昌在老百姓心目中的精神感召力，应从其高洁品格的角度总结提炼，以更准确地彰显人物形象。几经斟酌，决定将此坊命名为玉壶冰清坊，表明李毓昌的品格如玉一样高洁、似冰一样清明。

除了题额内容，字体是牌坊的重要构成要素，而且很大程度上传达着牌坊所承载的文化精神，因此，要悉心精选。基本原则是务求字体与牌坊主题、文字意蕴、艺术风格吻合，当为点睛之笔，有较高的可辨识度。总括起来，即墨古城牌坊字体的选择采用如下方式：一是依照老照片复原，如四世一品坊和总督三边坊；二是集字，从智永、颜真卿、柳公权、米芾、翁方纲、王埒等历代书法名家字帖中甄选字体，如斯文正路坊、万里云衢坊、齐王田横坊、湖广总督坊、父子御史坊、世恩坊、恩宠宪臣坊、亚魁坊、玉壶冰清坊等，即墨大夫坊系集小篆字；三是创作，邀请冯骥才、钱绍武、张立文等名家题写正题额，如墨邑重华坊、瑯琊王氏祖脉坊等，副题额及花板铭文则由中国书法家协会会员题写。

◎ 抱鼓石

8.4 稳如泰山：牌坊制作与安装

即墨古城牌坊的建造，追求稳固性以保证安全，并兼备艺术性与科学性。如果说牌坊雕刻是一个艺术问题，那么牌坊安装就是一个科学问题。

即墨古城的牌坊构造遵循传统法度，各个构件的衔接处采用榫卯结构，对精密性要求更高。无论整体架构还是具体构件都要比例精准，尺度合理，每一步都要执行严格的标准。例如，所有石材构件须严格放样，尺寸做到精准无误；所有构件的线条都要自然、流畅、美观，图案清晰，层次分明。制作过程的精细化是保障安装过程安全的前提，而安装过程其实也是对雕刻技艺的有效检验，特别要做到如下三点。其一，确保榫卯部位不出现破损、裂纹；其二，保护雕刻构件，避免因触碰造成损坏；其三，清理全部接触面，涂满云石胶，迎雨水面的石缝必须用细致的云石胶腻缝，云石胶调色与石材色质一致，不得多次调色。以上三点在实际操作时异常烦琐，完全有赖于匠人的经验。

为何如此强调科学性？这既与牌坊本身的质量有关，亦与其展示和通行的复合功用有关。作为开放性的公共艺术景观，牌坊与街道在场景上融为一体。同时，它横跨于街道上，立柱间即是穿行通道，因此，不仅要美观精致，更要安全稳固。科学性首先体现在安全性上，由是反观牌坊制作的全过程，雕刻之前要对石材种类和质量严格把关，

◎ 琅琊王氏祖脉坊及其周边

确保其有足够的抗压力和承重力。安装之前，亦要通过科学手段，准确计算结构、受力点、应力变化系数、沉降系数及抗风系数等要素，打好基础，掌握好平衡，确保牌坊结构稳定。

即墨古城的19座牌坊全部由纯石料建造，单座最轻的也有八九十吨，最重的达六百余吨，其稳定性、抗震性及地下空间的承重等要素至关重要，这也是牌坊设计营造所面临的主要难题之一。2015年9月1日，古城规划建设指挥部就牌坊承重问题召开专题会议，秉持科学态度，强调安全第一，要求对已建成的牌坊进行基础加固，并提出“只要没有生根的，宁可牺牲地下空间，也要切实做到安全可靠”的原则。如前所言，即墨古城的一个创新点就是地下空间的有效利用，然并未对东、西门里大街和南门里大街地下予以整体开挖，只在绝对安全地带打开了必要通道，主要目的就是为牌坊留好大面积的坚实地面，以便铺设地基。每座牌坊的砖砌地基有4至5米深，用5万多块砖砌体、顶封钢筋、混凝土构筑。墨邑重华坊等几座体量更大的牌坊基础，则采用混凝土打桩方式，深度不小于7米。

牌坊安装采用机械吊装和人工调试相结合的方式，不求快、只求稳，以百分之百的专业技术和专注精神确保每一座牌坊的安全美观。牌坊的构件很多，大者有一百多个，小的也有七八十个。安装过程中，每个构件都需借助大型吊车吊装到位，简单的要七八天安装完毕，复杂的需半个月甚至更长时间。安装前，都要与施工方反复、仔细地检查，尤其在吊装横梁、坊翅等大构件时需时刻保持警惕，以便出现构件歪斜等情况时及时处置，确保施工安全。

总而言之，从前期考察论证，到选料、制作和安装，每个过程都需缜密思考和应对。伴随着19座牌坊落成的，还有根植即墨历史文化土壤中的新的葳蕤生机，必将为当下及未来带来更多启迪。

◎ 山海名邦坊安装场景（左上）

◎ 亚魁坊安装场景（右上）

◎ 世恩坊安装场景（左下）

◎ 墨邑重华坊安装场景（右下）

◎ 牌坊林立

即墨古城的重建，是对现代城市的一个最大贡献。它把传统和现代通过古城的方式连接起来，

而不是说传统是过去，现代是当下，也把中国传统文化标志性的元素，都有形地呈现在百姓面前。

——中国文化书院院长、北京大学教授 王守常

即墨城作为地域行政中心和商业文化中心，集结着众多公共文化建筑。

在过去的历史长河中，这些建筑承载着千年文脉和城市记忆，反映了一座城的人文精神和信仰。

随着历史变迁，一些建筑的属性和功能已弱化乃至消失。

古城公共文化建筑应当如何取舍、构建与利用，

这是设计营造前首先要寻找的答案。

县衙、文庙、学宫、城隍庙……这些富有文化底蕴或承载民俗记忆的建筑，是古城再造的重要“资本”。

延续传统文脉，连接现代生活，让中国传统建筑文化之美在现代充分展现，不是简单的复制，而是与现代审美相契合的创新与再造。

故而，公共文化建筑的设计是即墨古城规划设计的关键和点睛之笔。

第九章

CHAPTER

9

百世流芳

公共文化建筑的设计营造

BAISHI

LIUFANG

9.1 继往开来：人文基脉与设计创新

公共文化建筑的设计营造是即墨古城建设的关键。作为古城的人气“热点”，每座公共文化建筑在古城的功能和形象均具唯一性，承担了更多文化调性塑造的责任。因此，需要考证历史资料、研究古建筑营造范式，掌握每栋建筑的历史功能和人文定位，并从即墨古城这一特定环境出发，深入发掘地域个性，讲好即墨故事。

9.1.1 各擅其胜：公共文化建筑的历史格局

每一方城池，因人而聚，因人而兴。一方水土孕育出诸多民间信仰，有着至为朴素的一面，代代相传。社庙栖身于袅袅香火中，寄托着世人的祈愿与憧憬。即墨这样一个经济文化相当活跃的城邑，人文与宗教建筑广为分布，共同构筑了即墨人的精神空间。

古代城市发展过程中，很早就形成了功能分区的理念，是古人筑城智慧的表现。揆诸史册，可知即墨城街道走向依据周边环境，将城市各部分贯通。由于即墨城未设北城门，真武庙坐落于北城墙正中，因此城内的主要街道以即墨县衙为中心，由连通东、西城门的东、西门里大街和由县衙直通南城门的南门里大街组成，形成“丁”字形构架。具有行政、司法和守卫性质的即墨县衙、参将署等机构均匀分布于城内，以便掌控和管理全城；文庙、城隍庙、学宫等多数公共文化建筑集中分布于城之东北、东南区域；西部的重要公共文化建筑有佛教庙宇准提庵，自然形成了东半城热闹、西半城清静的城市人文生态格局。

整体上看，这样的布局更容易产生聚集效应，提升区域热度，同时也使得相对嘈杂的文商政环境与主要居住区自然分隔开来，达到不同功能与基本需求的平衡。在尊重历史、筑城规律的基础上，对即墨古城公共文化建筑进行布局和设计，以确定其具体位置、规模及形态。

9.1.2 去芜存菁：公共文化建筑的取舍

公共文化建筑的取舍，主要考量其历史文化内涵及传承价值，体现即墨特色，让本地人特别是老一辈即墨人有身临其境的怀旧之感，也能培养年轻人的历史自豪感和家乡情怀。缘此，取舍原则确定为有选择地重建具有重要历史文化价值，能与现代生活相融合的建筑，再现乡愁的同时，通过人文体验提升当代人的文化自信。

基于以上认知，规划时舍弃了功能单一且已远离当代生活、文化纪念意义相对较弱的守备署、马神庙、刘猛将军庙等建筑；对功能相近或重复的建筑予以取舍，如即墨历史上儒学文化兴盛，不仅设有文庙，还有考院、书院、公学、义学、社学及民间私塾、学堂等教育机构，为避免此类建筑过多，功能重复，仅选择恢复文庙、考院和劳山书院有代表性的三座建筑。另外，参将署在近代已经被改建为基督教堂，权衡两者的历史文化意义之后，选取了更具时代特色和风貌特征的教堂建筑予以营造，以期进一步体现即墨城的近代发展历程和文化包容性。

考证推敲，研究取舍，即墨城内重要公共文化建筑的大概位置、基本形制、建筑规模等信息逐渐清晰，在此基础上规划设计了大大小小十余处建筑。从历史属性并结合当代使用功能审视，分为五类公共文化建筑：第一类是作为文物保护单位而保留下来的建筑，包括即墨县衙和即墨红万字会；第二类基本上是在原址重建后依旧保持或部分延续其原有属性和功能的建筑，包括文庙、学宫、城隍庙、真武庙、准提精舍等；第三类是历史上原有相同属性的建筑，现根据古城文化需求而择址新规划营造的建筑，包括财神庙、基督教堂等；第四类是作为公共文化建筑规划建设，但目前暂不恢复其历史功能而转型的商业类建筑，如考院和劳山书院；第五类是建筑的文化属性与历史功能已经丧失，原址规划建设为商业建筑，仅保留其名称以作纪念，如万寿宫。本章介绍的是上述第二、第三、第四类建筑，其他两类建筑将另辟章节介绍。此外，诸如牌坊、城楼、城阁等，就其基本属性而言，亦属于公共文化建筑，考虑到它们自成体系，已辟专章介绍。公共文化建筑在历史渊源、文化属性和建筑形态上，代表了即墨城千百年来思

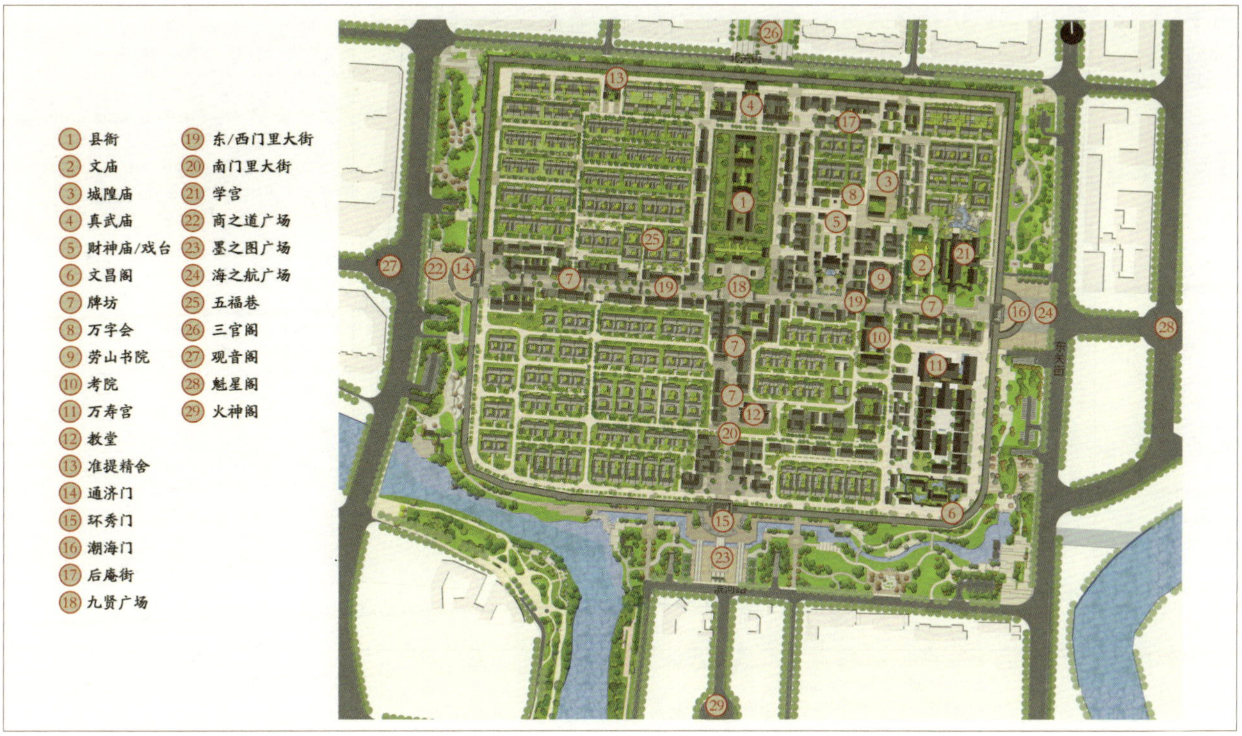

◎ 古城公共文化建筑及景观广场位置图（过程稿）

想文化的发展轨迹，不仅能让当代人欣赏到古城形制各异的精美建筑，更能展示即墨这座城市特有的精神内涵及历史记忆。

9.1.3 合理升华：历史规制与审美尺度的变通

即墨古城公共文化建筑设计的重点与亮点是如何在遵照历史逻辑的基础上，着眼于今古一体化的文化自觉意识，合理确定建筑的基本规制和艺术风格，以实现历史感与当代审美心理的融合。对于古城建设者来说，这是一个重大考验。符合历史逻辑的创新是必要的，但也会引发争议，面临的困难和挑战也正体现在这一方面。

与历史上呈现稳定状态的城墙、城门及城楼相比，公共文化建筑的变数相对较大，因时而变的情况更多，这也是一个客观现象，所以设计难度要大得多。由于文化属性、历史功能和场地条件等不同，公共文化建筑在设计过程中遇到的问题和困难也不尽相同，往往要经历一番穿越历史的探秘过程，根据不同建筑的既定形制、历史功能以及当下使用功能等因素，进行细致考证和反复沟通，方可确定整体建筑布局和单体建筑的设计方案。

这是一个艰难的历史研究与建筑设计过程，要实现合理的今古融通实属不易。在进行具体的建筑设计之前，首先要做好充分的准备工作，以确定主题、规制和风格，大致上分两步进行：

第一步，寻找历史依据，进行人文分析，确定公共文化建筑的基本形制和设计依据。有老照片可依的尽量还原其历史面貌；对无老照片可参照，但有文字记载的，依据相关史料予以设计还原；而对既无老照片亦无文字记载的，则需结合口述史资料和当地建筑特色、规制及古城空间布局等因素予以综合考量，合理设计。

第二步，对建筑体量予以裁夺，形成既符合历史逻辑、又适应当代审美心理的尺度，这是设计的难点。若完全按照传统形制进行设计，虽符合历史形态，但不符合当下使用功能和建筑设计规范，需温故而创新，使古城不仅有历史感，而且可满足现代使用功能的需求，达到融古通今的效果。着眼于此，在遵循传统规制前提下，需对公共文化建筑的体量、尺度和样式合理变通，符合现代使用功能和标准规范，实现传统风貌与现代审美的转化与融合。

变通，是传承中的创新。梁思成先生在《图像中国建筑史》中《我国建筑今后新表现的趋势》一文有这样一段话：

> 艺术创造不能完全脱离以往的传统基础而独立。这在注重画学的中国应该用不着解释。能发挥创新都是受过传统熏陶的。即使突然接受一种崭新的形式，根据外来思想的影响，也仍然能表现本国精神。如南北朝的佛教雕刻，或唐宋的寺塔，都起源于印度，非中国本有的观念，但结果仍以中国风格造成成熟的中国特有艺术，驰名世界。艺术的进境是基于丰富的遗产上，今后的中国建筑自亦不能例外。

诚哉斯言！已然阐明了传承与创新的关系，透过建筑艺术史，所见者正是中国文化的包容力和创造力。对于即墨古城来说，基于历史遗产的传承与适应现代审美尺度的合理创新并行不悖，历史的激活方式有时就表现在今古一体化维度上，引出合理“变通”的逻辑，这在学宫、文庙及财神庙等建筑中有所体现，目的是让历史活起来。无疑，这也是传承与创新的一致性的融合。

虽说部分建筑的规制、尺度有所提升，然与即墨古城整体保持着密切统一，从而与城市的其他部分在视觉形象上区别开来。可以说，即墨古城是以其符合历史逻辑的形象复生于当代的，沉浸着某种博大、深沉而生动的历史氛围。

◎ 东城墙马道

9.2 致敬传统：学宫

即墨古城建筑设计很精致，传统与现代、物质文明与精神文明有机结合，是传承弘扬中华传统文化的一个途径和平台。

——中国文化书院副院长、北京大学教授　李中华

学宫是文教殿堂，是千秋学脉的地标性建筑。

从位置上看，学宫坐落于即墨古城东北方位，东迎潮海门，西临文庙，与南面的商业组团相对，是游客自东城门进入古城后看到的首座公共文化建筑，其外观特征在很大程度上决定了游客对古城风貌的第一印象。古朴的殿宇，肃穆静雅而轩敞明亮，令人望之即生恭谨之感，自然而然地萌生文脉绵延之思。

根据明清即墨县志的记载，历史上即墨城设有学署。然迄今为止尚未发现有明确反映其形态的老照片。因此，无法按照古代学署的样貌去营造。最初规划时，这座建筑是作为规划展览馆而被设计营造的。其设计历经数次探索，风格从传统到现代再回归传统，几易其稿，最终才有了现在的模样。可以说，即墨古城探索古今融合之道，学宫是一个代表性的案例。

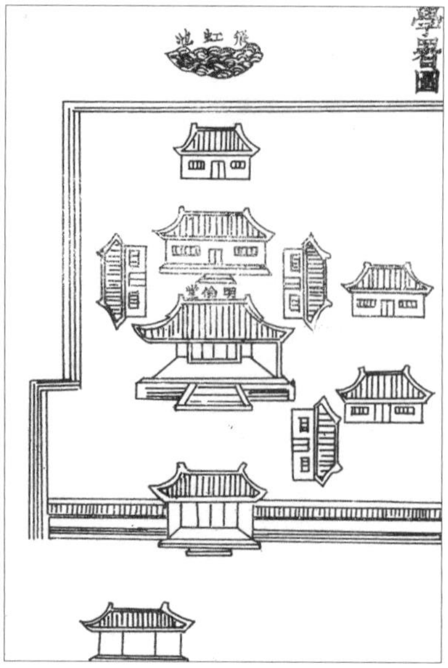

◎ 清同治版《即墨县志》载学署图

9.2.1 文教渊薮：学宫的历史沿革与建筑格局

学宫，又称“学署”，是古代县级地方官学机构，历史上长期作为科举制度下的一级基础学府而存在。修齐治平之道，始自教化。儒家学说的传承，不仅需个人的慎思笃行，更需要师者的口传心授。而学宫，便是“传道、授业、解惑”之所。一地之文教风气的养成，与学宫密切相关。

即墨历来尚学重教，作为县学，学署的功能是培养人才，众多学子从这里走向了建功立业之路。自明初始，县学就有固定的廪生[1]名额，享受廪膳[2]。清初，县学额定廪生、增生各20名，岁、科两试各取进附生15名。

1　明清两代由府、州、县按时发放银两和膳食津贴的生员。

2　科举制度下官府发放给在读生员的膳食津贴。

关于学署的兴建始末，根据清同治版《即墨县志》的记载，元时邑人吕瓒及其弟吕珪建起讲堂、斋舍，县尹董守中建讲授堂及止善、养正二斋。自此之后，即墨学署稳定下来，地方官学制度渐趋完备。明清两代多次修缮，其中尤以明弘治元年（1488 年）的修缮规模最大，知县张闻增修明伦堂 5 间，东列为进德斋，西列为修业斋，号房仁、义、礼、智、信东西两列各 5 间。建有尊经阁、善贤堂、敷教堂、退轩堂、会讲堂和会馔堂，另建有左仓房、右厨房、经义门及井亭等，后院辟有萃英邱、飞虹池，北侧建有起秀亭[1]。清康熙、乾隆年间，又大规模重修了学署，建筑格局也有了新的变化。总体上看，学署的布局逻辑清晰，整体上呈现为建筑群与园林景观的一体化。

1920 年，学署建筑上增建二层楼房，这是其最后一次建设活动，后该建筑群陆续被拆除。1971 年，原址上建起即墨县政府招待所。

9.2.2 古今交融：设计的传统法度与当代适用性

学宫建筑形态的设计可谓一波三折，经历了数轮变更修正，每次几乎都是全盘否定后又重新开始。

无论从建筑属性、空间格局还是功能定位等角度分析，学宫应具有中国传统建筑特征，同时还应满足现代功能需求。但是传统建筑院落式格局同现代建筑的布局逻辑本身就存在矛盾，如何在满足现代功能对大空间需求的同时，体现出传统建筑的技艺与美学特征，与古城的整体风貌和谐统一，这是学宫设计建造所面临的最大挑战。而这些矛盾一旦协调好，将赋予学宫以建筑学层面上的另一重要意义。

9.2.2.1 一波三折：学宫造型设计探索

如前所述，最初学宫被赋予规划展览馆的功能。当时主要考虑的是向社会展示古城规划成果，同时兼具宣传功能，后期还将作为讲堂，承担会议、讲座等文教功能。因此，设计思路上较为开放，无固定程式，设计的变数较大。

1　重建时据清乾隆版《即墨县志》改称“启秀亭”。

2013 年 9 月，早期承担古城规划设计的设计院曾设计出颇为新颖的海草房造型、官帽造型建筑方案，但均未被采用。其一，即墨本地并无建造海草房的传统，且其空间利用率较低；其二，无论在建筑类型还是艺术风格上，官帽式造型都与古城整体氛围不协调。

◎ 建筑设计效果图：学宫（过程稿一，左）

◎ 建筑设计效果图：学宫（过程稿二，中）

◎ 建筑设计效果图：学宫（过程稿三，右）

2013 年 11 月 19 日，在即墨古城专题会议上，南大设计院又提出一种宫灯造型的设计方案，当时情况下暂予以通过，并确定了学宫的建设周期：2013 年 12 月 20 日开工，2014 年 6 月 30 日建成并对外开放。从建设周期安排上不难看出，学宫作为即墨古城首发区建设的首个公共文化建筑群，建成后必然成为古城形象展示的重要载体。

“宫灯”的建筑造型虽说有其概念上古雅的一面，然其具体形象过于现代，不足以展现古城的传统风貌，与古城本体及其他公共文化建筑的协调性也难以保证。

2013 年 12 月 2 日，即墨古城首发区项目规划设计工作专题会议指出，“目前学宫设计方案未达到预定目标，需调整思路，暂缓学宫建设，继续面向全国寻找设计团队”。2014 年 1 月，随着华清安地的加入，学宫设计“重起炉灶”。

9.2.2.2 回归传统：设计理念的调整

从屡次修改设计方案的过程可以看出，学宫的设计营造确非一帆风顺，最大的难题是，如何平衡风貌意向和功能需求的关系。为了使学宫达到理想效果，就如何充分发挥传统建筑空间的效能并使之适应现代功能，华清安地做了很多思考和调整，力求在呈现传统风貌的同时

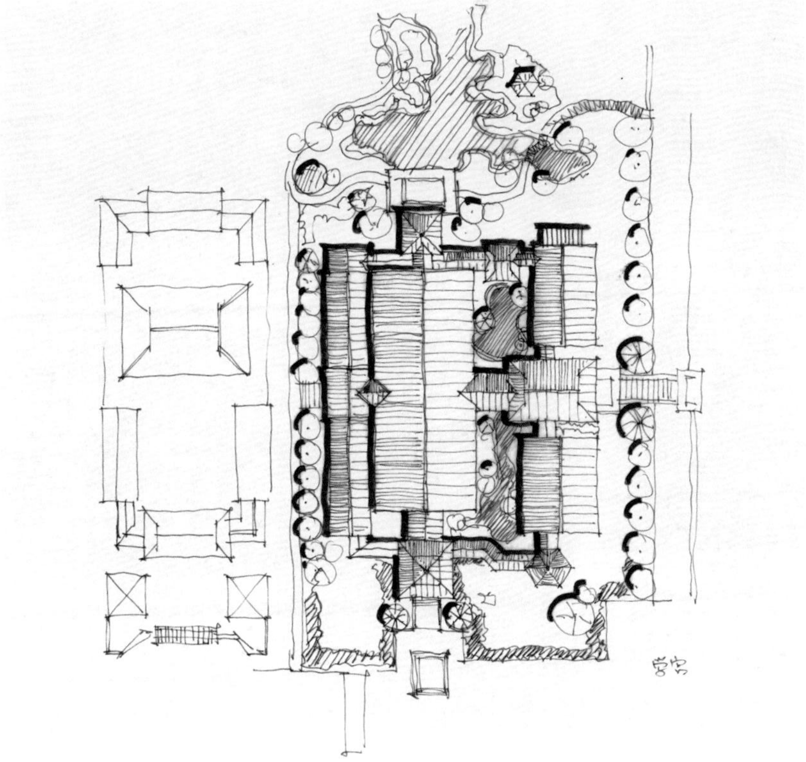

◎ 建筑设计草图：
学宫平面布局

满足当代使用功能对大空间的需求。再者，学宫位于古城公共文化建筑最密集的区域，尤其是西临文庙这一古城中规制最高的建筑群，如何让学宫这种大体量建筑立于文庙之侧而不显突兀，使两者和谐共融，这也是设计的难点和关键。

因此，采取何种建筑形态是亟待解决的首要问题，但破题之前又是一番艰难的心路历程：若是简单沿袭传统样式和布局，辅之以现代技术，风貌上毫无风险，功能上亦可满足。但这就好像一幕没有高潮的戏剧，平淡无奇；若是标新立异，做出一个兀立于青砖黛瓦间的现代“方盒子”，设计与实践案例上亦有迹可循，满足功能需求相对容易，但面对满怀期许的居民和寻找乡愁的游客，又好像太过直白地“出戏”了，略显“简单粗暴”，有失优雅、敦厚的文化智慧。

经过对设计方案的数次比选和谨慎思考后，建设者最终决定以向传统建筑致敬的姿态，设计一栋充满传统技艺内涵、且具有现代空间性能的大体量传统建筑，其内部直接呈现开敞、明快的中式大空间，把现代功能纳入、承载进去。

至此，学宫的设计思路豁然开朗，立面灵活多变，屋面取坡顶，以形成有韵味的弧度，与周边建筑特别是文庙形成弧度上的融合。学宫整体采用集中式和分散式相结合的布局手法，以明伦堂为主体形成错落有序的传统建筑群落，辅之以园林绿化、景观小品等，以削弱大体量建筑对周边空间的压迫感，实现建筑与其周边环境整体上的和谐共存。具体来说，其空间布局特点表现为：中央大厅呈现为大跨度中式空间，东西两侧各设置供办公和接待使用的常规尺度空间，东面通

◎ 建筑设计效果图：学宫东南俯瞰图

过一段连廊衔接，并对庭院空间予以合理划分。东南西北立面各设出入口，以形成有序的线路分流，满足参观游览和会议集散需求。为降低大体量建筑在古城肌理和尺度下的突兀之感，特别是避免压制西侧文庙建筑群的庄重雄伟气势，外围建筑采用了园林式分散布局，通过舒缓的游廊、精致的小体量独栋建筑逐层软化主体建筑界面，同时控制好仪式感和礼仪节奏，使学宫协调地融入古城的整体氛围。

学宫的设计营造过程中，充分考虑了体现地方特色和地域精神的问题，从肌理、尺度、风格等方面力求延续即墨、青岛乃至山东本地的古建筑特征，从中提取装饰元素，形成建筑艺术的内在观照。在具体设计中，参照本地老建筑的符号、坡度、比例以及开窗方式等，将本地特色融于中国传统建筑文化之中。缘此，建筑立面及屋面呈现出一种“绵延”的历史逻辑，使地方特色在这样一座具有包容性和创新性的建筑中得以延续。

学宫为一层建筑，最高檐口的高度为 11.08 米。这一数据的确立，保证了建筑本身的合理尺度，亦与周边其他建筑、古城的整体氛围相协调，实现了建筑与环境的契合，塑造了传统建筑的新风范。

总体上看，学宫以传统形象呈现自身，以精巧布局满足时代发展之需。从使用功能上，亦可看出古典与现代思维的结合，在辟出当代公共

◎ 文庙（左）与学宫（右）俯瞰图

活动所需大空间的同时，又保证了建筑自身的传统秉性，令人感受到一种含蓄、谦逊而大气的君子之风。从这一点上看，学宫的设计营造可谓深契儒家的“成物”[1]之道，充满了对古与今、体与用、局部与整体的辩证理解。

9.2.2.3 返璞归真：主体结构与材料之辩

在敲定设计方案后，学宫的建设主材、工艺等又经历了一系列调整。

2014年3月21日，在古城规划建设指挥部专题会议上，就学宫的建造结构，提出了混凝土结构、木结构、钢结构三种方案。从工程造价方面看，混凝土结构成本低，但其构件如果养护不当，或未彻底干透就进行仿木装修，装修层会很快爆皮起翘，影响观瞻，这一方案被最早否定。而在钢结构还是木结构之间也存有争论：钢结构技术成熟，构件采用机械加工，精度高、施工快，整体效果偏向新中式，更具现代技术的科技感；若沿袭传统木结构，则需重新学习研究，且其构件加工技术要求高，但其外观古朴，更符合古城的建设理念。经过一番激烈讨论，最终确定了“质量和效果为先，工期和造价作参考”的建设原则，木结构成为学宫建造的首选。

随之引发了对建筑材料的一系列调整和升级。在最初的设计方案中，学宫中央大厅所用主材拟选用花旗松胶合木，梁柱采用螺栓穿孔连接。为进一步体现传统建筑特色，建设者希望采用中国传统的施工工艺——榫卯结构。但问题随之而来：花旗松胶合木是否适用于榫卯

1　语出《中庸》第二十五章，“诚者，非自成己而已也，所以成物也。成己，仁也；成物，知也。性之德也，合内外之道也。”第二十六章另有：“博厚，所以载物也；高明，所以覆物也；悠久，所以成物也。”

◎ 建筑设计效果图：学宫庭院

◎ 建筑设计效果图：学宫南视图

工艺？针对这一问题，古城规划建设指挥部专门咨询了中国航空规划建设发展有限公司，2014 年 6 月 16 日得到了如下意见：

> 胶合木节点通常采用钢构件连接，节点力由钢板和钢筋或销钉共同传递、协调承担，节点安装制作快速、方便而灵活；原木可采用榫卯结构连接，榫卯节点具有一定的灵活性，在削减地震或台风等巨大外力破坏方面具有较大潜力。

鉴于榫卯工艺更能体现中国传统建筑的特色和优势，学宫的建筑材料更换为材质坚韧、富有弹力、使用寿命长的花旗松原木。

显而易见，这种刻意为之的“舍近求远”和“舍易求难”的选择是值得的，不仅可以有效提升建筑品质，而且透过现象看本质，这又何尝不是一种文化上的返璞归真呢。虽说实施起来难度增加了许多，成本也有所增加，然与古城再造的初衷是吻合的。可以想象，充满传统风采的梁柱与榫卯，别有气势的大木构，建筑与园林融合的风采，浸润于书声与墨香之中的事物，这一切都是传统文化诗意的表达，也是传统智慧的凝结，将从内里构筑起学宫更为传统、坚实而豁朗的文化空间。

◎ 建筑设计图：
学宫南立面

◎ 建筑设计图：
学宫东立面

◎ 建筑设计图：
学宫西立面

◎ 建筑设计图：
学宫北立面

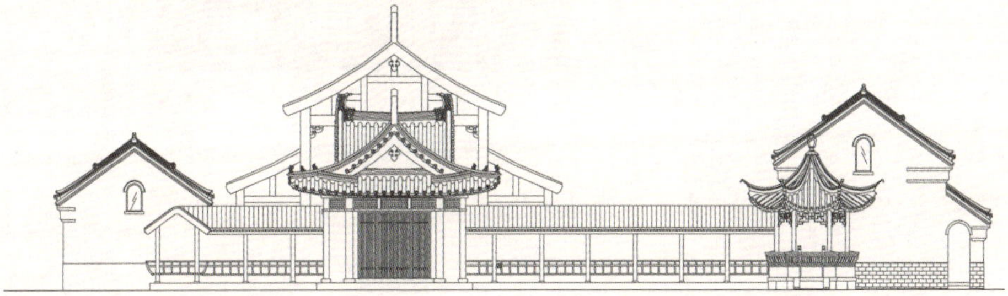

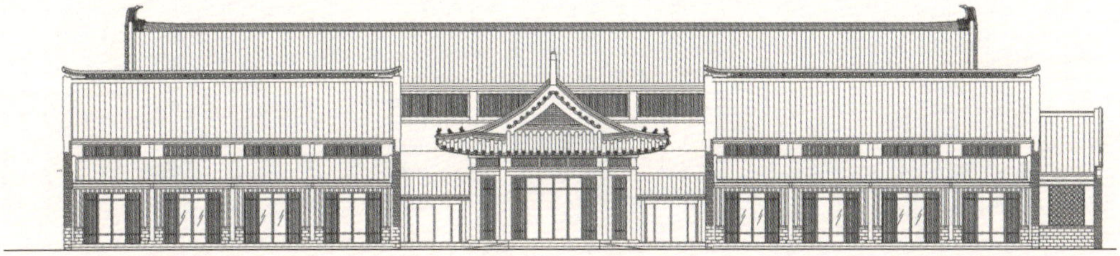

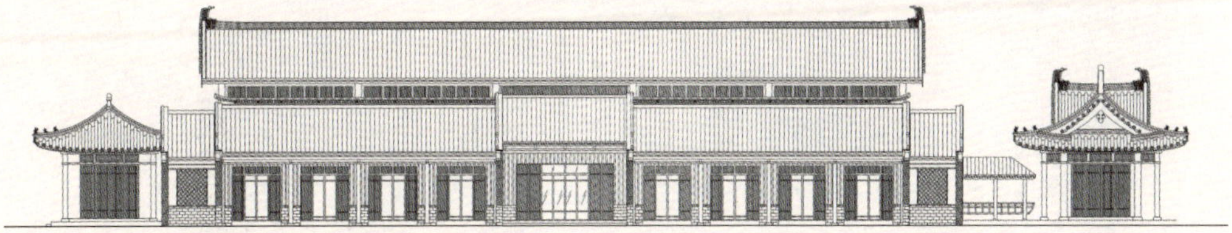

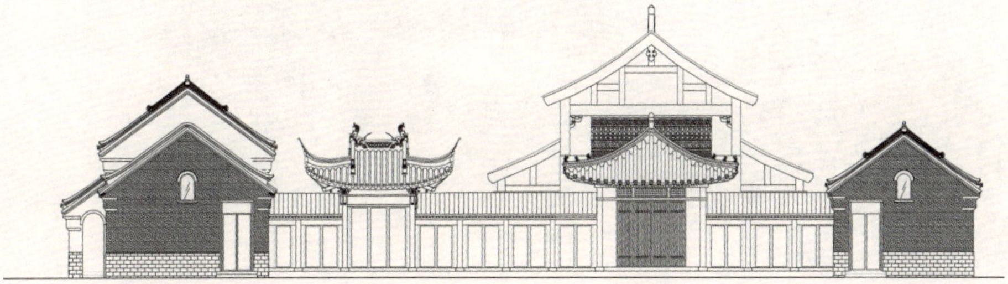

9.2.3 桂殿兰宫：学宫的营造及命名

◎ 学宫施工现场：木构件安装

◎ 建设过程中的学宫：内景

◎ 建设过程中的学宫：外景

学宫于2015年3月建成，占地面积7296平方米，建筑面积1750平方米，可满足展示、讲座、会议等功能需求。

学宫建筑群融南北建筑风格于一体，建筑屋檐、屋脊柱子、门窗等均依照传统建筑规制设计营造。中央大厅为穿梁枋式建筑，重檐悬山顶，榫卯结构，由12根金柱和12根檐柱支撑，总用木料1300方；金柱间跨度9米，金柱与檐柱间跨度3.3米，通面宽42米，进深15.6米，建筑面积600余平方米，是当时国内单体民用建筑用木最多，结构断面、跨度最大的建筑之一，堪称当下传统大木构的典范之作。屋顶覆筒瓦，主殿、配殿的屋檐均配有勾头和滴水，滴水饰以龙纹、寿字纹、花草纹等纹样，寓意高贵、长寿、吉祥。墙面以青砖砌筑，采用干丝摆缝工艺，砖缝控制在3毫米，砖大小误差控制在1毫米以内。室内呈新中式风格，一派典雅、敞亮的气氛。

◎ 东劳探胜屏风

◎ 编钟（左下）

◎ 编磬（右下）

学宫入口处设置了一幅扬州漆器工艺的屏风，长 600 厘米、高 270 厘米，以黄花梨官帽木架为框。一面为《即墨古城赋》，由即墨籍中国书法家协会会员高岩书写，另一面取张伏山 1964 年创作的山水画《东劳探胜》之景，与学宫南门“海山毓秀”的题匾呼应。画面右上方有国画大师李苦禅、泰山画派开山鼻祖关友生题款“东劳探胜”。漆刻线条流畅，层次分明，浅刻、深刻因艺用技，细微部分精雕细刻；色彩渲染细致，过渡自然。这一作品首创在刻漆中点缀螺钿镶嵌和点螺工艺，根据树间、竹间、山间等艺术需要，巧饰幻彩螺钿屑，晶莹剔透，使渔舟张网、茅屋陈设生机荡漾。画面底色金箔贴面，麻金变幻耀眼，富丽堂皇。

孔子在齐闻《韶》，三月不知肉味。古城学宫既然作为弘扬优秀传统文化的殿堂，又怎能少了春秋时代的韶乐？由此，作为国之重器的曾侯乙编钟编磬成为学宫内重要的雅乐演奏展示，由湖北省民间工艺技能传承大师、非物质遗产传承人、国家专利“一钟双音”青铜编钟校音技术发明人项绍清先生制作，编钟共计 65 件，编磬为 32 件。

其外观精美、工艺精湛、乐音绝妙，音响魅力“近之则钟声洪亮，远之则磬音清脆”。金声玉振响彻学宫，华夏千年历史的悠悠古韵尽现眼前。

◎ 明伦堂南视图

除了大气而精细的设计营造，学宫的命名也耐人寻味。由于学宫的文化属性、功能定位、形式风貌经历了多次调整，其名称也几经调整变化，早期曾有过“规划展览馆”“即墨历史文化展馆”“即墨古城历史展览馆”等名称，在命名时历经了一番讨论。对此，古城规划建设指挥部总指挥宋宗军谈到：

> 若叫作规划展览馆或历史展览馆，感觉太平淡了，不仅没有个性，而且没有体现出建筑的属性，与古城所特有的文化氛围和场所精神不相融。我们也请专家先后起过几十个名字，均未尽其意。考虑到历史上学署一度被叫作学宫，所以我说不如就叫“学宫”吧，名字就这样定了下来。从文教传承的角度看，这个名字是符合历史逻辑的。

如所知，战国时期齐国稷下学宫曾是官办的高等学府，学宫所在位置又是即墨官学原址，以“学宫”命名兼具历史和现实意义。“学宫”二字匾额的书体集自东晋书法家王羲之的《圣教序》，其内各厅室按照历史记载分别命名[1]，历史文化内涵得以传承与延续。如《即墨学宫复建记》所述，行于学宫殿堂、亭台、水榭，海上清风徐来，崂山翠爽入目。置身学宫，犹可闻往昔学子读书、先生传教之雅音，而振当今学子之心，以绍千秋学脉而兴今日荣华。此乃张载“为天地立心，为生民立命，为往圣继绝学，为万世开太平”横渠四句的应有之义。

---

1 包括明伦堂、讲授堂、进德堂、善贤堂、尊经堂、敷教堂、修业斋、止善斋、养正斋。

◎ 学宫与墨园

◎ 学宫南门俯瞰图

田横島在振一域仁義風

◎ 学宫西南视图

9.3 光大儒学：文庙

文庙是一座城市的传统文脉所系。恢复文庙意义重大。

——世界儒学大会原秘书长、孔子第七十五代孙　孔祥林

文庙，在古代是维系国家精神的殿堂，在当代是赓续中华优秀传统文化的重要场所。即墨文庙是青岛及胶东半岛古代文庙体制的典范，历元明清三代，以其厚重与坚实濡养着一方黎民，风励后世。创兴以来，即墨文庙之存废已历七个多世纪，而透过历史的风云变幻，尤见其荣耀与沧桑。盛世重建文庙，正逢其时。

9.3.1 尊师善学：即墨文庙的历史沿革

◎ 即墨古城历史影像：大成殿院落（摄于1901—1910年，左）

◎ 即墨古城历史影像：德配天地坊（摄于1903年，右）

孔子为儒家思想创始人，被尊为“大成至圣先师文宣王”。汉代“罢黜百家，独尊儒术”之后，儒学作为中国传统文化的代表，对中国两千多年的历史产生了深远影响。唐代始，祭孔成为重要的国家祀典，全国各地开始普遍兴设孔庙，作为祭祀孔子和治学教化的场所。孔庙有家庙、国庙、学庙[1]，古制规定在州、府、县设文庙，此即学庙。文庙大多庙学一体，是祭孔之所，亦是兴教治学之所。作为古代城池的文化标杆建筑，文庙广受天下仕子尊崇，可谓历代读书人的精神殿堂。

即墨文庙原称圣庙，坐落于东门里大街北侧。稽考其历史格局，建筑群为三进院落，一进为圣门至棂星门[2]，二进为棂星门至大成殿，

1　家庙是指曲阜孔庙，国庙是指建于帝都的孔庙；学庙是指各州县所建文庙，因与学宫同址或相邻，故称。

2　即墨圣庙主入口原为圣门，棂星门为其第二道门。今重建之即墨文庙主入口为棂星门，建于原圣门位置。棂星即文曲星，亦名天振星，古人视之为“主得士之庆”的天上星神，祭天须先祭棂星。曲阜孔庙及各地文庙大门多以此命名，把孔子比作天上的文曲星下凡，施行教化、广育英才，意味着尊孔如尊天。

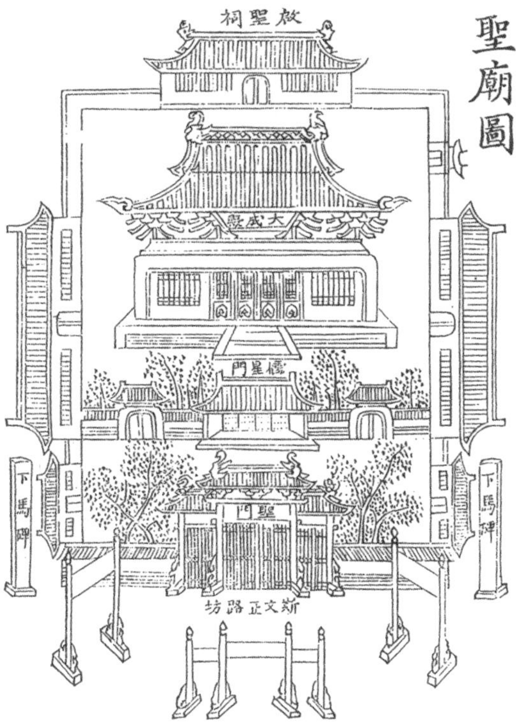

◎ 清乾隆版《即墨县志》载《圣庙图》

三进为大成殿至启圣祠。据清同治版《即墨县志》记载，圣庙始建于1270年，邑人吕瓒及其弟吕珪以己田易邻壤，捐钱五百缗，初起殿庑斋舍。清同治十年（1871年），知县林溥重修大成殿暨东西两庑、戟门、棂星门。至清末600余年间，文庙历经20余次的大修和扩建，建筑规制与祭祀体系渐趋完善。

尊享历史荣耀的同时，文庙亦经历了不堪回首的历史痛创。近代以来，即墨文庙被卷入历史动荡。1898年1月22日，侵占青岛的德军闯入即墨城，破坏文庙，将孔子像四肢损坏、仲子像双目挖去。是年春，在北京参加戊戌科会试的即墨举人黄象毂联合山东举人上陈都察院《据实陈明，恳请代奏折》[1]，告发德兵毁即墨文庙圣像一事。随后，孔孟后裔孔广謇、孟昭武等17人亦联名上陈《为残毁圣像，任意作践，公恳据情代奏折》[1]，京城舆论为之哗然。当其时，以康有为、梁启超为代表的维新派，借机发动了第二次"公车上书"，影响迅速扩大至全国，迫使朝廷交涉，德军道歉。就此，即墨文庙事件与民族救亡图存联系在了一起。历史地看，德占青岛的胶州湾事件暨随后发生的即墨文庙事件成为戊戌变法的导火索。1929年3月26日，督鲁军阀张宗昌部属盘踞即墨城。同年6月22日，北伐战争中孙殿英部讨伐张宗昌，在击溃其部下顾震并收编其残部后，为掩人耳目，纵火焚毁了大成殿等建筑，文庙渐倾圮。

综上所述，即墨文庙的历史，是一部荣耀史，亦是一部沧桑史。盛衰之间，反映了即墨人文历史之嬗变轨迹，同时也见证了中国大历史的风云变幻。

1 载于《清史稿·德案本纪》，现存于中国第一历史档案馆。

9.3.2 持经达变：文庙的设计营造

孔子创立的儒家思想对中国文化和封建社会国家治理体系产生了重大影响，历代对孔子尊崇备至，修庙祭孔也成为国家倡导和推行的大事。因此，文庙的建筑模式、体量、色调及祭祀礼仪需遵循严格的规范和准则。从建筑构成来说，绝大多数文庙都有棂星门、泮池泮桥、大成门、大成殿、东庑、西庑、崇圣祠、名宦祠、乡贤祠等建筑，形成一个森严有序的建筑群落，中轴分明，左右对称。这是建筑设计所遵照的基本布局逻辑。

9.3.2.1 文庙空间格局论证

即墨文庙设计所面临的主要问题是如何在有限的用地条件下展现文庙的三进院落体系，特别是如何呈现大成殿这一核心建筑的风貌，合理完成建筑与文化的现代转型，这也是设计的难点。

设计师首先参照各地文庙的建筑及礼仪功能，进行了综合考证分析，在厘清即墨文庙历史渊源与文化属性的基础上，依据清乾隆版《即墨县志》中的圣庙图，规划设计了棂星门、大成门、大成殿及崇圣祠等主要建筑，主入口外按照历史格局保留德配天地坊和道冠古今坊。

为符合文庙的历史规制，2014 年 11 月，古城规划建设指挥部邀请世界儒学大会原秘书长、孔子第七十五代孙孔祥林对文庙的规划设计予以指导。在听取了文庙的初步设计方案汇报后，孔祥林从礼制、

◎ 大成殿素描图

规制、布局等方面提出了诸多建议。例如，将圣门改为棂星门，去掉门前的石狮子；大成门左右两座碑亭改为东、西厢房，分别作为名宦祠、乡贤祠；大成门和大成殿的部分绿琉璃瓦全部改用黄琉璃瓦，大成殿前东西两庑和崇圣祠屋顶改用绿琉璃瓦，名宦祠、乡贤祠屋顶用灰瓦；在棂星门到大成门的第一进院落内，增设泮池和泮桥。

这些建议，为即墨文庙的规划设计提供了方向性参考，结合其他各方面的意见和建议，设计方对设计方案进行了有针对性的修改，设计趋向细致深入，建筑及其文化属性得到了更明确的界定，既保证了礼制主流线的完整性，又合理改善了文庙院落的层次感和序列感，提升了礼仪空间品质。

◎ 建筑设计效果图：文庙最初设计方案

◎ 建筑设计效果图：文庙整体布局

9.3.2.2 泮池泮桥的设计论证

虽然前述多数建议被采纳，然增设泮池泮桥一事仍存争议。

历史上即墨文庙未曾设泮池泮桥，然就文庙这种建筑的历史规制来说，泮池泮桥应是其组成部分，渊源可追溯至周汉时期的明堂辟雍体制。泮池泮桥本身，有学子入泮以成才的象征意义，从当下大众心理层面看亦相融合。

为了秉承传统之心，寄托美好愿望，建设者苦苦思索着更理想的方案。在古城规划建设指挥部专题论证会上，规划建设组副组长迟超勋表达了他的观点：

> 泮池泮桥在古代官学中具有特殊地位，不仅是文庙规制的一部分，而且所承载的仪式感很强。建泮池泮桥对文庙建

成后一系列礼仪活动的开展具有重要意义，而对于广大学子来说，这种仪式感是特别珍贵的。

◎ 建筑设计图：洋桥剖面（左）

◎ 建筑设计图：泮池平面（右）

随后，建设者多方查找资料案例，证明了建设小型泮池泮桥的合理性。一番缜密研究论证之后，就增设泮池泮桥的问题达成共识。

于是，设计师在图纸设计的最后阶段补上了这一礼仪空间构造。

见微知著，虽说泮池泮桥只是一个具体的点，却也如此深切地牵动着建设者的心，为之孜孜以求，寄托着他们对莘莘学子的瞩望。

从建成后的效果来看，增设泮池泮桥确是一种颇具仪式感的做法，虽说为适应场地条件而适当压缩了体量，然无论从文化象征意义、审美表现力，还是从文庙的整体文化气氛来看，泮池泮桥的存在都是大有深意的。这一池一桥，在庄重典雅的文庙建筑群中显得格外精致。泮池泮桥作为文庙礼制体系中儒学精神具体而微的一个载体，在即墨文庙中得到了集中体现。由此，文庙的建筑、文化和礼仪更加完备。

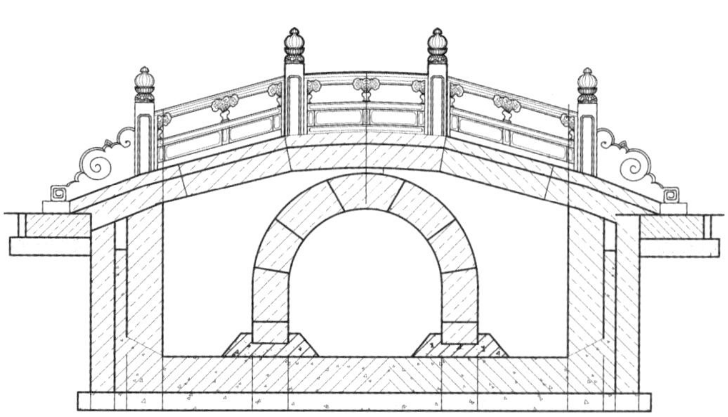

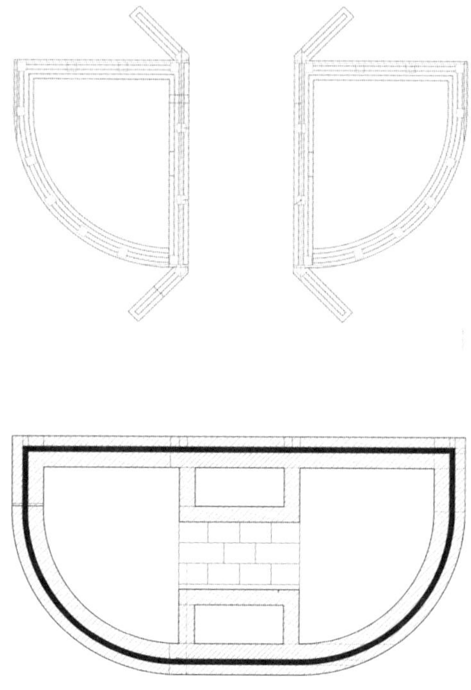

◎ 泮桥雪景

9.3.2.3 空间尺度及相关细节的调整

为寻求理想的建筑尺度，文庙的设计被反复论证，每一座建筑都做过多版设计方案，有的甚至绘完施工图又再次修改调整。谈及文庙的建设，即墨古城公共文化建筑设计师张谨表示：

> 要把大成殿做得雄伟，同时把文庙的要素都统筹起来，纳入整体布局，让建筑在有限的空间内显得不拥挤，表现出文庙所应有的崇高感和神圣感，而且尺度上让人感觉舒服，设计和建造上委实不易。

例如，东西两庑、崇圣祠现为五开间，而设计过程中曾有三开间带耳房、三开间带拐弯游廊以及七开间等多种方案。而在所有环节中，最关键的还是大成殿及其所在院落的空间氛围营造，设计师为此做了很多尝试，最终通过两处调整，实现了在相对狭小的空间内展现文庙崇高、神圣氛围的设计目标。

首先是提升大成殿的规制与审美尺度。历史上，大成殿为三开间单檐歇山顶建筑。相比于古代，现代建筑的体量要大一些，同时出于城市整体环境协调性的考虑，有必要将大成殿规制提升为五开间重檐歇山顶，彩画等级也相应提高，以凸显其特殊的文化地位。

其次是调整大成殿台基的尺寸和比例。由于大成殿规制的提升，

◎ 建筑设计效果图：文庙大成殿

◎ 建筑设计图：
大成门南立面

◎ 建筑设计图：
大成殿山墙剖面

◎ 建筑设计图：
大成殿南立面

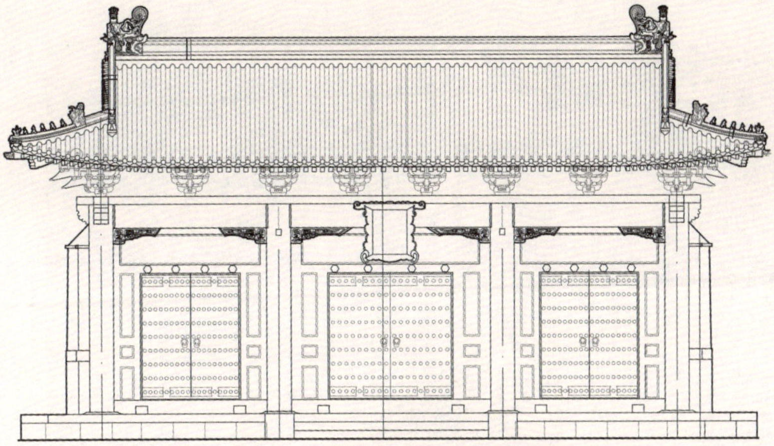

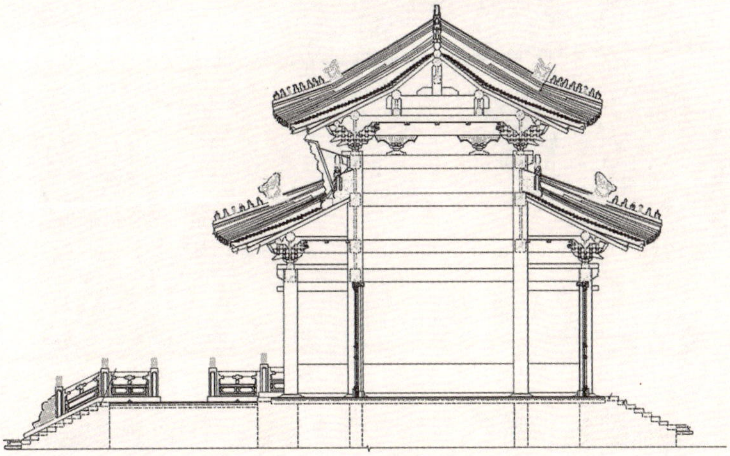

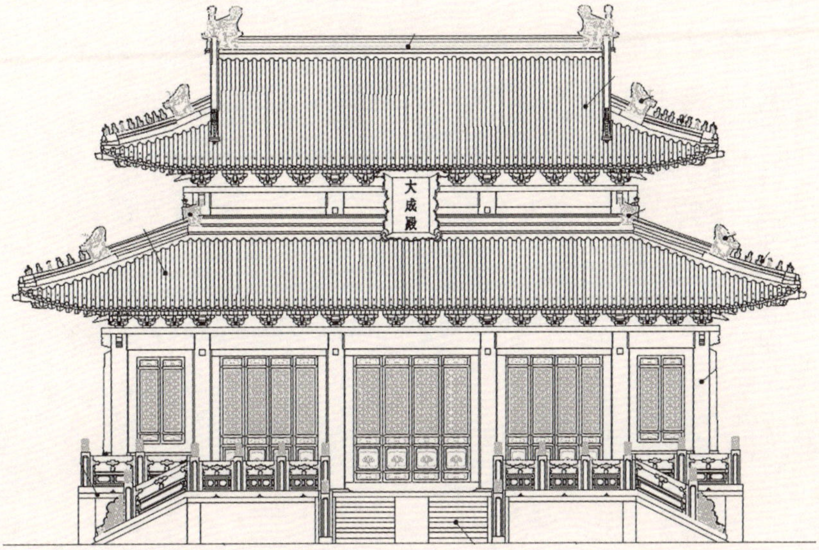

◎ 大成殿施工场景（左上）

◎ 建设中的大成门（右上）

◎ 大成殿主体结构（下）

各组成部分和相关细部的尺度比例需仔细推敲和调整，方能达成建筑的和谐之美。然而牵一发而动全身，一个细节的调整往往会对建筑群的其他部分造成很大影响。大成殿屋顶遵循传统建筑特征，出檐深远，但台基调整后，从平面图纸上看，东西两庑的屋檐距大成殿很近，似乎有些局促拥挤之感。但囿于空间限制，整个中轴线上的建筑位置已经固定，前后挪动一米都非常困难。为此设计师通过三维效果图推演了很多遍，并请教业界知名专家，通过缩小月台的横向尺度，避开了对屋顶的更改。调整后，建成效果出乎意料——建筑屋顶相互交错又不显拥挤，颇有点“勾心斗角”的韵味。就此，空间格局得以优化，建筑品位亦得以彰显。

文庙的“紧凑”设计得益于现代建筑科技。科学的建模和精密的数据计算，使其克服了空间上的局限，最终让设计构想变成了现实。

◎ 礼仪活动经过棂星门与泮池泮桥

9.3.3 展礼敷教：建成后的文庙

文庙重光，洗去历史的蒙尘，显得更加华美壮观。如今文庙是即墨古城公共文化建筑中规制最高、样式最繁复的建筑组团。

2016 年 8 月，文庙建成。2017 年 5 月 26 日开庙。

整体上看，文庙建筑群复现了历史格局，呈现为三进院落，总占地面积 2880 平方米，总建筑面积 1058 平方米。

主入口为青白石雕凿的棂星门牌坊，其两侧为砖砌八字墙，往外设有下马碑。门外，东西两侧分别矗立着德配天地坊和道冠古今坊。

进入棂星门，表征“学子入泮”的泮池泮桥映入眼帘。其两侧坐落着名宦祠和乡贤祠，均为灰瓦硬山顶建筑。东侧名宦祠展示着即墨三大夫、田单、童恢、汤明善等曾在即墨任职、勤政爱民、卓有德业的名宦画像；西侧为乡贤祠，展示田横、王吉、蓝章、蓝田、黄嘉善等有品学和功德的乡贤名录及部分人物画像。这些名宦乡贤，常在历史研究和民间话语体系中出现，已然成为城市记忆中不可或缺的一部分。

继续往北则是大成门，其中“大成”二字出自《孟子·万章》“孔子之谓集大成。集大成也者，金声而玉振之也”一语，言孔子集古圣先贤功业美德之大成，并贯穿始终。

大成门为单檐歇山顶建筑，面阔三间，以精美绚丽的面貌呈现，似有一扫岁月积尘而天地一新的感觉。在朱砂红和金色所渲染的艺术格调中，思想的激情在此碰撞出火花，隐约间似可听闻两千多年以前的百家争鸣之音。

◎ 名宦祠

◎ 乡贤祠

穿过大成门，即置身于第二进院落，这是文庙的中心院落。首先映入眼帘的是宏伟的大成殿，这是祭祀孔子的主殿，洋溢着一派华美庄严的气氛，昭显着儒学宗脉的正统性。建筑通体覆黄琉璃瓦，殿身为斗栱抬梁式木结构，梁枋施以旋子彩画，其中主要线条沥粉贴金。飞檐斗栱、雕梁画栋之间，无不渲染着一种金碧辉煌的艺术效果。双重飞檐间的中心部位，悬挂着清雍正皇帝御书“大成殿”三字竖匾。殿前方正面台阶的中央镶嵌着一块雕饰精美的浮雕——丹陛石。拾阶而上，即置身于大成殿前的月台，四周绕以青白石雕栏。伫立其上，环顾四周，一个沉浸着历史气氛的场所如此静穆，有一种旷世之感。时光静下来，一种特有的历史精神贯穿始终。

大成殿高 15.8 米，面阔五间，东西长 19.5 米，南北深 13.2 米，占地面积 435 平方米，建筑面积 217 平方米，坐落于青白石台基之上，为重檐歇山顶建筑。殿内，塑孔子及四配十二哲的造像，孔子端坐中央，复圣颜回、述圣孔伋、宗圣曾参、亚圣孟轲及十二哲等各就其位，从祀配享。回望两千多年前人类文明的轴心时代，儒家思想文化影响力迄今不衰。

◎ 大成门

大成殿院内东西厢房为东西两庑，为硬山顶建筑，绿色琉璃瓦屋顶，室内展示着七十二圣哲画像。在最初设计时，其内计划祀七十二圣哲牌位。后来，考虑到文庙为人文秘府，亦为旅游景点，安放牌位显得过于肃穆，遂改为展示七十二圣哲画像，既延续了传统，亦符合当下的社会心理。

绕过大成殿，即置身于第三进院落。主建筑崇圣祠为单檐歇山顶建筑，屋面覆绿琉璃瓦。室内陈列着木雕版《孔子圣迹图》。

◎ 大成殿南视图

◎ 文庙俯瞰图

9.4 德裕民财：财神庙和鸭绿池戏台

财神庙与戏台，是古代世俗生活的映照，反映了人们祈望财薮利丰的普遍心愿。

人气与财气汇聚之地，是市井民生的要津，古来如此，于今亦然。如今在即墨古城，财神庙与鸭绿池戏台已然成为大众休闲娱乐的“风水宝地”。由东城门进入古城，沿东门里大街漫步，经过学宫、文庙，穿过湖广总督坊，右手边宽阔的广场处，便是鸭绿池戏台之所在。在这里，鸭绿池戏台与其北侧的财神庙共同构成了一组体量丰富、造型生动的建筑群。晨昏之间，节假之日，柳腔、京剧、大鼓书、民谣等传统与现代表演艺术在此处轮番上演，吸引众多市民和游客驻足观赏。所谓“四面花光扑亭榭，一声檀板入钧天”，便是此情此景的写照。

9.4.1 关公信俗：财神庙的历史渊源

远溯两千多年以前的春秋战国时期，即墨为东方大邑，经济已十分发达，擅鱼盐之利。岁月绵延，厚重的商业文化底蕴不断加深，乃有“千年商都”之美誉，这是财神信俗衍生的一重历史景深。

即墨是青岛乃至胶东半岛地区财神文化发祥地之一，古往今来，崇奉财神成为一大传统习俗，每年农历七月二十二日为胶东半岛地区传统的财神节。时至今日，财神文化在即墨乃至整个胶东地区依旧兴盛。

我国北方普遍信奉武财神关公，这一民俗传统在即墨地区亦流传较广，历史上曾出现过20多座关帝庙。清同治版《即墨县志》载：

◎ 财神庙主殿重檐歇山十字顶

◎ 财神庙一角

关帝庙在东郭内，明成化三年建。以春秋仲月、五月十三日文武官致祭。

历史上，即墨城曾建有春秋阁，位于即墨县衙东侧的鸭绿池旁，祀关帝。清乾隆年间（1736—1796年）改建，同治九年（1870年），知县林溥重修，后圮。

从历史记载来看，对武财神关公的民俗信仰在即墨城非常广泛，并延续至今，成为即墨本地民俗文化的构成要素。

一般而言，各地信奉的财神不尽相同。北方信奉关羽、比干、李诡祖居多，南方则多信奉范蠡、赵公明等。为了使财神人物更贴合即墨当地的传统民俗，建设者多次进行考据调研，并向国家宗教事务局、中国道教协会、中国民俗学会等单位的专家请教。在此基础上，针对即墨地方风俗，选取即墨及其周边地区广为崇信的武财神典型代表关公和文财神典型代表比干、李诡祖为即墨财神庙奉祀对象。关公和比干反映了即墨重义守信的商业文化，而李诡祖则是胶东地区信奉的一位财神，亦称“增福文财神”。其中，选择关公作为主祀对象，一方面，是延续春秋阁的历史；另一方面，是基于即墨本地对关公的普遍认同和崇信。比干和李诡祖的选择是根据即墨民间一直流行的两大财神节日确定的：正月初五日是迎财神的节日，传言为比干的诞辰日；而农历七月二十二日是富有即墨地方特色的财神节，是李诡祖的得道日。

9.4.2 推陈出新：财神庙的设计营造

如前所述，财神民俗是即墨文化的一个基本构成要素，反映了丰富多彩的市井民生内涵。虽说明清县志中曾留下了关于即墨财神庙与春秋阁的少许资料，然其具体形象并无明确记载，相关建筑形制不得而知。由于缺乏老照片及相关文献资料的具体参照，致使其设计难度加大，不过也因此留出了较大的创新空间。

从建筑设计的角度看，财神庙与鸭绿池戏台设计的关键点在于，如何在合乎历史逻辑和民俗文化规律的基础上，根据场地条件和古城风貌的需求，合理地推导出建筑的形制和尺度，并确定其艺术风格、装饰手法等要素，实现建筑属性与基本功能的契合，体现即墨古城的民俗特征和文化传承脉络，打造一处有聚合力的民俗文化与民生娱乐中心。

基于以上考虑，在遵循清代木结构建筑规制和山东传统建筑营造特点的基础上，对财神庙的设计进行了创新。财神庙主体设计为重檐歇山十字顶建筑，以凸显其庄严、精美与大气，使之成为这一区域的视觉中心和审美聚焦点。位于东西两侧的配殿在空间上做退台处理，形成较为强烈的凹凸层次，加大整体立面构造的景深。主殿坐落于青白石台基之上，并与长廊形成环抱之势，进一步丰富立面形象。同时通过额枋彩画及木雕、砖雕、灰塑等装饰手法提升建筑的审美品质，使建筑本身成为相关民俗文化主题的聚合体、即墨古城历史文化形象的展示者、中国传统建筑技艺的承载者。

◎ 建筑设计效果图：财神庙及广场

◎ 建筑设计效果图：
财神庙与戏台俯瞰图

着眼于民俗文化活动的需要，财神庙不设围墙，构造开放式空间，在财神庙与戏台之间以一个相对开阔而富有意趣的广场空间拉长景深，通过控制财神庙与戏台之间的视域过渡节奏，恰当处理建筑与周边环境的关系，以产生审美空间上的回环往复之感，提升体验感。从空间关系上看，财神庙与鸭绿池戏台彼此呼应，形成了一个有趣的对景体系，在有限的场所条件下实现了相对灵活的场景转换，这是财神庙空间设计上的一大特色。

财神庙严格按照中国传统建筑营造法式建设，在用材、做法、工序、质量、效果等方面层层把关。所有梁、枋、柱、椽、望板等木构件均采用榫卯工艺制作安装，屋顶覆灰瓦，营造出十字顶所特有的视觉效果。建设过程中，特别注意处理好木结构殿宇与青白石基座的关系，形成样式上的协调与色调上的互补。

◎ 建筑设计图：
财神庙正脊鸱吻（左）
◎ 建筑设计图：
栏杆纹样（右）

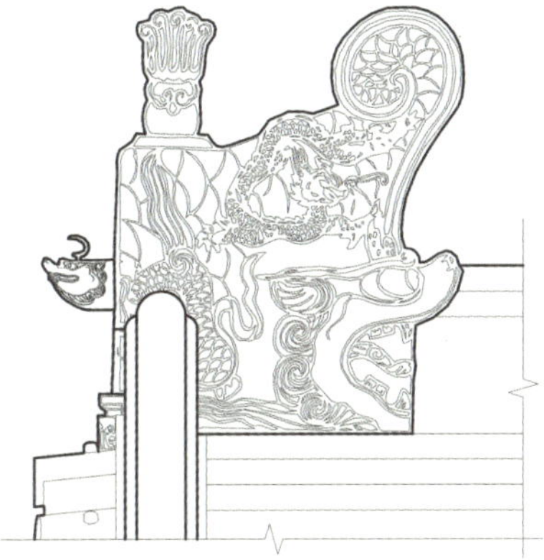

◎ 建筑设计图:
财神庙西立面

◎ 建筑设计图:
财神庙南立面

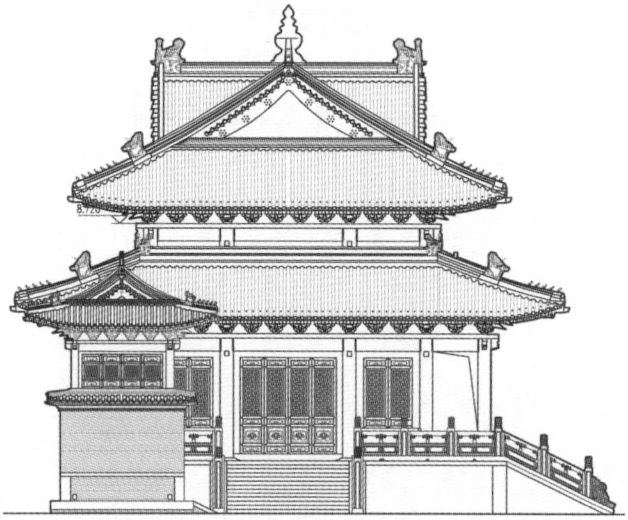

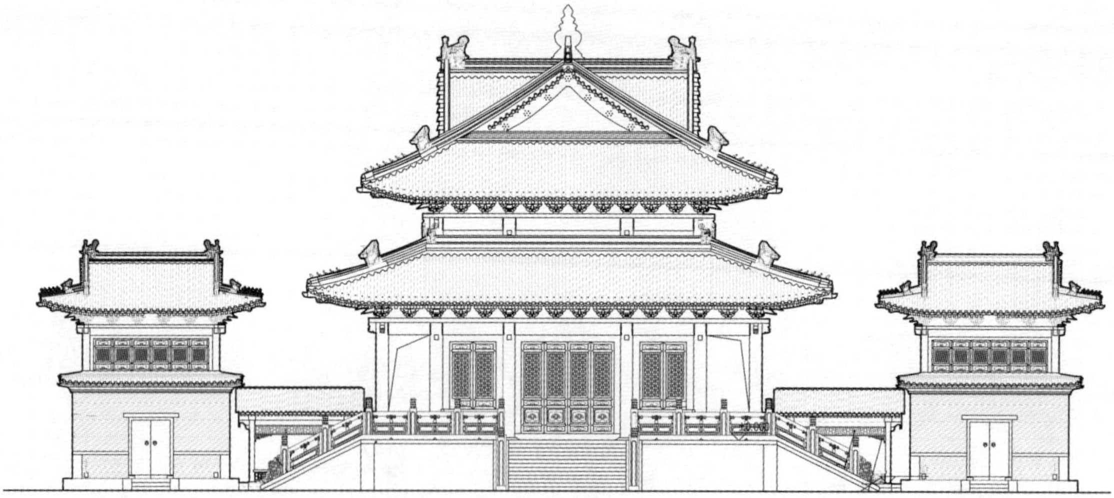

◎ 财神庙施工现场

◎ 财神庙木结构框架

◎ 主体完工后尚未进行油作的财神庙

9.4.3 蔚然美备：财神文化的艺术呈现形式

财神庙于 2017 年 8 月 15 日建成，2018 年 1 月 29 日开庙。建成后的财神庙占地面积 418 平方米，建筑面积 379 平方米。

建筑群坐北朝南，以主殿为中心，配殿呈左右对称之势分列东西两侧，三者密切呼应，达成中轴对称、和谐有序的空间关系。主殿高 18.8 米，面阔 5 间，长 15.9 米，深 15.9 米，为重檐歇山十字顶建筑，覆灰瓦。东西配殿均为重檐歇山顶建筑，以长廊连接主殿。建筑群规模不大，却呈现出了博大、华美的气势。

建筑艺术内外兼备，这一点在财神庙体现得尤为突出。从外观看，大木构已隐匿本色，呈现出来的是色彩斑斓的油漆彩画，殿宇的艺术形象因此而愈加完备。

走进财神庙主殿，被一种庄严精美的气息所浸染。主殿北侧正中位置塑关公造像，呈现神武风采，关平与周仓造像分列关公左右。关公造像身后，设有“九天玄境”锻铜浮雕，将造像的艺术形象更好地衬托了出来。造像龛前，摆放着一尊铜铸聚宝盆，其底部镶嵌彩色琉璃，沿口蹲坐三只金蟾，口衔金币，聚宝盆周身饰以吉祥如意纹、圆形方孔纹、蝙蝠纹等传统图案，并将即墨刀币元素融入其中，使其独具即墨特色，寄予即墨商贸繁荣昌盛的美好愿望。屋顶高悬一尊巨大的锥形灯，灯口为锻铜

◎ 有即墨刀币元素的铜铸聚宝盆（局部）

◎ 财神庙、鸭绿池戏台及其周边俯瞰图

◎ 财神庙南视图

制作，以吉祥如意云纹饰面，下悬一球形灯，恰好与下方的聚宝盆相呼应。东、西门上方各嵌入一块彩色琉璃浮雕，东面图案为金乌，西面图案为玉兔，象征“日月同辉”。在主殿南侧墙壁造像龛内，安放着 321 尊小型锻铜贴金关公立像，堪称精美。

东配殿塑比干造像，西配殿塑李诡祖造像，两殿的东壁、西壁均设有造像龛，其内各安放着 189 尊与配殿财神形象一致的小型锻铜贴金立像。东西配殿内部装饰工艺与主殿相同。

◎ 建筑设计草图：
鸭绿池戏台及游廊

◎ 建筑设计图：
戏台及游廊屋顶

9.4.4 舞榭歌台：鸭绿池戏台的设计营造

与财神庙一同设计营造的，还有鸭绿池戏台及游廊。游廊自东西两侧环绕着戏台，构成一个有序组合的民俗小型建筑群落。同时，与财神庙组成一个综合的建筑群落。

在古代，人们日常生活中有这样的传统，凡是有大规模人群栖居、繁衍生息之地，几乎都会形成民生活动聚落中心。聚落中心的标志物，可以是一棵树、一口井、一座庙、一座戏台，或其他具有象征性的建筑物。而庙宇和戏台的结合，正是传统民生活动聚落中心的一种理想状态。

历史上，有财神庙的地方通常也有戏台。大致上看，传统的中国戏台具有两个基本特征：一是建筑形象较一般民间建筑要华丽一些；二是长期依附于宗教建筑或礼制建筑。明清时期，戏台常见有亭式、集中式、分离式、依附式等类型。亭式和集中式戏台在建筑造型上略显单薄，且受单栋建筑的规模限制，其前场和后台空间均十分有限，不能满足当今文化活动的功能需求。关于戏台的设计建造，即墨古城公共文化建筑设计师张谨介绍了相关情况，她说：

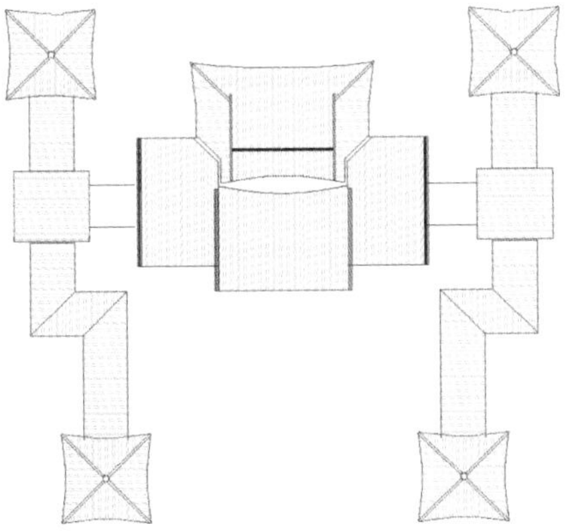

传统戏台通常搭建于庙宇、会馆内部，仅对参与活动的少数人员开放。鸭绿池戏台地处古城内，承担着文化表演和文化展示的功能，观众量大，从设计营造上看，首先应是一个开敞、开放的公共空间。所以，不能完全照搬古代既有的模式建设，要兼顾各方面要素，特别是要满足古城文化活动开展的需要。

考虑到财神庙与戏台所共有的民俗文化特征，在具体设计时，因鸭绿池戏台面向主要商业街，与劳山书院相邻，是城市公共活动、民俗庆典的重要节点，需要为多个方向游客提供丰富的游览体验，所以采用分离式戏台作为基本结构形式，结合依附式戏台的布局特色，设计为卷棚悬山与单檐歇山勾连搭屋顶的双面戏台。其中，南戏台为卷棚悬山顶，面向东门里大街，形成半围合空间，供日常小型表演使用；北戏台面向财神庙，为单檐歇山顶，供大型节庆或演出使用。

建成后的鸭绿池戏台占地面积 2450 平方米，建筑面积 526 平方米。戏台东西两侧各有两座方亭，方亭间由游廊连接。这种形式在保障主戏台美观的同时，使整个建筑群屋顶层次更加丰富，较好地满足了相关功能需求。戏台采用灰瓦、木构、灰砖等传统建材建造，以砖雕、木雕、彩画装饰。屋脊砖雕、雀替雕镌精美，手法丰富；梁枋彩画色彩绚丽，画面生动，富有民间建筑特色。

庙宇里，神像端坐；戏台上，好戏上演。熙攘的人群本身也成了一道风景。形影变换之间，人生的大戏持续展开，这是一幕鲜活有趣的市井民生图卷，这里也是即墨古城最热闹的场所之一。

如今，财神庙和鸭绿池戏台承担了古城大部分的展演活动，成为举行民俗庆典，市民、游客参与公共活动的共享空间。

◎ 建筑设计效果图：南戏台及游廊（左）

◎ 建筑设计效果图：北戏台及游廊（右）

◎ 主体完工尚未进行油作的戏台

◎ 建成之初的戏台

9.5 民俗记忆：城隍庙

古代，城池往往建有城隍庙，奉祀保平安的城隍。

城隍信俗在中国起源甚早，有史可稽最早的记载见诸周代《礼记》“天子八蜡”中的水墉神。“城”者，原指土筑高墙；“隍”者，原指护城壕。因高城深池有护城保民之功，故而城隍被神化为城池保护神。南北朝时期，祭祀城隍的例规正式形成。唐宋以后，城隍信仰兴盛，宋代列为国家祀典，元代封城隍为“佑圣王”。明初，大封城隍神爵位，分为王、公、侯、伯四等，岁时祭祀，分别由皇帝和府、州、县守令主之。

城隍文化发展为民俗文化和地域文脉的一种表达方式，在全国许多地方，城隍庙都是非常热闹的市井民俗活动场所。

9.5.1 一方地祇：城隍庙的历史

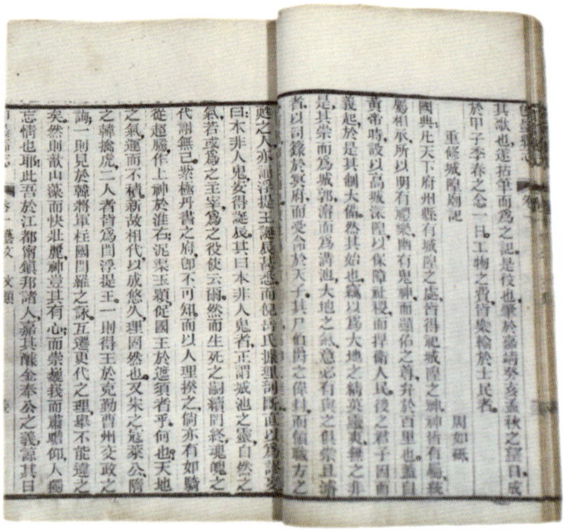

◎ 周如砥《重修城隍庙记》

城隍与古代城市相关，与其所在城市的政治、军事和经济地位息息相关。各地城隍庙除符合基本规制外，视城市等级和经济情况的不同，规模和附属建筑的规格也存在差异。

即墨城隍庙建于明洪武二十年（1387年），后于弘治二年（1489年）、正德十四年（1519年）、嘉靖九年（1530年）、万历二十八年（1600年）及清道光十九年（1839年）予以重修，形成占地近4000平方米的规模。历史上，即墨县城隍被封为“监察斯民城隍显佑伯”。至于其具体身份，据清俞樾撰《右台仙馆笔记》载，清光绪年间浙江人蔡兆骐自幼有才干，为乡里所重，为官有德，于光绪六年（1880年）代行江苏丹徒县[1]知县，逝于任上。逝后，被奉为即墨县城隍。

据《即墨县志》（1990版）载，县域内曾设道会司于城隍庙内，

1 今属镇江。

由道行高的道士任职，监执戒律，处理各派道人之间的纠纷。

各地城隍由不同的人物出任，选择的对象是那些忠烈之士或享有正义口碑的历史人物。城隍是城池守护神，亦是正义之神，不仅保佑百姓安居乐业，也会监察官吏的功过是非，所以城隍信仰越来越深入民心，城隍在老百姓心目中更具一种特殊的亲和力与威严感。

城隍庙是即墨香火最盛、信众最多的庙宇之一。旧时，每年清明节及农历七月十五日、十月初一日为城隍“出巡”的日子。当其时，人们抬着城隍塑像巡行城乡，往返路上，鸣锣开道，鼓乐喧天，鞭炮齐鸣，车水马龙，好不热闹。每年城隍的诞辰日，庙内戏楼都要设班唱戏，为其庆寿；城里关外和四乡八疃的善男信女争相来庙里许愿还愿，香火鼎盛。

1930年，城隍庙内的城隍塑像被毁。1945年冬，国民党赵保原部驻扎即墨城时，将城隍庙拆除。

◎ 即墨古城历史影像：城隍庙大殿（摄于1908—1910年）

◎ 即墨古城历史影像：城隍庙山门内通道（摄于1908—1910年）

◎ 即墨古城历史影像：城隍庙山门及其照壁（摄于1908—1910年）

9.5.2 人间烟火：城隍庙的开敞设计

◎ 建筑设计草图：城隍庙

2013 年，在即墨古城规划之初，曾有人提议将城隍庙改建为财神庙，以节约空间。但与财神庙相比，城隍庙的历史资料更为翔实，建设依据较多，且城隍在历史上是一座城池的守护神，有城池必有城隍，城隍庙承载了老一辈即墨人的民俗记忆。从尊重传统文化的角度考虑，城隍庙予以重建。

城隍庙的设计也经历了一番波折。设计之初，争论焦点在于是否建围墙将庙宇围合起来。初稿是围合院墙作封闭式设计，但由于城隍庙前方是即墨红万字会，会有闭塞局促之感。考虑到古城整体路网格局已改变，城隍庙周边环境也发生了较大变化，院墙围合再无必要。

于是，由先前的封闭式布局变为以大殿为主的开放式格局。因地形高差关系，城隍庙南侧的红万字会相对下沉，城隍庙所在区域地势要高出很多，故做了有针对性的设计，利用室外台阶将红万字会与城隍庙之间的空间划分为高低两区，低区与红万字会衔接，高区与城隍庙区域衔接，两者之间以楼梯相连。但由于城隍庙山门为三个门洞的组合式设计，进深太大，横亘在城隍庙与红万字会之间，导致建筑在空间上显得过于拘束。

再次调整后，庙前改为冲天牌楼式山门，使空间和视觉效果变得更加开阔，与周边环境的关系更趋协调，建筑的审美动能得以释放，也便于游客畅游、休憩。同时，参照其他地区城隍庙的商业建筑及业态，在其东侧设置了城隍庙小吃街，使城隍庙区域成为即墨古城最具民俗氛围和烟火气的场所之一。

◎ 建筑设计效果图：
城隍庙（过程稿一）

◎ 建筑设计效果图：
城隍庙（过程稿二）

◎ 建筑设计效果图：
城隍庙（定稿）

9.5.3 护佑群黎：建成后的城隍庙

城隍庙于 2017 年 7 月竣工，2018 年 6 月 24 日开庙。城隍庙主要由山门、大殿等建筑物组成，占地面积 1925 平方米，建筑面积 215 平方米。

山门为三间四柱冲天式牌楼，饰以旋子彩画。殿外，东西两侧立芝麻灰花岗岩圆雕獬豸及六角石幢各两尊。石幢上，分别镌刻着明代蓝章、周如砥所撰《重修城隍庙记》，文字阴刻描金。中间立有一尊由江西产罗源青石雕刻的十二生肖石幢，六角形幢身，由莲花形宝珠、幢顶、幢身、基座组成。

大殿坐北朝南，为单檐歇山顶建筑，面阔五间，筒瓦覆顶，斗栱交错。殿内北侧正中位置塑即墨县城隍造像，文武判官奉侍左右。城隍造像龛东西两侧分别塑青霄元君造像和福德正神造像。青霄元君亦称灵山老母，福德正神即为土地神。他们都寄托着民众祈福、避灾的美好愿望。殿内东西两侧，塑六十甲子造像。六十甲子源于我国天干地支纪年法，后演化为道家信奉的六十位星宿神，称岁神、岁君、太岁。

◎ 建筑设计图：城隍庙大殿

◎ 城隍庙山门

◎ 城隍庙大殿东南视图

9.6 道济苍生：真武庙

真武，亦称玄武，道教尊奉为北方之神，是北极星的化身。宋真宗因避始祖名讳[1]，将“玄武”改为“真武”，后“真武”之名一直流传至今。两宋之际，由于几代皇帝的提倡和推崇，形成了天下普遍崇信真武的局面。元代，尊奉真武的风气依然炽盛。明代，真武被明成祖朱棣奉为“出兵勤王”取得帝位的庇佑之神，于是各地纷纷建起了真武庙。

9.6.1 帝尊北极：真武庙的历史渊源与建筑格局

明万历版《即墨志·祥异》载：

> 真武庙旧在县西北故垒之上。中统间，由军官解万户镇守是邑，以斯庙有防关要，因去之，以致仪像暴露。

以此推断，真武庙的建立不晚于十三世纪六十年代。近代以来，真武庙屡遭战火破坏，1972 年前后颓圮。

关于真武庙的文献史料很少，县志载录不详。为查明历史，在 2012 年古城历史文化旅游资源普查过程中，特地就真武庙的建筑形式、格局等问题，采访了耄耋老人周廉溪先生。据他回忆，真武庙在北城墙上，是他童年时期和小伙伴们一起玩耍的地方，这座庙很高，在县衙正北面，修在四层平台上，坐北面南，前有一道山门，下面两座房子里供奉着吕洞宾和王灵官，上面是供奉真武大帝的地方，从城外就能看见。

根据周老描述，工作人员绘制出大致布局图，并交由周老验证，经过多次修改，最终还原了真武庙的建筑格局。

◎ 即墨古城历史影像：真武庙、北城墙及城外景象（摄于 1908—1910 年）

1　宋太祖赵匡胤，字元朗。宋真宗年间，避讳“元”字，与“元”字相通的“玄”字也在避讳之列。

即墨从战国时期的田单守城，到明代成为海防前沿，历史上少不了披坚执锐的时光。从明清县志所载的城池关厢图上可以明确看出，真武庙高矗于北城墙之上，是即墨城的制高点。

如今，即墨古城已然褪去了防御色彩。真武庙更多被视为一个悠久文化传统的载体，一种神勇精神的寄托。

9.6.2 居高临下：真武庙的设计

真武庙包括山门、真武大殿、吕祖殿和灵官殿等主要历史建筑。就设计创意而言，最出彩的莫过于通往真武大殿的台阶。由于真武庙位于城墙之上，大殿与古城地平线高差达 10 米以上，因此台阶成为整座庙宇的重要组成部分。结合现有资料，巧妙利用了地势高差，在真武大殿前设计了三层对称的“之”字形台阶，营造拾阶而上的层次感，这样的设计既富有仪式感，也同宏伟的主体建筑相匹配。

真武大殿作为北城墙上的重要景观节点，为单檐歇山顶建筑，面阔三间，可俯瞰全城景色；大殿下方设计为拱形通道，满足道路通行需求。吕祖殿、灵官殿、山门及耳房均设计为硬山顶建筑。

整体上看，真武庙的设计顺应地势，实现了庙宇、城墙及周边环境的协调统一。

◎ 建筑设计图：真武庙南立面（左）

◎ 建筑设计图：真武庙东立面（右）

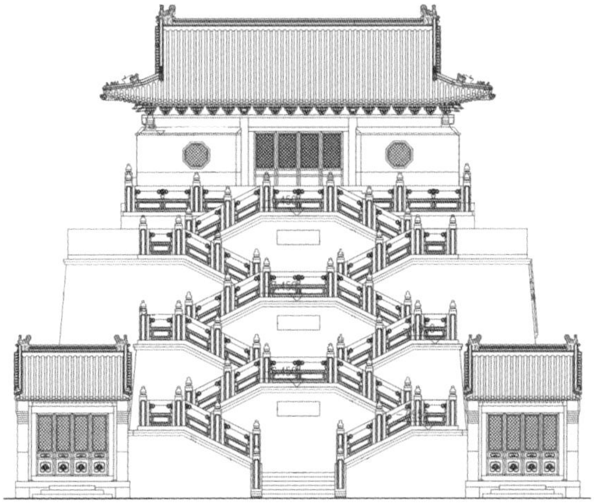

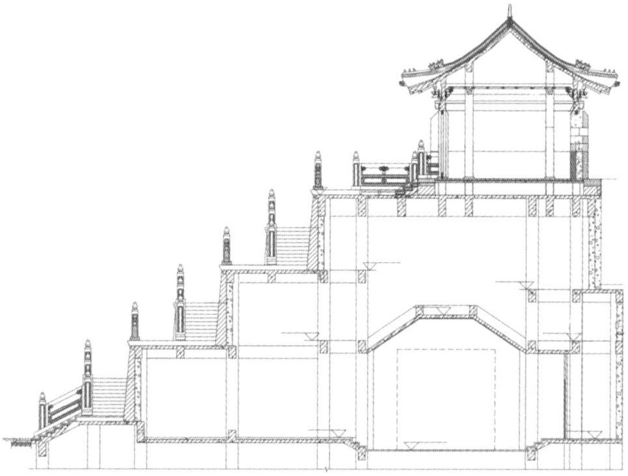

9.6.3 普福生灵：建成后的真武庙

◎ 建筑设计效果图：真武庙东南俯瞰图

真武庙于2017年8月竣工，2018年6月24日开庙。整组建筑占地面积1070平方米，建筑面积624平方米。

建成后的真武庙位于即墨县衙后，与北城墙相依，居高临下，气势雄伟，主要由山门、真武大殿、吕祖殿和灵官殿等建筑组成。

山门前广场上的青石浮雕照壁、旗杆、八卦地雕等，丰富了真武庙建筑群的文化内涵，同时与主殿形成呼应。山门内东西两侧分别塑青龙、白虎坐姿像。穿过山门，庙内格局一览无余。院内东西两侧各有一偏殿，东侧为吕祖殿，西侧为灵官殿。吕祖殿内塑纯阳帝君吕洞宾像，墙壁背面绘青绿山水画，两侧绘“童恢训虎”“火烧北门”壁画，展现不其县令童恢的功绩。灵官殿塑王灵官像，墙壁背面同样绘青绿山水画，两侧为王灵官瑞应图。院内东墙边立有两通考古发掘时在其周边出土的民国时期石碑。

通往大殿石阶的东西两侧立朱雀、玄武石雕，与大门两侧的青龙、白虎像相呼应。在每层“之”字台阶迎面，各镶嵌一块汉白玉主题浮雕，依次为真武荡魔、龟蛇二将、琼台受册，俱为真武事迹。沿“之”字形台阶拾阶而上，最高处是真武大殿。殿内塑真武大帝像，东西两侧塑风、雨、雷、电四神像，塑像身后绘青绿山水画，东、西墙壁画有真武瑞应图，选自武当山明代道教绘画集《大明玄天上帝瑞应图录》，描述了真武大帝出生、修道、成仙和灵应的故事。

在展陈设计过程中，真武大殿和吕祖殿、灵官殿内壁画经多次调整。最初，壁画由福建省泉州画家绘制，但画作带有浓郁的闽南民俗风情，与即墨古城的风格并不协调。于是，古城规划建设指挥部决定重新设计绘制，并聘请中国道教协会专家把关，使壁画兼具民俗性和艺术性，更符合即墨古城的风貌。

◎ 真武庙山门

◎ 从真武大殿俯视山门

◎ 真武庙俯瞰图

9.7 修心养性：准提精舍

“准提”为佛教用语，意为清净、明觉。准提精舍、文庙、真武庙一起，在即墨古城展现了一幅“三教融合”的画卷，代表中国传统文化的理想状态。

准提精舍的原型为准提庵，由于用地限制，仅在准提庵遗址附近设立准提精舍。虽说规模较小，然而却是一种文脉传承，具有地标价值。从即墨古城的整体布局来看，准提精舍坐落于西北方位的修心养性区域，所承载的文化氛围与周边相对静谧的环境相吻合。

9.7.1 佛教圣地：准提精舍的历史渊源

准提精舍的前身是准提庵，亦称“后庵庙”，坐落于即墨城西北角，靠近北城墙，原为即墨黄氏家族的花园，内曾设有佛堂一座。明崇祯二年（1629 年），御史黄宗昌返乡后，将自家花园改建成准提庵，由临济宗高僧慈沾和尚主持。清顺治年间（1644—1661 年），其子黄坦予以扩建，颇具规模。

准提庵为即墨名刹，其影响力扩展到当时的崂山。黄宗昌在其《崂山志》中记载，建起准提庵之后，他效法高僧憨山之为，趋身前往崂山东麓的那罗延山，寻访《华严经》所载菩萨说法居住处，至那罗延窟，记下了“疑为西方哲人演教之所”一语，呼应了《华严经》关于那罗延窟的记载。文中“西方哲人”指的是佛陀、菩萨一系。尔后，黄宗昌在那罗延窟对面辟建佛刹，然未建成即毁于兵燹。清顺治初年，其子黄坦在

◎ 准提庵创立者黄宗昌画像（即墨博物馆藏）

原址下方约三里处建成华严庵[1]，延请准提庵方丈慈沾法师主持，时称准提庵为上院，华严庵为下院。由此可见，准提庵是当时包括崂山在内的即墨辖域的佛教文化渊薮。

准提庵坐北朝南，气势恢宏，分东、西两院，内建佛殿、斋堂、僧舍和其他用房共百余间，占地面积约2200平方米，建筑面积约800平方米。其建筑装饰和顶、檐、雕塑、图案等都有明显的佛教元素。民国初期，诗人王卓泉曾题诗，曰：

佛来忉利天，浩刹倚城边。
锡卓曾留迹，灯明不见烟。
引人归宝地，导我出迷川。
方丈听经客，霓裳会众仙。

该诗生动地描写了准提庵的超然意境。

1965年前后，准提庵颓败，后被改建作商业仓库使用。1978年后，原址建起职工宿舍。2013年9月，对准提庵遗址进行了考古发掘，出土了佛造像和门当等老物件，现陈列于准提精舍院内。

9.7.2 清静素雅：准提精舍的设计营造

作为佛教文化在即墨发展的历史印记，准提精舍的设立完善了历史文化格局，根据建筑属性和文化主题的需要，其设计形成了有辨识度与融合力的建筑风貌和立面风格。

因准提精舍坐落于以新中式风格为主的院落居住区，最初设计了对比于居住建筑细节更加精致的新中式风格建筑，开放性也更强。但经过几轮推敲之后，设计师发现新中式风格很难将准提精舍与周围居住建筑明显区别，不足以表现佛教殿宇所特有的文化意蕴。因此，综合考量主题、建筑特色及环境等因素，对先前的设计方案作了较大修改，采用即墨本地多见的明清建筑样式，并在局部增加现代简洁风格

1　亦称华严禅院，1931年由沈鸿烈改称华严寺。

◎ 建筑设计图：
准提殿南立面

◎ 建筑设计效果图：
准提精舍东立面

◎ 建筑设计效果图：
准提精舍南立面

的构件，凸显其作为公共文化建筑的属性。

准提精舍整体呈现为三合院形式，空间紧凑，布局严谨。建筑本体外饰面以小青瓦和砖砌墙面为主，山墙气窗改用雅致的冰裂纹窗棂装饰，与周边居住建筑的民俗砖花相区别。外墙装饰采用朴素稳重的十字镂空砖花，凸显建筑的清净素雅。此外，在门扇等建筑局部，选用现代感较强的中式禅风样式，与纯粹复原的古建筑形成对比，兼具历史感和当代禅意的审美取向。

◎ 建筑设计效果图：准提精舍东南俯瞰图（左）

◎ 建筑设计效果图：准提精舍内院（右）

9.7.3 莲宇一新：建成后的准提精舍

2019 年 5 月，准提精舍建成。其占地面积 840 平方米，建筑面积 267 平方米，由准提殿、斋堂和客堂组成，与山门一起围合成了一个幽秘的三合院，允称修身养性的雅致之所。

为确保准提精舍文化展示体现佛教文化精神和历史底蕴，在造像、壁画、楹联等的设计制作和展示过程中，特邀请中国社会科学院荣誉学部委员、世界宗教研究所教授杨曾文和山东省佛教协会仁昌法师予以指导把关。

准提精舍坐落于北城墙下，虽说建筑规模较准提庵小，然在历史渊源与文化底蕴上一脉相承。

准提殿原设计为混凝土人字形屋面，为更好地呈现传统寺院的佛教氛围，在综合考量建筑结构、地下承重等因素的基础上，将其调整

◎ 建成之初的准提精舍山门

◎ 准提精舍内院东南视图

为中心钢结构外包木料的三架梁形式，确保了地上建筑与地下空间的应力平衡。

如今走进准提精舍，一面汉白玉石雕影壁映入眼帘，正面为畅怀一笑的大肚弥勒佛浮雕，右上方阴刻五代僧人契此的禅诗《插秧歌》：

> 手把青秧插满田，低头便见水中天。
> 六根清净方为稻，退步原来是向前。

影壁的另一面，是护法神韦驮菩萨浮雕，韦驮菩萨手持利剑，腾云驾雾，十分威武。

准提殿内，北侧正中塑准提菩萨像，八大菩萨塑像分列两侧。准提菩萨左侧为地藏菩萨、普贤菩萨、观音菩萨和文殊菩萨，右侧为大势至菩萨、天冠弥勒菩萨、虚空藏菩萨和无尽意菩萨。殿内东西两侧墙上，镶嵌着精美的《二十四诸天》壁画。

建成后的准提精舍由青岛市佛教协会管理使用。建筑既具传统佛教寺院的功能，又具有佛教文化展馆的性质，可作为禅意养生或佛学交流的活动场地，在丰富居民文化生活的同时，展现了即墨古城的传统文化融合力。

9.8 文明互鉴：古城基督教堂

时光前行，不同文明有了交汇点，在碰撞、对话与交融中，辙痕交错。近代以来，西方传教士带着他们的教义与思想渡海而来，建起了传教之所，留下了诸多珍贵的资料与影像。这成为城市记忆的一部分，丰富了即墨多元文化交汇之地的历史内涵。

今见诸即墨古城内的基督教堂，系由德阁莱茵建筑设计有限公司（以下简称“德阁莱茵公司”）设计建造，是一座具有欧式风格的建筑，可视其为东西方文化交流互鉴的见证。

9.8.1 西风东渐：古城基督教堂的历史渊源

古城基督教堂所在地原为参将署遗址。据清同治版《即墨县志》记载，参将署，在南门里迤东，康熙年间（1662—1722 年）设置，为当时即墨城四处主要公廨之一，清末倾圮。

清同治十二年（1873 年），基督教始传入即墨，时多在乡野间。光绪二十八年（1902 年），德国牧师卢威廉夫妇入即墨城设教会，后在城南花园村建教堂，开办教会医院和学校。1911 年，德国教会购得参将署遗址，将其辟建为教堂，后因战乱等原因而废圮。1920 年前后，美籍牧师崔怡美夫妇来即墨，在北关开设浸信会福音堂，北关基督教堂由此发端。此后近二十年间，福音堂几经变更和扩建，1939 年东关村人邹润生和平度人苗修天等将其改建成 7 间可容纳 200 人的礼拜堂，同时建造办公、住宿用平房 5 间，偏房 1 间。1965 年前后，教堂被占作他用。二十世纪八十年代以后，北关基督教堂重新开放使用，随后多次翻修。2013 年，即墨古城片区改造项目启动，北关基督教堂被拆除。

◎ 即墨古城历史影像：基督教即墨公会（摄于1908—1910年）

◎ 即墨古城历史影像：
基督教即墨公会教堂
（摄于1908—1910年）

◎ 即墨古城历史影像：
教堂内景（摄于1908—1910年）

9.8.2 兼容并蓄：古城基督教堂的设计营造

古城规划建设之初，曾考虑过参将署的重建问题。但是参将署废弃时间较早，历史资料很少，且对其有清晰记忆的当事人大多故去，已不具备重建条件。而基督教堂是东西方文化交流的见证，更能展示即墨历史脉络和多元文化构成。经多方研讨和专家论证，对比两处历史建筑的文化意义、重建条件和功能适应性，考虑到老城区原有北关基督教堂这一重要因素，决定参照相关老照片设计建造古城基督教堂，将其纳入古城公共文化建筑体系。建成以后，教堂由即墨基督教三自爱国运动委员会管理使用。

作为古城多元化风格的特色建筑，如何设计，又该如何建造呢？为此，古城规划建设指挥部与即墨基督教三自爱国运动委员会多次对接，了解并征求关于教堂建设的意见和建议，达成共识。

随后，德阁莱茵公司开始接手设计。在统筹考虑宗教文化、建筑材料、整体色调、建筑体量等方面因素基础上，由德国主创设计师依据相关老照片设计了教堂的传统外观，并对其功能进行了革新，使之更加符合即墨特色和活动需求。

首先对建筑的整体布局、基本形制及其用材作出界定，教堂建筑群由主楼和辅楼构成，错落有致，主楼位于南侧，较高一些，两面坡顶；辅楼位于北侧，稍矮一些，单面坡顶。从风格上看，主楼呈现欧洲传统教堂的经典样式，相对简约，轮廓不事雕琢，以一座顶端立有十字架的塔楼为构图中心，形成有符号感的视觉体系。外立面采用清水红砖砌墙，局部使用耐候钢作外围装饰，简洁大方。

屋顶及采光是设计的一大重点，在主楼南向屋顶开出四扇天窗，以满足采光需求，通过增加第五立面的变化，强化建筑的古典美感，形成颇具艺术感和标识性的建筑美学特征。

主楼内部空间主体设计为礼拜堂，呈东西纵向分布，两侧墙体由红砖砌筑，窗洞为拱券式样，礼拜堂以圣台为中心构图，由于主入口设在西面，圣台设在东端，自西往东自然而然地形成一条礼仪廊道，有着方位上的严谨对应。圣台中心是十字架，其上设有呈三角形的玻璃幕墙。

◎ 德国设计师手绘的建筑设计草图

德国设计师敏感地把握到了教堂空间的特殊性，清晰表达出教堂设计中某些导向心灵体验的要素，特别注重光的作用，希望通过不同的光影效果，划分出三个不同的空间。他的想法是：辅楼这部分建筑，通过南侧大面积玻璃材质的运用，形成一个有穿透力的空间，使光可以大面积进入建筑内部。教堂内部的中心位置，通过设计来控制光线的强度，以协调人与空间的关系，将祈祷者的注意力集中在圣台上。圣台既是一种有形存在，也是一种无形的精神寄托，在一个教堂体系中起着中心作用。设计师认为，圣坛好像耶稣包容一切的心一样。白天，光线通过天空进入教堂内部；到了夜晚，将光明传播到每个人的内心。

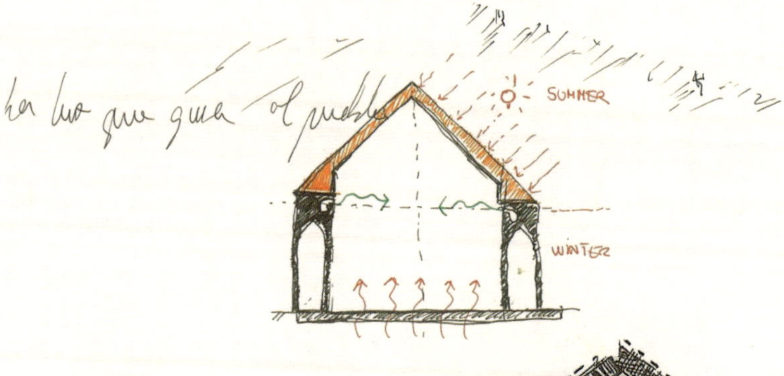

◎ 建筑设计草图：阳光进入房间的方式

◎ 建筑设计草图：圣坛的空间意向（左下）

◎ 建筑设计草图：山墙透视（右下）

◎ 建筑设计效果图：
基督教堂内景图（左）

◎ 建筑设计效果图：
基督教堂东南视图（中）

◎ 建筑设计效果图：
督教教堂夜景西北视图（右）

内部空间的设计亮点在于体现光的灵活性。在圣台背墙、屋顶上方及四周镶嵌巨型玻璃幕，阳光可透过镂空的耐候钢和玻璃幕洒在圣台之上，形成丰富的光影变化。主楼东侧部分以耐候钢拓展建筑体量，显示建筑的延续和更新。辅楼延续了教堂主体风格，采用玻璃幕墙，二层立面外加耐候钢装饰，屋顶亦覆耐候钢。不同材质相结合，借用耐候钢和红砖材质的特性，使建筑更具沧桑感。新材料和传统材料的结合，带来了历久弥新之感，也从形式上凸显了多元文化包容共生之意。

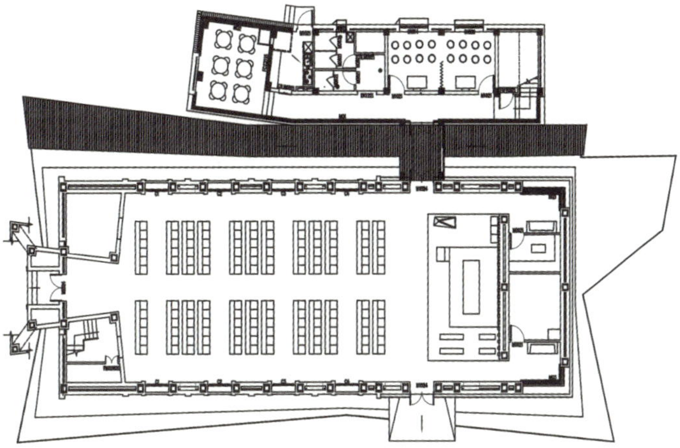

◎ 建筑设计图：
基督教堂平面布局

9.8.3 文化会通：建成后的古城基督教堂

◎ 古城基督教堂外景

◎ 古城基督教堂顶部

古城基督教堂占地面积1200平方米，建筑面积720平方米。

这是一组欧式教堂建筑，主楼以两层通高中庭为核心予以围合，红墙灰顶。主楼主要供礼拜、讲经、祷告等活动使用，包括礼拜堂、讲台、诗班预备室、更衣室、调音室、图书室等；北侧辅楼主要供办公和服务使用，布置了办公室、会议室、餐厅、卫生间等功能空间。主楼和辅楼分别设有独立出入口，并以回廊相连通，使用时互不干扰，以更好地烘托教堂神圣、肃穆的氛围。

建设后期，为使教堂内外空间更具审美表现力，对圣台背墙、屋顶上方及四周的巨型玻璃幕进行了升级，更换为教堂专用彩色玻璃花窗，用绚丽色彩和简洁线条勾勒出耶稣的生平故事。这种玻璃花窗透光效果好，白天日光照射下，教堂内色彩斑斓，映衬着教堂固有的神圣感；夜间灯光洒射在玻璃上，产生一种奇幻的光影效果，散发着特殊的艺术魅力和神秘气息，着意于爱与温暖的传递。

作为即墨古城东南区域的一处重要的地景标志，基督教堂具有醒目的视觉印象，有效丰富了古城的建筑样式、文化容量和审美体系，而周围的商铺院落也配合教堂风貌，打造成民国风情街。

古城基督教堂特色鲜明，恰如其分地体现了即墨古城所具有的古典与现代、东方与西方兼容并蓄的演进历程和文化气质，成为东西方文化交流互鉴的表征。

◎即墨古城历史影像：
劳山书院大门及照壁
（摄于1908—1910年）

9.9 乐育可风：劳山书院

书院为中国古代的教育机构，肇始于隋唐，鼎盛于宋，复兴于明清。就其文化属性来说，是一种独立的教育体系，为私人或官府所设的讲授、研究学问的场所，其论学之风影响较为深广。

于人，"腹有诗书气自华"。于城，亦是如此。书院营造出的气场，很大程度上是一座城气质的衍生品。举凡古代名城，几无不有书院为之激扬书生意气和岁月风华，即墨古城亦有一座书院，名曰"劳山书院"。其楹联"一池墨水临书卷，半壁崂峰入画图"抒写的是与山水相伴的古代读书情景。作为一处独具场所精神的人文殿堂，书院的存在别具韵味，某种程度上中和着一座城的气质，它与文庙、学宫、考院等共同标举着千秋即墨的儒学基脉。着眼于文脉的传承，即墨古城重建了劳山书院。

9.9.1 书院旧事：劳山书院的历史沿革

明清时期，即墨书院之风尤为盛行。

明清之际，即墨各大家族在县域内建起多座书院，其中多分布在即墨东境之崂山，包括玉蕊楼、华阳书院、青峪书院、上书院、下书院等。其大者，非康成书院莫属，其历史可追溯至东汉经学大师郑玄在不其山[1]讲经的史迹[2]，明正德年间（1506—1521年）即墨知县高允中主持重建，名"康成书院"[3]。在这些书院群落中，劳山书院的地位也较为显赫，不同于玉蕊楼、华阳书院等由家族所创的私立书院，它是由县府主持创办，带有一定的官办性质。

---

1 今崂山。

2 郑玄曾两度东行，入不其山讲经，第一次是在汉桓帝永康年间（167—173年）；第二次是在汉灵帝中平五年（188年）。

3 康城书院位于崂山西北麓的铁骑山下，时属即墨县辖地，今为城阳区惜福镇街道书院社区。

劳山书院南临东门里大街，清乾隆五十二年（1787 年），由即墨知县叶栖凤创办。道光二十五年（1845 年），知县王九兰倡捐，置地 680 亩为学田，邑人黄凤翔、黄凤文又捐荒田 250 余亩。同治十一年（1872 年），知县林溥重修，并撰《修劳山书院记》。当其时，书院设山长 1 人，总理其事，即墨举人黄念昀曾任山长。书院的主要事务是讲学、论学和学术研究，定期召集儒生讲学、课考。

随着新式教育的推开，清光绪二十九年（1903 年），劳山书院结束了其古代教育职能，改立为官办的新式学堂，名“皋虞学堂”。

关于书院的基本格局，清同治版《即墨县志》载：

> 大门居中，东西夹以房，其北讲堂三间，堂右耳房，左为夹道，堂后楼，楼后台，房均五间，堂、楼、房俱有两厢。

劳山书院是前堂、中楼、后房的三进院落。迄今为止发现的老照片中，仅有一张劳山书院正门及其照壁的侧影，只能作为书院位置和周边环境的推断依据，至于其建筑的具体风貌，已不可考。所以，劳山书院的设计，需适时推陈出新，以更好地适应当代生活需求。

9.9.2 学府遗风：劳山书院的设计营造及景观组织

劳山书院的设计，首先要兼顾书院本身属性及其目前设定的使用功能。有别于前述公共文化建筑，它处于规划的商业组团区域内，需要考虑到当代文化产业的适应性。结合周边商业组团一并作整体考量，以院落式布局和局部内街为主要动线进行设计，以体现书院的历史文化特色和产业发展适应性。

劳山书院本体为单檐硬山顶建筑，从屋顶划分上保持了紧凑的四合院布局，内部房间以通廊相连，形成流动性很强的空间，入驻商家可根据实际经营和使用需求灵活划分。朝向东门里大街的主立面采用传统中式风貌，为硬山顶三开间带耳房建筑，入口增加了木柱外廊，丰富了空间层次。

◎ 建筑设计图：
劳山书院平面图

◎ 建筑设计图：
劳山书院南立面图

◎ 建筑设计效果图：
劳山书院及其周边
（过程稿）

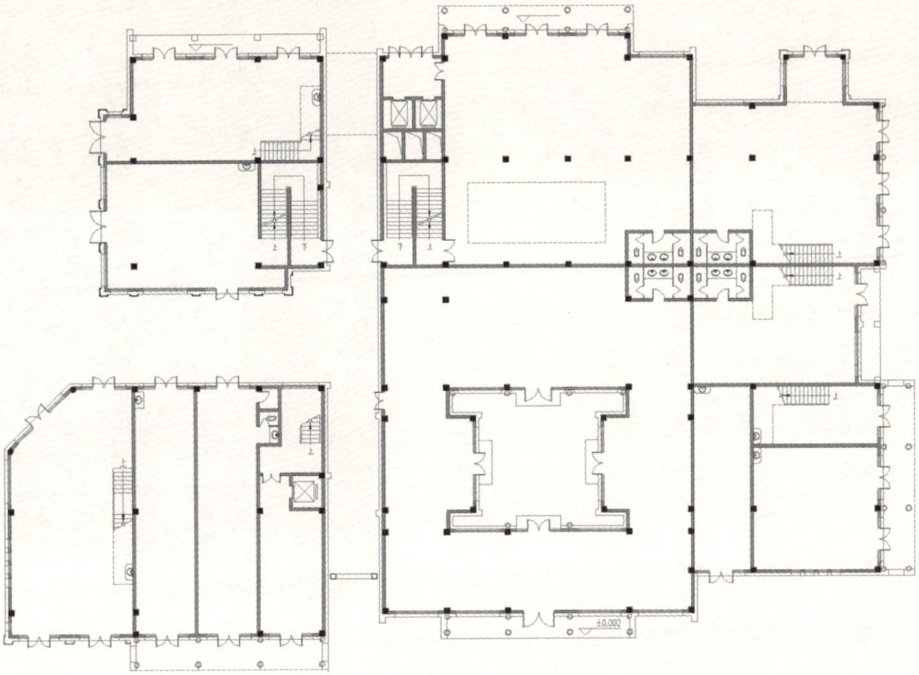

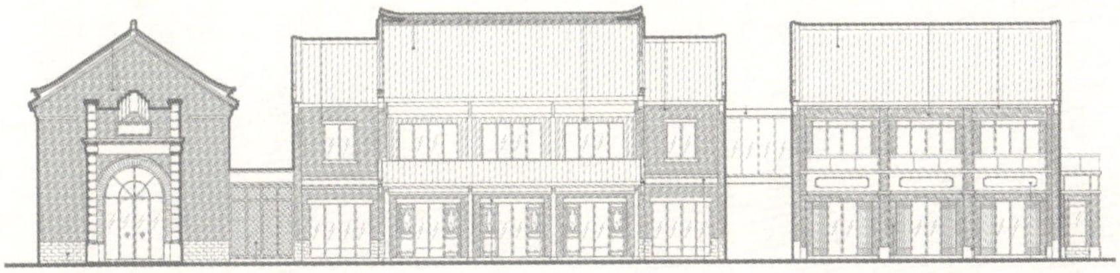

◎ 劳山书院俯瞰图

一般来说，书院类建筑尤其讲究古朴典雅和严谨简约，与古代君子安贫乐道、志向高洁的风尚相契合，有利于营造出清幽朴素的治学氛围。这种精神风尚体现在劳山书院的建筑装饰，庭院以朴素平和的青石、青砖垒砌，图样亦力求简洁大方，尽量减少繁复的装饰。景观设计上，在其入口处特意种植了两棵树冠高大的山杏树，以示杏坛讲学之意，将书院主入口同繁华的东门里大街的商业氛围进行区分，渲染出劳山书院古色古香的文化气质，使其成为闹市中的大隐之地。遥想当年学子们置身于书院中，度过了多少手不释卷、目不斜视而心无旁骛的读书时光，那是宁静的沉思时光。虽闹市在侧，然依旧专心致志读书，能有这样一番境界，又何尝不是一种风雅。

周边的商业单体建筑设计为两层砖砌建筑，注重实用功能，在体量和材质上与书院形成反差，以烘托劳山书院古朴典雅的气质，并通过立面分隔和坡屋顶与平屋顶的搭配，塑造彼此独立的建筑风貌。同时，北侧和东侧的建筑与书院连通，增加了使用空间的整体贯通性和灵活性。西侧为两栋单体二层建筑，同劳山书院之间形成了一条轴线距离为 4.2 米的小巷，以活跃整个组团主立面的氛围。因消防需要，北侧单体通过二层连廊与整个组团相连通，成为一个整体，南侧建筑与组团之间则设计了双侧防火墙，进一步提升消防安全等级。

鉴于组团西侧为鸭绿池戏台和前场空间，西立面的设计更加活泼开放，设置了二层露台，立面加入带有近代特色的山花拱券装饰、砖花女墙，并采用大面积玻璃橱窗和山墙条形窗，进一步烘托鸭绿池戏台前广场的热闹氛围，实现从书院到戏台由静到动的氛围转化。

◎ 劳山书院正门

◎ 劳山书院内景（局部）

9.10 科举遗风：考院

科举是中国古代独有的官员选拔制度，肇创于隋大业元年（605年），延至清光绪三十一年（1905年），纵贯历史1300年。地方官府至州、县、卫一级的官衙驻地，一般都设有开科考试录取秀才的考场，俗称考院。即墨作为县级衙门的驻地，亦设有考院。

作为古代科举考试的场所，考院是中国古代科考、教育暨文官取仕制度的历史缩影，其规格、结构与考生数量与地域科举水平息息相关。它也是古代寒门学子成为“天子门生”的晋升之所，其附着的传奇色彩，跟武人以命相搏的沙场一样惊心动魄。很多仕林领袖，都是从县城考院走向京师殿堂的。

9.10.1 古代考场：即墨考院的历史沿革

据记载，即墨考院位于城之东南隅，东门里大街路南，清光绪五年（1879年）建。作为中国古代科举制度的建筑载体，其功能性强，布局严谨，空间形制规整，主要建筑是“号舍”。据当地居民回忆，即墨考院坐北朝南，大门向北是一处院落，正中是甬路，尽头坐落着一座二层楼房，五开间，门柱镌刻楹联，为监考官的监考场所。院子两厢是长长的考棚，由一间间分别开敞的小号舍组成，为科考时考生答卷的场所。自清末废除科举制度之后，此处改为即墨官立考院高等小学。后拆除考棚并建为礼堂。1957年，考院被彻底拆除，后在原址建起了即墨市第二职业中等专业学校。

考院建成较晚，在历史舆图中未被明确标注，但即墨“考院村”的地名却沿用至今。

9.10.2 三重空间：考院的建筑设计

考院作为特定的功能场所，格局相对独特。考虑其已不再承担考

◎ 屋顶一角

◎ 建筑设计图：考院南立面

◎ 建筑设计效果图：考院西南俯瞰图

◎ 建筑设计效果图：考院室内空间

◎ 建筑设计效果图：考院及其周边东南视图

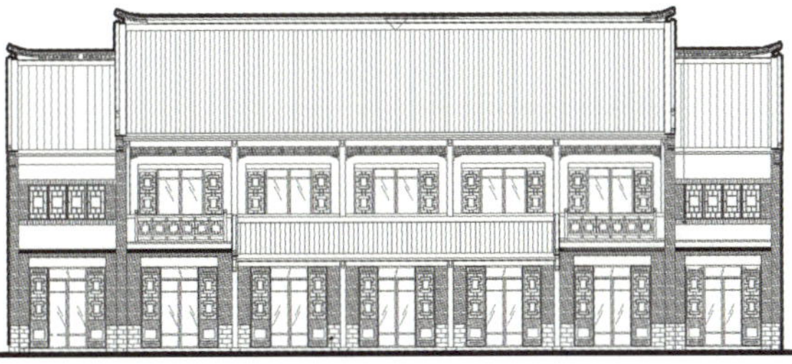

试功能，从保留其概念的角度出发，融入现代功能，设计为新中式院落，分为前厅、中庭和后座三部分。

考院前厅为单檐歇山顶建筑，可单独分隔使用，也可作为整座建筑的主入口和前厅空间；立面体现传统中式意向，使用木质窗扇门扇，整体风貌比劳山书院更为古朴，体现出与书院有别的建筑气质。

中庭在意向上还原了古代考院最具特色的“号舍”概念，外观上为东西相对的六开间二层建筑，内部通过柱子和槅扇构建了可分可合的小单元。在原本属于庭院甬道的中庭空间上设计了现代玻璃屋顶，将“庭院加小房间”的传统平面布局转变为具有现代感的“玻璃顶中庭加内部戏院包厢”的流动性大空间，适宜举办小型室内传统曲艺和现代文艺表演，或经营演艺型文化餐饮。考院的室内表演空间是依照古城业态布局而设定的，与街对面的鸭绿池戏台相互补充，营造出内涵丰富的文化氛围。其二层东西两侧各设计了两处浅挑台，进一步丰富了空间层次，提升了空间的观景品质。

后座建筑采用硬山顶与新中式大橱窗相结合的设计，整体上表达了传统风貌，功能上设计为中庭经营所需的后勤空间及备用入口，亦可单独切分为对外营业的场所。作为东门里大街商业街的一部分，考院建筑群落起到了向南侧教堂组团和民国街风貌自然过渡的作用。

9.10.3 结构之变：考院的营造

考院最初的设计方案中，包括传统木结构和现代钢筋混凝土结构两种建筑形态。前厅采用传统木结构，而中庭、后座采用钢筋混凝土结构。建筑的外饰面为中式传统风貌，选用青砖和耐火等级较高的仿木材料进行装饰。就做法而言，传统木结构和现代钢筋混凝土结构有很大不同，是两种营造思路和流程，地基的处理方式也不同，其结构逻辑、建筑主材和施工流程、工艺均有较大差别，需不同的专业施工队伍分别制图，配合施工。

由于考院体量较大，有承担演出活动的功能，对建筑的防火性能和人员疏散安全性要求很高，施工过程中对前厅建筑材料做了必要调整，主体改为钢筋混凝土结构。在不影响外立面效果的前提下，门窗、博风板、斗栱、檐下花板等需用木构件的部位，尽量选用防火性能更高的仿木材料，增强建筑的安全性。

◎ 建成之初的考院南视图

◎ 考院正门

在装饰风格上，考院有别于其周边的商业建筑，在设计上对其所固有的公共文化属性作了必要的强调，不做繁复装饰，选用简洁、通透性好的直棂门窗样式，在增加室内采光度的同时，也烘托了考院特有的肃静氛围。

整体风貌上，考院与其南侧的商业建筑群相协调，亦与街对面的劳山书院相呼应，形成一个复合空间，在文化与商业的复合体验中涤除玄鉴[1]。

为了适应当代生活需求，考院建筑实现了功能转型，文商结合、文旅互融、会通古今。从提升具体的文化体验感出发，本着鉴古知今的理念，将局部恢复考院的文化功能，在其前厅设置文化展览馆，集中展现古代科举制度的发展历程和即墨科举名仕的生平史迹，开辟状元酒封坛区域，以封坛之礼，奉上美好祝愿，激励莘莘学子博学笃行。

---

1 语出老子《道德经》。“玄鉴”本指玄妙的镜子，此处特指人的心境（镜）。

即墨古城既体现传统风貌，又有现代的生活方式，不仅仅是一个片段的街区，

而是一个完整的、立体的城，是一个文化体验综合体。

即墨古城既复现了历史记忆，满足市民对城市文化和归属感的需求，

又具备现代功能，完全是一个城市活的标本。

古城创建的居住模式，商业街与居住区一动一静之间，正是现代中国人所追求的一种回家的感觉。

——全国工程勘察设计大师、中国建筑西北设计研究院总建筑师　赵元超

“栽下梧桐树，凤凰自然来。”如何传承即墨商业基因，再现往昔繁荣商景？

诚然，商业建筑的设计营造十分关键，不仅要延续古城风韵的美学追求，还要传承工匠的创新精神，

并对未来的经营者负责，为他们提供创造商机的场所。

即墨古城，是文化与商业的双重复兴，希望已经萌芽，未来前景可期。

第十章

CHAPTER 10

古蕴新姿

商业建筑的设计营造

GUYUN XINZI

10.1 赏寻品乐：商业布局逻辑

商业布局既是规划建设问题，也关系到招商运营的发展。建设者结合古城的规划与未来的运营，提出了“赏、寻、品、乐”的核心理念。其中，“赏”即观赏古城的一城、两街、十景、十三坊；“寻”即寻找即墨城旧事时光，通过策划各种互动体验活动，带动游客探索古城的历史故事和风土人情；“品”为细品即墨生活百态，呈现繁荣场景；“乐”即为欢度缤纷节日，通过在不同时间、不同区域推出各种新奇有趣、富有当地特色的主题活动，提升古城游览的吸引力。

综合考虑古城商业和公共文化建筑的分布，游客和居民不同来向、动线及活动节奏、消费需求等因素，将商业划分为“两轴、四环和四大组团”，囊括雅居、畅读、华服、潮乐、馒食、精酿、尚品、文玩、手作九大业态。针对不同需求的游客，通过线性与组团、线性与环形的穿插衔接，组织商业业态，丰富场景和活动，构建动静结合的游逛模式。这是在街道、景观的实有“明线”之外，按照气场、氛围划分的“暗线”。商业业态的分布，也将引导人流走向，让古城游人来往如织，却不会相互交叉干扰。

其中，两轴是东、西门里大街和南门里大街，沿街商铺以零售为主要的商业形态，节点处的院落或规模较大的商业建筑优先安置能够体现地域特色的老字号餐饮或非物质文化遗产集成店。同时两轴也是串联四环及四大组团的主要路线，引导不同时段客流的消费动向。

四环分别为文玩畅读环、潮乐[1]游乐[2]环、文化体验环、时尚国际环。不同主题的商业环线均体现即墨古城的文化与休闲特色，鼓励商家增加互动体验，注重培养部分有特定消费习惯的回头客及常态消费，同时满足古城居民的日常休闲娱乐需求。

具体而言，文玩畅读环为环绕即墨县衙的单边商业街，其西、北两面背靠居住区，环境相对静谧，因此规划文玩、阅读等消费时间相对较长、客群文化水平和生活品位较高的安静业态。县衙西侧规划为古玩字画街，同时穿插少量为居民服务的社区型店面。

---

1 音为 yuè。

2 音为 lè 。

潮乐游乐环靠近北城墙，为商业主动线后区，规划较多客栈型独栋建筑，以酿酒展示、酒吧、轻餐吧等活力业态为主，主打夜间休闲消费。同时，依托鸭绿池戏台等常年举办的音乐艺术活动产生的聚集效应，将其打造为音乐爱好者的聚集地。

文化体验环包含文庙、财神庙、城隍庙等公共文化建筑及大量节庆活动的举办场地，以演出、餐饮等业态为主，导入富有民俗特点的商品及文化创意店铺，结合传统和现代节日进行室内外互动。

时尚国际环临近教堂、君澜度假酒店西侧，以时尚元素为主题，主打时尚精品、西式餐饮、度假酒店等商业业态。同时引入婚庆、儿童游乐等业态，丰富时尚元素。

四大组团位于东、西门里大街和南门里大街端部，以四个游憩广场作为商业及旅游动线上的热点，以餐饮为主要商业形态，分为“核心尽享”“西端畅玩”“南端慢食”“东端饕餮”四部分，满足市民游客的各类餐饮需求，营造富有历史文化和烟火气息的市井生活氛围。

其中，核心尽享组团依托即墨县衙主景观及东、西门里大街与南门里大街交会点的热度，在转角处设置主力餐饮旗舰店及文化艺术主力店，布置地方餐饮或特色手工艺展示等业态，结合未来县衙前广场的民俗活动及旅游人群的集聚，营造中心区熙来攘往、热闹非凡的场景。

西端畅玩组团周边主要为居住区，承担一部分日常生活功能，以餐饮业态为主，辅以休闲娱乐及尚品零售等主力店，营造城市文化风情消费区。

南端慢食组团紧临南城门外的休闲绿地和古城东部的君澜度假酒店，承载部分城市会客及家庭聚会、游憩娱乐功能，以中高档餐饮业态为主，向北沿线有华服订制、时尚精品、雅致家居等零售业态。

东端饕餮组团包括古城首发区，衔接文化体验环及众多公共文化建筑，以传统餐饮业态为主，向西沿线兼容演艺、潮乐娱乐以及中高端时尚零售等业态。

10.2 八方辐辏：商业建筑的设计

即墨古城的商业布局是根据历史资料和商业发展逻辑规划设计的，主要商业建筑分布在东、西门里大街和南门里大街沿线以及公共文化建筑较为集中的东北“老城旧事”、东南“西风儒韵”两个区域。两街作为主要的商业动线和游览路线，以牌坊为导引，致力于营造川流不息、繁华热闹的街巷氛围；“老城旧事”区域以城隍庙和财神庙为核心，结合鸭绿池戏台演出活动，构建活跃的传统民俗休闲商业街；“西风儒韵”区域，以相对独立的君澜度假酒店和民国风情街为主，构成现代活力主题街区。

◎ 古城雪景

10.2.1 回溯历史：商业建筑的设计理念及依据

作为千年商都，即墨商业发展的历史跨度很长，起自春秋，而明清以来，有关即墨商业的记载更是史不绝书。

“商都文化”是即墨古城的文化主题之一，商业建筑和商业空间应体现即墨地道的城市文化，展现即墨传统文化精华，再现即墨城生机勃勃的市井百态。为此，建设者确定了“展现千年商都形象，尊重并延续即墨城传统风貌”的设计理念，从当地具有地域特色的建筑中获取灵感，提取建筑特征，作为商业建筑立面造型设计的重要依据。

以何种方式实现传统风貌的延续，这是古城商业形态构建的关键。首先找寻历史截面，使建筑风貌与某一段历史时期相协调，在商业建筑的样式上产生可观照的历史感。简而言之，就是商业建筑设计选择哪一种风格的问题。其实，这是以回溯的方式给新的商业形态“断代”，避免杂乱无章的堆砌，而这也是设计成败与否的关键。但即墨历史的精彩之处太多，择取哪一个截面，颇费思量。

建设者将目光聚焦到明清时期，这一阶段，即墨的文化和商业繁荣发展。随着明万历年间即墨开海通商，商业活动活跃起来，经过三百多年的发展，形成了自己鲜明的特色，即墨城内，老字号云集，各种商业形态渐趋完善。近代青岛开埠以后，即墨商业开始融入青岛发展大势，即墨籍商人是青岛近代华商集团的重要一派。虽说即墨与青岛已经分治，然分治而并存，在某种文化心理和商业动力上的影响和联系是显而易见的。即墨商人在青岛的活动，恰可提供有效的历史参照。而青岛的近代建筑特别是华商云集之地大鲍岛街区内的里院式建筑，以及民国时期中西合璧的城市风貌，亦为即墨古城商业建筑的设计营造提供了丰富可鉴照的信息。

◎ 即墨古城历史影像：文富巷外的商号（摄于1898年）

◎ 即墨古城历史影像：墨水河滩上的集市（摄于约1900年）

选择明清至中华民国这一段时期作为古城商业建筑设计的历史风格参照，还有一个重要原因是，相关历史记载比较丰富，有一大批拍摄于清末民初的老照片作为参照，而且老城区居民中尚有亲历亲闻者健在，他们提供了不少直观的历史信息。虽说必然要选取一个历史截面，但时间维度具有延展力，这段历史背后，隐藏着的正是春秋时期以来漫长历史的磅礴动力。

◎ 古城开放初期商业组团布局示意图

10.2.2 化零为整：商业建筑设计思路

古城商业建筑组团式布局层次分明，其设计营造讲求每个组团各具特色，而相互之间又取得功能与审美上的平衡，达到整体风貌的协调。

遵循即墨城历史发展进程，建设者设定了三种类型的商业建筑风貌：传统中式风貌、近代民国时期风貌和新中式风貌，并确定了以传统中式风貌为基础，其他两种风貌作为点缀和补充的单体创作和组合模式，以保证商业建筑不同类别既各具特色又协调有序。通过详细推敲基础模块，设计师首先将建筑拆分为基本平面、剖面、立面元素、功能模块等组成部分，先就每一部分进行精细化设计，然后再进行模块组合，使建筑细部作法及样式和谐统一，同时满足建筑使用需求。

基本平面设计上，确定了地面建筑的柱网模数以及基本单元格局，并将其作为平面设计的原点，通过不同组合、分隔变化，设计出千变万化的建筑单体。

剖面设计上，因气温、降水量和建筑材料的地域性差异，民居的坡屋顶角度、举折方式会影响街道风貌和地域辨识度，所以在对当地建筑进行观察测绘的基础上，设计了商业建筑的基础剖面。通过三维

① 潮海门入口商业
② 通济门入口商业
③ 城隍庙小吃街
④ 劳山书院组团
⑤ 考院南商业院落
⑥ 君澜度假酒店

建模等手段，推敲出整体效果和细部做法，以钢筋混凝土结构还原本地商业建筑的外形轮廓和风貌。

立面元素设计上，搜集了即墨及胶东地区传统民居和商业建筑的立面元素，将各类门窗样式、檐口墀头、屋脊饰、砖花瓦花装饰、砖石墙面材质组合等带有明显地域特色的立面元素，整理成适宜施工和符合砌块模数的标准构件。

功能模块中，卫生间、楼梯间、电梯间、管道井等实用功能空间，因有相应的设计规范，对面积、形状和大致布局均有一定的控制要求，设计灵活度不大，但需要设计师同其他建筑专业人员及各类设备厂商密切对接，保证其空间满足未来设备安装和运行需求。

通过以上方式，设计师组合出多种传统风貌建筑的标准单体，在满足现代商业的功能性指标，确保空间开敞性、通畅性和丰富性的基础上，从组团体量、院落构成模式、街巷片段节奏等多个层次推敲，确定整体布局。同时，进一步调整优化建筑外观和体量，根据街区氛围和节奏变化加入近代民国时期与新中式风貌建筑，或在传统风貌商业建筑的局部采用近代西洋壁柱、线脚、拱形门楣等细节，以及大玻璃门匹配格栅窗，建筑接缝处融入大面积玻璃幕墙等做法，使商业建筑的怀旧感和时尚感同步增加。这种应现代需要而在传统建筑底色上加入现代元素的做法，显示了一种“生长”的态势，与即墨城迭代累积而有序增长的商业文化构成模式相契合。

总体上看，即墨古城的商业建筑是由单体建筑、商业院落、商业组团和商业街区组成，这也

◎ 建筑设计示意图：
西门里大街入口商业院落
（东北角上、东南角下）

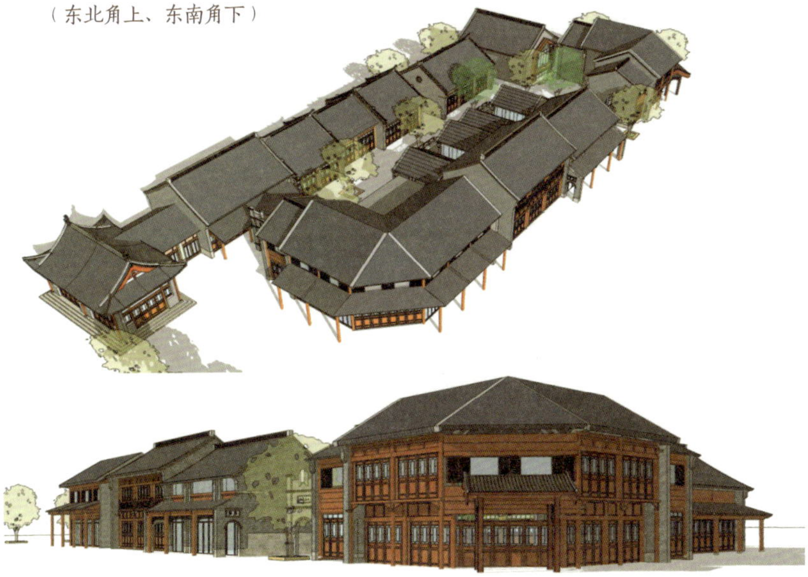

是一个有序的“生长”状态，建筑与建筑之间、院落与院落之间、组团与组团之间，街区与街区之间，在功能上相互补充，在风格上相互映衬，建构了古城有历史底蕴和当代活力的商业生态。

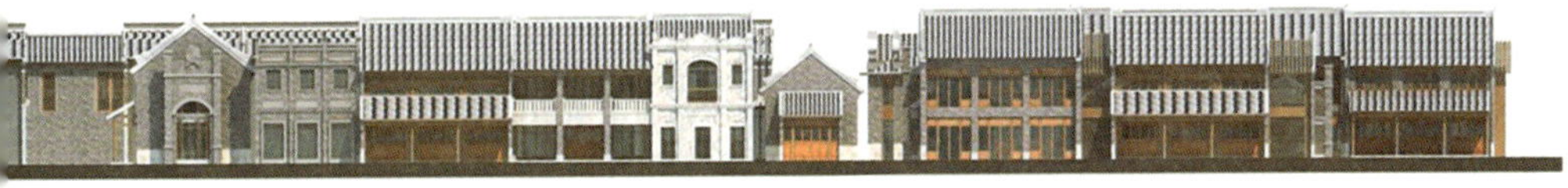

◎ 建筑设计示意图：
西门里大街北立面
（过程稿）

◎ 建筑设计示意图：
东门里大街南立面
（过程稿）

◎ 建筑设计示意图：
南门里大街东立面
（过程稿）

◎ 建筑设计示意图：
南门里大街西立面
（过程稿）

10.2.3 烘云托月：商业建筑的三种风格类型

如前所述，古城商业建筑以传统中式风貌为主，而辅之以近代民国时期风貌和新中式风貌的风格体系。这三种风格在具体分布与相互关系上统一协调。

10.2.3.1 浑然一体：传统中式建筑

传统中式建筑在古城商业建筑中占比最大，大量分布于东、西门里大街和南门里大街两侧以及公共文化建筑周边。建筑均采用具有古朴质感的材料和传统的构件样式，烘托古城传统风貌氛围。布局采用街铺和院落相结合、局部设置内街等商业动线交替的模式。

在道路端口转角处，配合城市开敞空间和景观界面，通过建筑体量、形制和界面的特殊处理，形成更加富有生气的城市空间；东、西门里大街和南门里大街的界面则配合牌坊和公共文化建筑，通过建筑规模、出挑的檐廊等空间产生序列和节奏变化，弱化了线性空间的单调感，增加了游览的趣味性。

在建筑装饰细节设计上，设计师对山墙石材勒脚、屋脊作法的地

◎ 临街传统中式商业建筑

域性特点、檐口石材及木构件的建筑逻辑关系等细节要求十分严格。在墙面和檐下大量采用富有吉祥寓意的木雕、石雕图案进行装饰，同时注重采用代表当地传统建筑的符号构件和作法，如划分墀头、山墙砖石材料的构成比例，拱窗、屋脊和墙头等部位选择不同寓意的砖瓦花样，增加上马石、石鼓、地灯等传统建筑装饰小品等。

10.2.3.2 交相辉映：近代民国时期风貌建筑

近代民国时期风貌建筑主要指带有西方元素，呈现出折中主义风貌的建筑，是中国城市整体风貌从古代社会过渡到现代城市进程中一种独特而重要的建筑类型。狭义的近代建筑特指带有上述风貌特征和建造方式的建筑。

近代建筑在我国城市文明的演化中的作用不容忽视。即墨临近青岛市区，其民间建筑不可避免地受到“青岛风格”的影响，特别是在商业建筑的外观上，外来的装饰元素很受欢迎。古城内此类建筑主要分布在以古城基督教堂为核心的民国风情街附近，主要商业界面也会于传统风貌建筑中穿插近代风貌建筑或巷门等构筑物，以增加游览的趣味性，展现即墨城市建筑演变发展历程。其平面布局和商业动线模式

◎ 近代民国时期风貌商业建筑

基本与传统中式风貌建筑相同，以可分可合的三合院布局为主，少量院落遵循西方建筑规律，采用前院后屋的半开放式布局，结合一层外摆空间和二层露台，营造兼有近代商业建筑特点和异国情调的氛围。

古城商业街以传统风貌建筑为主，穿插少量民国时期风貌建筑或元素。而教堂边的民国风情街更纯粹地体现了近代格调，参照以青岛为代表的近代德式建筑样式，突出山墙及正立面外廊、平台等具有近代特色的建筑空间；立面更多地使用砖材，强调立面划分的比例美感，适度增加拱券元素，丰富檐口、门窗上下洞口以及墙身勒脚的线脚样式等。同时，融合近代中西建筑风格，保留部分胶东传统民居元素，避免一味追求概念化的西式风格而丧失地域特色。

10.2.3.3 融古开新：新中式风貌建筑

新中式风貌建筑是既具有中式建筑元素，又融合了现代建筑手法的一种新的建筑形式和风格。为体现即墨古城的时代性，一部分商业建筑有选择地融入现代元素，适应现代功能和安全要求，满足人们的审美和生活需求。

在商业动线上，引入内街概念，扩大商业界面，部分内庭覆盖玻璃顶，增加营业空间。同时结合景观设计，增强对外部灰空间[1]、屋顶平台等外摆空间的利用。门窗木格栅等传统构件，则通过现代装饰设计简化提炼后进行艺术运用。

此外，在新中式建筑的设计中，注重历史与建筑文化符号的延续与意向再现。在设计沿街商业建筑时，考虑到位于学宫西南方向的考院建筑格局较为独特，可辨识度较高，因此采用新中式建筑的设计手法，重新演绎考院的建筑肌理，立面以中式元素为主，添加了玻璃顶等现代建筑元素，在原有建筑肌理上创造了现代空间，与同样为新中式建筑的学宫相呼应，呈现出即墨古城文化的延续性与发展性。

---

1 也称“泛空间”，是指建筑与其外部环境之间的过度空间，以达到室内外融和的目的。

◎ 古城建筑风貌元素

10.3 相得益彰：建筑功能的满足和商业氛围的控制

基于商业建筑的服务本质，建筑设计必须满足商家的经营需求，即在一定程度上遵循商业空间逻辑。所有成功的商业街看似随意自由，其实内在都有基本要求和布局规律可循。即墨古城要营造文商旅融合发展的生态环境，其商业功能的发挥是重要的考量因素。商业街策划和布局也必须在延续传统风貌和尊重基本商业规律之间取得平衡，因此，其商业空间格局、店铺内部空间和店面装修展示三个层面都需合理设计。

◎ 建筑设计效果图：东、西门里大街轴线（过程稿）

10.3.1 体验为主：商业空间节奏的把控

游逛和消费都是一种过程，其间，参与者的体力和情绪都在不断变化，因此对环境、空间及游览的预期和情绪的预热与释放，都必须纳入考量。

东、西门里大街和南门里大街的长度和宽度较大，而旅游景点和商业区大部分分布在古城东南、东北区域。如何引导人群从西城门和南城门进入，通过空间、建筑风貌的变化，使其轻松惬意地通行于较长的主街而保持良好的体验感，需要设计师仔细筹划，处理好古城整体与城内平直的主要街道、商业所需的曲折路线及丰富的界面变化之间的矛盾。此外，即墨城有其历史固有形态，作为具有生活气息的城市，它的设计营造并不能完全以商业和旅游为出发点，其中必然存在一些有违“基本商业规律”的空间和路线存在。商业布局既要为游客提供舒适有趣而富有变化的游逛体验，还要满足古城居民就近消费的需求。

因此，规划层面采用了“大范围内归拢聚集、小区域内丰富穿插”的商业布局，塑造既能契合古城文化底蕴和特色风貌，又能展现各公共文化建筑和生活区域的空间环境。在街巷和建筑设计层面，从人的游逛体验和体力、心理需求出发，通过调整商业热点线路布局、设计人流动线，以及街铺和穿插布局院落式两种商业形态等方式，塑造动静结合、舒适宜人的商业节奏。

10.3.2 可分可合：商业店铺的灵活设计

院子的外观、材质以及空间形态、室内外交错的节奏和感受，都是熟悉又亲切的传统文化游览体验。在条件合适、文化适宜和定位允许的情况下，院落式商业已然成为增加商业空间体验的一种选择。而随着“体验为王”的商业模式渐成主流，院落式商业兼具开放性与私密性的优势，使其成为一种新的商业设计形式。基于此，即墨古城商业建筑以传统建筑的基本院落单元为出发点展开设计。

在设计后期，商铺单元的控制和灵活性把握一直是被反复推敲的环节。商业建筑设计的一个基本要求便是设计可分可合的商铺单元，但面对多变的古城肌理和建筑单体，很难通过一个简单的原则来划分店铺产权。于是，设计师采用具体问题具体分析的办法，对设计成型的每一座商业院落或单体，做出具体的营业单元划分，并逐一调整相关楼梯和出入口的位置布局，以适应未来商业运营的各种需求。

当然，采取这种方式也面临很多问题。因招商思路改变或突发情况发生，有时方案会有很大调整。例如，最初设置为零售的商业建筑无须设计地下室，后期由于招商变化，更改为需具备地下空间的餐饮类建筑，而这类建筑地下室的消防和逃生规范要求更为严格，反映到方案中，建筑的整体格局、交通空间的大小和布局以及立面风貌均受影响，方案随之需要做一系列调整。所以，以提高适应性为出发点，设计师根据院落格局和商业布局，在商业建筑中尽可能多地预留可作为大型餐饮的院落，根据餐饮业的安全、卫生等要求，在地下设计了可用作厨房空间的结构布局。

10.3.3 未雨绸缪：商业氛围的控制

商业经营的灵活性很大，商家在实际使用过程中对空间的利用也有很多“机智幽默”的发明创造或二次改造，这不是空间设计者所乐见的。为方便古城风貌后期的维护与保持，建设者未雨绸缪，一方面让设计尽量精细化，尽可能多地考虑到商家的具体使用需求和设备安装可能，使之与建筑风貌整体协调；另一方面，在招商过程中统筹规划，选择商品特点、经营理念与古城文化氛围相契合的品牌，并严格规范店铺装修。

建筑风貌与商业相结合主要体现在建筑立面上。在不破坏建筑古朴韵味的前提下，尽量增加展示面，如在商铺的正面加大门窗洞口面积、山墙面加开条形窗等，提高交互性。在门窗洞口、阳台和平台栏杆等处，有节制地选用玻璃金属等现代材料，满足商户的展示宣传需求；同时对立面招牌的样式、大小和位置作出预判和控制，使之从整体结构上同建筑融合，避免对立面节奏的生硬破坏。此外，在建筑外预设空调出风口的位置，尽量避让主立面，对于无法避让的，则结合立面门窗分隔，将其藏于雕花格栅之后。这些设计是古城进入运营状态之后，保持风貌甚至进一步提升文化特性的重要保证。

商业店铺的屋顶结合院落流线进行灵活设计，在主要房屋之间增设平屋顶连廊，保持古朴院落的民居肌理的同时，满足当代交通空间内置的生活和商业习惯。此外，由于坡屋面无法安装大型室外主机设备，设计时将设备置于连廊的平屋顶之上，使其藏匿于坡屋面出挑和平屋面女墙的层层遮掩之下。

10.4 鳞次栉比：典型商业组团的设计营造

古城商业建筑设计采用分工合作模式，按照防火分区和街巷将商业建筑分成十多个可单独切割的组团分别设计，统一协调组团之间的关系。同时，针对每个组团之间的相对位置、风貌、出入口位置和地下室交通布置等进行整体性调整。

值得一提的是，在对单独组团进行设计时，设计师跳出了“就建筑论建筑”的思维定式，采用场景设想的方式——假设自己是古城的管理者、使用者、经营者或游览者甚至居住者，以不同的角色体会不同建筑呈现出的文化氛围和空间感受，设想图纸上的每一家店铺的经营内容和使用需求，以此为基础，通过设计手段解决发现的各种问题，营造更加贴近商业生活的街巷空间。

在设计过程中，每个组团都会遇到不同的设计难点和重心，下面以部分主要商业建筑组团为例加以说明。

◎ 建筑设计效果图：商业街区

10.4.1 率先立范：潮海门入口商业建筑组团

古城首发区的商业位于东门里大街路南，与学宫、文庙相对。这是游客由东城门进入古城最先看到的商业建筑，其形象设计需有一定的视觉冲击力。同时，首发区商业组团也带有“商业样板房”的功能，建筑设计和空间布置需综合展示古城的商业逻辑和单元种类，为有意向入驻古城的商家提供多样的商铺形态参考。

◎ 建筑设计效果图：潮海门入口商业组团东北视图

◎ 潮海门商业区

在东城门入口处，一栋独立的单檐歇山顶木构建筑与二层八字转角建筑围合出驻留广场，一方面，引导人流进入东、西门里大街；另一方面，可作为城门入口集散区域及学宫、文庙参观缓冲、休憩的空间。这组建筑的主入口并未正对城门口或学宫、文庙，也是出于避免人流、兼顾东城门和主动线景观的考虑。此外，作为由东城门入城所见的首家商业店铺，招商运营必然会引入主力店铺，这样的转角设计也能凸显此处的商业地位。

首发区转角主力商铺之后为四个连续的形态各异的院落，可作为整体院落式商业，也可拆解划分为不同的商业铺面，其沿街均设计了

不同外观的外廊，以提供充足的外摆展示空间。

作为古城最先建造的商业组团，首发区的建筑本身也承担着古城商业建筑风貌定调、细部构造和外饰面效果试验等多重功能。因此，外立面尽可能多地包含设计中所用到的小青瓦、筒瓦、木板墙、青砖墙、装饰铝板、石材等各类建筑材质，以便根据实际的建造效果进行再次甄选；施工队伍也可以借此熟悉各种不同墙面的建造方式和逻辑，培养合作默契。

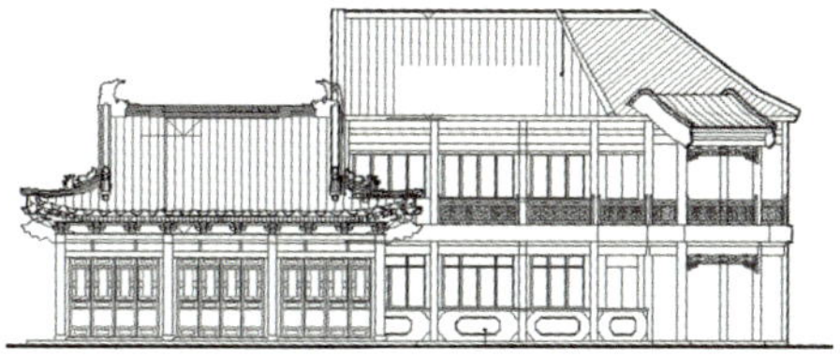

◎ 建筑设计图：潮海门入口商业组团东立面

◎ 建筑设计图：潮海门入口商业组团北立面

10.4.2 商景互补：通济门入口商业建筑组团

◎ 建筑设计图：通济门入口商业组团南立面

◎ 建筑设计图：通济门入口商业组团北立面

即墨古城的基本商业骨架为东、西门里大街和南门里大街组成的“丁”字形骨架，除了中间汇聚于县衙前广场的核心焦点外，两条大街与三个城门的交会处各有一个空间格局相似的入口广场。如何使之各具特色，是这三处商业组团设计需着力解决的问题。

潮海门入口处有学宫和文庙作为核心景观；而由环秀门进入，即可看到不远处引导视线和人流的标志性建筑——古城基督教堂。只有通济门入口，因规划为居住区，缺乏标志性的公共文化建筑作为引导，需要在商业建筑的设计上予以补充。为此，设计师将西城门入口处的两侧建筑后移，围合出一个方形广场，同时，北侧商业组团设计为双层街铺，构建一条相对独立的商业内街，通过入口广场与主动线相连，增加商业界面。因东、西门里大街过宽，虽然结合牌坊、景观采取了多种缓解措施，但依旧很难营造出古代城市小街小巷、五方杂处的商业游逛氛围，这种设计既符合建筑设计防火规范，又补充了相对较窄的商业内街空间，可丰富古城商业的空间体验。

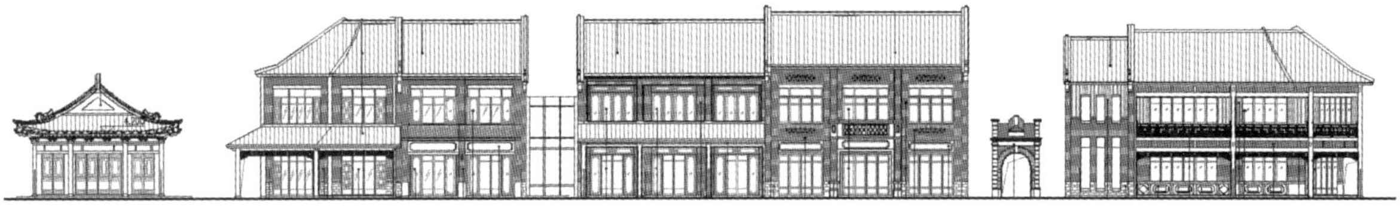

西门里大街南侧商业建筑组团长度相对较短，设计为单独的二层街铺和两处院落式商业空间。两院落之间“夹”着楼梯间和电梯，作为地上地下交通的出入口。出入口位置的设定需同地下空间的设计师反复沟通和研究，以便兼顾地面建筑布局，科学合理规划地下停车位、设备用房。

◎ 建筑设计效果图：通济门入口商业组团

◎ 通济门商业区

另外，对于“丁”字街两侧的商业建筑，几个普遍问题也在该组团逐渐凸显：其一，由于采用基本模块和自由组合的方式，两个组团之间的景观设计除需保证单侧立面建筑的变化节奏之外，还应随时注意街道两侧建筑的风格搭配，这就需要在设计过程中不断调整，尽量避免类似风格和元素的重复出现；其二，因前期设计时牌坊的落位未完全确定，需根据现时图纸避免牌坊对店铺入口的遮挡。而这需要持续跟进，根据牌坊的落位情况不断调整建筑入口位置，进而建筑的内部流线、楼梯、地下室消防逃生路线、空调机位和屋顶设计等都需要做出相应调整，可谓“牵一发而动全身”。

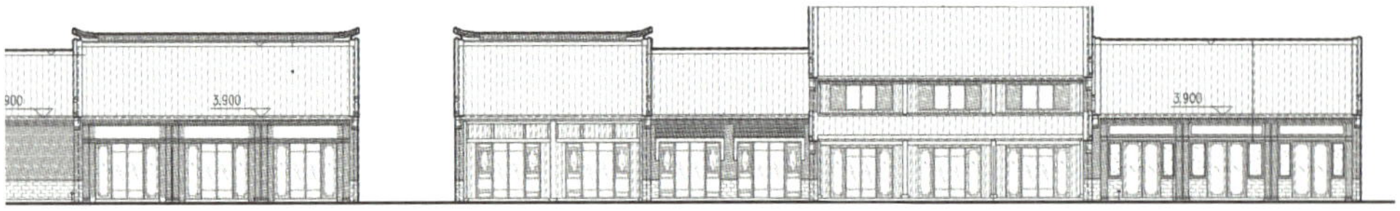

◎ 建筑设计图：城隍庙小吃街东立面

◎ 建筑设计图：城隍庙小吃街西立面

10.4.3 川流不息：城隍庙小吃街

◎ 建筑设计效果图：城隍庙小吃街

◎ 城隍庙小吃街实景

四方辐辏，阛阓麇集，那是理想中“闹市”的样子。商业，其实也是引领游人游览节奏、作息时间的载体。茶馆与饭堂，不一样气氛；酒吧与食肆，分两个时间。

城隍庙小吃街，是毗邻城隍庙的餐饮商业街巷，其建筑风貌定位为传统民俗街。设计师在此追求古代繁华小吃街鳞次栉比的街铺风貌，满足市民、游客对“城隍庙小吃街”的心理预期。

城隍庙商业组团未来的主要活动应为各种庙会和集市，为此，设计师对商业建筑做了双侧入口的开放式设计，在城隍庙小吃街的西侧，即紧邻城隍庙广场一侧增加外廊。一方面，减少西晒对室内环境的影响；另一方面，为城隍庙广场提供更多高品质的外摆空间。西侧南段的商铺紧临即墨红万字会下沉广场，在建筑外廊南端设置了室外楼梯，连通上下两层空间，在方便通行的同时，通过高低错落的阶梯增加了商业组团的灵活性。

当传统商铺遇到现代建筑规范，需要处理的情况更为复杂。古城内的建筑面积十分宝贵，因此商业建筑大多为两层，少数为一层。这样的设计也是为了满足现代商业建筑的功能需求。但两层建筑楼梯往往占据一个开间的跨度，可利用空间相对减少。为了追求街铺林立的效果，体现民俗风情，设计师减少了两层建筑的数量，以确保街铺橱窗和门面的连续性。建成后，街巷内各种商铺的招幌林立如帜，更具地方特色。

同时，该商业建筑组团还需与即墨红万字会下沉广场、城隍庙前广场空间以及周边景观相协调。后续的景观设计中，在南侧入口处布置了地景喷泉，使城隍庙小吃街组团的灵动性和趣味性进一步丰富和加强。

10.4.4 福寿绵延：君澜度假酒店

历史建筑的延续方式有多种，有的是原功能延续，有的是根据现实需要实现从历史到现代的功能转型。

君澜度假酒店是古城商业建筑设计营造的一个经典案例。它是在万寿[1]宫遗址上兴建的，是一处有“历史渊源”的新商业建筑，这也是即墨古城建筑功能转型的一个典型案例。

10.4.4.1 前世今生：万寿宫的历史渊源

万寿宫是中国封建社会的皇权建筑，旧时宫内供奉皇帝万岁牌，每逢皇帝诞辰，地方官员聚集在此举行朝贺典礼。

据清乾隆版《即墨县志》载，万寿宫原为兴国寺，在县治东南隅，元至正元年（1341 年）建。清乾隆十一年（1746 年），知县程大模将其改为“万寿宫”。鉴于万寿宫历史资料留存较少，且同现代生活相去甚远，其文化属性与建筑功能缺乏活化的必要性，因此，决定在此处引入新的功能。

◎ 即墨古城历史影像：万寿宫及其周边（摄于1901—1910年）

即墨古城作为“吃、住、行、游、购、娱”一体化的城市综合体，住宿类服务必不可少。在规划阶段，文化主题酒店的落位已纳入到古城整体布局之中。鉴于万寿宫已不具备重建的必要性与可行性，故在万寿宫遗址处规划院落式文化主题酒店，引入新业态。2014

1 “万寿”语出《诗经·小雅·天保》：“君曰：‘卜尔，万寿无疆’”。

年 12 月，随着君澜品牌的入驻，即墨古城君澜度假酒店的设计营造被提上议事日程。

10.4.4.2 “万寿”转新：君澜度假酒店的设计营造

君澜度假酒店的设计引入中国山水的哲学逻辑，用大写意手法实现“生活大写意”，营造新中式建筑的优雅生活场景。

在建筑设计上，设计师用建筑和空间语言阐释不同空间的使用功能，又根据文化调性和私密性的不同，设计了“府邸”与“园林”两个板块的对话模式。

其中，园林部分着意于意境的营造，彰显花园式酒店的理念，实现人文生态与自然生态的和谐共生，使之有别于通常意义上的酒店，成为即墨古城的一个诗意凝结点，一个充满田园意趣、古典美感和人文情怀的场所。

园林景观尤其讲究诗意自然，定位于“归田园居的诗酒琴棋画”，将酒店整体视为一座主题花园，空间上划分为“松下素琴”“童戏叟怡”“馨茶问道”“竹林弄弈”“林语潺溪”“云门舞墨”“诗以春畦”等概念分区，以诗意田园为主题，形成一个渗透着人文情调、充盈着田园意味的园林世界。这里的园林不再是建筑的陪衬和附属工程，而成为主题本身，布景处处用心，赋予建筑以田园风华，置身其中，有一种回归自然的感觉。

位于“府邸”与“园林”之间的全日餐厅着力体现古典的自然雅趣，以花树、亭榭为基本概念，四面墙体以花鸟布艺屏风环绕，座椅的搭配延续室外阳光棚的绿意，完成了空间氛围的过渡与融合，使整个区域和谐统一。

总体布局上，君澜度假酒店建筑群讲求中轴对称，与传统逻辑相吻合。酒店的规划布局以中轴线为始，营造传统园林曲径通幽的意境。街巷、庭院、园林等公共空间和客房以“藏、汇、悦、憩”主题进行功能分区，实现了“移步易景”、和谐分布、动静皆宜。其中，“藏”以藏山房、藏水榭等公共空间为主，提供优雅的茶饮环境，营造庄重、雅致的接待空间；“汇”以精英的汇合、文化的碰撞、知识的交融为主旨，设计为多种空间的会议及宴会举办场所；“悦”主打特色餐饮，

◎ 君澜度假酒店主入口万寿宫内景

◎ 建筑设计示意图：君澜度假酒店花园餐厅

◎ 建筑设计示意图：君澜度假酒店花园餐厅平面布局

◎ 建筑设计效果图：君澜度假酒店总体布局图

1 松下素琴
2 馨茶问道
3 竹林弄弈
4 诗以春畦
5 花园餐厅
6 云门舞墨
7 童戏叟怡
8 假山瀑布
9 万里云衢坊
10 特色景石
11 童趣假山
12 酒店侧门
13 特色书墨景墙
14 户外休闲吧台
15 特色格栅围挡
16 化蝶景墙
17 格栅景墙
18 茶叶雕塑

◎ 建筑设计图：建筑剖面及高程分析

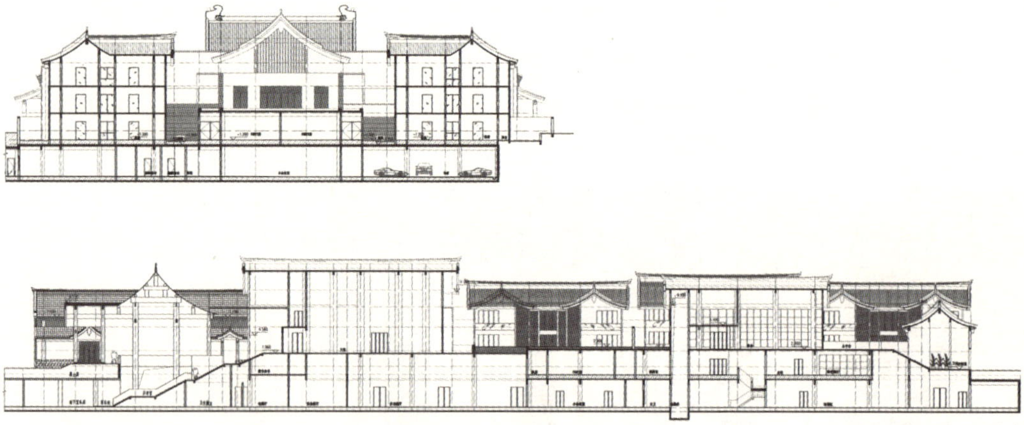

◎ 建筑设计效果图：客房立面

◎ 建筑设计效果图：中庭剖立面

◎ 建筑设计效果图：君澜度假酒店入口广场（过程稿）

荟萃中西各式餐厅；“憩”旨在营造舒适、静谧、优雅的居住环境，设计标准客房、别墅等。此外，结合古城地下空间和交通流线，酒店内部采用地上地下双大堂设计，并合理布置垂直交通路线，后勤交通与宾客流线完全分开，确保舒适的入住体验。

酒店大堂、接待等公共空间部分，参考传统官式建筑的府邸布局，采用两进半的院落格局，重点突出礼仪元素，提升酒店在古城文化环境中的地位。大堂设计以钢筋混凝土结构为主，采用坡顶走势，结合实木和青瓦形成空间骨架；空中悬挂矩阵式山水花纹镂空铜灯，不仅提亮了整体空间，更赋予其庄重的文化氛围。为了营造田园与人文意境，双大堂内设置 3 幅扬州漆器工艺画屏，其上为《鹤山望海》《西湖春色》[1]，其下为《马山呈秀》，选取即墨和杭州标志性风景名胜为题材进行创作，以点螺技艺细腻刻画，令人赏心悦目。

客房设计为楼式和院落式。楼式客房采用官邸后宅的意匠，虽然为集合式房间，但每栋客房楼的体量都不大。院落式客房在充分考虑私密性和视野避让的基础上，采取灵活的园林式布局，将其布置于优美的园林环境之中，布局虽紧凑，却不显拥挤。客房内部空间结构和元素皆以追求雅致生活为出发点，注重桌椅、屏风、灯光和摆件的搭配，入住其中，空间氛围会让人不自觉地慢下来。

建成后的君澜度假酒店建筑面积约 14000 平方米，主入口处悬挂有“万寿宫”竖匾，以纪念万寿宫这一历史建筑，寓意居客福寿绵延。

1 因君澜酒店集团总部设于杭州，故选取杭州标志性景点西湖元素设计创作了《西湖春色》。

鶴山望海

西湖春色

馬山望秀

◎ 扬州漆器工艺画屏：《鹤山望海》

《鹤山望海》为大型刻漆工艺壁画，长680厘米、高188厘米，根据明万历版《即墨志》所载即墨八景之一的“鹤山望海”景象创作而成。画面通过扬州漆器中的刻漆、点螺、螺钿镶嵌、彩画等技艺进行叠加式创新琢刻，以石布景，使即墨鹤山的“招鹤回鸣”“栖鹤梳羽”“水鸣天梯”“仙台凌空”等景点尽收眼底。

◎ 扬州漆器工艺画屏：《西湖春色》

《西湖春色》为大型刻漆工艺壁画，长680厘米、高188厘米，通过娴熟多变的刀法和悦目和谐的色调，将西湖的“断桥残雪”“苏堤春晓”“平湖秋月”“三潭印月”等景观一一刻画出来，细腻而生动。工艺技法上，针对不同风景的特点，采用多种刀法叠现山脉的绵延不断；用螺钿镶嵌点缀鸟雀，使其更富灵性；采用青金色髹饰湖面，呈现清波荡漾之感，诠释了西湖“平如镜、碧如玉”的自然美景。色彩处理上，吸收工笔重彩和版画的立体手法，渲染细致，突出主题。

◎ 扬州漆器工艺画屏：《马山呈秀》

《马山呈秀》为刻漆真金屏风，长660厘米、高310厘米，取自明万历版《即墨志》所载即墨八景之一的“马鞍覆锦”进行创作，堪称扬州漆器史上最大的屏风。画面表现虚实结合，将马山石林、紫色花海、小桥流水、山涧瀑布、林间凉亭及人物巧妙结合在一起，恍如人在画中游。整幅作品经过刻、铲、批、着色、贴金等刻漆工艺，做工精细、色彩光亮，特别是画作中的马山石林笔直挺拔，排列紧密，蔚为壮观。

◎ 君澜度假酒店
地上主入口夜景

◎ 君澜度假酒店
内庭夜景

◎ 君澜度假酒店东南俯瞰图

◎ 君澜度假酒店夜景东南俯瞰图

即墨古城提出“一座有生活温度的古城”的筑城理念，值得肯定。要成为一座有生活温度的古城，必须要有值得居住的功能，要保存城市的记忆、城市道路的肌理脉络，即墨古城显然做到了这一点。她的建筑设计在传承中创新，建筑施工体现了大国工匠精神，堪当“匠魂”二字。

——全国工程勘察设计大师　何玉如

一座古城，一方院落，一种生活。为何将家称为“家庭”？大抵是因中国传统民居都有庭院。五千年历史沉淀的东方文化，造就了中国人骨子里的领域感，即墨古城的中式院落，便是如此承载着人们的传统居住情怀。

这里，民居是燃起古城温度和维持古城氛围的基本单元，一脉相承的文化渗透到现代生活，萌生出悠悠诗意。古城居住建筑的设计理念，引导人们回归中国传统的院落生活。

院落情结，也是中国独有的文化意象。院子里的每一棵花树、每一件陈设，都代表着院落主人独有的审美情趣。这里集藏着天地，也阅览着春秋。多少心事徘徊，都发于一方院落之中。

“笙歌归院落，灯火下楼台”。栖居古城院子，享受诗意生活。

第十一章

CHAPTER

11

诗意栖居

居住建筑的设计营造

SHIYI

QIJU

11.1 宜其遐福：古城居住建筑的东方韵味

人，诗意地生活在世间，屋宇就是一方具体而微的天地。居住其中，人的幸福感和归属感是美好家园的衡量指标。相对于巍峨的城墙城楼、华美的牌坊以及恢宏的殿宇而言，即墨古城的居住建筑充满东方意味和当代生活品质，作为城市综合体的单元细胞，更能体现出一座城的用心。

◎ 静巷

◎ 居住建筑设计俯瞰图

11.1.1 宽庭静巷：传统民居的基本特征

◎ 即墨古城历史影像：绵延的屋宇（摄于约1901年）

中国的居住文化讲究天人合一，人与自然环境的和谐统一。

市井街巷具有双面性，一方面是宁谧的住所，另一方面又是热闹的场所，对于居住者来说，两种感觉缺一不可。因此，构成民居的基本单元——院落，首先讲究闹中取静。庭院文化及其局部小环境的演化则是进一步的追求。作为中国居住文化至关重要的空间元素，庭院首先赋予居住者一种精神归属感。在庭院中，文人沏茶读书，卧听风雨，方寸天地间俯仰宇宙人生；儒商运筹帷幄，兼济天下，广厦细旃前一展胸中丘壑；普通百姓憧憬惬意，独享暖阳清风；远途游子，寄怀乡愁，体会温情。

作为私人生活空间，住宅更加注重空间细节和生活品位，致力于提供舒适的人居体验，而这种体验需存在于惬意的人文环境之中。因此，其设计营造只有在承续传统的基础上有所创新，才能将“诗意栖居”的理想更好地落到实处。

迄今发现的即墨城老照片中，虽然反映居住建筑本身面貌的照片较为少见，但从以城楼、牌坊或者街巷为主体的照片中，尚可对即墨城的居住建筑有所察见。因为在那些街景俯瞰照片中，“显现”的一片片屋顶更多的是居住建筑。

鉴照老照片和相关文献资料，可对即墨城的居住空间肌理有一个基本认知。城中的居住建筑大多表现为传统的胶东民居风格，既符合北方合院民居的布局模式，又具有适应本地气候、建筑材料和生活方式的特征：庭院较为宽敞，房舍厚重而规整，有独立的，亦有连通跨院的；正房多为三开间或五开间，坐北朝南，辅之以厢房，独立的院门一般开在南侧偏东位置，三合院的院门也有开在正中的。两院并列连通跨院的民居，出于通行便利或分宅出入需求等考虑，也有在院落东西两侧开门，并通过内设照壁将空间加以分隔的情况，这种院落可分可合，更为灵活。建筑材料方面，墙体砌筑方式相对简约粗犷，对石材的运用非常丰富，屋顶多用双层阴瓦铺砌。从当今犹存的胶东传统民居中也可以看出这些基本特征。

◎ 古城院落一角

11.1.2 观乎人文：居住街区的风尚与命名

即墨古城的院子，既充满传统文化的精神意趣，又持续聚拢延续着千年的生活温度。这些由院子构成的居住群落，被街巷划分为“十三坊”，建设者依据即墨历史上的名人典故、事件、建筑等信息，对“十三坊”分别进行了命名。

清信坊与乐寿坊，位于即墨古城西北方位，准提精舍两侧，取养生、长寿之意作为坊名，营造安静祥和的居住氛围。

集贤坊，此区域内原有蓝公祠、汤公祠等为纪念即墨历史人物和贤德官吏而建的祠堂，故取名为“集贤”。

五福坊，此区域内原有五福巷，因此得名。

新生坊与信义坊，位于古城西南方位，此区域内原为新生村所在地，而新生村内又有信义街，故取村、街之名分别为两坊的名称。

葆光坊，此区域内原有黄氏家族名人黄贞麟的故居，其堂号为“葆光堂”，故名以兹纪念。

周家坊，此区域内原有周氏家族建筑群落，故名。

良臣坊，此区域内原有杨氏家族名人杨良臣故居，故名。

启秀坊与群英坊，位于文庙和学宫北，原学署后有启秀亭和萃英邱，故名。

福音坊，此区域内建有古城基督教堂，故名。

养济坊，此区域内原有明代知县张闻所建即墨最早的慈善场所——养济院，故取名以兹纪念。

从建筑形式上看，十三坊为适合当代人居住的传统风貌街坊。而以合乎历史逻辑的命名方式留住即墨城的历史记忆，既是一种历史传承，亦是对当今街巷社区氛围的人文营造。十三坊内的建筑在历史文化因子滋养之下，通过坊间组合，形成了富有历史底蕴和时代风尚的人文街区。

11.1.3 层次分明：居住建筑的空间逻辑

为使居住院落更贴合当地传统，设计方在充分挖掘吸取即墨传统建筑风貌的基础上，融合青岛及其周边地区自开埠以来民居建筑的精华，归纳总结并提炼出即墨古城居住建筑的设计要旨——以院落为核心，实现由公共空间向私密空间的逐级转换，在文化意韵的层层渗透之下，营造富于节奏、层次分明的居住氛围。可以说，古城居住建筑的布局规划突破了单调的空间逻辑和常规的组合排列方式，通过以“街巷—庭院—屋宇”三重空间为基本框架的多层次的内外空间序列，为居住者提供更为别致的生活体验，巧妙赋予了居住者一种内在的审美意趣。

与外部空间相呼应，古城居住建筑遵循中国传统合院的设计理念，彰显家门风范，以“门前照壁—院门—前院—室内—内院—正房”为基本序列，层层深入，不断变化。院门是古代居住建筑的重要元素。宅，以门户为冠带，门在中国建筑中有特殊的含义，入必由之，出必由之，一门内外，两重世界，为住户提供隔开外界喧嚣、独享家庭生活的空间。院落大门上的门簪、门钹、门钉等细微之处尽显门饰之美。作为即墨古城居住建筑设计的一大亮点，院门给出了诗意栖居的切入点，体现了真切的人文关怀。

院落以传统营造法式与现代材料相互结合为基本做法，每处主要起居空间的内院环境尽可能删繁就简，塑造更加朴素简洁的新中式风

◎ 建筑设计效果图：即墨古城居住院落

◎ 墀头石雕装饰

◎ 住宅入户门石雕装饰

格庭院，满足居住空间采光、通风和节能的基本要求，为住户提供更多的个人空间。同时，适应当代生活习惯，将传统院落式住宅与当代独栋式住宅的空间布局方式恰当结合，充分开发地上庭院空间和地下辅助空间，每个院落式户型均配置可停车入户的地下车库和大面积地下室，局部酌情设置天井和下沉式庭院，以保证辅助类房间的适用性和舒适度，更好地承载娱乐、聚会等功能，增加家庭生活体验。

总之，即墨古城居住建筑顺应了古城的传统肌理，以院落为单位，街坊为组团，创造出一种传统文化内涵和现代生活相结合的新型居住模式。在体现整体风貌格调的前提下，结合居住者的行为习惯，采用分户型的小组团式布局方式，通过多层级道路划分，以不断变化的景观和空间提升辨识度。

◎ 建成后的一进院住宅

◎ 即墨古城住宅大门

11.2 谐美空间：居住院落的基本类型

诗意盎然，多样而协调，是古城居住院落的基本特点。

单调的户型不可能塑造出个性化的人居环境。随着居住院落户型设计的不断推进，建设者通过多次思想碰撞，不断丰富住宅户型，最大限度地创造富有东方意蕴的宜居院落空间，以适应不同住户的生活文化追求。

设计师先后设计了十余种面积和风格各异的户型，主要包括一进院、二进院、三合院等。一进院、二进院户型皆以传统居住院落为原型，通过现代设计和技术手段的优化组合，在满足现代生活居住需求的同时，从意向上再现了昔日即墨城百姓安居乐业的生活场景。而“可居可商”的三合院户型，则是顺应文化旅游产业发展的大趋势而产生的，旨在为游客提供入住古城、深入体验城内生活的可能性。

院落既是活动空间，亦是观景空间。晨昏之间，立于廊下，品一杯香茶，看花开花落，云卷云舒，体会“竹影扫阶尘不动，月穿潭底水无痕”的从容淡定，自是别有一番韵味。

◎ 建筑设计效果图：一进院住宅示例

◎ 建筑设计图：
一进院住宅东立面

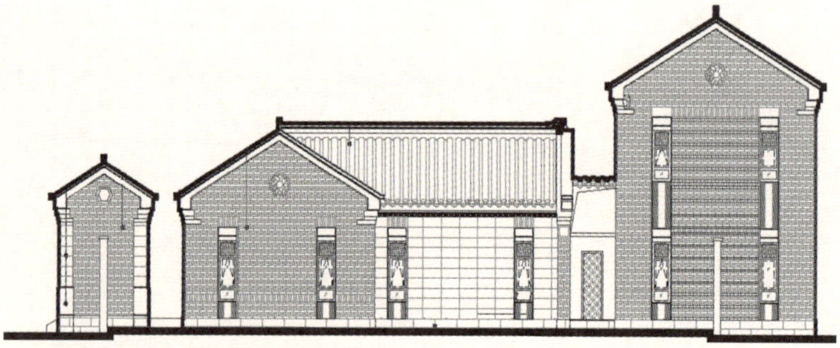

◎ 建筑设计图：
一进院住宅南立面（左上）

◎ 建筑设计图：
一进院住宅北立面（左下）

◎ 建筑设计图：
一进院住宅平面图（右）

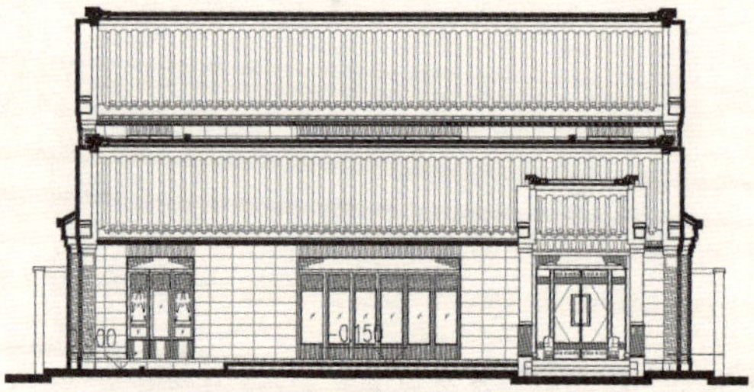

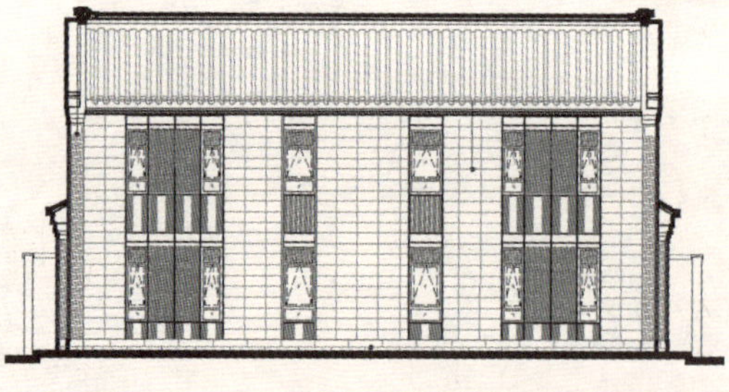

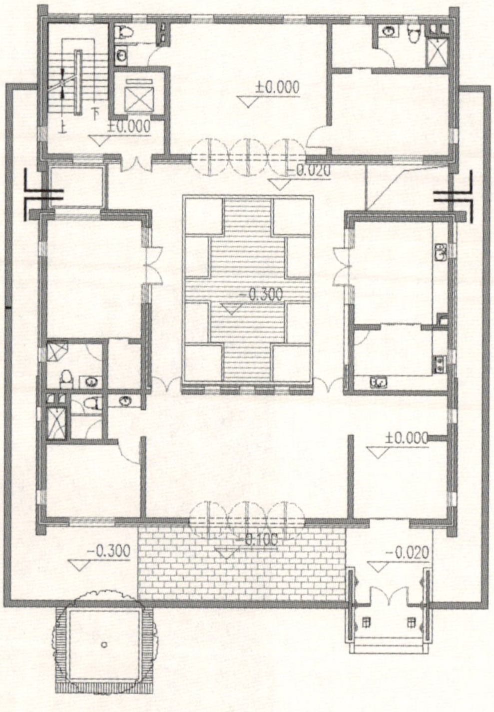

11.2.1 室雅兰香：一进院

在古汉语中，“家”指房屋，“庭”指院子，“家庭”二字映射出人们对私密居住空间的理解，这种理解转化为建筑模型，就是“合院”模式。即墨古城的一进院户型源于构成中国北方住宅空间肌理的标准单元——四合院。这种设计体现了对中国传统文化中家庭空间的理解，也包含着现代生活对人居空间的更高要求。

一进院平面格局为单进双排式四合院落，与传统四合院穿房过院的交通方式相比，同中有异。不同的是采用内廊式布局，以建筑内部走廊围绕内院，在传统布局中展开各主要功能房间，保证景观效果和文化意蕴的同时，通过现代建筑技术进一步提升院内环境。

立面设计延续了传统建筑风貌，通过现代建筑材料和建构方式，对即墨传统建筑元素进行创造性转译，强调传统砖墙、石材和金属材料之间的对比和交融。入户门头为传统四合院民居的金柱大门，着力表达殷实之家的温馨与富足。外墙装饰以富有吉祥寓意的动物花草图案为主；院内建筑采用相对通透、开敞的现代表达方式，通过富有传统纹样的现代门窗展现古朴的建筑风貌。

11.2.2 院藏尊荣：二进院

二进院住宅为古城面积最大、规格最高的居住院落。其平面格局为标准四合院之后又加一进后院，增加了空间层次和居住体验。在中国古代传统民居中，宅分前后，一般来说这种户型是较为优渥的生活居所。

南院为进门院，作为会客空间相对开放，体现传统雅居的韵味。北面的庭院为家庭生活的内核，设计得更为私密，通过富有现代感的下沉式庭院，连通各主要功能房间，可隔窗互见，可嬉戏玩闹，营造温馨活泼而具有凝聚力的私人空间。

二进院的建筑风貌在中国北方传统院落格局和建构方式的基础上，融入了即墨本地建筑元素。作为古城内户型最大的居住院落，其整体风格强调传统材料和建构方式，形成精美的艺术化空间，突出生活的富庶丰足。入户门头为传统四合院民居最高形制的广亮大门，建筑主体的脊饰、墀头、山墙选取具有吉祥寓意的神兽花卉等图案作为装饰，展示传统民居精华。内部建筑以通透开敞的现代风格为主，采用大面积落地窗及简洁明快的金属构件进行装饰，呈现既具传统文化特色、亦具现代审美时尚的建筑格局，适应当代人的生活方式和居住习惯。

◎ 建筑设计图：
二进院住宅南立面

◎ 建筑设计图：
二进院住宅东立面

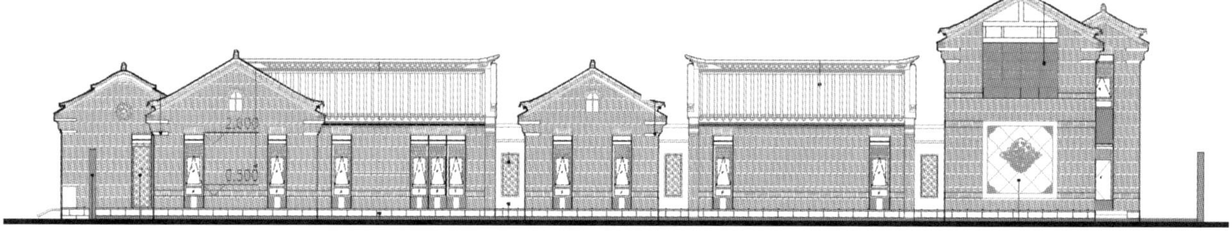

◎ 建筑设计图：

二进院住宅平面图

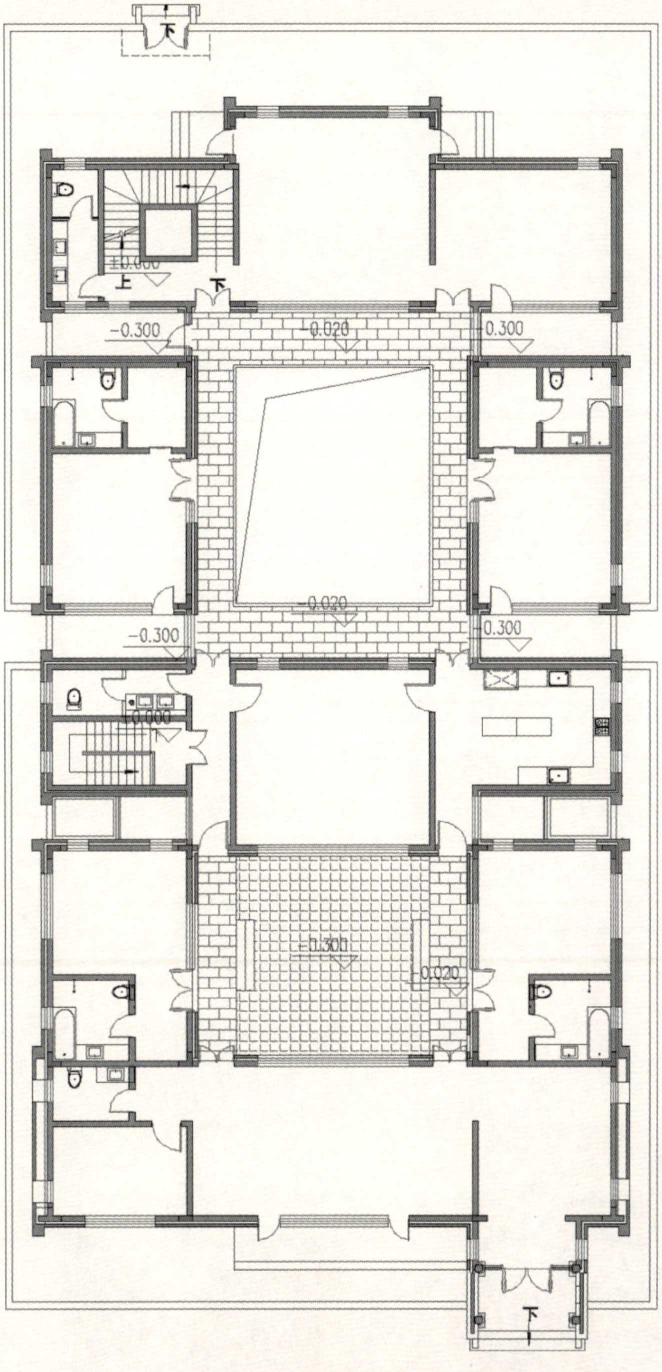

11.2.3 宜居宜商：三合院

在满足日常居住需求的同时，古城居住建筑在设计营造过程中，也适时考虑了旅居者的需求，以期为游客提供温馨而富有地方特色的居住体验。

从旅游的维度观察，以体验为目的的旅游已成为当下时尚。旅居者更加注重文化氛围和居住体验，甚至直接将住宿本身作为旅行的目的之一。与此相适应，即墨古城不仅建造了文化气息浓郁的君澜度假酒店，还规划了更能体现即墨居住文化、更具市井风情的特色客栈，以提升游客的体验感和参与度。缘此，三合院户型应运而生。

三合院户型是基于古城“文化驿站”理念而设计的，取新中式二层三合院布局。这种户型不仅能满足人口较多的家庭居住需求，还可改造成家庭旅店或主题民宿。其设计灵感来源于古典的客栈，设有开敞外廊，将围合庭院作为共享交互的公共空间，营造大众所熟知的客栈意象。主要房间的平面布局兼顾空间私密性和公共性，既能满足居住的舒适度要求，亦可满足客栈经营管理的需求。同时，地下空间可作为公共餐厅和休息区，为游客提供相应的社交和休闲场所。

三合院户型可容纳客房 17 间，其中地上 13 间，其余 4 间虽然设在地下，但分布于自然通风、采光较好的天井周边，可为游客提供独特的居住体验。外立面采用简洁的新中式风格，以清水砖墙融合传统砖花、瓦花，仅在门楣、檐口和墀头等位置饰以砖雕花卉，为入驻者预留个性化的装饰空间。

◎ 建筑设计效果图：三合院示例

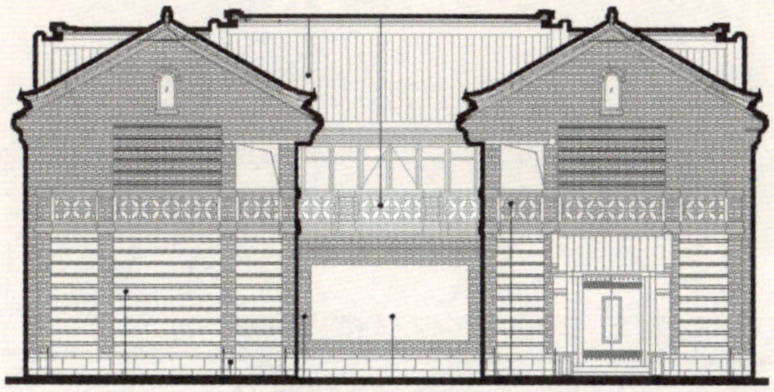

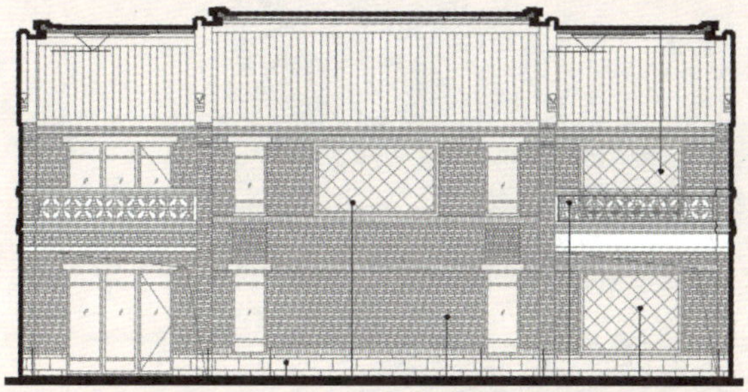

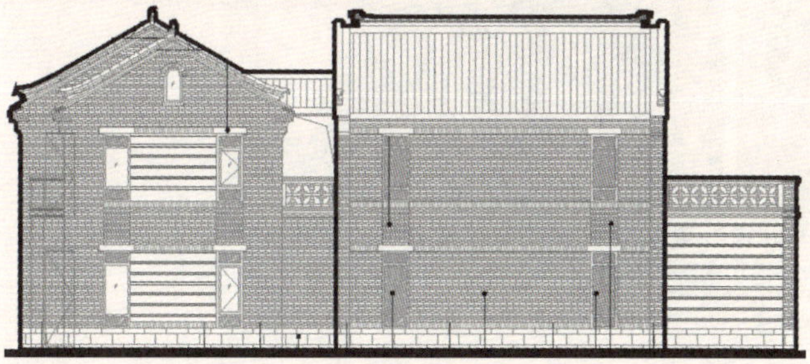

◎ 建筑设计图：三合院南立面

◎ 建筑设计图：三合院北立面

◎ 建筑设计图：三合院西立面

◎ 建筑设计图：三合院平面图

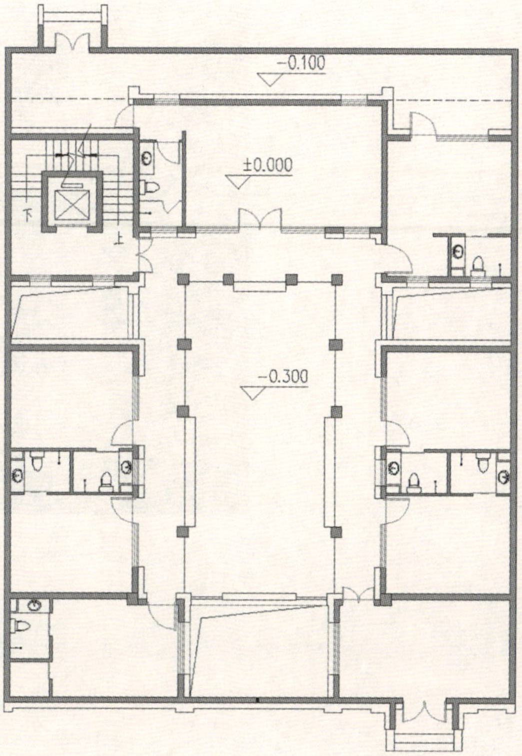

◎ 古城院落掠影

11.3 岁月重叠：五福巷风貌的升华

巷，是一种文化记忆，是逝去时光的一种定格，是人们追忆过往的空间和场所。有街头，便有巷尾。街是公共地界，平直通达，欢腾喧闹。巷则掌管着各家各户出入的通道，曲折得像是乡愁的韵调。

五福巷，是一条具有清末民初时期即墨民居特色的小巷，其建设与营造，是古城居住生活氛围和人文气息的延续。如今，五福巷在即墨古城，是一个地标性符号，以延续和升华的姿态复现。

11.3.1 当铺胡同：五福巷的历史变迁

五福巷坐落于即墨城“丁”字街西北侧，始于清道光年间（1821—1850 年）黄县人丁余庆开办的共来当铺，因此又被称作“当铺胡同”。后因战乱，当铺无以为继，关门停业，此胡同便成为商贾的居住场所，改造成规整的民居，取“五福”之意，得名“五福巷”。巷内，院落规模基本相同，大门内分布着两处院落，各立门户。建筑样式亦基本相同，房屋均为青石砖木结构，硬山顶，顶覆灰色小瓦，具有典型的北方清末民初风格。

由于历史原因和保护不到位，加上居民的随意改造，在古城片区拆迁改造前，五福巷及周边的历史风貌和建筑形制已遭破坏，且由于配套设施落后，居民生活很不方便，改造诉求强烈。拆迁过程中，古城规划建设指挥部协调拆迁指挥部将其划定为暂留区。其间，仍有住户私自把房屋上的砖、瓦、木、石拆走或变卖，导致大部分建筑构件缺失。

随着古城规划建设的持续推进，2014 年 8 月 8 日，即墨古城地下实施大开挖方案经市城乡规划委员会第三次主任办公会研究通过，五福巷一带被划入地下大开挖区域。在综合考虑各种因素后，将其纳入改造范围，保留其历史文化内涵，依循原有风貌进行意向性建设。

11.3.2 朴拙怀旧：五福巷的设计营造

五福巷作为具有当地民居特色和氛围的街巷，是即墨古城多元建筑文化的重要组成部分。前期，古城规划建设指挥部在征求本地文史专家及人大代表、政协委员、居民代表等意见建议的基础上，不断完善设计方案。同时，在古城片区及周边搜集了大量老材料，用于五福巷建设。

在设计上，以重现五福巷原有尺度、建筑色彩等视觉效果为原则，将临巷建筑设计为一层山墙面，建筑的进深、高度、屋顶坡度等变化不大。建筑材料选用当地传统老石料、青砖及灰色屋瓦等。在建筑构造的细部处理上，采用当地特色工艺，墙面以石材为底进行勒脚砌筑，上砌青砖，墙头覆特色瓦花。屋面以仰瓦覆顶，双层滴水。此外，在巷口北端增设标示性院门，巷内院墙等处增设当地传统花纹样式的瓦花，使小巷两侧界面更加丰富精致，提升观赏性，增强节奏感。景观设计上，结合即墨古城整体景观体系进行“润色”，使游客和居住者能够对即墨历史文化产生共鸣。

施工过程中，建设者以严苛的态度对待外立面营造，为了表现出老巷子固有的朴拙之感，在石材、墙砖等建筑材料的选用上尤为用心。起初，因工艺风格不同，南方工匠砌筑的墙体、石阶、路面总是缺少“老石头”“老砖”那种古朴自然的味道，先后返工了三次，仍达不到预期效果。后几经寻访，从莱州请来一位老石匠，采用更为传统的手工錾凿石料砌筑，终于营造出古韵老巷的韵味。

五福巷风貌的升华是一个探索的过程。通过更新，赋予其新的活力，使之与即墨古城整体文化景观体系融合无间，以建筑艺术语言，营造出了一个有怀旧感和表现力的文化磁场。

时光循环往复，触摸那古朴沧桑的砖墙石阶，旧时五福巷内的烟火气和人文风情仿佛被突然唤醒，一一呈现在眼前。

◎ 建筑设计图：
五福巷平面布局
及户型图

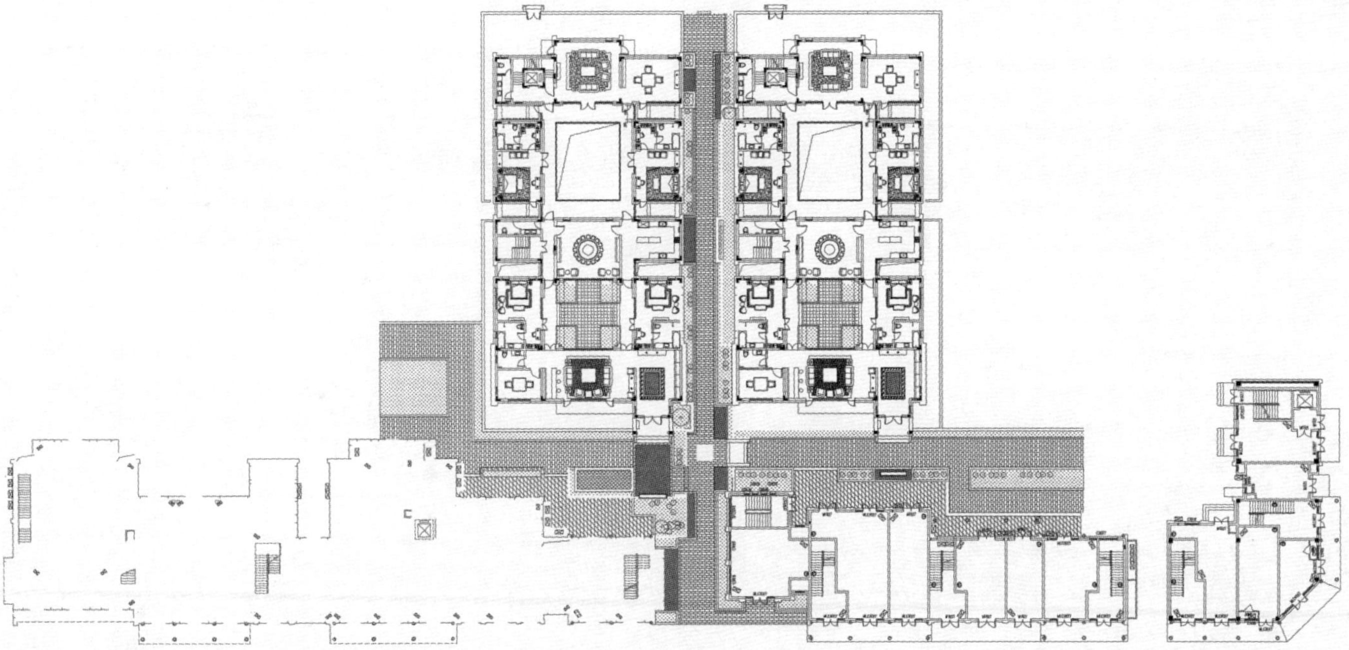

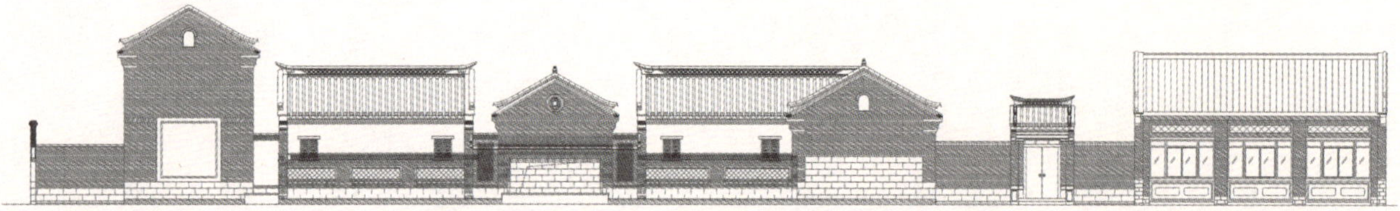

◎ 建筑设计图：
五福巷东立面

◎ 建筑设计图：
五福巷西立面

◎ 建筑设计效果图：
五福巷

◎ 建筑设计示意图：
五福巷东立面

◎ 建筑设计示意图：
五福巷西立面

◎ 五福巷民居

营造即墨古城宜人的环境，也是出于对人性的考虑，

在建筑和绿树交相呼应下，使这里的生活气息，能够得到更好的体现。

——中国建筑科学研究院建筑设计院总建筑师 薛明

置身即墨古城，如同置身于悠久的传统文化之中。

如所闻“一花一世界，一叶一菩提”，而英国诗人布莱克也曾言，“从一颗沙看见一个世界，从一朵野花窥视一座天堂，

把无限放在你的手掌上，让永恒在一刹那间收藏”

这是岁月的诗意，也是自然的启示。

总体上看，即墨古城是一个小大由之的景观体系，讲求建筑与园林的协调与融合。

对于景观设计营造来说，这是一个基本法度。

无论建筑还是环境绿化，凡小桥流水之意，花开四季之灵，抑或叠石理水之趣，都囊括于这一自然体系之中。

一切景观，俱出自然，俱合人文。

说到底，今天再造即墨古城，所有景观都是以人为本的，

亦是对人的一种提醒，目的是建立起一种和谐的人地关系。

第十二章
CHAPTER
12

如诗如画

景观主题暨园林环境的设计营造

RUSHI
RUHUA

12.1 和谐共生：景观思维及设计法度

一提起“景观”，人们会自然而然地想起许多美好事物，眼前往往会涌现如诗如画的风景。

在此，首先需要对“景观”概念作出有针对性的界定。简言之，“景观”概念可大可小，广义上包括人文景观与自然景观在内的宏观概念，指的是一定区域内呈现出来的景象，反映了这片土地及土地上空间和物质所构成的综合体，是复杂的自然过程和人类活动在大地上的烙印。狭义上，“景观”有时专指园林绿化景观。在领略诗意风景之前，需先对这份诗意风景存在的整体环境做一番回溯，形成文化与自然融合并生的系统思维，以避免对景观的片面印象。

前面各章已对构成即墨古城的人文景观予以介绍，现在将聚焦于园林景观，着眼于大景观体系的完整性，对即墨古城总体景观主题及其构成逻辑予以把握，在传承千秋文脉的同时又不失自然旨趣。

中国园林景观的一大精髓就是其中渗透着深邃的人文情怀，是人文与自然的一体化。这是即墨古城景观规划设计的基本法度。

12.1.1 明察今古：城市景观思想辩证

景观设计有科学和艺术等方面的衡量标准，而且这个标准要放在历史、现实和未来的维度上予以勘验。从景观规划设计上，可以对“古城亦新城”的理念有更深一步的理解。

如何做好景观设计，有效建构起即墨古城既符合自身逻辑、又具有包容性的景观体系，使其有品位、有特色、有价值。对此，建设者进行了一系列的探索，既要从大处着眼，建立科学思维并形成有深度、有远见的顶层设计；亦须从小处入手，针对场地条件设计和营造好每一处景观，做好细节处理。

观察中国传统城市面貌，似乎存在一个矛盾现象。一方面，充盈着天人合一的格调，特别注重人与环境的协调，着力营造一种富于文化诗意的城市景观；另一方面，一些地方因为城市空间有限、人口密集等因素，造成一定范围内公共绿化和园林景观的缺失。旧时即墨城内，对独立的大型共享园林空间似乎有所“忽视”。到了近代，这种情况表现得更加突出，在拍摄于十九世纪末和二十世纪初的即墨城老照片中，城内建筑太过密集，几乎看不到园林的踪影，给人一种过于拥挤的感觉。当然这些老照片所反映的只是大历史中的一些小片段。

◎ 墨园启秀亭

若要洞悉即墨城更从容、更雅健的存在形式，则需见微知著，探寻文化诗意的增长与沉潜方式。可以说，即墨城是不乏田园情怀的，否则不会有清乾隆年间即墨知县尤淑孝的佳作《东园十咏》，其所吟咏者是县衙东侧的花园，并非人人可自由出入的园林。即使是那广为人知的学署园，也是半封闭园林。若想要找寻今天人们所理解的园林景观，似乎只有到城外了。特别值得注意的一点是，在古代城市逻辑中，建筑与园林是一体的，并没有单独的建筑或者园林之说，建筑是园林的一部分，园林也是建筑的一部分。从此视角观察，古代城市整体上浸润于大自然之中，其本身就仿佛是一座大型园林。

知古，更需知今。现代城市已不再是古代那种围城概念，其空间限制相对取消，城内与城外的界限已然模糊，城市生存与发展空间得以大范围拓展。然而，凡有一利则必有一弊，最突出的表现就是城市病，诸如交通拥挤、住房紧张、供水不足、能源紧缺、环境污染、秩序混乱、资源浪费、热岛效应等。近代以来，这是几乎所有工业化和城市化进程中出现的通病。因此，人们反而更怀念理想意义上的古典城市所具有的那种从容之美，其实这也是回归自然的一种心理诉求。

城市思想发展到今天，为我们在多维度中比较鉴照提供了更多形成科学判断的可能。从空间条件和社会心理需求上看，现代城市更有条件进行绿化和公共空间体系的建构，其实质是对高质量、共生性生存环境的追求。具体到景观设计营造上，景观的存在价值不仅止于“好看”，还要注重科学性，在人体工学、行为学、心理学等理论指导下，通过景观小品、绿化植被、城市家具、夜景照明等技术手段，营造公

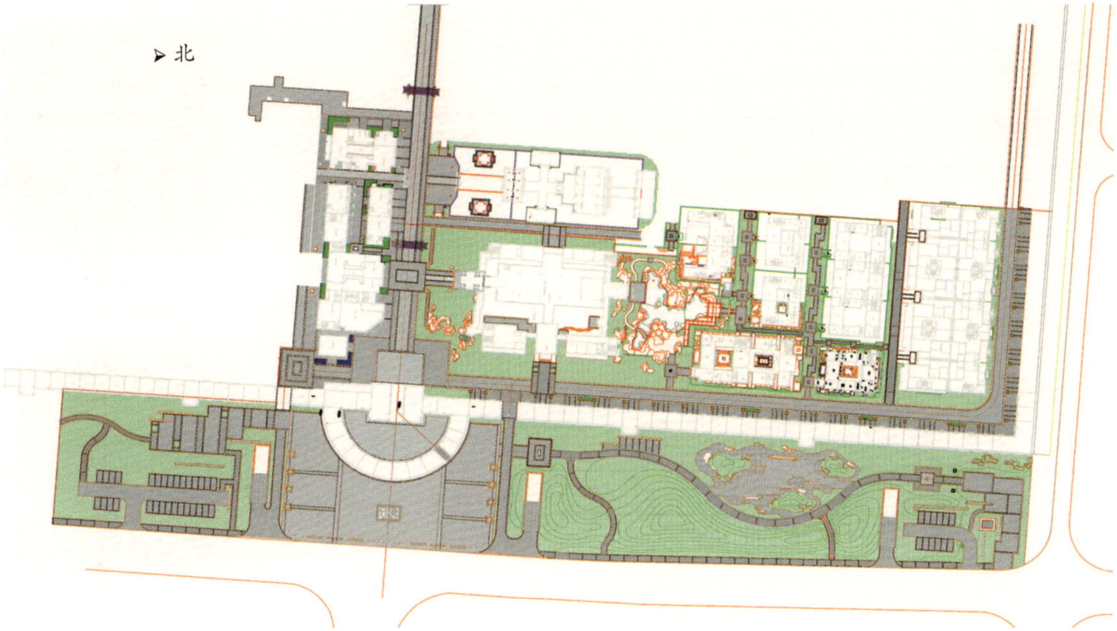

◎ 潮海门外广场绿化布局图

共艺术氛围，优化人们活动的外部空间环境。

站在历史与现实的结合点上，有必要寻求新的解决之道。在景观规划设计思维层面上，即墨古城致力于平衡古代城市的构成方式和现代城市的建设理念，汲取精华，有所扬弃，避免因为人口密集、建筑拥挤而牺牲环境质量，致力于营造一种可持续发展的生态环境。通过景观绿化软化街道空间界面，将传统建筑掩映于花海绿树中，提升古城整体风貌。作为这个大体系中一个具体的技术手段，设计师特别注重直观导视系统和休闲设施的建设，设计了有文化特征并契合古城风貌的路牌、路灯、座椅等城市家具，以形成舒适惬意的微环境，使市民和游客获得更友好的环境体验感。

当然，景观设计理念是与时俱进的，充分运用现代技术手段来实现设计目的也是不可忽视的要点。在这方面，精心设计营造的夜间光环境就是诸多亮点之一。现代技术营造的灯光照明环境是城市更新之法，这在古代城市中往往是看不到的，彼时虽说万家灯火有之，然流光溢彩之景终究是不常见的。即墨古城之夜，有了天上明月与人间灯影的遥相呼应，蓦然间会有“天上星河落人间”而“明月依旧照九天”的梦幻之感。

12.1.2 步移景异：景观构成的基本序列

整体上看，即墨古城的景观设计营造遵从古城本身的空间逻辑，城内与城外呼应，以“城—街—巷—园—院”为基本序列，层层展开，环环相扣，通过材料质感、工艺的变化，特色树种的种植，塑造出不同的生活场景或记忆图景。

在即墨古城，城，是历史感厚重的城墙及其附属建筑物；街，是老石材凿边铺就的主街道，是古城时光流溢的主动脉，是漾动的风景线；巷，是具有生活场景感的小巷子，通过本地常见的楸树、石榴、朴树、海棠、山杏和柿子树等植物的变化，营造不同的小巷氛围；园，是古城的人文磁场，不仅有墨园等传统园林，还有诸多人文景观相与增益；院，是每户人家的小庭院，体现居住者的生活细节，是可居、可玩、可品的小天地。

在整体贯通的前提下，城内和城外景观的表现手法往往各有侧重。城外景观注重写意，汲取中国传统书画的灵感进行设计，通过园林景观及景观小品衬托出城墙的古朴恢宏，形成人工与自然的对比，主要以简洁大气的主题公园呈现。城内景观更像传统的工笔画，注重整体的铺陈与细部刻画，赋予不同区域以不同意趣和体验感，并注重相互之间的协调，达成丰富多彩而和谐有序的审美体系。

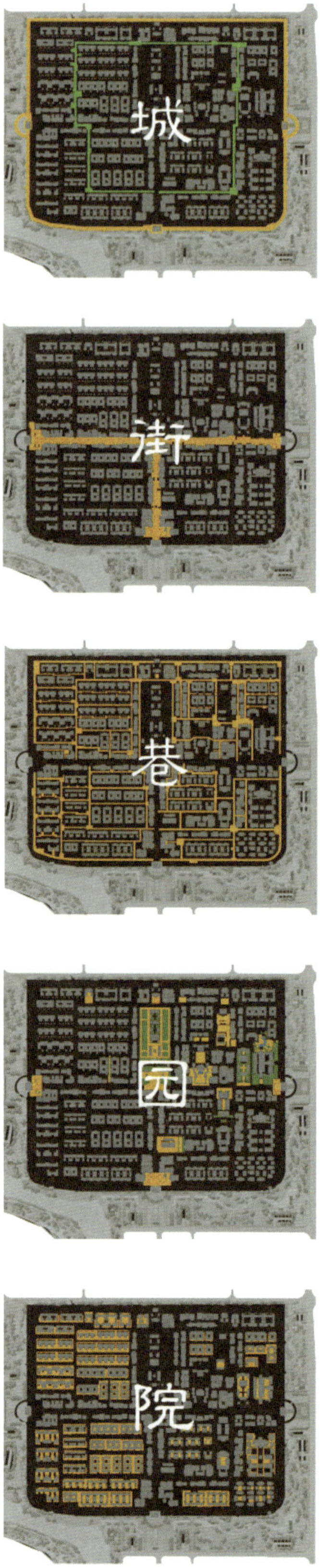

◎ 即墨古城景观序列示意图

12.2 内外呼应：景观廊道的组织与设计营造

如前所述，即墨古城的景观主题是建立在人文与自然一体化维度上的，着意于城内与城外的呼应，以“城—街—巷—园—院”为基本序列，营造人地相生、心物交融的大景观体系，注重多种景观的协调性与叙事的合理性，以及人的体验。

12.2.1 绿野镶边：城门广场景观的设计营造

古城东、西、南三门及其沿城墙延伸区域相对开阔，为景观营造提供了良好条件。着眼于古城整体氛围和功能需要，设计师将城墙外开阔地带规划为城市绿地，承担流线引导、界面缓冲、城墙展示、城市休闲园林等多重功能，以即墨非物质文化遗产“花边”作为城外景观的设计灵感，取意“绿野镶边”。

大面积绿地及花树、园林小品等沿城墙铺陈开来，城市在自然中生长起来。结合即墨古城的文化特征，不同方向的城外绿地被赋予特色鲜明的文化内涵，分别定义“海”“商”“墨”三大主题，以此凸显即墨厚重的文化底蕴。每个文化主题下，均以城门广场为重点，设

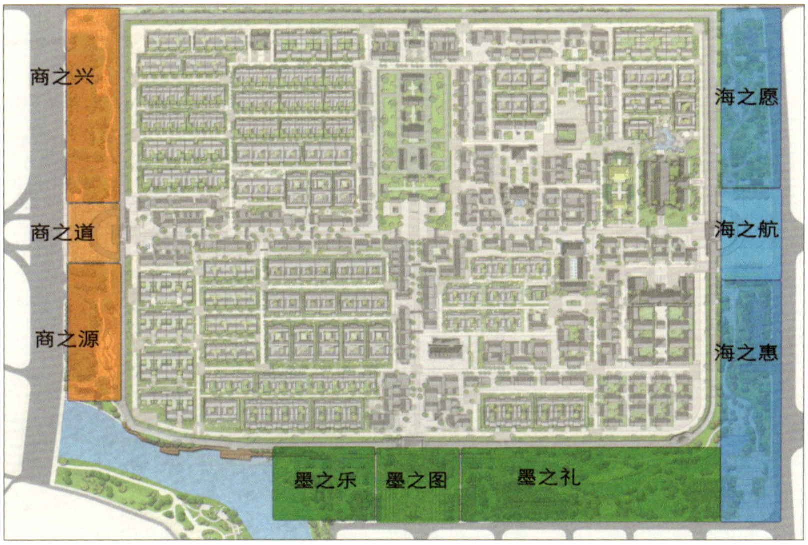

◎ 古城规划设计示意图：城外景观主题（过程稿）

置主景观，并沿城墙有节奏地布置小型文化节点，通过广场雕塑等文化主题，唤起当地人的归属感，向游客展示形象生动而富有个性的即墨风貌。

在城东，潮海门外广场景观以“海”为主题，通过齐王田横坊、田横祭海石、海水江崖纹地雕等展现即墨悠久的海洋文化。作为最先开始建设和呈现的景观，潮海门及其门外广场的首要功能是，从南北两个方向的主要道路吸引游人向古城流动聚集。因此，这一带的内部道路强调导向性，避免过分曲折。广场北部在靠近城墙的位置设置田横祭海石，展现即墨悠久的祭海文化；南部在靠近护城河末端设亲水大台阶，提供休憩和观景空间。

在城西，通济门外广场景观以“商”为主题，前广场设置即墨大夫坊，突出千年商都文化。因紧邻城市道路，绿地空间主要作为古城城墙界面和城市空间之间的缓冲和过渡，将最北端衔接古城以外城市空间的区域和东侧南广场设计为城市道路转角广场；在西南角临墨水河位置，设观景垂钓平台作为过渡衔接。

在城南，环秀门外广场景观以“墨”为主题，前广场为墨之图，以墨邑重华坊及清同治版《即墨县志》所载即墨七乡村庄图地雕为核

◎ 古城规划设计示意图：城外景观布局（过程稿）

◎ 古城规划设计效果图：
三门广场景观主题

心，往北通过玉带桥引导至南瓮城基址；西部为墨之乐，以叠石理水之法构造主要景观；东部为墨之礼，以“围棋林下”为主要景观，与“海棠花蹊”步道结合，形成丰富的景观层次。地面铺装运用黑、白、灰颜色隐喻“墨”字。此外，作为城外面积最大的绿地公园，景观强调自然生态与城墙展示功能，并在紧贴城墙处设置步道，市民游客可近距离感受城墙的厚重。

与上述主题呼应，园林绿化亦非单一的自然表达，而是人文与自然的和谐交融。绿地整体采用舒朗的组团化种植，形成视觉通透感，留出足够的空间展示城墙界面。其间，点缀胸径较大的槐、松和银杏等中国传统景观中的经典树木，形成与时序一致的层次变化，确保四季常绿。局部大面积种植开花乔木，增加城市景观的观赏价值，以适度减弱城墙界面产生的单调感和压迫感。南部临墨水河区域，结合西南城墙小坝遗址和自然河流，营造城市亲水空间。同时，注重多种功能的融通，在城门附近规划了少量的地面绿化停车区域。

不难发现，在人文与自然一体化理念的统摄之下，即墨古城城外各个景观单元相对独立而又贯通一体。在空间布局上，大写意入手，表现出一种大开大合的气势，营造气势磅礴的场所精神，与城墙本体的巍峨之感相应，带来一种人文底蕴的跨时空的体验。同时，小写实落笔，特别注重关键节点的艺术化，将人文景观艺术品和园林小品巧妙结合，形成审美聚焦点、文化心理回旋点。

设计方案的落地，还须严格进行质量控制、工程监理和项目管理。对此古城规划建设指挥部秉承着“慎终如始、质量为先”的理念，力求

为市民和游客打造高品质的休闲空间。但在建设初期，由于施工方对古城建设理念认识不足，走了一些“弯路”。例如，在首发区景观设计中，古城规划建设指挥部分别于2014年9月30日、10月15日就景观方案提出“规划预留通道、注重景观绿化的通透性、不宜设计微地形”等修改意见，但负责该项目的公司在未汇报深化方案、提交施工图纸的情况下进行了施工，严重影响了景观的整体效果。古城规划建设指挥部发现问题后，立即停止了该区域的景观施工。同年10月28日，古城规划建设指挥部专题会议就此次事件进行总结，并再次重申古城项目建设的规范。由鼎泰德公司提交施工图纸，经古城规划建设指挥部研究通过后方可施工建设。经过此事，无论是设计方还是施工方，都对古城精益求精的建设理念有了更深刻的理解和认识。

12.2.2 街巷：线性空间景观

时光流动中，街巷本身就是最具亲和力的文化载体。而恰到好处的设计就是让这种景观自然而然地呈现出来，与街巷融为一体，或者让它们成为街巷的内在组成部分。

线性街道空间中，景观主要起引导视线、软化街道界面的作用。因此，主要商业街利用景观树池分布、地面铺装的层次变化、商铺外摆空间划定等手法，实现了从道路通行空间向商铺门口停留空间的逐级过渡，避免游人驻留导致的互相干扰，使街巷氛围更加丰富，更为和谐。与此同时，提取即墨传统手工制品窝洛子缸、非物质文化遗产大欧鸟笼等元素进行形象设计，将其抽象为独具特色的小品，展示即

◎ 雨巷

◎ 落英缤纷

墨的人文历史元素。

为配合古城亮化和旅游商业服务等现代功能及导览需求，结合各类景观在线性街道空间内的分布特点，建设者还设置了一系列有利于完善城市功能的设施，包含多种样式的路灯、地灯、路牌、指示标识以及坐凳、垃圾桶、外放广播等。此外，鼓励商家设计富有古城文化特征的店招和标识，于细微处显匠心。

◎ 秋意

12.2.3 园：公共区域景观

古代城市的公共区域景观布局有一定规制，形成了一套特定章法。无论用何种方法组织景观廊道，公共区域以及相关联的公共文化建筑都是重中之重。

这里所说的“园”，是指由公共文化建筑与园林构成的一体化景观，并非简单的花园或公园。针对即墨古城内不同公共文化建筑的景观节点，设计师查阅了县志等相关资料，配合其文化属性和周边商业空间氛围，采用相应的景观手法予以烘托，确保设计的合理性。如财神庙和鸭绿池戏台节点，着重突出市井喧闹氛围，设计了充满地域特色的窝洛子缸花钵和整石座椅；在即墨红万字会周边，结合地势高差和文物保护单位特性，突出其历史感和独特的民俗风情，着重处理了下沉广场，在其东侧设置游客休憩区，布置了充满童趣的地景喷泉，以“即墨法化”和“即墨之法化”刀币等为原型，展现即墨特色。此外，在公共文化建筑相对集中的广场和道路尽端，结合周边文化主题，在景观上予以呼应。考虑到这些区域在功能上以人流集散休憩为主，因此在座椅和树池的布置上更加注重停留休息的舒适度和空间体验感。

◎ 带有即墨刀币元素的地景喷泉

12.2.4 院：品读小天地

相比于“城”“街”“巷”“园”等公共空间，“院”更多表现为私密空间。因此，设计师以居住片区“街道—小巷—院落”的空间秩序，利用不同绿植、花卉、铺装和细部装饰划分组团空间，营造独享的园林体验。在街巷上营造步步生景、步移景异、时移景异的景观效果。

居住院落内的景观设计虽属业主之责，但设计师对每一种户型内部的不同位置、不同功能的小庭院都做了处理，通过观赏植被点缀院墙、各色铺装引导视线、特色小物点缀意境等，渲染和讲述古城院落晨昏昼夜的时空转换，展示建筑设计营造的空间意向。此外，还通过带有传统文化韵味的庭院铺装，初步打造同院落、建筑相适应的庭院空间，为业主入住后的装修提供参考。

至此，一个逻辑分明的景观序列有了空间上的收结点，以院落来收结这个层次分明的景观体系，寓意小空间可以容纳大乾坤，用心巧妙的院落布局既是独立的，又非孤立的，关键在于院落与环境的良好关系，在于人文与自然一体化的环境美学的表达方式。

12.3 花开四季：植被选择与景色构成

人们喜欢四季分明，与每个季节的风景友好相遇。当年梁实秋在青岛，就深为那里的四季美景所陶醉，借用南宋释绍昙法师“春有百花秋有月，夏有凉风冬有雪”[1]的诗句来表达他对青岛的眷恋。

古城景观设计的思维基点是时序，追求四时之景的各具特色与循环往复。实现花开四季、景色常新，首先要做的便是精挑细选适合当地环境的各种植被，设计打造富有特色的园林小景，使绿化景观与古城建筑风貌和谐统一。

12.3.1 会心为上：花木植被的选择

蓝天黛瓦，绿树红墙。这是人们对中国传统建筑和景观的审美印象。在现代设计思维中，绿化植被被赋予了新的内涵，具有改善生态环境、调节环境质量、美化建筑界面的作用，一直是景观设计的重要组成部分。

究竟哪些花木适宜在即墨古城种植？

设计师通过研读相关文献资料发现，明清即墨县志中不仅有对本地花木品种的明确记载，而且留下了不少关于即墨城及其辖域自然景致的文学作品，这些作品蕴含的丰富信息，为花木选择和园林设计提供了依据。其中，清乾隆年间即墨知县尤淑孝所作《东园十咏》最为精到，描写的是县衙东侧的花园，文中提到了红杏、梨花、梅花及松柏、合欢等多种花木。

清同治版《即墨县志》有《物产篇》，记载了大量本地植物的名称，其中列于“右果属”上者有：

> 桃、杏、李、柰、枣、柿、栗、胡桃、银杏、文官果、樱桃、林檎、杏梅、李梅、苹果、沙果、羊枣、葡萄、石榴、木瓜、

1　语出释绍昙《颂古五十五首其一》。

木梨、落花生、梨、菱、芡、藕、山楂。

列于“右花属”上者有：

梅、桂、莲、菊、萱、葵、牡丹、芍药、耐冬、木兰、玉兰、木笔、长春、迎春、探春、荼蘼、蔷薇、海棠、合欢、杜鹃、玫瑰、罂粟、月季、绣球、木槿、丁香、木香、山丹、百合、粉团、金钱、金盂、珍珠、芭蕉、腊梅、天竹、山茶、石竹、玉簪、凤仙、鸡冠、茑萝、倒垂莲、秋海棠、夹竹桃、虞美人、剪春罗、西番莲、玉马鞭、小桃红、江西腊。

列于“右木属”上者有：

松、柏、桧、椿、梓、楸、梧桐、樗、榆、槐、柞、楮、桑、柘、杨、柳、棠、黄杨、白杨、冬青、西柳、皂角、竹。

列于“右草属”上者有：

书带、吉祥、苜蓿、蒲、艾、莎、蒿、苇、芦、茅、荠。

……

明清人物著述也多言草木花鸟，特别是黄宗昌所编《崂山志》以及黄肇鄂所编《崂山续志》中留下了大量关于本地植物的记载。举其要者，除了《东园十咏》外，尚有唐代陆龟蒙的《书带草赋》、明代顾炎武的《劳山歌》、清代张谦宜的《劳山赋》、清代周毓正的《书带草赋》等。

张谦宜在《劳山赋》中，有一段关于花木植物的描写：

于是乃有书带苍纹、冬青丹缬，耀素天以扬葩，缀粉坻而覃节。媚阳崖兮落缤纷，艳阴

◎ 古城花木

峒兮香幽绝。逮乎土脉春融，泉液夏交，则有稻秫之利，果树之饶。文松、云梓、刚柏、芳椒，风梨、海枣，苦蜜、冰膏，栗乙枚而覆斗，榛百颗以含苞。来禽楂柰，薯蓣葡萄。

在近代涉及本地植物的作品中，尤以康有为的崂山诗刻较为著名，起笔即出"天上碧芙蓉，谁掷东海滨"之天问，一派浩大的天游气息。

鉴照即墨县志及相关文学作品中提到的植物和景观，设计时选用山楂、海棠、紫薇、丝棉木、白蜡、银杏、楸树、国槐、耐冬、黄栌、石榴、黑松、柿树、玉兰、槭树科植物等作为古城的主要景观绿化树种，兼顾高度、树形、叶形叶色、花期和花色等因素，搭配藤本草本等观赏和绿化植被，力求景色四季常新。

12.3.2 因地制宜：绿化实践中的调整

绿化种植在遵从景观层次的思路之外，还考虑了城墙内外的整体性。结合古城外绿化和城市公园，在城墙内设置了绿化带，外景观节点通过轴线关系和内容形式相互呼应，使城内城外的景观系统连成一体，形成绿野镶边、绵延不绝的视觉体验。

古城绿化景观的设计在不断调整中逐渐找到了自己的设计建造逻辑。例如，古城的一些街巷规划种植了染井吉野樱。初种不久便到花期，淡粉色花朵饱满素雅，同古城氛围十分契合。但蔷薇科植物耐水性较差，开挖的地下空间使土壤不易透水，没过多久，第一批栽植的染井吉野樱一半未能成活，另外一半的生长状态也欠佳。于是，在后续景观设计上采用朴树、水杉等耐水性较好的乔木。而在个别保留染井吉野樱的街巷里设计了微地形，下方以碎石子垫层，增强土壤的透水性，提高其成活率。

此外，与严格按照图纸施工、所见即所得的建筑和景观构筑物不同，绿化植被具有生长性。设计师虽可根据以往经验大致判断不同植被的种植效果，但现实中仍然会出现"意料之外"的问题。例如，为了追求古城建成后景致的美观，设计师在公共文化建筑周边选择种植树木冠径较小、不能完全遮挡建筑立面的新树，但根据供应习惯，采购到的树苗往往偏大，树冠对建筑的遮挡过多，于是通过修剪、疏植或根据视觉效果指定种植坑位等更细致的调整加以解决，以呈现植被随岁月流逝而不断变迁的自然景象。

◎ 古城街景

◎ 古城绿意

以植被的精心选择为前提，设计师依照地利条件探寻适宜的绿化景观构成之道，形成了古城景观的诗意印象。如今的即墨古城，春赏樱花吹雪，夏有绿树成荫，秋见“黄金”遍地，冬敬松竹傲寒，四时景色常新，生机盎然。

◎ 古城四季

12.4 北风南韵：墨园的设计营造

中国建筑艺术历来讲究整体的环境美学，园林自然而然是构成建筑文化景观不可或缺的一部分。

显而易见，园林艺术是构成即墨古城整体格局和内在气质的一部分。其中，墨园就是典型代表，体现了传统城市营造的基本法度，其精妙之处在于：城在天地间，不离自然。

花树缤纷，洋溢着四季美景；园艺精致，多叠石理水之趣。诗情画意环绕之间，感受墨园的四季之美。

12.4.1 意脉清晰：墨园的历史渊源

历史上，学宫后的园林有飞虹池、萃英邱、启秀亭三处景观，久有“一池、一邱、一亭”之说。作为一处独具人文内涵的园林景观，三景体系存在于即墨记忆中的历史至少有三百年，在明万历版《即墨志》和清乾隆版《即墨县志》的学署图上，均标注了这三处景观，意脉清晰，方位端正，赋予这片园林丰富的人文意向。

这片区域也就是今墨园之所在。《说文解字》中，“墨，书墨也。”诗文书画皆以墨，“墨园”之意既与学子挥毫泼墨相连，也与墨水名城相关。在古代，这处园林主要是学子们课暇放松身心的场所，使其感受自然风景、释放山水情怀的同时，领悟中国文化的精髓与智慧。治学之道，不离自然，这是园林的价值所在。

12.4.2 人文意象：园林设计的基本理路

墨园位于学宫北侧，是兼具南北园林艺术风格的游园。其设计营造，是即墨古城景观体系的重要环节。

设计师以历史上的“一池、一邱、一亭”三景为灵感来源，设计了由飞虹池、萃英邱和启秀亭组成的园林景观。它们和学宫一起，形

◎ 建筑设计草图：墨园

◎ 建筑设计效果图：墨园西南俯瞰图

成了层次丰富的景观序列，园林与建筑相互彰显，传达着风景的文化属性和历史传承脉络。

与古建筑的中轴对称不同，传统园林讲求一种自然的旨趣，总体呈现一种不对称格局，景色在若有若无之间飘逸，与时序相流转。在传续三景法度，寄寓园林以人文意象的基础上，形成内蕴深厚而独树一帜的园林艺术格调，是墨园设计的一个基本思路。自然而然，南北兼容，成为墨园设计的方向。设计师既保留了北方园林庄重大气的风格，又使其兼具南方园林幽雅精致的韵味，体现步移景异、古雅而常新的造景特点。

12.4.3 天工开园：墨园的营造

◎ 墨园与学宫北视图

园林工程有其特殊性，造景之法往往因地而异，变数更大一些。墨园内回廊、亭子等建筑物的设计一如寻常，可假山叠石等就有所不同，往往不是在纸上画出来的，而需要在施工过程中结合实际情况予以裁夺。这样，施工方的能动性更大。

环绕飞虹池的横纹叠石来自北京房山，总用料达千余吨。采料与运输之艰难自不必说，其摆放位置、石头间相互的应力变化以及所呈现出的整体艺术效果，仅靠设计是不能完成的，需据实而定。其中，每一块叠石的搭建方式并无具体的施工图纸可依循，全部由香山帮[1]匠人现场设计打造，耗时半年之久。虽说营造墨园的主要材料出自北方，然却不乏南方材料的身影。如蜿蜒于墨园的曲径就是由南京产的雨花石铺装的。

在营造过程中，还要处理好建筑与园林绿化植被的关系，以达到用北方的建筑、植物和砖石营造“北风南韵”园林艺术景观的效果。其间，园内绿植的设计栽种也颇费心力，为达到最佳视觉效果，往往会对植物的品种、冠幅的大小进行多次调整。从设计到施工，都是在充分理解这片园林所特有的人文底蕴基础上的用心尝试，终使墨园片山有致、寸石生情。

1 “香山帮”是国内久负盛名的传统建筑流派，擅长精细复杂的技艺，尤以建筑与园林的结合著称。他们出自太湖之滨的香山，人称“香山帮匠人”，史书曾有“江南木工巧匠皆出于香山”的记载。

◎ 墨园风景

◎ 墨园晨曦

12.4.4 身临其境：墨园意蕴

◎ 墨园廊亭

墨园是即墨古城园林艺术的典范，与学宫相映生辉。品之，既有天开异境之旨，亦有步换景移之法；既有云光朗润之意，亦有曲径通幽之趣，凸显了中国园林艺术的魅力，处处渗透着即墨的人文风采，游之而畅怀，感之而入心，思之而悟道。

置身于学宫北端，即可听见不远处传来的潺潺流水之音，如微风翻过竹林一样自然。沿着小径，偕花影前行，往深处走，一汪池水倒映着天穹，此即“飞虹池”。池中，层层叠石组成的矩阵，仿佛岁月的累积，叠石之上瀑布飞扬。飞虹池东边，玲珑飞逸的亭子即“启秀亭”。这是一座木构传统凉亭，其上宝顶雕饰精美，自下而上依次镌刻着牡丹、太平花、兰草、万字曲水纹和莲花等传统吉祥图案，寓意“世德流芳”。入亭踏跺由数块天然彩云石砌成，寓意“平步青云”。虽说成就功名的道路充满了艰辛，然梦想总是相伴左右，对于渴求功名的莘莘学子来说，种种风物俱是祝福。

置身墨园，听流水潺潺，嗅花香阵阵，看池中悠闲自得的鱼儿和倒影于水中的白云，眼前不由浮现出三百年前学子们攻读经史子集，游戏田园、吟诗作对的场景，一幅书香弥漫的古典画卷在慢慢铺展……

◎ 墨园俯瞰图

◎ 启秀亭一角（左）

◎ 启秀亭宝顶（右）

◎ 雨中墨园

12.5 流光溢彩：夜间光环境的营造

如果你爱这座城，她就许你一城灯火，十里繁花。

景观植被用以分辨四季，而灯光照明则执掌昼夜。对于现代城市而言，灯光的作用不仅在照明指路，更勾勒出城市夜间的轮廓，带出一派柔曼妖娆。

对光的崇拜和向往，伴随着人类繁衍和发展的全过程。今天的照明需求也是当代人生活状态较之于古人发生巨大变化之后才产生的，并由生活需求提升到了审美需求。兼具生活功能和景观作用的照明是即墨古城必不可少的组成部分，精心合理的照明设计既是保障社区安全和提升生活品质的需要，也是服务文旅商融合发展，提升体验感，拉动经济增长的需求。

12.5.1 独具一格：夜间光环境的定位

光环境的营造是城市空间在时间上的延续，能够带来更多的功能需求和审美需求。即墨古城照明规划伊始，便将视野放于全国，从中寻找较之于其他古城、古镇及历史文化街区的异同，随后将视野依次缩小在山东、青岛、即墨，完成了对即墨古城夜间光环境的定位。在研究即墨城市规划和古城规划的基础上，设计方全面分析了即墨古城和即墨其他区域的空间关系、文化关系以及价值关系，进而明确了本地化夜间光环境的定位。

◎ 灯映瑞兽

从城市照明功能分区考虑，即墨古城在城市空间架构上处于人文核心区域，结合未来城市功能，这里将是未来城市夜间空间利用率最高

◎ 灯影中的牌坊和屋宇（左）

◎ 墨园灯影（右）

的区域，也是产生更多社会和经济效益的区域。从城市文化角度看，即墨古城是追溯历史的空间，是展示当地城市精神的区域，而充分做好夜景照明，将使其历史文化魅力进一步凸显。从城市景观意向的角度考虑，即墨古城夜间的温润灯光，其景观效果将比白天更为多彩绚丽，也将丰富即墨的城市意象。设计师结合即墨城市运营架构进行设计，保证了即墨古城夜间光环境规划的前瞻性、整体性、系统性。

12.5.2 生活温度：富有层次的光环境规划设计

即墨古城的灯光照明景观，旨在让人感受古城夜间的美，同时又不过多地关注灯光本身。设计首先从美学的角度把握古城居住者、活动者和游览者的基本心理，满足他们的心理期待。

作为一座有生活温度的古城，即墨古城的灯光照明应实现四个层面的功能。其一，要给人以“家”的感觉，灯光成为引导回家的光明使者，在夜深人静时汰除浮华，沉浸于梦境。其二，适应夜经济和夜生活的需要，满足相关文化和商业活动的需求，从黄昏时分开始，营造出梦幻的灯影长河，与人群相伴，满足游玩与购物之需。其三，在欢度节日或举办重要庆典时，充分营造激情四射的氛围。其四，要恰如其分地照亮古城，巧妙地勾勒出其内外景观的审美轮廓。

在具体设计中，设计师充分分析各业态间的关系，强调控制性、节能性；同时澄清空间关系，进行视点分析和空间感知分析，对建筑、景观、城墙、牌坊等逐一研究，选用适宜且先进的灯光控制系统，以便在不同时段进行管理和使用，让光环境促进各种业态的发展。

文化层面上，利用照明营建一个现实中的历史场景，使古城形象在夜间得到更立体的呈现。为此，设计师选用了色温分布阈值较广的2800～4000K暖光，用暖光致敬“油灯时代”，让人萌生“穿越时空，回到古代”的感觉。此外，在不影响商业功能并满足当代人对光品质需求的同时，尽量压低照度，减少强度对比。

空间层面上，以古城内部各功能区之间的光环境关系、古城周边和古城内夜生活的舒适度为基础，对夜间城市肌理进行了梳理。古城光环境以东、西门里大街和南门里大街为轴线，商业区域和公共文化建筑照度最高，灯光设计重点在于描摹展示建筑之美；园林、休息区照度次之，营造适宜休憩的光环境；居住区为引导性照明，严格控制光的照度、对比度和色彩，尽量营造静谧、安全的光环境。此外，严格限制周边高层建筑面向古城一面的景观照明，避免干扰古城夜景；同时避开拍照时高层建筑入画的位置，重点在东、西门里大街设置最佳视点，并合理规划出灯光秀区域。

◎ 华灯初上

◎ 光影流淌的牌坊街

12.5.3 温润如玉：艺术化光环境的营造

天穹下，美丽的光影可以带来多少遐想？合于心，灯影就是梦幻一样的存在。

即墨古城致力于营造艺术化的光环境，让夜色温润如玉。为达到这一效果，照明施工经历了多次现场试验，以检验灯具设计参数是否合理。一般的技术参数虽然符合国家标准，但无法达到预期效果。安装过程中，设计师在现场试验了十几天，总结出了适宜于古城的技术参数，进而重新调整了灯具配光，将结构图纸发给厂家加工。三个月过后，迟迟不见厂家回复。设计师只能自己上手改造灯具，然后将做好的样品发给厂家，据此样品制作。经过多次调整、试验和完善，照明灯具才得以安装到相应的建筑上。

城内，主街上的铺地石都是从各地收集的老石料，十分珍贵。最初的照明方案计划在路面安装地埋灯，以映射牌坊的侧面。但是安装地埋灯需要打孔，这对铺地石的破坏较大，因此没有采纳这一方案，而通过整体适度降低牌坊照度，统筹协调周边灯光的色温与色调，使牌坊、建筑和石铺地面的光环境达成均衡。

古城光环境的设计营造追求不见一丝眩光，并隐藏好每一件灯具，最大限度地降低照明设施对白天景观产生的视觉影响。其中，牌坊照明就是典型案例。古城的牌坊横跨主街道，其夜景效果至关重要，将是古城夜间的标志性景观之一。最初的方案中，灯光是五颜六色的，这与古城古朴雅致的氛围相悖。于是，重新调整方案，设计了不同照度和色温的灯具。为表现夜间牌坊的美观大气，其照明线缆需隐藏于石柱内，从石柱的正中间穿过，这使得施工难度加大。为此，宏州雕塑公司专门购置了新的设备，对牌坊石柱进行了调整，虽然为此耗费了更多的人力和物力，但最终满足了照明线缆安装的需求，照明理念和设计效果得以呈现。

从设计到施工，历经反复安装调试，即墨古城照明工程历时两年有余，于 2017 年 5 月竣工。古城地面不见明线外露，更在建筑檐口翘角、檐下雕梁、牌坊、影壁浮雕、屋瓦等处的灯光设计上精益求精。通过光学系统、灯具器材等技术上的改进创新，确保了灯光既均匀铺洒到指定位置，又避免了外溢光对商户的影响，降低了能耗。

如今，夜景已然成为即墨古城一张响亮名片。夜幕降临，华灯初上，整座古城浸润在一片柔和温润的光影中。主要商业街上，各种造型、颜色的灯盏或隐于植被、或藏匿于建筑的某一角落，将街道装点得灯火辉煌，公共文化建筑形象更加庄重、肃穆。2018 年，“即墨古城夜景照明工程”从全国 400 多个项目中脱颖而出，荣获第十三届中照照明奖照明工程设计奖（公园、广场）二等奖第一名[1]。

◎ 光影中的潮海门与奎明楼

依托层次丰富的夜景照明，自 2019 年起，“悦即墨 · 夜古城”主题活动大幕开启，以华美夜景为基础，启动了多层次全方位的文旅盛宴。即墨城这片历尽千年历史沧桑的土地化茧成蝶，在夜幕中流光溢彩，璀璨多姿。

1　同获二等奖的还有济南市“一湖一环”夜景照明、西安市大唐不夜城夜景照明等。

◎ 雪夜里的梦幻古城

◎ 流光溢彩

四世一品
恩寵憲臣

古城打造出传统文化的场景，变成了城市的文化地标。

吸引更多人到古城来，通过文化遗产的传承唤起历史文化的记忆。

——清华大学副教授、中国建筑学会工业建筑遗产学术委员会秘书长　刘伯英

重述历史，未必都是安静从容的。

于众目睽睽之下接续断章，如同装裱一幅书画，其中的裁量与割舍，自然要比白纸画卷复杂得多。

百代千秋，沧海桑田。即墨城在光阴的磨洗之下，早已难复旧观。然而，城的根骨，依然存贮着这片土地的精神元气。

瓦砾衰草之下，覆盖着代代人步履向前的历史。对于今人而言，少不得增删勘校，又不能自作主张。

简言之，既要讲规矩，又要有新意。

于是，围绕即墨县衙、即墨红万字会等历史遗迹，建设者进行了缜密调研，

每一处遗存的尺寸、布局都严格按照史料记载和文物保护原则加以修缮复原。

同时，在发掘中又多有奇巧之思，更适合现代人的观瞻体验。

随着神秘面纱揭开，即墨古城的文物建筑，达到了历史感兼具亲和力的统一。

第十三章

CHAPTER

13

往古来今

文化遗产的保护利用

WANGGU
LAIJIN

13.1 千秋凛然：即墨县衙的保护修缮

天地正气，千秋凛然，时光聚焦于一座积淀着厚重历史的老县衙。

即墨县衙是即墨城仅存的古代官署建筑，是即墨历史文化的一个重要载体，现为山东省文物保护单位。总览中国保留至今比较完整的古代县衙建筑群，即墨县衙是其中比较有代表性的一处，是山东省唯一的三堂俱存的古县衙遗存，具有突出的历史、艺术与科学价值。

隋开皇十六年（596年）东移现址重置即墨以后，即墨县衙是即墨城的权力中枢，与诸多重要历史事件相关联。然则世事更迭，风流总被雨打风吹去，看似柔软的时光竟能销金蚀日，赫赫威仪的县衙，也曾几度浮沉，在废置与整修中饱经沧桑。

经过考古挖掘和保护修缮，2020年7月6日即墨县衙重新对外开放。

13.1.1 千秋风雨：即墨县衙的历史沿革

历史上，县衙指的是县一级地方行政管理机构，起始于秦代设立的郡县制，称“县治”，明代称公署，清代称衙署，俗称县衙。

隋代即墨城迁于今址后，设立县衙。金元之际，县衙一度废置，志籍失记。明清时期，方在典籍有载。据清同治版《即墨县志》载，今址县衙始建于元至正年间（1341—1368年），县尹董守中重建县衙，起大门，上为谯楼，门外左为申明亭，右为旌善亭，门前为照壁及石坊，石坊外曰“山海名邦”，内曰“为国保民”。迄民国时期前后的600余年间，这里均为县之治所。时光绵延，即墨县衙历经元、明、清数代十余次修建和扩建，逐步形成了完整的建筑群落：大门内东为土地祠，又东为寅宾馆，西为收粮房，中为仪门，左右角门。仪门内，西为狱神庙，为监狱；北为箴石亭，再北为大堂，匾额曰“忠爱”，左右翼为幕厅，为库房；堂前为露台，台下为东西房科。堂后印堂曰“鸣琴”，后改为“致远”。三堂为内宅正寝，寝左右厢余为仓、厨、书房、客厅。

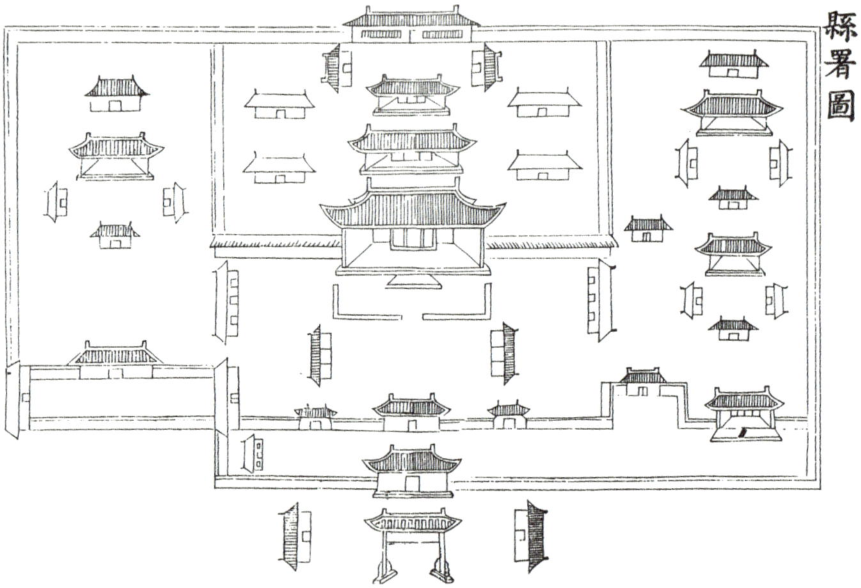

◎ 清同治版《即墨县志》载县署图

1984 年 5 月，即墨县衙被公布为即墨县第一批文物保护单位时，仅存大堂、二堂、三堂；1999 年，对大堂进行修缮，并用红机砖复建东、西耳房；1999 年 12 月，被公布为青岛市第六批文物保护单位；2003 年，对二堂及厢房进行修缮；2006 年 12 月，被公布为山东省第三批文物保护单位。限于当时修缮水平，在之后的几年里，县衙大堂陆续出现了墙面断裂、檩木槽朽等问题，主体建筑面临坍塌危险。为了对县衙进行抢救性保护，2011 年春，即墨市博物馆搬出并拆除了后期加盖的建筑，即墨市文化广电新闻出版局聘请承德市文物局规划设计室编制修缮方案，并逐级向青岛市文物局、山东省文物局报批。即墨县衙的修缮保护方案于 2011 年 10 月获得批复。

◎ 宋代铜质即墨县印及印模（即墨博物馆藏）

◎ 即墨古城历史影像：知县程云翰及其子在县衙内三堂前留影（摄于1903—1905年）

◎ 即墨古城历史影像：知县张同皋与胶澳总督特鲁伯等人在县衙内二堂前留影（摄于1911年）

13.1.2 满目沧桑：即墨县衙的保存状况

◎ 修缮前的即墨县衙大堂内景

◎ 修缮前的即墨县衙残损实例

千秋过往，建筑的故事多埋没于世。

即墨城内多数古代建筑已随岁月流失而烟消云散，难觅其踪。惟即墨县衙尚在，一至三堂及部分附属建筑相对完整地保存下来，虽历尽沧桑，然弥足珍贵。总体上看，即墨县衙呈现了明清时期典型的衙署格局。

修缮前，县衙整个建筑群坐北朝南，中轴对称，为三进院落。中轴线上，仅存有大堂、二堂及厢房、三堂等主体建筑。

大堂为三开间三进深硬山顶建筑，筒瓦屋面，抬梁式木结构，用材较规整。其东山墙南端的墙基内留有“明万历三十年六月”字样的残碑。堂前柱上悬挂施政楹联。大堂两侧建有耳房，与大堂相连。西耳房内有一地库，为县衙所仅见。

◎ 修缮前的即墨县衙三堂南视图

二堂为三开间三进深硬山顶建筑，抬梁式木结构。两侧耳房面宽 5.33 米，进深 6.60 米。檩条直接搭于两侧山墙上，无柱。东、西厢房为三开间两进深硬山顶建筑，抬梁式木结构，用材一般。院内有树龄在 200 至 300 年的古侧柏 6 棵。

三堂位于建筑群中轴线最北端，系二十世纪六七十年代重建建筑。整个平面布局为“凹”字形，墙体为青砖和红机砖混合砌筑，外抹水泥砂浆，屋面为现代灰色板瓦，前檐廊为砖砌方柱，现代木质门窗，外加铁制防盗门、防盗窗。院内有古圆柏 1 棵。

2013 年即墨古城片区改造项目启动之前，县衙独成一院，占地面积 10667 平方米，尚存建筑面积 750 平方米，基本上是二十世纪九十年代修缮后的外观。建筑残损严重，特别是大堂的残损情况尤为严重，随时有坍塌的危险。

13.1.3 一波三折：即墨县衙的修缮

根据前期的实地勘测情况，考虑到县衙主要建筑尚存，因此院落格局和建筑形态可以通过考古发掘、文献研究予以考证、推定。县衙修缮工作的基本目的是保护文物建筑，恢复历史原貌，消除安全隐患，展示建筑艺术和城市历史，凸显其作为山东省唯一保存较好的三堂老县衙的历史价值。

2013 年，即墨古城片区改造项目启动，县衙修缮被纳入古城片区整体规划统筹考虑。从建筑文物价值与人文旅游价值、商业价值等角度进行合理保护与开发，以唤起城市记忆。其间，古城规划建设指挥部多次召开论证会，邀请多位古建专家讨论研究，以求最大限度地保护县衙的原有风貌和历史底蕴。

2015 年 4 月，即墨县衙修缮工作启动，北京市园林古建工程有限公司负责施工。彼时，距离前次详细勘测已隔四年。为更好地修缮文物本体，由北京建工建筑设计研究院重新勘察，发现因受自然风化、风雨侵蚀等影响，文物本体损害加剧，建筑残损程度较之前更为严重，特别是大堂的立柱底部、梁、檩等大木构件糟朽严重，如继续使用原构件将存在结构安全隐患，故提出补充细化方案，将“接瓦屋面，整修木构架”调整为“整体落架大修，更换糟朽严重的木构件”。

随后，北京市园林古建工程有限公司按照补充细化方案对大堂进行落架大修。落架过程中，专门在县衙旁搭建了建筑构件安放点，对从大堂拆下来的木材、窗门、砖石等构件逐一编号，并拍照记录，以便原位复原。据统计，仅此一项就有 6000 多张图片资料留存。由于工期紧迫等因素，调整后的修缮方案未及时报批，县衙修缮工程被暂停施工。

本是出于善意的“抢救”，却无意间违规。这给了正从事紧张施工的古城建设者一个及时而有益的提醒：建设即墨古城，仅靠一腔热情和严谨的态度还不够，对特殊建筑，工期再紧也必须特殊对待，严格按事前报批程序和操作规范执行。

◎ 2015 年 4 月，修缮过程中发现檩、梁榫卯部分严重糟朽

认识到问题后，古城规划建设指挥部和相关部门认真予以整改，聘请有资质的机构对即墨县衙本体情况进行评估，并查阅历史资料，考察目前国内保存较好的内乡、叶县、平遥三处古县衙，

◎ 县衙原建筑构件

结合原审批方案，参照老照片和修缮前照片，将即墨县衙的保护问题研究透彻。在此基础上，编制了即墨县衙整改工程设计方案，并多次向上级文物部门汇报，根据山东省文物局和青岛市文物局的督导意见，不断调整和完善方案细节。2016 年 5 月 13 日，即墨县衙落架大修方案通过上级文物管理部门的审批，修缮工程继续实施。2017 年 12 月，即墨县衙修缮工程竣工，2018 年 4 月经青岛市文物局验收通过。

经历县衙修缮波折后，建设者对文物保护工作更加慎重，聘请文物专家为古城文物建筑修缮顾问，为即墨县衙、即墨红万字会等文物保护单位的保护修缮提供专业咨询和技术指导。

13.1.4 修旧如故：即墨县衙的修缮做法

前面讲到县衙二堂及厢房已于 2003 年予以修缮，结构稳定，木构架、墙体、地面等保存较好，仅屋面和油饰彩画部分残损较重，因而以养护为主，坚持最小干预的原则，对屋面及椽头部位进行维修，查补勾抹，抽换底瓦、更换盖瓦及添配残损瓦兽件；油饰彩画按原形制、原风格，采用传统材料、传统工艺修复。

三堂进行过多次修缮，建筑形制在历次建设中发生较大改变。因此，依据老照片复原为七开间硬山顶建筑，恢复前廊及木柱、柱顶石、台明、阶条石等构筑物，墙体做青砖淌白墙，后檐做高窗；梁架恢复为传统建筑样式；室内做尺四方砖细墁地面。

相比较而言，大堂破损较为严重，主体木构件等已不具承载和维护能力，是此次修缮的重点。参考前期对大堂建筑及相关文化研究成果并结合落架现状，对破损的建筑构件进行修缮，尽可能恢复其历史原貌。

检查大堂屋面保存下来的瓦件、椽望等构件，对破损不严重的，修补后继续使用；对瓦件、望板、连檐、瓦口等处大面积糟朽的木基层构件进行整体更换。

根据现状，将残损、糟朽严重的梁架构件全部拆除，并按原做法适当加大断面厚度，予以配换。一是砍除糟朽表层，将糟朽部分剔除干净，经防腐处理后，用原材质按所需形状及尺寸修补整齐；二是用原材质嵌补整根顺纹开裂的梁；三是补配正房左右山墙内的整榀梁架；四是在大堂五架梁下加随梁枋，提高其承载能力。

对残损糟朽的木柱进行修缮，采取多种措施，尽量保留原构件、原材料。主要做法有五点：一是根据柱表残缺尺寸，用原材质木块嵌补残缺部位。二是原材质、原规格对糟朽的柱根进行维修；柱根腐朽严重但自柱底面向上未超过柱高1/4的，采用墩接柱根的方法处理，根据糟朽部分的实际情况，以最大程度保留原有构件为原则，采用“巴掌榫”“抄手榫”“螳螂头榫”等进行墩接。三是对木柱严重糟朽、虫蛀，且不能进行修补、加固的，用相同材质木材按原形制更换整根木柱。四是切除原木柱糟朽部分，改为柱径偏小的木柱，继续使用。五是修补后的木柱标出序号，落位于原处。例如，大堂内西北侧的柱子是品相最好且依然具有承重能力的木柱，虽然略微弯曲，但它标志着历史上大堂的空间高度，因此，经过细致修复，被安置于原处。

◎ 建筑设计图：即墨县衙装饰细节之瑞兽（左）

◎ 建筑设计图：即墨县衙装饰细节之鸱吻（右）

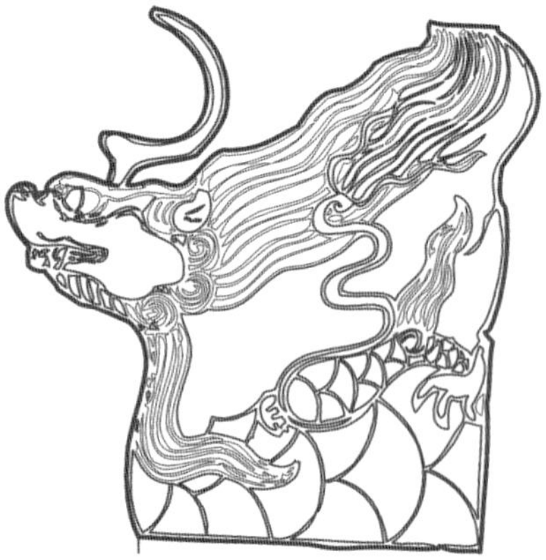

◎ 旧大梁修复归位

柱础按照大堂西侧耳房山墙金柱的样式、材质补配，或在当地寻找同规格、同材质的旧石础进行更换。室内清除素土地面，按照传统做法恢复室内尺二方砖地面。墙体破损处按原材质、原工艺修补，恢复两侧耳房青砖淌白墙体。大堂外的露台是在2011年考古勘探时发现的，其藏于土层之下，与大堂台基一体，为清中期建，按照“修旧如故”的原则，在清理表面浮土的基础上，只更换了周边残损石料。

针对门窗的残损，按现存门窗或参照县衙内其他门窗做法予以修复，添配槅扇门及槛窗残缺的心屉及花饰；对局部松动、开裂门窗重新拼装加固；重新制作前檐栅栏门。油饰维修严格遵守“不改变文物原状”的原则，采用传统材料、传统工艺施工，全面整修下架柱、枋、木装修槛框等部位的地仗及油饰。

13.1.5 适度留白：即墨县衙中轴线两侧用地的保护利用

适度“留白”是一种智慧，也是一种境界。诚如冯骥才所言：

> 一座古城是有生命的，她的生长需要长期积累，其间可能经历战争或大规模建设，是线性的、复杂的发展过程。再造的即墨古城，可为后人在某些节点适度留白，留下追寻的空间，后人会比我们更有智慧，一代代不断丰富，完成一个城市生命的过程。

古今中外，体现建设者智慧的“留白”不在少数。在这方面，即墨县衙的修缮保护提供了一个案例。

即墨县衙中轴线[1]两侧存有许多地下历史遗迹，如何保护利用这些遗迹，成为古城规划建设指挥部反复思考和论证的问题。

当时，为科学制定修缮方案，古城规划建设指挥部多次征求文物、建筑领域的专家意见。专家们有的认为可以参照国内一些景区的做法，结合未来的使用功能，进行遗址展示，达到“一眼看千年”的效果；有的认为可结合运营兼作展厅；有的认为可露天展示发掘的基址面貌……意见的不统一令人更加难以抉择。一旦施工建设，对文物保护单位来说存在不确定风险。

既无万全之对策，便留百年之思量。经历十余次的论证研究后，古城规划建设指挥部认为，对县衙每寸土地的利用都应持谨慎态度，在未明晰方向之前，对把握不准的适度留白，以园林景观覆盖其上，为后世留下空间。

1　2011 年经考古发掘确认，即墨县衙正堂前甬道向西南偏离，与即墨县衙大门及前边的南门里大街，不在一条中轴线上。2013 年即墨古城再造过程中，对此进行调整，以即墨县衙前的照壁和南门里大街上的两座牌坊对中轴线的偏离加以遮挡，使中轴线偏离造成的视觉错位适度调整改观。

13.1.6 衙署文化：即墨县衙的保护利用

2020 年 7 月 6 日，即墨县衙对外开放。

如今的即墨县衙已不再是当年赫赫巍巍的行政机关，而作为文物保护单位进行保护利用。

在保护修缮原有一、二、三堂等建筑的基础上，复现了即墨县衙大门和门前的照壁、申明亭、旌善亭，仪门，东、西角门，衙神庙，寅宾馆以及大堂前的吏、户、礼、兵、刑、工房和箴石亭等建筑物。修缮后的即墨县衙苍柏郁葱，威武森严，现已成为集中展示衙署文化的场所。

县衙广场前矗立着一座标志性牌坊——山海名邦坊，照壁、申明亭、旌善亭三座建筑呈“品”字形分布。照壁用青砖砌筑，正中镶莲花砖雕，背面镶嵌“狻”[1]的砖雕，意在警示从政者戒除贪念，清正为官。照壁东边为申明亭，是申斥坏人坏事的地方；西边为旌善亭，是表扬好人好事的场所。

◎ 即墨县衙照壁北视图

1 “狻”形似麒麟，传说是天界的神兽，生性贪婪，脚下和周围遍布金银财宝，背上背着八件宝贝，却仍不满足，依旧张着大嘴想吃掉太阳，终因过分贪婪，落海而死。

绕过照壁，县衙大门建筑便映入眼帘。大门为单檐硬山顶建筑，两边为“八”字墙，两尊石狮端坐大门两侧。大门、漆柱均为黑色，上方悬挂匾额和楹联，宽阔的空间和灰黑蓝的冷色调烘托出肃穆、庄严的氛围。

拾阶而上，踏进大门，仪门迎面而来。东角门和衙神庙位于仪门东侧，西侧为西角门。仪门结构大致同大门，是知县到任、迎送上级官吏出入之门。东角门为生门，为官员百姓平时出入之门；西角门为死门，是押解死囚犯出入的门，平时关闭。衙神庙内塑脱胎漆器萧何坐像。仪门东南为寅宾馆。

穿过仪门，中间为一条石铺甬道，正中建有“箴石亭”，亭内立有石碑，正面刻“公生明，廉生威”六字，背面刻十六字戒石铭“尔俸尔禄 民膏民脂 下民易虐 上天难欺”，起警示训诫作用。箴石亭东厢房为吏、户、礼三房，西为兵、刑、工三房，现根据各房功能布置了符合主题的展览。吏、户、礼三房的东南方向有一古井，是考古发掘时发现的，修缮维护后进行展示，取名清莲井，寓清廉之意。

◎ 即墨县衙大门东南视图

◎ 即墨县衙仪门、箴石亭

◎ 即墨县衙大堂（左）

◎ 即墨县衙二堂院落（右）

箴石亭北面便是县衙建筑群的核心建筑——大堂，也是县衙最主要的建筑，建在与露台相连的台基上。大堂内以场景复原的方式进行展示：中央置暖阁，阁内设知县三尺公案，案后绘有“海水朝日图”；公案上摆放审案所需物品。暖阁前地坪上镶嵌两块青石板跪石，东为原告石，西为被告石。暖阁左右陈列着知县出巡的仪仗。大堂东耳房为幕厅，展示即墨官员名录及清代知县的选拔任用、职权范围等内容；西耳房为库房，展示县衙档案卷宗等。仪门、大堂、六房形成的大堂院，是县衙中轴线上的第二进院落，称为“外衙”，是知县行使权力、衙门职能机构公开办公的地方。

穿过大堂，便来到古树参天的二堂。二堂结构同大堂相仿，历史上是知县预审案件及审案时退思、小憩之所。东、西耳房为招房和茶房，分别为官员办理相关堂事和休憩之所，再现了清代衙署招房、茶房场景。二堂两边有东、西厢房，为接待来访文武官员的安置厅，有“东会文，西会武”之说，主要展示七品官员和衙役的服饰。

二堂后为三堂。这里原是知县内邸，为七开间带前廊的硬山顶建筑，进深一间，采用北方传统抬梁式砖木结构，灰色筒瓦屋面。其建筑结构与大堂、二堂明显不同。在其东、西山墙两旁有两个地道，西侧为古地道，是县衙防御通道，由青砖垒砌，2011 年考古勘探时发现，建于明末清初，砖砌发券，据传此地道可通北城墙和城外，有隐蔽、转移等作用。东侧为防空地道，由红砖垒砌，建于 1969 年至 1974 年之间，根据当时形势和战备需要，即墨县城开挖修建了大量防空洞、

◎ 即墨县衙二堂内景

◎ 即墨县衙三堂内景

地道，此地道即为当时的少量遗存。二堂通往三堂的甬路，以遗迹方式保留下来。

此外，在古城整体规划中，即墨县衙东、西、北围墙外侧为道路，但非主要商业动线。其南侧广场是古城的核心广场，正对南门里大街，担负着重要的集散、景观和礼仪功能，在牌坊的烘托下显得蔚为壮观，与即墨县衙的历史地位和建筑价值相衬。东西两侧隔街布置商业和居住建筑，层数不超过两层，视线上对县衙风貌并无影响，以保持县衙的完整性和独立性，营造出繁荣的传统街巷氛围。

13.2 慈济天下：即墨红万字会的保护修缮

在即墨古城众多公共文化建筑中，有一处建筑因“深陷”地下，显得尤为独特，这就是即墨红万字会，现为青岛市文物保护单位。其建筑风格和成立的特殊历史环境及所代表的文化意义，使这座小院落显得别具一格。

从文物保护的角度看，这是即墨古城唯一一座保存较好的近现代重要史迹及代表性建筑，具有突出的历史、社会和艺术价值。在即墨古城，即墨红万字会承载着多元文化碰撞、对话与融合的内涵，对于阐明近代以来即墨城的文化嬗变方式具有重要意义。

13.2.1 慈善史迹：即墨红万字会的历史沿革及其文化内涵

红万字会全称“世界红万字会”，肇创于二十世纪二十年代初的山东，以“五教融合”为主张，以“救济灾患，促进世界和平”为宗旨，以“布施行善”为要领，致力于慈善济世。其在青岛地区陆续设立了四个分会，分别是青岛分会、即墨分会、胶县分会和平度分会。

即墨红万字会成立于 1924 年，是青岛地区成立时间较早的红万字会机构，全称“世界红万字会即墨分会”。发起人为当时即墨县内较有名望的士绅、商贾，他们以募捐形式筹集了十余万银元用以创会，推举开明绅士胡介人为创会会长，后由江灼三继任会长，时有会员 150 余人。红万字会设址于原鸭绿池北侧，建有正房 20 余间、厢房 21 间。后于南侧购置瓦房 10 余间，设为女红万字会。当时，即墨红万字会的

◎ 即墨古城历史影像：即墨红万字会正房西南视图（摄于 2000 年，左）

◎ 即墨古城历史影像：即墨红万字会东南视图（摄于 2000 年，右）

慈善活动主要有以下几方面：其一，开设医院，设于男红万字会院内，以舍药救人为宗旨。其二，创办学校，在女红万字会院内设立小学教室，招收女学生 32 人在此免费就读。其三，救济贫民，专门成立施舍机构，施舍穷人食物、衣物。不论男女老幼、体弱病残，只要生活无着、家庭贫寒，都可以到红万字会登记申请救济。二十世纪五十年代初，即墨红万字会自行解散。

作为慈善机构，即墨红万字会致力于扶危济困、救助难民、办学行医等慈善活动，在历史上留下了不少印迹。

13.2.2 时光沉浮：即墨红万字会的建筑格局及保存现状

◎ 修缮前的即墨红万字会

即墨红万字会位于即墨城东北区域，坐北朝南，占地面积约 495 平方米，建筑面积 324 平方米，为青岛市文物保护单位。

主体建筑为南北两栋平行的七开间硬山顶建筑，无厢房，南房与正房东西两侧用院墙围合，形成一个独立院落。大门开于南房中间位置，为倒座房形式。院内地面铺装正六边形水泥地砖，两个正八边形树池呈左右对称分布。院墙为青、红砖砌筑，砖砌镂空十字造型。正房为砖石木结构，出檐较深，六根有花岗岩柱础的木质方柱支撑起外廊。门窗木质，屋顶覆灰色小瓦。总体来看，建筑主体为传统样式，造型简洁大方，局部采用西式元素，呈现出近代中西合璧的建筑特色。

即墨红万字会的主体建筑保存基本完整，因年久失修，两排屋宇均有不同程度的残损，主要表现在以下几个方面：其一，建筑受自然风雨的影响，墙面霉菌滋生，墙根生长青苔，封檐板松动、缺失，屋面瓦件酥松、凌乱且生长青苔，局部严重漏雨。其二，二十世纪五六十年代曾被改建，文物本体部分外墙和部分窗户改变原样，木构件局部霉烂，对文物建筑的真实性、完整性有一定影响。如正房、南房窗户大部分改为现代木框玻璃窗，红砖砌筑抹灰封堵，与原形制不符。其三，东、西院墙断裂，表面破损，局部缺失，院内地砖碎裂、缺失，树池破损。

13.2.3 岁月沉积：即墨红万字会的保护修缮

建设者对即墨红万字会的保护修缮非常谨慎，2016 年 4 月，曲阜市安怀堂文物工程设计有限公司对红万字会现存建筑和周边环境进行了详细的勘察测绘，编制了即墨红万字会修缮工程方案，报青岛市文物局批复后通过。

◎ 修缮前的即墨红万字会正房前廊

13.2.3.1 原址保护和建设地带的控制

如前所述，由于即墨城地形呈鳌背状，县衙居鳌背最高处，红万字会居最低处，两处文物保护单位标注了即墨城原有的地势高差。在规划建设时，即墨古城的地面标高原点以即墨县衙为参照，地平面整体找平后，红万字会所在院落变成一处低于新地面 2.52 米的下沉区域。“深陷”地下的红万字会似乎很难与古城整体风貌协调。

规划初期，对即墨红万字会曾有异地保护的动议：将其向西偏北方向平移 30 米，地基抬升 3 米。但经文物部门论证，虽然现代技术能够实现建筑的整体平移，但对建筑的原始地基、周边环境、植被等的破坏是不可逆的。此外，考虑到平移后将不再是原真性旧址，且整体平移需水平抬升 3 米以上，很容易造成地面建筑的损毁，风险太大。有鉴于此，放弃了整体平移并抬升的方案，而采取原址保护的方式，按照“建设控制地带在保护范围界线四周各外扩 5 米”的标准进行规划，完整保留了建筑本体。

为了让“下沉”的红万字会在古城中显得不突兀，方案经过多次调整修改，将其东侧与北侧整体设计为下沉广场，用层层下沉的空间形式过渡其与周边建筑之间的高差，以开阔界面突出红万字会形象。南侧与西侧的道路规划为非主要商业动线，降低人流及商业行为对文物产生的干扰，同时控制街对面建筑的高度，设计为限高两层的中式建筑和近代建筑，使其在体量及风貌上同红万字会保持协调。如此一来，“下沉”的红万字会更显古朴沉静，成为这一片区的视觉中心。

13.2.3.2 保留历史层次感

即墨红万字会的修缮施工遵循不改变文物原状、最小干预、可识别的原则，尽可能延续历史原真性和完整性。在无法澄清原状的情况下，保持建筑及环境现状，借助同时期、同功能、同等级的建筑做法，依据中国古建筑营造技术专著列举之惯例，进行可辨识性修缮。

近百年中，即墨红万字会历经多次改建与修缮，保留了各时期的建筑文化烙印，是古城历史层次感较为丰富的建筑。这种历史要素的叠加，恰是建筑自身发展的一大特色。

在修缮之初，建设者对保留红万字会现状，还是按其建设初期的工艺、材料进行还原这一问题存有分歧。例如，建筑屋顶不仅有古代式样的小瓦、滴水，还覆有现代灰瓦。有的专家认为这些瓦是后期更换的，既然是修缮，就要“纠正被改错”的地方；而有的专家则认为这是一种建筑发展历史的呈现方式，可以维持现状。经过讨论，最终达成共识：这些瓦片保存状况良好且仍具有使用功能，呈现了建筑的生命历程，修缮时应持敬畏之心，保留建筑技术的发展演变轨迹。

除屋面外，即墨红万字会还有很多历史元素在修缮中予以保留，如主入口上方的二十世纪六十年代的五角星图案，院内的水池、花坛及二十世纪八十年代铺设的六边形水泥地砖，正房大门上的“卍”字、双连环及中国结等符号、外廊雀替和方形柱头雕花等元素，体现了不同时代的建筑特征，如今看来仍别具特色，已然成为建筑的个性标识。

13.2.3.3 还原近现代建筑风貌

即墨红万字会反映了近现代建筑的形制和材料特色，对于某些需要恢复原状的部位，按照建筑本体的其他残存部位进行推断模拟，尽可能多地保存旧有建筑材料，并采用传统材料和工艺，最大限度地保留建筑的时代特征和地方特色。

修缮时，西院墙保存较完整，下方部分为菱形镂空预制构件，上方为红砖十字造型，墙体经水泥封存，部分缺失；东院墙墙体下方部分造型用料内外有别，院外立面由石块、青砖垒砌，院内立面为青砖十字造型，上方为红砖垒砌的镂空十字造型。经过仔细研判，保留了东、西墙面的原有造型，上方部分改用青砖砌筑。这种修缮方式使得两边院墙高度一致，然造型不一，增添了建筑的神秘感。

为了保护红万字会的建筑本体，古城片区拆迁时暂将南房西侧的一间民房保留未拆。在修缮前，对此民房进行了细致拆除清理，使南房西墙砖的模样逐渐裸露出来，这些砖的颜色、规格、式样成为之后红万字会修缮的重要参考。

建筑本体修缮上，屋面揭顶维修，检修木基层，挂瓦屋面，补配脊瓦，修补垂脊；门窗采用传统连接方式修复，恢复山墙窗框、窗扇，补配糟朽缺失部位，添配玻璃，正房东次间门用企口榫加银锭榫连接修复；正房补配倒挂楣子檐柱间缺失的花牙子；南房南檐屋面异形墙勾抹嵌缝，按原做法修补装饰抹灰，补配球形装饰物。

由于红万字会地基低于即墨古城整体地平线，防水和排水尤为重要。在其保护范围内原无排水系统，修缮时进行了相应设置：院落外护坡底设排水管渠，引导雨水由南向北流入地下排水系统；在其西北角设排水泵，当雨水达到一定水位时，自动启动排水程序。修缮完工至今，即墨红万字会历经多场大雨，未出现水涝现象。

13.2.4 “卍”字文化：首家红万字会慈善主题展馆

2018 年，即墨红万字会修缮工程竣工，建筑主体形态更加完整，为古城注入了近现代文化属性和多元文化色彩，呈现了文化遗产的连

◎ 修缮后的即墨红万字会正房主入口（左）

◎ 嵌有“卍”字、双连环及中国结等符号的门棂（右）

续性与整体性。为促进文物保护单位的活化利用，2019 年，此处辟为展览馆，征集了 500 余件老物件，集中展示即墨红万字会的历史文化内涵及慈善史迹，这也是国内首家红万字会慈善主题展馆。2020 年 7 月 6 日，展馆对外开放。

即墨红万字会分前后两排，为中轴对称硬山顶建筑。南房正中设主入口，正房为柱廊式。原有的四棵合抱粗的法国梧桐树并排生长于主入口前方。南房为复原陈列室，东间复现了红万字会会长办公室的场景；西间则复现了议事厅的场景，陈设着当年会员的书画作品。

穿过主入口门廊，来到庭院。建筑布局一目了然。

庭院东西分别设有喷泉和花坛，为二十世纪八十年代所建的园林景观小品，作为延续性历史元素保留了下来，并对喷泉内假山做了优化调整。

正房为七开间，以三级石阶引入，红色方柱支撑起前廊，花岗岩柱础，檐下配有绿色倒挂楣子装饰，现辟为即墨红万字会历史渊源暨慈善史迹陈列场所，门上嵌有“卍”字纹等传统装饰图案。展厅主要介绍古代中国与人类记忆中神秘的“卍”字符故事、红万字会的历史、文化与慈善之道，展现世界、青岛和即墨红万字会的历史沿革，体现多元融合的文化特征。其中，北面墙壁中央位置设“五教融合”主题的金碧山水壁画[1]，以水墨和丙烯绘制，其上悬挂着“五教融合”匾。壁画前方陈设着5尊海瓷瓶，与壁画主题相呼应，器型各异。正房东次间现辟为即墨红万字会历史人物及其家族文化陈列室，着重介绍即墨红万字会第一任会长胡介人、第二任会长江灼三及副会长胡文泉的家族往事；西次间为临时陈列室。

如今，走进即墨红万字会展馆，从建筑本体外饰到展陈大厅，花窗、花墙、廊柱、邮票、勋章、瓷碟、书柜、座钟……每件物件都蕴藏着“卍”字文化元素，与红万字会发展有着千丝万缕的联系。诸多展品中，孙中山签发的红万字会学校毕业证、民国时期青岛特别市贫儿学院捐簿以及首次展出的即墨红万字会历史人物胡介人、江灼三的遗物及其家族史料等珍贵历史见证物，对于研究近代慈善史迹具有重要的历史价值。

虽历经改造，即墨红万字会依然带有老建筑特有的沉静，院前的几株老树上，年年新枝萌发。

◎ 即墨红万字会正房前廊的雀替和柱饰（左）

◎ 即墨红万字会的西院墙（右）

1 中间一帧画面摹绘的是曲阜孔庙。其东侧一帧摹绘的是济南灵岩寺，其西侧一帧摹绘的是即墨鹤山遇真宫，最东侧一帧摹绘的是青岛福音堂（江苏路基督教堂），最西侧一帧摹绘的是清真寺（青岛浮山后）。

◎ 修缮前的即墨红万字会正房南视图

◎ 修缮后的即墨红万字会正房南视图

◎ 修缮后的即墨红万字会东南俯瞰图

13.3 沧桑留痕：小坝遗址的保护利用

小坝遗址位于西南城墙下，与城墙相依，具有特殊的地理位置和重要的历史价值。为了在遗址保护与城墙建设中寻得平衡，此处设计经过了慎重考量，西南城墙的设计方案也随之大幅调整，这也成为即墨古城建设的一个亮点。

13.3.1 护城屏障：小坝遗址的历史人文价值

即墨城的西南方向有一段石基，是清乾隆年间（1736—1796 年）的护城石坝基址。历史上，这一地段因地基松软，经常冲垮、坍塌。据清同治版《即墨县志》载，乾隆年间，知县尤淑孝视察城垣，发现城墙单薄颓缺，惟土壁立，西南方向石坝“漂没几尽”，路人涉水而行，如若不加维修，水入城中，仓库也会受到威胁。他认为堤坝为城之基，欲修城，需从修坝开始，遂用巨石数千车、柏桩数千根筑造，自此淮涉河水环石堤，堤亘数百丈，城池巩固。

2007 年，第三次全国不可移动文物普查发现了小坝遗址。它是用大小、颜色不一的石块垒砌而成的，有 16 层，与老城墙相接，呈东西

◎ 即墨古城历史影像：小坝遗址（摄于 2007 年）

向，高低起伏，其中部分墙体已被改造或加固。据老城居民回忆，决堤口处曾设石兽以镇水患。

小坝遗址为护城屏障，是一处重要的历史文化遗存。为了摸清这处遗址的情况，建设者多次现场勘察，并邀请文物专家实地探查，反复斟酌研究后认为，小坝遗址是具有特殊价值的城市人文景观，是即墨城非常有特色的历史文化载体，具备一定的历史价值和现实功能。目前，小坝遗址虽然不属于文物保护单位，但在第三次全国文物普查中，已作为新发现不可移动文物进行登记并公布，根据《山东省文物保护条例》第 8 条规定，应参照即墨市级文物保护单位进行管理。综合上述种种因素，有鉴于小坝遗址在保护城池安全方面的历史意义，为表征即墨古城特色方面的独特性，决定保留这一历史遗址。

于是，关于小坝遗址保护方案的编制和讨论就此展开。

◎ 西南城墙与小坝遗址（局部）

13.3.2 蜿蜒后撤：小坝遗址设计方案选择

2016 年 3 月 7 日，古城规划建设指挥部专题听取了华清安地对西南城墙小坝遗址保护范围方案的汇报。城墙建设依形就势是自古以来的惯例，但受到规划河堤与小坝遗址的双重制约，致使设计难度加大。从不同的角度考虑，华清安地提出了 5 种设计方案：

方案一，仅外墙退后，两端通过退台过渡。这一方案对原设计改动最小，但导致此段墙顶仅 0.7 米宽，无法对公众开放，城墙通道被打断，无法形成环路。

方案二，墙顶外挑，净宽 2.5 米，石平座悬挑。此种设计有先例，1915 年中华民国政府委托德国人罗斯凯格尔改建正阳门箭楼，曾采用此种设计。但此方案建筑风貌较特殊，装饰性太强，难与古城整体氛围完美融合。

方案三，内外墙同步后退，墙顶净宽 2.5 米。采用此种设计需调整内部道路，将城内部分建筑改小，损失城内建筑和绿化面积，比较生硬。

方案四，外墙后退，墙顶同时外挑，净宽达 4.3 米。此为折中方案，兼顾了面积和通道的连通性，但从效果图看，形态较为怪异。

方案五，西南城墙蜿蜒后撤，与城墙东南角呼应。此种方案保留其原有沿河道路，并设计步行景观道路，能最大限度维持城墙原有风貌，但要“牺牲”城内 4 栋建筑，城墙西南段略微内弯。

经过认真论证，建设者目光聚焦于第五种方案。这一方案不仅使西南城墙小坝遗址得到充分保护，还保留了城墙的历史风貌，确保了城墙外立面的统一性，获得了一致认可。虽然牺牲了古城的小部分建筑空间，却体现了城市更新中历史与现代融合发展的理念。

如今，这段堤坝和雉堞状的坝顶、巍峨的城墙共同构成了墨水河沿岸的旖旎风光。

◎ 建筑设计示意图：小坝遗址方案 1（左上）

◎ 建筑设计示意图：小坝遗址方案 2（右上）

◎ 建筑设计图：小坝遗址方案 3（左下）

◎ 建筑设计示意图：小坝遗址方案 4（右下）

13.4 磐石之为：石刻的发现与保护利用

即墨古城的再造，少不了“发现”的意义。每一次发现，都是一段被尘封历史记忆的重现。

早在古城片区拆迁过程中，古城规划建设指挥部会同文化部门，协调专业机构对城内遗址开展了考古发掘，发现了不少遗迹。在施工建设中，更加注重施工区域出土历史遗物的保护与利用，将每一个偶然显现的“吉光片羽”搜集起来。无疑，这也是传承千秋文脉的一种方式。在这个过程中，古代石刻的发现尤为引人注目。

13.4.1 儒学遗迹：文庙石碑的发现与保护利用

◎《至圣先师孔子赞并序》碑（细部）

2015年4月29日，天泰集团项目副总经理李中在去工地的路上，无意间听工人说清理河岸时挖出一通很大的石碑。他敏锐地意识到这可能是文物，询问一番便驱车赶到现场，并立即向古城规划建设指挥部汇报。得知消息后，工作人员立即前往，经鉴定，这是一通有关文庙的古碑，遂将其运至即墨县衙院内妥善保管。

谈起石碑发现的经过，李中相信那是一份难得的机缘。据他回忆，当吊起石碑看到“康熙二十五年”字样时，内心非常激动，有点不敢相信。他坦言：

> 作为建设者，我们对即墨古城有着深厚的感情，都倾注了热情与责任，只要对古城有利的，哪怕是“道听途说”也要去验证一下，不错过任何一个丰富和发展古城的机会。

这是一通清康熙帝御制的石碑，用即墨大庙山石材雕凿而成，褐色，只存碑体，碑首、碑趺遗失。碑身尺寸通长2.90米、通宽1.16米、厚0.27米。碑身字迹清晰，上下左右饰以祥云、龙纹吉祥图案。碑文标题“至圣先师孔子赞并序”，落款“康熙二十五年七月初四日户部尚书文华殿大学士臣张玉书奉敕敬书”，知其系清康熙二十五年（1686年）康熙帝以儒学行天下时所刻。碑文共12行，行50字，字迹规整稳健、雍容清逸。康熙帝尊崇儒学，《至圣先师孔子赞并序》碑是为称颂孔子功德而立，目的是颂扬孔子开创儒学之圣功，碑文由户部尚书、文华殿大学士张玉书奉旨撰写，各地文庙纷纷兴立此碑。

◎《至圣先师孔子赞并序》碑

今天所见石碑，是记载即墨文庙历史的珍贵文物，为文庙建设提供了重要的实物依据。虽说康熙年间，天下文庙广立此碑，然三百年世事沧桑，多已埋没不闻，非常少见。是偶遇，又何尝不是即墨古城的一份奇缘。2017年4月，这通石碑重立于文庙大成门东侧。

13.4.2 北斗星下：道教石碑的发现与保护利用

除了上述御制石碑，古城施工过程中还发现了多通石碑，诸如《北斗庵记》石碑。北斗庵曾是即墨城内北部的一座道观，始建于清康熙二十年（1681年），系由明初所置即墨营主导创设。北斗庵记碑记载了北斗庵的渊源，行文中流露出卫所制度下的一种特殊心境。半个世纪后，雍正十二年（1734年），即墨营及鳌山卫裁撤，回归即墨的县制体系。此碑现藏于即墨博物馆。

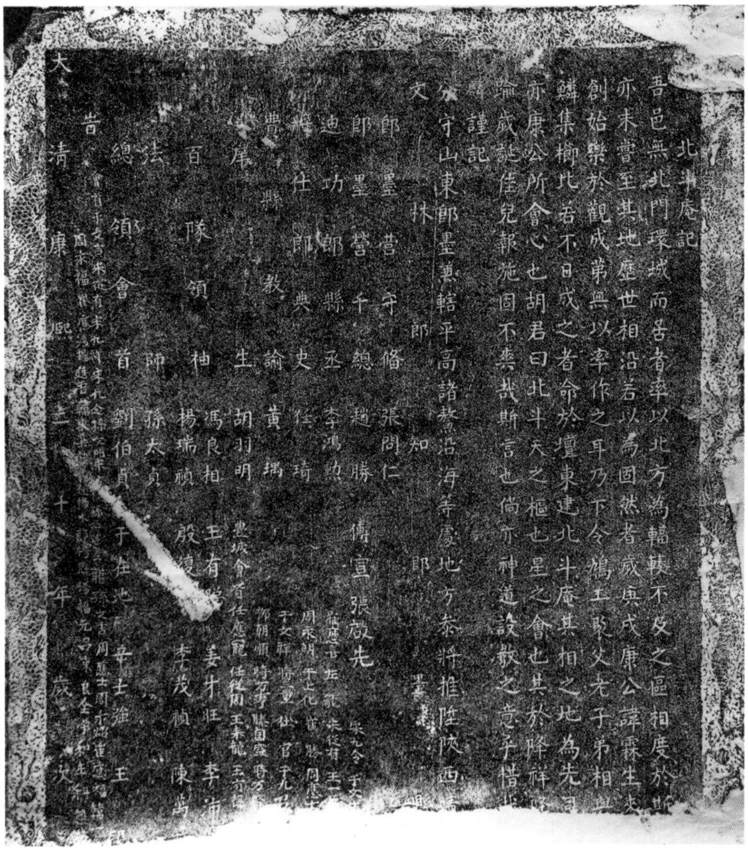

◎ 《北斗庵记》
石碑拓片

在真武庙遗址周边，出土了关于吕祖阁的两通石碑，系以莱阳绿大理石雕凿而成，碑体略微残损，但碑上文字仍清晰可见。其中，一通是1930年重修吕祖阁用款石碑，上面记录了修缮时所用的材料、人工费用等；另一通是吕祖阁捐资方名列石碑，上面记录了捐款善资人及所捐款项。真武庙重建完工后，这两通石碑作为真武庙历史发展的实物见证，被立于院内东侧。

13.4.3 树碑铭史：即墨县衙发现的石碑

即墨县衙是一座文物宝库，经考古发掘，出土了大量历史遗物。其中，一些古代和近代石碑具有较高的历史价值和学术价值，其上或清晰或漫漶的文字都是在讲述历史。

在大堂东侧墙壁处发现一块镌刻着“万历三十年六月”字样的残碑。文字左边有线刻纹饰。有意思的是，年款较为清楚，而碑文却无一字显影，似乎有意识要给后人留下一个谜。可以推断的是，此碑应是明万历三十年（1602年）增修县衙时所立，后不知何故而损毁。此次县衙修缮过程中，它被砌回原处，成为一段沧桑历史的截面，继续聆听探寻历史的声音，等待着石头所铭刻的历史之谜揭开的那一天。

前面介绍文庙历史沿革时，提到发生于1898年初的即墨文庙事件与德国占领青岛的胶州湾事件一起构成了戊戌变法的导火索。未想百余年后，有一件于此相关联的历史遗物显露真迹，此即王万牲[1]退兵

1　王万牲，字宇春，浙江钱塘人。1898年始协助山东巡抚张汝梅推行洋务。1900年7月任即墨知县，翌年因东北乡民抗税斗争而惊悸吐血，逝于任上。逝后以亏欠库款遭朝廷革职清算，1904年山东巡抚周馥上奏予以平反。

碑，碑文标题“恭颂朝议大夫邑侯宇翁王老公祖大人退兵碑記”。戊戌变法之后，1898年10月爆发了义和团运动，1900年7月30日，德军借口“搜捕拳匪”，再次突袭即墨县城，闯入县署，劫持知县。时任知县许涵敬据理力争，德军暂退。翌日，德兵又闯入县署，勒索白银4000余两。危难之际，精通洋务的王万甡接任即墨知县。王万甡与德军交涉，致其撤兵。关于该事件的具体经过，其他史料无明确记载，因而在即墨县衙发现的这通石碑更具历史文献价值。碑体长206厘米，宽75厘米，厚16.5厘米，大理石材质，碑趺已佚。碑文楷书，15行，满行40字，共455字。碑文记载了事件的发生经过，反映了时局的危急，也透露了那个特殊年代的外交困境。此碑可谓是大历史的具体见证，对反映即墨城的近代历史状态，澄明二十世纪初即墨在宏观历史格局中的处境有特殊价值，见证了近代即墨和中国的历史风云。

◎ “万历三十年六月”残碑

除上述石碑之外，县衙考古和修缮过程中还有几通石碑被发现。如“……用同知代理即墨县正堂加十级纪录碑”，立于清光绪十六年（1890年），反映了当时即墨的社会经济形态。

◎ 王万甡退兵碑记拓片

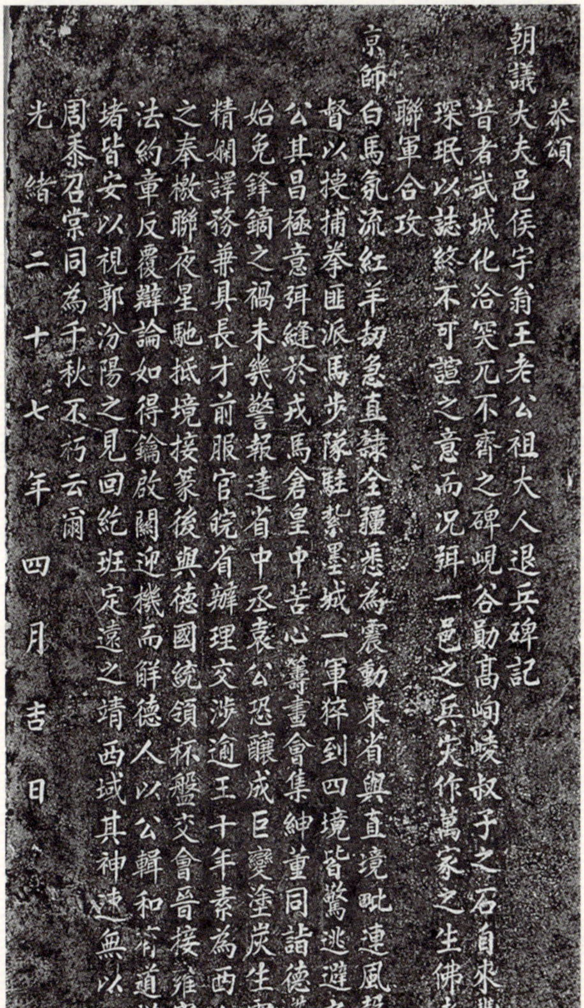
恭頌
朝議大夫邑侯宇翁王老公祖大人退兵碑記
昔者武城化洽突兀不齊之碑峴谷勛高峋峻叔子之石自來豐功偉績被其澤者往往抒其事實勒之
琛珉以誌終不可諠之意而況弭一邑之兵灾作萬家之生佛者乎庚子夏間拳匪肇亂中外失和各國
聯軍合攻
京師白馬氣流紅羊刼急直隸全疆悉為震動東省與直境毗連風聲鶴唳到處訛傳即墨近為德國租界德
督以搜捕拳匪派馬步隊駐紮墨城一軍猝到四境皆驚逃避之民紛紛遷徙邑侯許公涵毅偕少尉丁
公其昌極意弭縫於戎馬倉皇中苦心籌畫會集紳董同詣德營與德國官弁委婉周旋多方酬應閭閻
始免鋒鏑之禍未幾警報達省中丞袁公恐釀成巨變塗炭生靈爰命兩司選擇能員兩司以王公萬甡
精嫻譯務兼具長才前服官皖省辦理交涉適王十年素為西人信服講信修睦非公莫能勝任遂亟委
之奉檄聯夜星馳抵境接篆後與德國統領杯盤交會晉接雍容一面致書膠澳總督請速撤兵援引公
法約章反覆辯論如得鑰啟關迎機而解德人以公輯和有道措置得宜即日撤兵是役也廉車甫到環
堵皆安以視郭汾陽之見回紇班定遠之靖西域其神速無以加茲邑中父老歌頌功德備誌巔末庶偕
周黍召棠同為千秋不朽云爾
光緒二十七年四月吉日　閤邑紳民敬誌

◎ 即墨县衙出土的“……用同知代理即墨县正堂加十级纪录碑”拓片（左）

◎ 即墨县衙出土的门当（右）

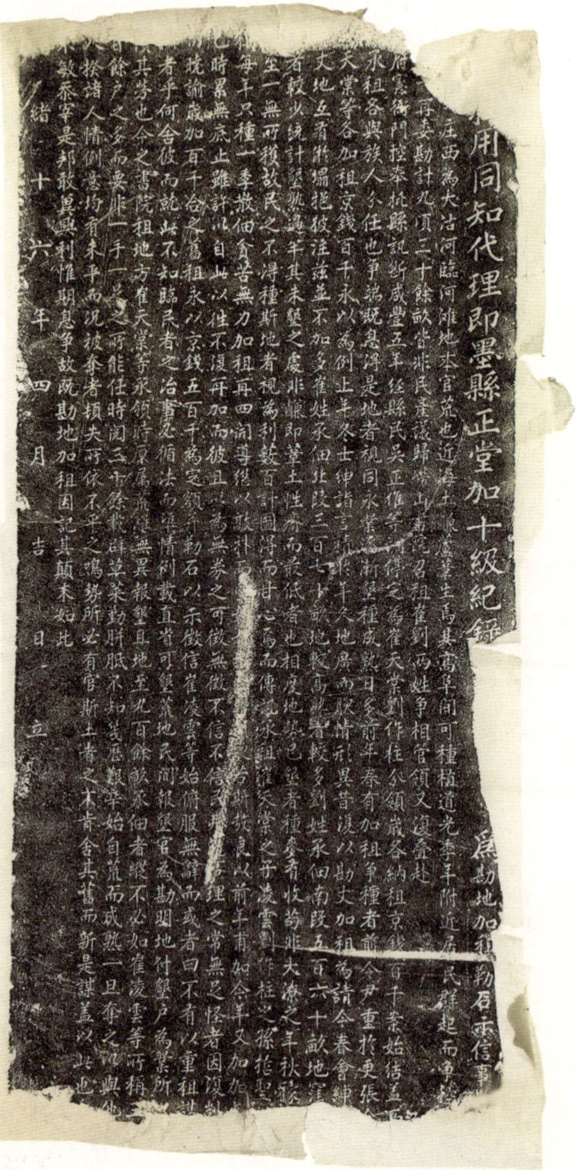

13.5 物尽其用：老建材的收集利用

即墨老城区的建筑虽多经建设改造，但部分家族院落内还保留着历史遗存，其中不乏完好的老建材。

老城区拆迁之前，古城规划建设指挥部与拆迁指挥部主动对接，在需要保留区域的建筑上标注“保护区”，后根据拆迁进展、规划方案及建筑单体的研判情况，将“保护区”改为“暂留区”，保留现存较好的建筑单体和院落，聘请专人看护，保护地面及地上附着物。与此同时，为做好古建筑遗存筛查和老建材收集工作，专门划定了需保留的建筑范围，并设置了建材回收存放区，对拆迁过程中发现的可用建材分门别类妥善保管。

拆迁工作基本完成后，在古城规划建设指挥部的监督下，施工方组织专业力量，对剩余建筑细拆细分，采集有价值的建筑构件，对可利用的砖石小瓦等进行编号预留，作为古城建设和文物保护单位修缮的材料。这些建材在古城之后的建设中，成为古建筑保护修缮的重要构件，发挥了应有价值。例如，位于万寿宫遗址西侧的李氏家族院落，

◎ 重建后的李氏家族院落

占地597平方米，是当时保存较好、结构相对完整的三合院，代表了旧时民居建筑风貌特点，因此予以保留。由于该处建筑处于君澜度假酒店规划用地范围内，遂微调了院落的方位，予以重建。拆除之前，进行了精准测绘，取得了建筑本体的具体数据。在后期建设时，按照院落的宽度和高度进行重建，并将收集来的砖、瓦、石建材用于建设。不大的一处院落，带着往昔记忆安处古城一角，成为展现即墨城历史民居风貌的一个剪影。

在即墨县衙修缮过程中，一些收集来的老建材被合理利用。如通往县衙大堂的甬道，主要由原即墨市博物馆大楼拆除后的大块石料铺设，剩余石料则被铺设在大堂露台周边。县衙院内两侧的草坪上，有两条呈现为海浪波纹的小径，是由一块块灰瓦排列组合而成的，不仅透水性好，还可涵养水源，其所用瓦片也是在老城区拆迁过程中收集而来的，成为承载古城记忆的小路。

◎ 拆迁时收集的旧瓦片

◎ 用旧瓦片铺就的波浪纹小径

13.6 冉冉物华：古树名木的保护

古城内外，万物生长，冉冉物华相映生辉。

言及树木的价值，梁衡在《树梢上的中国——重建人与树木的文化关系》中写下了这样一段话：

> 在伐木者看来，一棵古树是一堆木材的存储；在科学家看来，一棵古树是一个气象数据库；在旅游者看来，一棵古树是一幅风景的图画；而在我看来，一棵古树就是一本历史教科书。

诚然，树木有形有灵，意味着人文与自然的生命力。对于即墨古城来说，古树名木所珍藏的“绿色年轮”尤其意味深长，它们连接历史与未来一起生长，同样是城市记忆不可或缺的一部分，见证着一座城的春华秋实。

在即墨古城片区改造项目启动之初，就对古树名木进行了征集和保护。2013 年 3 月，古城片区拆迁之前，古城规划建设指挥部制定了花木保护管理办法，在居民搬迁腾房后，开展了花木养护、看管工作。后续建设中，与建筑不冲突的老树，尽可能地予以保护利用。它们与建筑和谐共生，展现着古城的四季美景和岁月芳华。

古城西南城墙内外，各有一棵树龄 50 余年的毛白杨树隔墙呼应。它们枝冠茂盛，古韵十足，为古城平添了一份沧桑与厚重之感。拆迁之前，这两棵树在即墨市第一实验小学院内，伴随着数代即墨人度过了难忘的读书岁月。学校搬迁后，它们被原址保留下来，虽已被城墙隔开，却依然不失相互依恋的意趣，遥相呼应，共同生长，繁茂的枝叶似乎在向游人诉说着岁月的悠悠往事。

即墨红万字会前也有 4 棵树龄在 50 年以上的法桐树。为保留它们，依照树木长势设计建造了围墙，使枝干穿墙而过。如今它们的侧枝嵌于墙体内，生长旺盛，成为一道独特风景。此外，即墨原点地雕西南方向的法桐树、即墨县衙旌善亭西侧的梧桐树、环秀门西侧的老榆树等，也都被原址保留下来。

众多古树中，最具历史意义和研究价值的是即墨县衙内的古柏。即墨县衙是古城保留古树名木最多的地方，其二堂、三堂院内现存有7棵树龄200至300年的古柏，它们遮天蔽日，衬托出县衙的古老与神秘，伴随了县衙几个世纪的沧桑变化，也见证了即墨古城的新生。县衙二堂东厢房北侧，有一株凌霄，与一颗树龄达600余年的古柏合抱而立，堪称一奇景。在古城片区改造之前，古柏虽枯萎已久，然枯而不颓，挺拔依旧。在古城建设过程中，一株凌霄从古柏树根处悄然萌芽，慢慢向上生长，新枝寄于老树，焕发出蓬勃的生命力。数年中，凌霄攀援着古柏枝干，已比县衙屋檐高出许多，枝繁叶茂，仿佛喻示着即墨古城的新生。

汪曾祺在《人间草木》中写道：

> 逝去的从容逝去，重来的依旧重来，在沧桑的枝叶间，择取一朵明媚，簪进岁月肌里，许它疼痛又甜蜜。

寂灭与复生之间，古树一如既往，最懂得岁月之沉重与轻盈，阅尽沧桑之后寄念新生，从颓圮看到振作，从萧条看到茂盛，看到楼阁隆起，灯火点亮，年轻人轻快的脚步踏在老街之上……

◎ 即墨县衙的古柏凌霄

JIMO ANCIENT CITY

即墨古城

四世一品

墨邑重華

即墨古城复生之道

《墨邑重华》编委会 编著

MOYI
CHONGHUA
JIMOGUCHENG
FUSHENG
ZHIDAO

下册

2020年度青岛市社会科学规划研究项目

中国建材工业出版社
北京

目录

上册

中编 · 盛世重光

下册

下编·取精用弘

【导语】

匠人，是穿行于天地间的行动者和思考者。

无论是以技谋生，还是以心证道，他们都有一个常人所不能及的独有世界。

那里是空山雨后，秋水长天，恰好容得下一份匠心，描摹着纷纭世间的妙处。

一枝一叶，一砖一瓦，都凝聚着苦心孤诣的思虑、孜孜不倦的研究、精益求精的雕琢。

即墨古城的匠人们，心怀对历史文化精髓的延续与传承，

为这座城注入更深沉持久的文化自信。

黄星元对即墨古城秉承的匠心营城理念赞赏有加，他以“营造匠”三个字概括即墨古城的建设理念。

“营”是人与人的合作与互动，

“造”是建筑师在漫长工作历练中形成的独属于自己的建造艺术手段，

“匠”是对工作精益求精的匠人精神。

通过“造”与“匠”，再现了一个有形态、有生态的古城。

通过“营”，把古城做“活”，使其有序生长，逐渐成为文商旅深度融合的文化聚落、时尚之都。

即墨古城项目遵循历史传统技艺，既有继承又有更新，相信会经得起时间与历史的考验。

——中国工程勘察设计大师　黄星元

取精用弘

下篇

QUJING

YONGHONG

即墨古城的建筑技艺与匠心

即墨古城的每一块砖、每一处雕刻、每一个角落都体现着精益求精的匠心精神。

在我看来，学宫、文庙等公共文化建筑，散发着中国传统文化的魅力，

通过有形的建筑，让人达到无形的精神层次。

——台湾大学教授 傅佩荣

爱、畏、专、谦，是为匠人禀赋。

以创造性构思赋予作品灵动而鲜活的生命，是为匠心。

古往今来，能工巧匠把对生命的热爱、生活的祈愿、理想的追求、信仰的虔诚，凝于錾锋凿尖，

用丰富的灵感感应砖石的温度，笔走龙蛇中凝练出特有的中国气质。

无论是气韵灵动的砖雕，丰润柔美的木雕，还是浑厚洒脱的石雕，都闪耀着传统艺术的光芒，

它们或玲珑、或敦厚、或朴拙，与传统建筑浑然一体，为古城增添了几分古雅之美。

匠人与物料之间，有一种惺惺相惜的共鸣。

他们用刻刀，赋予了木石新的灵魂，而又借助杰出的作品，赋予作品生命。

数年来，一群优秀的匠人在黄海之滨雕刻着一座生命之城。她的名字，叫作即墨古城。

第十四章

CHAPTER

14

古色古香

建筑艺术暨匠心整体观

GUSE

GUXIANG

14.1 和谐有序：中国传统建筑技艺的缩影

即墨古城项目再造过程中，古建筑材料、建造技艺、工匠技艺得以在实践中继续应用，使非遗更生动、更活地传承下来，这种做法值得肯定。

——中国建筑科学研究院建筑设计院总建筑师　薛明

一般来说，建筑审美具有双重标准，即物质性与精神性。物质性，更多地与建筑使用功能相关，由空间效果决定，可称为“合用之美”；精神性，是指建筑的历史底蕴、艺术风格和审美意向等，可称为“可观之美”。而在虚实交互的静态二元属性之中，亦可拈出建筑审美的第三重属性：反映传统技艺精髓，并且通过人类文明和科技进步实现更多建造的可能性，或可称为“技艺之美”。

在中国传统文化中，空间的等级和秩序感统一了建筑合用可观的双重审美标准。“至高和谐”代表了中国古建筑的美学追求。“和谐”讲求的是有序得当，因此在传统城市建筑布局中推崇方正和主次分明；在设计中讲究等级和规制；在营造上注重不同材质、材性的相生相克；在装饰中讲究同使用功能和身份地位相匹配，而院落环境也需与建筑本身相呼应……这都是和谐秩序之美的体现，虽然呈现出的外观和风

◎ 霞光中的文昌阁

格多种多样，但都能找到最符合实际使用和社会文化所需的建筑形式。

技艺之美在楔入和谐的同时，又突破了一般意义上等级秩序要求，给工匠一定的发挥空间，在壁垒森严的等级秩序下表达着审美自由。当旧有秩序与“和谐”的定义发生变化，规制与等级变成了一种古代历史文明表达的方式，依然能够引起观者的审美共鸣。实际上，令人感叹甚至由衷喜爱的，是那些超越了秩序与等级，却依旧和谐美观，又充满匠人智慧的建造和装饰技艺，以及作品中的精神传承。建筑记录下了匠人对自然材质的本真表达和对自身手艺、作品的不懈追求。中式建筑上几乎所有能够起到装饰作用的构件和做法，如金碧辉煌的琉璃瓦，层层叠叠的斗，栩栩如生的檐下木雕雀替、花罩及彩画，其实都有实际用途。瓦片、彩画承担着保护木构架、标明建筑等级的作用；而斗栱、雀替本身就是承力构件。通过技艺的展现，达成了实用性和美观性的统一，这是中国古建筑在技术层面追求和谐的体现。

社会文化是建筑艺术产生的关键要素。需求由人产生，建筑由人建造，建筑审美必然会与不同地域、不同时期的人类文化相契合。同时，建筑作为人类文明活动主要场所的提供者和静态参与者，在统一文化范畴下，其艺术风格和审美标准也随着实际功能和精神的需要而不同。

历史上的即墨城选址考究，布局严谨。即墨古城根植于博大精深的传统文化之中，彰显着“美美与共”理念。城内规制严谨的公共文化建筑与充满生活气息的居住建筑并存，传统技艺与现代技术一脉相承，而这些都在“技艺之美”中得到统一。这座古城，就是一座展示中国营造理念及和谐美学的博物馆。其所展示的，不仅是静态的建筑艺术作品，而且是通过动态的建造过程，向前人致敬，向技艺致敬，向人类文明与智慧致敬。

14.2 匠心笃行：秉承工匠精神

身临其境，感同身受，奥秘就在于通过有形的建筑，让人达到无形的精神层次。为匠人提供展示技艺的舞台，营造无愧于历史、无愧于时代的建筑精品，也是古城建设者孜孜以求的目标。

执着专注、精益求精、一丝不苟、追求卓越，是谓工匠精神。乌镇景区总规划师陈向宏曾说：“专心地把事情做到极致，剩下的就交给时间吧。”这也道出了即墨古城建设者的初心。多年来，他们以炽热的情怀投入其中，充分发挥自己的创造力，默默累积起古城的一砖一瓦，布局起古城的一街一巷。

早在规划阶段，古城规划建设指挥部便确定了“当代的精品，后世的文物”的理念，选用适合即墨地域特色的建筑材料，面向全国甄选有实力的施工企业、拥有专业技艺的古建工匠参与项目施工。先后赴各地考察了30多家企业，最终选定北京房修二古代建筑工程有限公司、湖北殷祖古建园林工程有限公司、曲阳宏州雕塑园林有限公司等施工团队，1000多名精通各种传统建筑营造技艺的能工巧匠参与即墨古城建设。其间，还聘请了10余位国家级工艺美术大师全程参与施工，16位相关领域权威专家对古城规划建设各环节把关指导。

◎ 即墨文庙外景

即墨古城再造是一个系统工程，首先必须做到设计与施工两个环节的有机统一。设计师对规划建筑效果的期望最终能否实现，关键还要看施工。设计师以陪伴式服务对施工予以整体把控，并协调智能化、亮化、导视等专项设计团队，对接施工团队，以便根据现实情况查漏补缺，解

决施工过程中遇到的各种问题，确保建设品质。这项工作由华清安地即墨古城项目规划负责人林霄和设计负责人弓箭等几位骨干设计师负责。随着工程进度的不断推进，景观设计团队的设计师也相继加入。他们每周都到即墨古城巡场，与施工方工程师一起比照设计方案，认真核对每一面墙、每一根柱子的施工准确度和建成质量。发现问题，现场解决，累计处理了建筑质量、建造方式、美观效果等方面问题千余个。同时，为了保证室内环境的舒适度和实用性，设计师对采用的每一种建筑材料和每一个安装零件都要现场查看、推敲比选，甚至前往建材产地考察。大到墙面石材、户门板、落水管的颜色，小到屋瓦勾头、滴水的图案，门闩窗扇把手的大小……不仅追求外观上的古朴效果，还须符合现代建筑规范。

即墨古城首发区也是建筑效果的试验区，一些新式做法和新型建筑材料、外观效果都在此先行试用，敲定标准做法和各项技术指标后再进行推广。为了满足功能需求，达到设计效果，施工过程中返工频次较多，施工队伍工作强度相应加大，但建设者毫不懈怠，为将古城打造成业界和市民认可的工程全力以赴。为保证进度，施工管理方必须具有丰富的调配经验，合理调配工作时间和施工人员，尽量保证不同构件加工进度同步，避免窝工。其间，最辛苦的就是这些一线的工匠和施工管理团队。他们当中，很多人把自己人生中最宝贵、最美好的时光留在了古城，目之所见，耳之所闻，甚至梦境里都有即墨古城的建设场景。

由于工作的特殊性，要求每一位建设者既要“心细如发”，又要志坚如磐。他们视挑战为荣耀，把参与古城建设看作是职业生涯的高光时刻。“从早上五点到晚上十一二点都在施工现场，工作时大家都充满干劲儿”，江苏南通三建集团股份有限公司即墨古城项目负责人曹利兵如是说。天泰集团即墨古城项目总经理张兴元回忆起那段经历，觉得很幸运，也很值得，认为自己在最好的年华参与创作了一件最好的作品。

美国著名社会学家理查德·桑内特在其《匠人》一书中提到：

> 只要拥有一种纯粹为了把事情做好而好好工作的欲望，我们每个人都是匠人。

即墨古城建设者秉持匠人之心，克服种种困难，把建筑当成艺术，于细微之处“如切如磋，如琢如磨”。今天，众所瞩目的道道风景，折射出的正是古城建设者的悠悠匠心。

14.3 虔诚之法：意匠之传统仪式

◎ 即墨县衙大堂梁柱修复归位仪式

即墨古城的匠人，日夜与木石对话，镌刻永恒。他们坚守着一种情怀、一种执着、一份责任，以匠人的坚毅平和，创作出了古城灵动鲜活的艺术精品。

从支撑建筑、围合空间的大木作和砖瓦石，到装饰与保护功能兼具的油漆彩画，再到锦上添花的砖雕、石雕、木雕、漆器……在墨水之滨的即墨古城，能工巧匠的聪明才智在这里被触发、被感知，与建筑进行深入对话。他们用双双巧手与寸寸光阴，再现了古城更迭千年的斑驳风华，累积起一份份可世代相传的精神遗产，以铭匠心。正是他们对“大国工匠”的生动诠释，让古城在呈现历史场景和文化空间之外，更多了一份传承祖辈技艺和精神并不断发扬光大的力量。

创造“作品”的同时，匠人也持守着传统仪式，千百年延续下来的习俗寄托着他们对手艺传承的虔诚，以及对作品本身和即墨文化的敬意。正因这些承载着信仰和荣誉的仪式的留存，匠人更能明确自己的身份和历史使命。

在建设过程中，一系列简单而庄重的仪式，如牌坊上坊仪式、建筑上梁与合脊仪式等，寄托着建设者对即墨古城的深厚情感和对未来的良好祝愿。其中，上梁与合脊是古建筑营造过程中两件具有标志意义的大事，相当于现代建筑的封顶和竣工节点。古建筑的营造步骤讲究由下至上，由内至外，因此建筑或牌坊主梁的顺利安装，标志着整个承力构架装配的圆满成功。而合脊则代表整栋建筑的落成，指在修建屋顶时，屋脊筒瓦从两端开始施工，最后将中间一块筒瓦归位的仪式。这块筒瓦讲究端端正正、严丝合缝，以向房屋主人及周围邻里展示承建工匠的施工精度和高超技艺。因此上梁与合脊在古代营造工程中是重要的仪式，需要择定吉日，合脊时还需在特定位置放置五谷和纪念币。在这些仪式中，匠人们祭拜祖师爷，其实也是向自己所传承的传统手艺致敬。他们为自己亲手营造的建筑披上红绸，燃放鞭炮，表达喜悦之情，也寄托了对建筑牢固性的期许和生活的美好祝愿。在他们心中，举行的仪式，就是赋予建筑“生命”的过程，在往后的日子里，他们便能同这些建筑进行更深入的交流。

◎ 财神庙主殿上梁仪式

◎ 墨邑重华坊上坊仪式

建筑是城市的灵魂，从美学角度讲，建筑要按照美的原则来建造。

从建筑格局、构造等方面，均可看出即墨古城传统文化的深厚潜在力，既展现了千年传承的工匠精神，

又展示了中华文化细节引人入胜的艺术特色。

——中国人民大学教授 金元浦

木为天地之精华，其功厥伟，允为千秋建筑之本。

中国古建筑的历史及技艺亘古如斯，人类得木之惠者深矣。无论是建筑，还是文明的肇始，终究离不开木。

所谓“西海栽若木，东溟植扶桑”云云，以木为本、沟通天地的历史可追溯至上古神话时代。

水之源，木之根，木是生命之根，凝结着质朴的生命与自然精华，具有独特的温润感。

气分寒暑，木有枯荣。树木发于毫末，亦在年轮的逐步繁密中，在与霜刀雪剑的对抗中蓬勃生长。

历经曲折之后，才有资格成为栋梁之材。

在文化体系中，木材这种刚柔并济、能屈能伸的特性，与儒家“中庸”之道相契合。

古代匠人充分发挥木材的物理特性和易于取得等优势，将其作为古建筑的基本材料和重要围护材料。

而在自然与文化的双重馈赠中，木作经典则更深一步反映了中国古建筑的精髓，

与木相触，感受中国古建筑的温润、精良、博大之美。

即墨古城的公共文化建筑以木结构为主，在传承发展古代建筑技艺的同时，以木为骨，为建筑注入温润而又充满韧性的灵魂。

第十五章

CHAPTER

15

盛德载木

传统木作技艺

SHENGDE
ZAIMU

15.1 贻范古今：接引古代大木作之光

汉语语境中，诸如“栋梁之才”“国家栋梁”等词语比比皆是，以大木材之于建筑的重要功用来喻指人才。由此，可窥见“木构架”在中国古建筑营造中无可取代的价值。

木构架是中国古建筑的主要结构。按照传统营造法式，一座木结构建筑的骨架由柱、梁、桁、枋、檩、椽、望板及斗栱等多种构件连接组合而成。将这些建筑骨架的不同构件，按照规定的权衡尺度和技术要求进行制作安装，在古建行业中被称为“大木作”或“大木构”。

作为木结构建筑最基本、最核心的部分，大木作起着布局、造型和承重的作用，古建筑中形制各异的屋顶、梁柱、框架等均由大木作完成，建筑的平面布局和立面比例等亦因此而框定。一座木结构建筑往往由数以千百计的不同构件组合而成，营造过程中，不仅要精准计算所需木料的尺寸并按标准加工出来，还要严格按照顺序和工艺要求，构建起可屹立百年而不倒的建筑，其繁复程度可想而知。

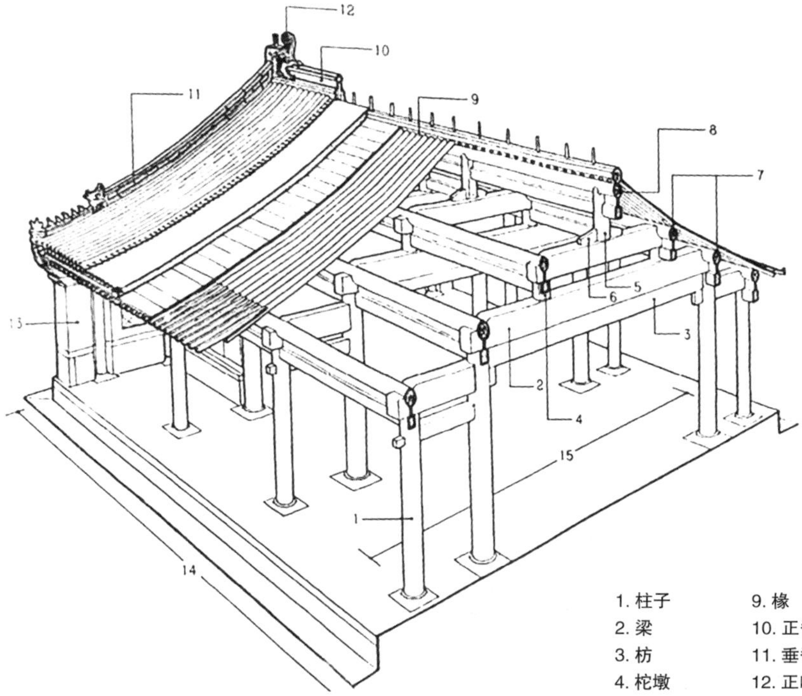

1. 柱子
2. 梁
3. 枋
4. 柁墩
5. 瓜柱
6. 角背
7. 檩
8. 脊檩
9. 椽
10. 正脊
11. 垂脊
12. 正吻
13. 山墙
14. 面阔
15. 进深

◎ 木结构建筑示意图

15.1.1 飞檐斗栱：通过大木作辨识古建筑样式

一般来说，传统木结构建筑自上而下大致分为屋顶、斗栱、梁枋柱三个结构层次。它们相互依托，共同支撑，形成秩序井然的空间逻辑。

梁枋柱体系是古建筑最核心的承重结构。柱子立于地面柱础上，支撑起梁枋，梁枋架于柱上，就此形成一个整体，框定了建筑屋顶以下的基本框架。梁枋又分为额枋和檐枋，斗栱下面的构件是额枋，柱子间相互联系的构件叫檐枋。依照传力和构造方式的不同，梁枋柱体系主要分为抬梁式和穿斗式两种。北方官式建筑多用抬梁式，南方民居和少数民族建筑则多用穿斗式。

斗栱层是衔接屋顶与梁柱的结构层。因受木材性能局限，导致直接出挑不可行，故而着眼于立柱与横梁的有序交接，就有了独特设计——斗栱：自柱顶上加的一层层探出成弓形的承重结构为栱，而栱与栱之间起出挑作用的方形垫木为斗，两者合称斗栱。可以说，斗栱是古建筑的显著特征，是古人智慧的典型体现。古建筑讲究出檐深远，通过层层叠加的斗栱模式，实现了大尺度出挑。这种造型的基本目的是保护建筑立面，有防水、防晒、防腐等实际用途，同时还具备丰富多彩的装饰性能，极大地满足了建筑的审美需求，可谓中国古建筑营造法式的精髓。早在战国时期已有斗栱的雏形，后来演变出各种不同

◎ 建设过程中的文昌阁斗栱及屋顶木结构

样式，明清时期更加注重斗栱的美观性，按照形制分为三踩[1]、五踩、七踩以至十九踩等。

建筑外观看上去为覆瓦之作，但支撑其框架和内在承重的是大木构。搭建这些形态各异、体量巨大的屋顶，其内部结构和屋瓦之下的椽子、望板和垫层，都是大木作所要完成的任务。显与藏的哲学，由此可见一斑。不惟藏于内者，即使是外露的木构架，也是如此。如果把木构架比作建筑的骨骼，那么它不仅决定了建筑的“骨相”，也决定了建筑的“皮相”。建筑完成后，虽说形之于外的往往是油漆彩画，然而成就油漆彩画结构布局的依然是木构架。

除了外观样式，为了从尺度上更加明确建筑等级，我国传统建筑体系中出现了一种确定各构件尺寸的独特方式。这种方法在宋代称为“材分制”，设定了建筑最基本的模数“材”，将材分为八个等级，并形成了一套计算公式，不同建筑依据自身属性确定材的等级，进而推算出大木构件的具体尺寸。清代，这种方法演化为更加精密的“斗口制”。所谓“斗口”是指平身科斗栱大斗安装翘昂的槽口宽度，设定其宽度为 0.6 营造尺（约合 19.2 厘米），作为一等材的模数，以此为核算标准，依序呈等差数列递减，每减 0.5 寸即为下一等级，推算相应构件的尺寸。清“斗口制”在宋“材分制”基础上进行改良，由此，宋制八等材增为十一等材。

◎ 斗栱

15.1.2 丁卯合位：大木作连接要诀

古建筑大木作连接的要诀是榫卯。榫卯结构隐含着中国传统的阴阳观念。榫为阳，卯为阴，部件连接之际，已然导向了阴阳和谐。

作为中华民族独特的工艺创造，榫卯技艺有效地利用了木材特性，

1 “踩”为古建术语，指斗栱的层数，踩数越多，斗栱级别越高，造型越复杂。

◎ 古建筑一角

达到了实用和美观的完美统一，也蕴含力学、数学、美学和哲学的智慧。正是这种精妙结构的运用，提升了中国古建筑的科学、艺术和历史价值。早在春秋战国时期，我国对榫卯的使用日趋成熟。从现存古建筑实物考察，明清时期的诸多古建筑虽已历经数百年，但因各种外部机械力和自身荷载压力而破坏的少之又少，充分证明了榫卯结构的稳定性。即墨古城的木结构建筑沿袭这一传统工艺，体现了古建筑榫卯结构的精妙。

一座古建筑的骨架结构由成千上万个大小木构件组成，其中除了椽子、望板等平面受力的木基层构件外，几乎全部木构件均由榫卯连接而成。根据构件的承力方向、材料性质及外观需求等的不同，榫卯类别多种多样，如固定落地柱的管脚榫、连接柱头与梁头的馒头榫、拉结枋与柱的燕尾榫及用于制作大门门板的银锭扣、龙凤榫等，在即墨古城皆有所见。

各种形式的榫与卯，虽然具体作用与名称各有不同，却也有着相同的原理。榫卯的结合尤需每个构件之间的默契，讲求一种绝妙的吻合度，要严丝合缝，容不得丝毫差错。不同属性与位置的构件，形成了一种分担与共担的伴生关系。因不同而求同，鼎力相合，生动体现了传统文化的和合之道。榫卯所连接的，不仅是梁柱枋，更是这座古城的历史文化，承载着时代繁华，千年不息。

大木作因榫卯而坚固异常，亦因榫卯而精妙有加。而正因为有高

◎ 卯口开凿（左）

◎ 学宫大木作榫卯安装（中）

◎ 文庙横梁上的榫卯构件（右）

度、力度和吻合度等方面的讲究，其组合难度更大，需要十分高明的技艺。于是就有了“大木怕安”这样一句行话，意思是大木作的安装环节很关键，必须先对此前的一系列工作进行校验，否则任何疏漏都会在安装时暴露出来。大木安装落位也是一个非常严密的过程，需要众多人步调一致，通力合作方可完成。从实践中，匠人们总结出了这样的安装程序口诀：

对号入座，切记勿忘；先内后外，先下后上。
下架装齐，验核丈量；吊直拨正，牢固支戗。
上架构件，顺序安装；中线相对，勤校勤量。
大木装齐，再装椽望；瓦作完工，方可撤戗。

从中不难发现大木构架安装之繁复，精度要求之高，口诀中的每一环节都凝聚了历代匠人的心血和智慧。对此，在即墨古城建设实践中，每一位参与者都深有体会。在古城建设工地，时常会传来富有节奏的号子声。在学宫的大木作建设中，重达 2 吨的主梁、高达 3 层楼的立柱以及 1300 方木料，仅凭榫卯连接，“百工圣祖”鲁班技艺得到了传承与应用。

15.2 栋梁之材：即墨古城的大木作

◎ 财神庙主殿大木作安装

即墨古城学宫、文庙、财神庙、文昌阁等均采用木结构，遵循中国传统营造法式建成。为确保建筑质量，打造传世精品，古城规划建设指挥部聘请古建筑木作技术专家相炳哲为顾问，指导古城大木作的设计施工，确保体现传统木结构建筑的精髓。

《荀子·礼论》中有这样一段话：

故绳墨诚陈矣，则不可欺以曲直；衡诚县矣，则不可欺以轻重；规矩诚设矣，则不可欺以方圆；君子审于礼，则不可欺以诈伪。

此真知灼见，正是发端于古老的木作工艺实践。木结构古建筑之所以千年不倒，系之于严谨的法度和标准。

建筑艺术内外兼备，显与藏俱是功用。即墨古城中的一栋栋殿宇，目光所及，丹楹刻桷，雕梁画栋，大木作之本色虽已藏于表象之下，在支撑起建筑主体并赋予其空间造型以后，似乎就从视野中消隐了，然其功用分明愈加完备，表征建筑艺术上的“深藏不露”。

15.2.1 良材难觅：大木材的寻找、选择与检验

在传统木结构建筑中，形状、功能、位置各不相同的木构件繁多，往往数以千百计。备料是一项复杂而烦琐的工作，需要准确估算、统计所需木料的数量和尺寸等，避免浪费。验料是木作的质检过程，需要木料检验是否存在糟朽、虫蛀、劈裂、空心等情况以及含水率是否符合使用要求。由于原木都是天然生长的，而加工成木料后的储藏和运输条件各不相同，导致木材材质千差万别，所以验料人员对木材的

◎ 建设过程中的财神庙主殿（局部）

了解和经验判断就显得特别重要。

“选材”亦如“选才”，在这一环节上，以最大限度地发挥好木材各自的秉性。按图索骥或将一无所得，只有鉴别出那些坚实挺拔而又内心充盈的“君子”之材，古城殿宇的安泰才可托付。

即墨古城建设之初，木结构建筑的选材就面临挑战。建筑结构对木材质量要求极高，近代以来，受各种因素综合影响，适用古建的木材日渐稀缺。此外，由于现代多为钢筋混凝土建筑，专门供应传统木结构建筑所需的木料场越来越少。针对这种情况，建设者只能从材性需求出发，寻找市场所能提供的适用木材。经过比选测评，最终确定公共文化建筑所用木料以质地坚韧、不易腐朽的进口花旗松木为主；同时为控制成本，便于采购，以樟子松等木材作为补充；沿街商铺外立面采用菠萝格。即便如此，充当梁柱的大型木材仍存在很大缺口，为配齐适宜木材，建设者着实花费了不少精力。

时至今日，回忆起当时的情形，负责学宫、文庙、财神庙及文昌阁等公共文化建筑施工与管理的北京房修二古代建筑工程有限公司即墨古城项目经理舒同礼，对财神庙主殿两架踩步金梁适用木材的寻找过程仍记忆犹新：

由于财神庙主殿体量大，其踩步金梁所用木材的选择尤为重要。根据工程量测算，至少需要长12米、

◎ 建设过程中的文庙大成殿斗栱（局部）

高0.7米、宽0.3米的木料。为此，我们找遍了全国大型木材厂，几经辗转，方才购得与图纸要求相符的木材。

除了原料难觅，对不同部位、不同用途木材的含水率及精加工技术参数的要求也不相同：大木构件所用木材含水率不超过15%，装修装饰所用木材含水率不超过12%，椽、望、博风板类构件的含水率不超过10%。只有达到以上要求，才能有效避免木材因气候变化而产生开裂变形等问题发生。

15.2.2 中规中矩：大木作的加工制作

木材选料并验料合格后，即进入粗加工和分类制作工序。

在具体木构件的分类制作阶段，首先要在粗料上标记构件的具体

◎ 木构件搭建安装现场

◎ 建设过程中的鸭绿池戏台游廊

◎ 建设过程中的财神庙飞檐斗拱

位置，再根据该位置的安装和加工需要，画出尺寸、侧脚、中线、榫卯细节等标注符号和范围的墨线。需要指出的一点是，不同地区墨线的线型和符号含义各有规范，互不通用，因而要注意做好不同制作单位所用规矩[1]的相互协调工作。然后，工匠再按墨线进行精细制作，将木料加工成各类曲直有度、精确无误的木构件。

有些木材的加工过程繁复，对精度要求极高。如梁枋类构件的边棱不是简单的直角，而需按照传统作法加工为细致精巧的滚楞抱肩式；斗栱不同部位拐弯处的弧度也有不同算法，有的采用三分法，有的则采用四分法。这些不易察觉的细节，却是木材加工的关键，只有一丝不苟地严格按照传统规矩加工制作，才能呈现理想的效果。

木构件种类繁多，每种构件的数量也较大，这就对施工队伍的经验、作业配合默契度提出了较高要求。工匠除了要熟练掌握加工构件的细节和工艺要点之外，还要统筹考虑构件与其他构件的衔接、相同构件加工放量的一致性等要求，特别是榫卯的加工，因关系到木构架的牢固性，更需慎之又慎，要考虑各种细节和要点。即墨古城建筑的榫卯构件严格遵循清式规矩加工，若结构过松则不能保障建筑的稳定性，过紧又会给安装带来困难，还可能导致构件损伤，所以工匠需凭借丰富的施工经验随时调整榫卯构件的松紧度。

1 指工具。

15.3 时光交叠：学宫大木作的结构特点与安装

作为即墨古城木结构建筑的代表作，学宫是体量最大、结构最复杂、木构跨度最大的建筑，也是施工难度最大的。透过学宫大木构的设计、制作和安装，即可洞悉即墨古城的建筑技艺之美。

俯瞰学宫，其主体建筑南北跨度很大，进深远远大于面阔，这是由其功能决定的。学宫中央大厅[1]是举办论坛、讲座、会议研讨和展览展示的场所，需要有足够大的空间。中央大厅呈南北向延展，是一个具有纵深感、仪式感的空间，而这个空间由大木作架构表现出宏大的气势，在营造过程中，也最具挑战性和创新性。

从时间线来看，学宫是即墨古城开工最早、按照传统法式营造的大木构建筑，其建设过程中面临着许多新问题。欲寻解决之道，就要跳出既成经验，追溯结构和材料的本质。这就意味着要穿越漫长历史，参透中国传统木构建筑的经验和法度，对建筑自身的属性、特性和安装路径进行全面梳理。总体上看，学宫大木构的营造是一次有价值的尝试和探索，体现了传统木构建筑技艺的博大精深，也为即墨古城后续诸多公共文化建筑的营造积累了宝贵经验。

◎ 建设过程中的学宫中央大厅大木构东南视图

1 启用后命名为明伦堂。

◎ 学宫主入口

◎ 学宫东南俯瞰图

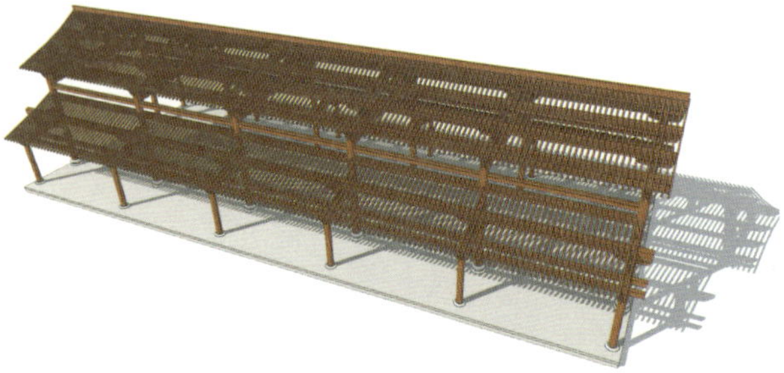

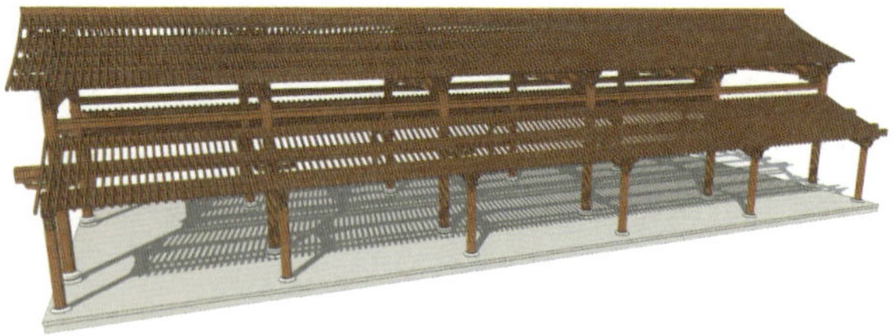

◎ 学宫中央大厅大木构模型

从策划和设计过程来看，学宫的主结构运用了传统建筑大木作的核心理念和形式，采用大木构架，以榫卯工艺建造而成。因整座建筑体量、跨度较大，木构安装过程颇费周折。对此，天泰集团即墨古城项目工程经理杨楠介绍说：

学宫中央大厅每根主梁均由重2.7吨的原木加工而成，安装难度很大。吊装时，3台吊车、6个信号工相互配合，用时一整天才安装完成。而所有次级和细小构件之间的榫卯安装，则由专业工匠在吊装设备辅助下，用专门处理过的便于用力又不伤害木料表面的弹性锤子一一砸入。

施工现场，有节奏的锤声此起彼伏，奏响了匠人技艺之音。整个过程，仿佛是在执行一次为大木构架而做的“正骨手术”。每一次刚柔相济的敲击，都是匠人用手劲忖度着构件进退的分寸，直到这些自有棱角的个体，紧密地抱合为一个整体。

木构架的施工达到了预期效果。略感遗憾的是，由于工期紧张，油漆饰面的处理不够理想。对此，舒同礼介绍说：

根据以往经验，传统木结构建筑主体完工后，一般需进行一年左右的大木晾架，让木材内的水分尽量释放出来，再施以油漆工艺。但学宫是古城营造的首座公共文化建筑，建设工期非常紧张。从主体施工到室内装饰仅用了不到半年时间。木材中部分水分出不来，导致油漆局部开裂、起鼓，这也为后期维护带来一定影响。好在挑选的木料质量上乘，工艺精湛，问题得到了解决。

正因如此，即墨文庙的施工充分借鉴了学宫建设的实践经验，在施工进度与施工质量之间，更加注重后者，严格遵循古建筑的技术规范和施工流程，历时一年零七个月顺利竣工。

◎ 学宫中央大厅内部施工场景

◎ 学宫中央大厅内景

我感动于即墨人对工匠如此尊重，对传统文化如此敬畏，

才使得这座千年古城获得了重生，并使其蕴含的非遗文化保持着活力。

——著名古建专家、瓦石宗师 刘大可

法国作家雨果曾说，“建筑是石头的史书”。

石头的意义显而易见，从建筑诞生伊始，总少不了它的身影。而谈起中国古建筑，人们常说秦砖汉瓦，表征延续千年的建筑记忆。

秦汉时期，砖瓦烧制技艺已然成熟，从那时起，砖瓦就成为建筑的基本材料。

“添砖加瓦”也就被视为成人之美之事。

作为传统建筑的必备用材，砖瓦石的身影随处可见。

石材铺地、砖砌墙面、瓦覆屋顶，三者相得益彰，共同将建筑室内空间与外界隔开，

从而获得一种由外而内，复由内而外的认知与审美历程。在神话传说中，炼石可以补天。

而具体到现实，对砖石的精心砌筑，便是化腐朽为神奇、“点石成金”的手艺。

第十六章 CHAPTER 16

天成地平

砖瓦石砌筑技艺

TIANCHENG DIPING

16.1 井然有序：砖瓦石砌筑的类型与工艺

如上一章所述，在木结构建筑中，木材承担了主要的受力使命，而砖砌墙体基本上只起围护作用，受力结构和围护结构相对独立，因此就有了“墙倒屋不塌”的说法。但木材怕火，所以防火就成为第一要务。另外，时间久了还容易因虫蛀等发生朽坏现象，维修难度很大。1903年，康有为在意大利看到近两千年的宫殿和斗兽场等遗迹时有所感，曾建议中国建筑多用石头，以避免木结构的易燃和易朽。当然，无论木石砖瓦，作为建筑构成材料各有其功用。

古建筑“八大作”[1]中，砖瓦等黏土类砌块材料的施工称为瓦作，而诸如台明、桥体、石碑等石构件的施工称为石作。现代建筑施工中，砖瓦石可统称为砌块。砌块的叠加，讲究铺砌的花样和整体上的匀质效果，带来素雅沉稳的美，延展着穿越千年而源远流长的文化底蕴。

砖瓦石应用于建筑的基础与台基、墙体、地面及屋面的围合，在桥梁地面及石质牌坊等不需雕刻的部分亦少不了它们的身影。根据砌块的不同特性和不同部位的功能需求，其砌法复杂，变化多端。本章介绍的内容，可作为了解即墨古城砖瓦石砌筑工艺的纲领。诸如照壁、石牌坊及石碑等构筑物的制作，亦归为石作。考虑到这部分内容在技艺上更注重雕刻与装饰，因此另辟专章予以介绍。

◎ 雪中屋顶

1 指土作、瓦作、石作、木作、油漆作、彩画作、裱糊作、搭材作。

◎ 环秀门

16.1.1 墁地平实：地面种类及其铺砌技艺

古建筑施工中，地面铺装是土建工程的重要组成部分。

铺砌室内外地面或公共路面称作墁地。其中用砖铺砌的称为砖墁地面，用石材铺砌的称为石墁地面。一般来说，室内多采用砖墁地面，有特殊要求的建筑会采用石墁地面或焦砟地面；室外地面根据使用功能分为甬路、散水、海墁等不同类型；根据不同景观立意或使用需求，可多种铺砌方式进行组合，做法和样式更加灵活多变，具有较强的装饰性和文化寓意。

即墨古城的地面铺装以砖墁地面和石墁地面为主，如城墙步道等采用砖墁地面，东、西门里大街和南门里大街等室外公共空间多采用石墁地面。亦可见同一区域两者混合的情况，如文庙棂星门与大成门之间。院落或园林空间的地面铺装则视具体情况灵活掌握，砖墁、石墁，海墁、甬路等方式兼而有之。

另外，古城商业建筑和居住建筑的室内地面，更多采用现代装饰手法，以石质、木质材料进行精装修处理，以满足当代生活习惯和使用需求。无论何种方式，所讲求的无非是一种坚实、古朴而雅致的效果。

◎ 城墙步道的砖墁地面

16.1.2 坚若磐石：台基样式及其砌筑工艺

台基亦称基座，是古建筑的基础构造，也是保证建筑物稳固的重要部分，具有承重、加固、保护之功用，其样式和尺度具有标识建筑等级的作用。

一般来说，台基有三种基本样式，即普通台基、须弥座台基与复合型台基。其中，普通台基多为素方形，是一般建筑通常采用的台基样式。须弥座台基常见于规格较高的宫殿、坛庙等建筑，造型丰富，侧面呈凹凸状，除用于台基之外，也常用于墙体的下碱部位。复合型台基是普通台基、须弥座台基重叠或相互叠加组合而形成的样式，见诸重要的宫殿、梵刹、坛庙建筑。台基尺度与建筑主体高度、立柱高度及出檐深浅有关，整体上呈现和谐有序的比例关系。

台基分地上和地下两部分，一般地上部分称为台明，须弥座形式的台基地上部分可直接称为须弥座，地下部分则称为埋身或埋头。现代修建的古建筑在地基作法上有所改进，出于建筑安全及与地下空间结构配合的需要，一般采用钢筋混凝土代替传统的“埋身”。但是台明部分广泛运用石材。

台基的正前方往往设有台阶与坡道，起着联系台基与室外地坪高差的重要作用。古时，称台阶为阶级、踏跺或礓䃰。高等级建筑基座往往带有栏杆，起到围护和装饰作用。栏杆亦称勾阑，分为宋式勾阑和清式勾阑。清式勾阑由地栿、栏板、望柱组成，多以石栏杆的形式出现，通常包括寻杖栏杆、栏板式栏杆、罗汉栏杆等式样。

即墨文庙大成殿和财神庙均采用须弥座台基，围以青白石砌筑的清式勾阑，而真武庙台基是一种创新形式，与“之”字形台阶连为一体。

16.1.3 干摆丝缝：墙体样式及其砌筑技艺

古建筑墙体的砌筑材料与砌筑方式多样，很多地区还因地制宜地使用本地特有的砌块材料和技艺。明清时期，官式建筑的墙体以砖砌为主，砌筑工艺有所发展，以适应不同等级和功能的建筑。其中，对砖进行精细加工后砌筑并严格控制墙缝，称为干摆、丝缝；简单加工之后砌筑者，称为淌白；不做加工而直接砌筑者，称为糙砌。

◎ 干摆丝缝墙体

古人常以“雕墙峻宇”来形容建筑物的精美高大，足见对筑墙艺术的讲究。因墙体不作为承重构件，在保证其稳定性和保温隔热功能的基础上，砌块的摆放方式更注重砖缝的样式和整体美观。北方官式建筑墙体有十字缝、一顺一丁、三顺一丁等砌法，南方的民居建筑有扁砌、石磙、斗砌等砌法及组合形式。另外，在宫殿庙宇等建筑中还可见到琉璃砖墙和琉璃构筑物，由此而形成了相关砌法。而通过各类砖块、瓦片的不同摆放方式，还可构造出带有一定吉祥图样和韵律感的花式砌法。

对应不同砌法和外观要求，古建筑黏合砌块的灰浆也有多种调配方式，素有“九浆十八灰”之说，主要原料有生石灰、麻刀灰等，通过细筛、调配、焖制等制成基础灰浆，使用时再根据需要加入江米、白矾、血料、砖粉、砂子、麦秸、焦砟等辅料，调和颜色及材性，以满足不同砌块材料的使用和外观需求。在古建筑工程施工过程中，部分砌法采用现代灰浆，这种灰浆经过专门的研究和调整，外观上接近

◎ 雪落古城

传统材料，但在提升建筑整体质量和节约施工时间、成本等方面更具优势。而“干摆”和“丝缝”两种最高等级砌筑方法所采用的灌浆材料，则必须采用传统白灰浆，方能达到预期的效果和强度。这种砌筑工艺在即墨古城被广泛应用。

16.1.4 仰合之美：屋顶结构及其砌筑技艺

屋顶是古建筑最具辨识度的部分，亦是建筑审美的重要因素。砖在身畔，瓦在头顶，屋顶的高度及装饰是建筑主人身份地位的象征。淡墨青瓦落飞花，屋顶瓦檐带着浓浓的中国风，以亘古不变的气韵面对岁月变迁。香含栋宇，雾润琴书，在屋顶楼阁的排列中，屋宇及其守护者的故事历久弥新。

16.1.4.1 古建筑屋顶的基本样式

观察传统建筑的外观，最具辨识度的莫过于形式各异的屋顶。一般来说，屋顶分为攒尖顶、庑殿顶、歇山顶、悬山顶、硬山顶五种基本形式，反映了建筑等级的高低。这些屋顶样式还可相互组合，形成更为丰富的形态。其中，攒尖顶、庑殿顶的规制最高，一般情况下仅见于宫殿、庙宇等最高规制的建筑主殿，如天坛祈年殿和故宫太和殿分别为攒尖顶和庑殿顶的代表；歇山顶次之，常用于官府及重要公共文化建筑的正堂或主殿，有时亦用于高规格园林和私邸；悬山顶和硬山顶为最常见的形式，常见于民用建筑和部分素朴的官式建筑。歇山式、悬山式和硬山式屋顶，还依据其屋脊的不同处理方式，细分为带脊式和卷棚式两种类型。上述各种形式的屋顶又可相互交叠而形成重檐屋顶，其等级高于同样式的单檐屋顶。在园林或一些比较特殊的建筑中，屋顶还配合平面格局和楼层组合，发展出更加繁杂的复合式屋顶，如故宫角楼，其屋顶有三层。上层是纵横交错的歇山顶，因有九条主脊，故称九脊殿；中层是四面抱厦的歇山顶，犹如众星拱月；下层则是一环半坡顶腰檐。

以即墨古城的情况看，居住、商业建筑多以硬山顶为主，公共文化建筑的主殿多采用歇山顶和悬山顶，其中文庙大成殿为重檐歇山顶，学宫中央大厅为重檐悬山顶，真武庙大殿、城隍庙为单檐歇山顶，财神庙主殿采用的是重檐歇山十字顶。

16.1.4.2 瓦面砌法及工艺流程

从建筑材料上看，古建筑多取瓦屋顶，依据瓦片造型，又细分为筒瓦、板瓦等类型。另外，还会使用各种因地制宜的屋面材料，如茅草、海草、石板、黄土、灰背等，这些材料多见于各地特色民居。就瓦面来看，其砌法多种多样，主要有合瓦、干搓瓦、仰瓦等方式，呈现底瓦和盖瓦的凹凸变化。调研发现，即墨本地及胶东地区民居普遍采用仰瓦铺砌方法。

与之相应，瓦作工艺大致分为筑底、铺瓦和筑脊等步骤。筑底，就是为屋面做最底层的基面，使屋面达到防水、保温、隔热等功能要求。北方一般采用草、灰、砖等保温防水材料铺砌在木结构的望板层；南方没有保温需求，也有不做垫层直接覆瓦的做法。铺瓦，就是通过“排当放线”方式铺筑屋面，保护基底层不被雨水、光照及风力破坏，同时也有装饰效果。铺瓦完成后，在屋面各斜坡相交处、接缝处修筑屋脊并加装脊饰，防止漏水，进一步美化屋顶并有标识建筑等级的作用。

16.1.4.3 屋脊的基本样式

屋脊是屋面斜坡上均衡隆起的部分，也就是相对应的斜坡间的顶端交会线。按位置不同，古建筑屋脊有正脊、垂脊、戗脊、博脊、角脊、十字脊、元宝脊、横屋脊、圈脊等种类，其中最常见的是正脊、垂脊、戗脊。

正脊是处于屋面顶端，由前后两个斜坡相交而形成的一条脊，从建筑正立面看，表现为一条横线。因其在建筑各条脊中最为重要，亦称大脊或主脊。

垂脊是沿着山面博风板走势下垂的脊。庑殿顶、悬山顶、硬山顶建筑中，正脊之外的其他屋脊均称垂脊。歇山顶建筑中，正脊和戗脊外的其他屋脊均称垂脊。

◎ 屋脊

◎ 屋顶瓦面

戗脊是歇山顶自垂脊下端至屋檐部分的脊，与垂脊45度相交并对其起支戗作用，高度明显低于垂脊。

16.1.4.4 屋脊上的“保护神”

古建筑多为木结构，易燃，因此在屋顶各种造型与材料的节点上，装饰着传说中的瑞兽件。屋脊饰的样式丰富，按类别分为吻兽、望兽、垂兽、仙人及走兽，合称脊兽，它们以建筑保护神的形象出现。其中，安放于正脊上的是吻兽或望兽，安放于垂脊上的是垂兽，安放于戗脊上的是戗兽，另在屋脊边缘处安放仙人和走兽。

吻兽，亦称鸱吻、螭吻或鸱尾，端坐在屋顶正脊的两端，两两相对，作张口吞脊状。溯其源，可视为中国龙图腾、龙文化在建筑上的体现，西汉时期已出现。最初为鱼尾状，晚唐以后演变成兽头形，并开始以涂釉大型瓦件制作。明代李东阳《怀麓堂集·记龙生九子》有“龙生九子，蚩吻平生好吞，今殿脊兽头，是其遗像”之说。吻兽件位置恰是屋顶前后两坡垄与山墙的交会处，也就是接缝处，若不加防护，雨水很容易从这里渗入建筑内部，造成木构件朽烂。因此，出于建筑安全考量，必须对接缝处严加封堵，故有鸱吻。鸱吻将建筑的薄弱环节变成了建筑美学的凝结点，既起到封堵作用，又增添了屋脊美感，还赋予了建筑独特人文内涵，将实用价值、装饰作用和镇宅作用结合起来。即墨古城的城楼及公共文化建筑中，正脊两端都可见到鸱吻，是建筑等级最具辨识度的要素之一。

至于垂兽和戗兽，同样是集实用、装饰和建筑艺术于一体的产物。其实用价值表现在，当坡顶层层瓦片累积成向下的推力时，该推力需要有建筑构件承接住，否则瓦片很容易滑落。檐角最前端的瓦片，也要承受上端整条垂脊的瓦片推力，且这个位置受风力影响较大。因此，装上瑞兽以安之。

◎ 屋脊瑞兽

16.1.4.5 瓦当与滴水

古建筑瓦作工艺中，屋面的接缝脊线、侧边等容易漏水和承担应力的部位，往往都装有特定的瓦件，以保证其密封性和坚固性，如前述之脊兽。当然，形状特殊的瓦当和滴水也有此功用，这两个精妙的构件主要起到护檐束水，防止雨水侵入瓦下的木结构而造成椽子朽烂的作用。

瓦当亦称瓦头，“瓦”者，圆弧陶片，用以覆顶；“当”者，所处位置正当众瓦之底，而又栉比于檐端，有瓦瓦相盾之意，故名“当”。溯其源，西周时期已显露端倪，后渐由半圆形向圆形过渡，秦汉之际已普遍应用于建筑的檐口。所谓“秦砖汉瓦”中的“瓦”，所指即瓦当，体现出秦汉时期建筑艺术的精髓。

滴水亦称滴子，经由它的方向调节，雨水得以外流。滴水出现于南北朝至唐代之间，于明清之际质量与艺术达到了顶峰。观其形，为重唇板瓦，前端特设一个如意形的“滴唇”，以防止雨水回流。

瓦当与滴水在功用一致的前提下，又有着具体分工，前者是防止雨水倒灌，后者是引导雨水下流。两者完美结合，错落相间，兼具实用与装饰功能，表达和谐之美。它们静静垂挂于檐际前端，巧妙收结了层层叠叠的瓦片矩阵，惟妙惟肖的形象寄托着对建筑及其居住者的祝福。云头纹、几何纹、文字纹、植物纹及动物纹等，宛如一串串跳动的音符，精美传神，妙趣横生。

风来池上树，云度檐前影。仰目所见，一片屋檐上云影荡漾，将屋顶楼阁所固有的庇护之意唤醒了。云光徜徉在屋顶，从院内抬头望去，四垂屋檐仿佛给天空加上了一道古雅的镶边，简约而传神，将大千世界收入这一方天地。有时会有燕雀筑巢，有时会有飞花掠影，等到滴滴答答的雨声下来，便是屋檐要说话了。

16.2 精工细作：即墨古城的砖瓦石砌筑工艺

砖瓦石，看似默默无闻，平淡无奇，然其中自有门道，尤其在行家眼中可分出三六九等，辨出五湖四海差距，细微处足见大文章。

即墨古城建设中，砖瓦石砌块的施工工程量最大，凝聚着千余名工匠的劳动智慧。因使用功能和砌筑要求不同，砖瓦石材料的种类和尺寸多种多样。商业建筑和居住建筑所用材料的采购比较容易，但公共文化建筑因建筑的特殊需求，往往需要多方考察搜寻，甚至专门定制，才能适应建筑的属性与风貌要求。为此，即墨古城特聘著名古建专家、瓦石宗师刘大可担任顾问，全面指导砖瓦石材料的选用与施工。

16.2.1 地尽其利：铺地材料的选择与运用

即墨古城铺地材料的需求量较大，品种繁多。因其是构成各个环境空间的视觉底色，且铺装总面积大，材料本身的色泽、质感及铺砌效果对周边建筑、环境影响也较大，所以尤需详加琢磨和推敲。

根据不同场所的氛围和功能需求，古城地面以花岗岩、青石板和青砖三种材料为主进行铺装。其中，花岗岩包括五莲红、济南青、芝麻灰、暖灰、黄锈石等品种，表面纹理有菠萝面、荔枝面、仿古面、烧毛面、剁斧面、自然面等样式。青砖和青石板铺法多样，如人字缝、

◎ 东门里大街旧石板路(左)

◎ 飞虹池街路面(右)

◎ 墨园雨花石小径

席纹铺、碎拼等，排列组合成近50种铺装样式，图形细腻多变。

建设过程中，施工方不仅要对各种材料的铺砌效果予以慎重比较选择，而且需不断改进石材面层的处理手法。古城主街道设计最开始为菠萝面或仿古面，但实际效果并不理想。为解决这一问题，建设者特地到福州三坊七巷考察取经，了解到一个技术关键：要形成古朴质感，需在荔枝面基础上再经过一遍手工剁斧面与点凿面的处理，并将石材的边角处凿粗。古城后期景观铺装便应用了此种手法。另外，铺装时还发现，石材间留出1厘米的缝隙，可更好地呈现质朴感。这种铺装手法在即墨古城重要公共区域及庭院内被广泛使用，获得业界的普遍认可。

文庙院落地面最初铺装的是大城样古建砖，大成殿月台铺装的是平面方砖。完工后，经过冬日风雪的侵袭，地面出现了比较严重的爆裂起皮现象。探因分析，传统砖窑不同位置的受热程度不同，所烧制砖的物理特性也会有细微差别，铺装后经历热胀冷缩，其表面强度不

◎ 文庙院落地面

足的部位容易风化破损，内部密度不均匀的部位则会出现挤胀爆裂现象，这是古建砖的固有缺点。这种情况让建设者陷入两难：保持原样影响美观，但返工更换也无法保证一劳永逸。于是只能继续寻找合适的材料。经过多方考察论证，一种名为“中国黑”的石材比较符合现有需求。这种石材有着与古建砖一样的色泽质感，且更加坚固耐磨，可长久使用，但成本和加工难度也相对较高。为了保证建设效果，以石代砖，将文庙庭院、大成殿月台原先铺装的大城样古建砖、平面方砖，替换为仿古建砖加工的“中国黑”石材。这一做法不仅延续了古朴风貌，还彰显了文庙建筑的庄严气势。

16.2.2 庄严肃穆：台基、台阶的审美风范

◎ 台基石雕

铺地之外，石材也是营造建筑台基的主要材料。在中国历史发展长河中，无论用于制作工具，还是雕凿碑牌，人们对石材都情有独钟。在殿宇、房舍等建筑的局部，石材也历经岁月沉淀而显得越发厚重。

总体上看，即墨古城的建筑台基均由蘑菇石或细方石状的石材砌成。依照传统法式，台基石平面层采用三遍剁斧的做法，且第三遍剁斧需在石材安装好后于工程收尾阶段进行，这对施工的准确度和精细度要求更高，容错率也更低。

基于建筑属性和艺术风格的需要，即墨古城内文庙、财神庙、真武庙的台基皆由青白石砌成。青白石为大理石的一种，颜色稍暗，略带浅灰调，在一定光线条件下则会呈现出汉白玉一样的质感效果。它们的洁白素雅与建筑的丹楹刻桷相映生辉，赋予建筑庄严之感，令人印象深刻。

从结构上看，台基既是独立单元，亦是建筑整体的一部分，以一种简洁的古典美支撑起辉煌的殿宇，增强了建筑的外观视觉效果，使

殿宇坐落于台基之上，顿生雄浑之象。一般观赏角度中，台基的作用往往会被忽视，它不仅为建筑提供了稳固的基础，而且以其洁白素雅适度平衡了建筑的色调，调和了因为油作彩画而产生的炫目之感，实现了华美与静穆的协调。

德国美学家温克尔曼曾以“高贵的单纯和静穆的伟大”来阐释古希腊艺术的精髓。古希腊建筑呈现为清一色的大理石外观，在“高贵的单纯”和“静穆的伟大”中，蕴含着古希腊所特有的数学和哲学智慧，可谓简约又富于变化。而这一点，恰恰也透示了中国建筑的哲学思想。1958年，在《中国建筑学会专题学术讨论会的报告——青岛》中，梁思成执笔作序，并对青岛建筑的特色作出了如下总结：

> 多数采用红瓦、黄墙、石基的德国建筑风格，是从多样化中求得了一致性。
>
> …… 红瓦、黄墙、绿树是青岛的一个美丽的特征。但是我们也体会到，这个艺术效果不是由于这三种颜色，而主要是由于基本上的协调。

无论色彩、样式、格调上的简约抑或繁复，建筑艺术的奥秘在于协调性，这一方面东西方的观念是一致的。从这个角度来看，亦可对即墨古城的建筑技艺有所领会。

青白石的光影还见于桥梁、台阶等处。文庙内的泮池泮桥，亦是青白石砌筑的佳构，在静穆中表达着祝福与希望，将文化传承之意寄托于此。跨过这座桥，带着“修身、齐家、治国、平天下”的人文使命，

◎ 文庙大成殿台基（左）

◎ 财神庙主殿台基（右）

◎ 真武庙大殿前的之字形台阶

学子们将走向一个色彩斑斓的未来世界。若此，一座桥就有了象征性。真武庙内的“之”字形台阶同样令人印象深刻，它依附于城墙上，漫步其上，自得一份峰回路转的登高体验。

16.2.3 古意盎然：墙体砌筑的精细化与多样化

砖与石在古建筑中形影不离。在即墨古城建设中，墙体砌筑是重中之重，必须符合古城建设的精细化原则，才能达到古雅、厚重的效果。

16.2.3.1 青砖的选择及其砌筑工艺

城墙砖的砌筑难度较大。部分工匠第一次接触此工艺时，掌握不好其中技巧，致使施工质量和进度不达标。对此，江苏南通三建集团股份有限公司即墨古城项目负责人曹利兵深有感触，他说：

> 当时学宫、文庙及东城墙、瓮城要最先建成对外开放，但因开工时正值冬天，低温给施工带来了不少困难。例如，以古建砖砌筑的城墙在低温时会发生冻融现象，砖体爆裂，影响美观，这部分城墙只能拆除重砌，使得工期更加紧迫了。
>
> 为解决问题，施工方从苏州请来一批经验丰富的工匠，星夜兼程赶到现场给予技术指导，并做出一套合乎质量要求的样本，施工过程中又经过多次调整，最终取得了较为满意的效果，工程得以顺利推进。经过工匠现场精心打磨，数万块定制砖一一归位，建成后的城墙古朴精致，每块砖对角线误差控制在1毫米以内。

◎ 城墙（局部）

建筑外立面很大程度上决定着古城的风貌，要真正做出古意盎然的韵味并不容易。古城规划建设指挥部在考察时发现，国内有些古城建筑外立面是以贴片方式处理的，即在混凝土砌块外贴上 2 厘米厚的青砖贴片。这样做出来的外立面，远观时似有青砖印象，但近看却没有真砖实缝的质感，而且还存在脱落的安全隐患。为更好地呈现古建筑质感，古城城墙采用整砖砌筑外立面。这就需要砌筑两层外墙，内部墙体为混凝土砌块，确保建筑结构的稳固安全，外侧墙体采用青砖，达到与古城风貌协调一致的效果。可新的问题随之而来，这层外墙与建筑等高，处理不好可能会有倾覆的危险。若用钢筋将两层墙拉接起来，形成一个稳定的整体，可解决这一问题。但钢筋最小直径是 6.5 毫米，而墙缝规定为 5 毫米，如何将钢筋嵌入其中呢？研究，探索，实践，推倒重来，前后返工了 5 次，才摸索出合理的解决之道，即先将青砖开槽，把钢筋压在缝里再进行砌筑，如此才有了如今所见的效果。

◎ 留有古城印记的城墙砖

客观分析外立面返工的原因，既有材料的问题，也有工艺的问题，天泰集团即墨古城项目工程经理杨楠回忆说：

> 一开始没有找到合适的砖，砌墙后效果不好，经过反复比对、上墙，更换了三五种青砖才确定下来。在工艺上，砖墙灰缝从 1 厘米调到 7 毫米、6 毫米……一路减下来，才达到了满意的效果。

城墙之外，其他建筑外立面大多采用 260×130×60（毫米）的青砖砌筑。这种砖由天然黏土制成，具有密度高、抗冻性好、不变形、不变色的优点，呈青黑色，砌筑成墙后，朴素雅致，与古城的整体气质相契合。

◎ 青砖砌筑

◎ 建筑设计图：
潮海门外立面
排砖图

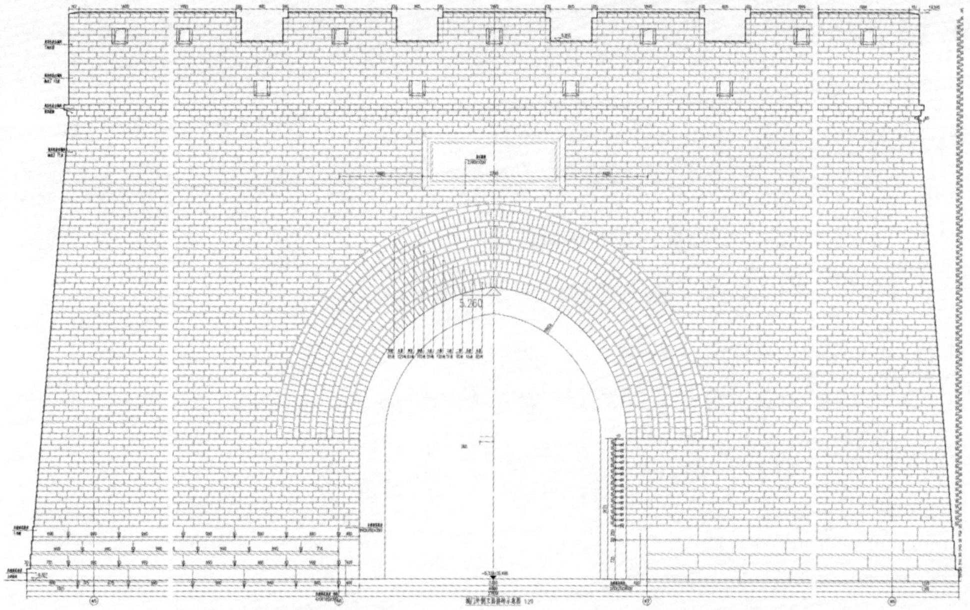

传统青砖烧制过程较现代红砖更为复杂，对烧制工人的技术和经验要求更高，需随时根据具体情况控制好窑温，报废率较高，难以进行大规模机械化生产。此外，不同厂家生产的青砖在色泽、质地等方面会有差别。通过实地考察比选，在综合考量运输造价、生产规模及产品质量等因素后，建设者选取了山西、河南等地的多个青砖生产厂家，根据其供货情况，合理调配砌筑所用青砖的颜色变化比例，将相关规定写入即墨古城砖墙施工细则。一方面，提升了墙面的质感，使色彩和谐又富于变化；另一方面，也避免了不同建筑因整体色差而造成的视觉断裂感。

就公共文化建筑来看，其主体墙面采用“干摆”工艺砌筑。这种工艺对砖的平整度要求极高，需要磨砖对缝，将毛砖砍磨成“边直角正”的长方形。然而，定制的砖是手工制作的毛坯砖，规格、大小不一，表面较粗糙，精度达不到要求，只能做好砖样，现场修切、打磨后方可使用。砌筑时，砖与砖之间需干摆灌浆，所用江米浆要按照稀—稠—稀步骤进行 3 次灌浆操作，每层砖都要将上棱高出的部分磨成一道直线，砌好后再将砖与砖接缝的部分磨平，填补砖面小砂眼，用磨头沾水再打磨一遍，最后用蘸湿的软毛刷把墙面清扫干净，露出“真砖实缝”。虽然流程烦琐，却以代代相传的技艺再现了建筑的古典美，向传统工艺致敬。

◎ 潮海门瓮城和奎明楼

◎ 干摆工艺砌砖（左）

◎ 修缝打磨（右）

然而，施工过程并非一帆风顺，随时要解决各种问题。2016 年 11 月，在居住建筑外立面施工过程中，一日适逢白天下雨，夜间气温骤降，出现了结冰现象。而传统灰浆凝结速度比较慢，天气转暖后大片墙体返浆泛白，不仅影响了美观，还可能导致砖块脱落等“后遗症”。此时，建设者团队已经过近三年的磨合，施工方早已熟悉了即墨古城对工程质量的高要求，发现问题后主动返工。对此，规划建设组工作人员刘鸿回忆道：

> 建设初期，返工的情况时有发生，工匠往往会产生抵触情绪，甚至拒绝交流。

一旦出现这种情况，工程管理人员都会主动找工长谈话，耐心沟通，摸清原因，特别强调技术规范的重要性及精细化施工要求。就这样日复一日，在不断磨合与辛勤劳作中，工匠的主人翁意识逐渐增强，他们将相关技术标准熟记于心，严格按规范施工成为大家的自觉行动，甚至主动想办法提升质量标准。例如，国家标准砖缝精度为 5 毫米，他们自己却将精度提高为 2 毫米，致力于追求“精细化”。

泥瓦工匠，看似只是在从事一种机械、单调的体力劳动。其实，他们深谙炉火纯青之道，布满沧桑纹路的双手有着独特的艺术敏感性，磨得平砖瓦石头的棱角，掂得出真材实料的分量。他们是传统技艺的践行者，用双手铺装出墙面与屋面的沧桑感，在承袭古老技艺的同时，也在与时俱进地进行着艺术创作。

◎ 通济门

16.2.3.2 锦上添花：古朴而灵动的花墙

砌一道花墙，守一方庭院，添一份情调。

花墙的魅力在于借景，让原本静止的空间变得灵动起来。它们不经意间闪现于街巷一角，回眸间，似花非花，似画非画，在空与有的互换中未发一言，却已然透彻。

古建筑墙体的基本功用，除了作为建筑本体的一部分，起着围合空间的作用之外，其实还有一种分隔、透视景物的作用。于是，在墙体与景物关系的维度上，就有了实墙和漏明墙之分。花墙即属于漏明墙的一种，亦称透花窗或洞墙，常见于中式园林建筑，主要起到“避外隐内”的作用，与周边环境的色彩搭配亦有玄机。通过“破墙透绿”的装饰手法，将绿植摇曳的光影印在白墙上，打破了白墙的单调，别有一番借景之妙趣。

从形式上看，花墙不同于城墙及其他大型建筑围墙那般轩峻高大，可以说是墙中的“小家碧玉”。其身量和纹路，无不透出一种“乖巧”感，可以让庭院刹那间变得活泼起来。在即墨古城，花墙多在商业建筑和居住建筑中展露身姿。它通过镂空的设计，在高低有序的搭配中，制造出视觉上的多层次感，与院中草木相互掩映，营造出一份“犹抱琵琶半遮面”的意境。

花墙虽是一种点缀，却也蕴含着巧妙构思，体现着传统智慧。着

眼于突出文化韵味和视觉效果，即墨古城在设计环节就特别注意砌墙方式的灵活性，通过微妙的细节变化，营造一种新颖典雅的艺术效果。多种多样的花墙显影，使得青砖黛瓦的韵味晕染开来。施工过程中，匠人们用心揣摩创意设计意图，将传统花墙砌筑技艺运用得恰到好处，使院落和街巷平添了几分灵动感和鲜活气息。花墙装点着建筑和环境，成为古城建设的一个亮点。

按照建筑材料划分，花墙的主要形态有两种。一种是砖砌花墙，亦称砖花墙；一种是瓦砌花墙，亦称瓦花墙。砖花墙系以普通砖或空心砖砌成花格，通过组合方式的变化，构造出富有韵律美感的纹样，多用在山墙和院墙上，让原本单调的墙面变得富有变化，生动有趣。行走于古城间，随处可见菱角纹、菠萝纹、十字格、日字格、田字格等各式纹样的砖花墙。

瓦花墙又是一番别样趣味。它以小青瓦[1]为主要材料，通过白灰麻刀或水泥砂浆拼叠组合而成，表现方式更灵活，是一种形式多样、意境幽美的花格。这种瓦饰多出现在屋脊、墙顶、山墙或影壁上，是院落景观中颇为雅致的一角。在即墨古城，匠人用朴素的小青瓦叠拼出锁链纹、银锭纹、金钱纹、鱼鳞纹、麦穗纹等各种纹样，再通过压实技法让这些镂空花墙结构更加牢固。这些花墙不仅样式丰富，寓意吉祥，还充满了叠合之趣。

无论是瓦花墙还是砖花墙，都调活了墙的韵味，使原本平淡的墙面生机盎然。凹凸有致之间，增添了几分审美趣味，于细微之处，彰显古城的精妙之处。漫步街巷，花影随行，阳光穿过小青瓦拼叠的缝隙，与墙边生长的树影重叠在一起，映现出流动的、跳跃的形影。白墙，

1 俗称蝴蝶瓦。

青瓦，灵动的瓦花、砖花，湛蓝的天幕，舒展的白云……黑与白，明与暗，虚与实，简单的小青瓦、小青砖构成了一幅幅灵动有趣的画卷，呈现出独属于中式院落的美，闪耀着传统建筑文化的智慧。

每当暖阳的影子印上花墙，建筑仿佛从睡梦中醒来，墙面上光影的舞蹈开始散播魅力。动与静的旋律在庭院间流转，一天的美好生活从这里开始。这些古朴而又雅致、深邃而又灵动的花墙，寥寥几笔，将古城点缀得如诗如画，它们虽沉默不语，却将在未来的岁月里守护这一方庭院和建筑，历经风霜洗礼，依然美丽如初。

墙头春色盎然，墙角芳草萌发；转过墙来，便是一世的邂逅。古时那些一墙之隔留下的情愫和心事，又会在今天的古城，催生出怎样的传奇呢？

◎ 瓦砌花墙

◎ 主次分明的屋顶

16.2.4 芳规不渝：屋顶砌筑及其艺术风范

观屋顶，识建筑，知古城。屋顶之用，屋顶之功，屋顶之美，无不令人赞叹。

千古不渝的芳规，从屋顶开始，将建筑的每一面调动起来。

作为建筑的“第五立面”，屋顶蕴含着更高的立意，标志着四个立面的高度，也体现了其艺术格调。仰观当不昧其旷古幽思，俯察亦可知其传世情怀，尽显高低错落之道。

16.2.4.1 屋顶瓦件的甄选及布瓦逻辑

即墨古城屋顶的营造逻辑，是通过不同瓦材的尺寸、质感和颜色，区分不同主题与功能的建筑，达到突出主要建筑物、烘托整体气氛、清晰而有序地勾勒出古城基本格局和空间结构的目的。

在即墨古城，传统风貌建筑多用小青瓦或筒瓦等传统瓦材，着力营造古朴氛围；近代风貌和新中式建筑选用灰色英红瓦或蝴蝶瓦；而等级更高的公共文化建筑，如文庙，则根据其文化属性和规制，使用琉璃瓦和琉璃脊饰。色彩绚烂、光华闪耀的琉璃瓦顶，最能体现古城瓦作技艺精华。为了达到理想的艺术效果，琉璃瓦和脊饰不仅在色泽和质地上经过精心甄选，其构件之间的大小比例也是根据传统做法并结合现场情况而确定的，以达到视觉上的和谐统一。

灵动的屋顶与厚重的城墙相映成趣，将古城的魅力直观展露出来，一片片叠瓦重檐，渗透着中国传统文化与建筑技艺的精髓，沉淀着民间记忆的底蕴，尊贵与优雅、古朴与精致、宁静与祥和并存的气质默然显现。登上城墙，俯瞰全城，满目所见，皆是风景，层层叠叠、主次分明的屋顶铺展开来，仿佛一部复调交响乐，将古城的历史感与韵律感表达得淋漓尽致。

◎ 板瓦施工（左上）

◎ 筒瓦施工（右上）

◎ 屋顶风貌（下）

◎ 文庙俯瞰图（上）

◎ 大成殿鸱吻（左下）

◎ 东庑鸱吻（右下）

16.2.4.2 文庙的屋顶逻辑

俯瞰古城，在一片片青灰色屋顶中间，几处金碧辉煌、结构精巧的琉璃瓦屋顶熠熠生辉，此处即文庙。文庙建筑群的屋顶多种多样，色彩、样式、尺度繁多的屋顶会合在由棂星门、八字墙和红墙所环绕的院落中，突出传统礼制建筑的精神气象。

文庙屋顶的设计营造严格遵循一定的比例和尺度。以大成殿为例，屋顶正脊正吻琉璃构件的尺寸都有详细规定：正吻采用四样黄琉璃，高 256 厘米至 224 厘米、宽 179 厘米至 157 厘米、厚 33 厘米。正脊采用五样黄琉璃，扣脊筒瓦长 33.6 厘米、宽 16 厘米、高 8 厘米；正通脊长 73.6 厘米、宽 27.2 厘米、高 32 厘米；群色条长 41.6 厘米、宽 12 厘米、高 9 厘米；压当条长 27.2 厘米、宽 8 厘米、高 1.92 厘米；正当沟长 28 厘米、宽 16.5 厘米、厚 2.24 厘米。这些脊饰尺寸是依照文庙的建筑形制推算出来的。不过，当高 2.5 米、宽 1.5 米的黄琉璃正吻运抵现场后，给人的直观感受是尺寸过大，似乎有些比例失调。关于这一问题，即墨古城公共文化建筑设计师张谨解释说：

> 因为文庙的屋顶较高，脊饰装上后会产生近大远小的视觉效果，只有这样尺寸的脊饰，才能在屋脊上达到和谐的轮廓效果，比例也恰到好处。可比较的一个例证是，故宫太和殿的正吻琉璃构件高 3.4 米，从地面观察却与屋顶比例十分协调。

◎ 屋脊上的戗兽与走兽

诚然，大成殿屋脊的琉璃构件安装完毕后，看上去并无硕大之感，先前的不协调感也消弭了，与建筑整体十分协调。显然，其中有一种持续传承的建筑经验，是历代古建工匠在长期实践中凝练的巧思。

与之相应，文庙建筑群中其他建筑的屋顶皆统一在大成殿屋顶之下，形成了密切关联的共同体。其中，大成殿屋顶为重檐歇山顶，覆黄琉璃瓦；大成门屋顶为单檐歇山顶，覆黄琉璃瓦；处于中轴线上的崇圣祠屋顶为单檐硬山顶，覆绿琉璃瓦；位于大成殿前两侧的东西两庑为单檐硬山顶，覆绿琉璃瓦；位于大成门前东西两侧的名宦祠和乡贤祠为单檐硬山顶，覆青灰色筒瓦。三进院落，三种颜色的瓦，三种样式的屋顶，共存一体，相映生辉。

◎ 秋叶掩映中的琉璃屋顶

16.2.4.3 财神庙重檐歇山十字顶

财神庙主殿为重檐歇山十字顶，规格较高，在古建屋顶级别中仅次于重檐庑殿顶。这种样式比较少见，其显著特点是屋顶呈十字脊，存留至今的古代十字脊建筑很少，其中最具代表性的就是北京故宫的角楼。

从造型来看，财神庙主殿屋顶由两个歇山顶呈十字相交而成，屋顶覆青灰色筒瓦，四面保持着等长的屋脊线，十字脊中心昂立一尊宝顶，鸱吻面向四方，仙人走兽亦各就其位。四面封闭式山花，在鲜艳朱漆的映衬下，镶金纹饰显得华美而庄重。双重飞檐及梁枋彩画将十字顶烘托得更加庄严而绚丽。其屋顶本身暗示着一个神秘的数字逻辑结构，各种力量从四方向中心汇合，攒成十字形宝顶，或表达了财富齐聚的意涵，与建筑自身的文化属性相吻合。建筑的构件、符号、细节统一起来，形成了建筑艺术的和合之美。

俯视财神庙主殿，或可感受到一种磅礴的力量充盈天地间，屋顶以至繁至简的形象，表征着殿宇的宏伟气势，实现力学、哲学与美学的艺术平衡。

◎ 财神庙主殿东北视图

◎ 财神庙主殿俯瞰图

◎ 学宫屋顶（局部）

16.2.4.4 学宫复合多样的屋顶

学宫建筑群集聚了多种样式的屋顶，皆覆青灰瓦。这些屋顶如行云流水般漾动，于变化中求得统一。

主入口门厅为单檐歇山十字顶，四面山花呈现微妙弧度，与飞檐保持一致，未作镶金处理，只是装上了饰有绛红色悬鱼的博风板，显得十分雅致。看上去虽不像财神庙主殿的重檐歇山十字顶那般宏伟，却也因十字脊的存在，衬托了学宫的优雅气质。

学宫中央大厅的屋顶为重檐悬山顶，大跨度纵贯南北，两端置鸱吻，两层屋顶之间设计了联排窗户，满足透光、通风的需要。中央大厅两侧有两排与之相连的附属建筑，西侧一排为单檐硬山顶；东侧一排因进深较大，采用重檐硬山顶，中间部分的空间设为东入口门厅，为单檐歇山顶。北面通向墨园的出入口又有所变化，采用的是有宝顶的攒尖顶，而户外游廊中起过渡衔接作用的亭子及墨园中的启秀亭也采用了攒尖顶。另外，游廊的主体部分采用卷棚顶。

◎ 错落有致的屋顶风景

即墨古城的彩画，注重的是本土地区的人文形式，与官式彩画既有联系又有统一。

实际上建筑彩画也好，建筑也好，一定要入乡随俗、尊重当地本土特色，民族的才是有价值的。

——中国圆明园学会园林古建研究会副会长兼秘书长、北京建筑大学设计院古建艺术研究所所长　宋国晓

“服章之美，谓之华；礼仪之大，故称夏”。

华夏为礼仪之邦，礼乐文明亦体现在古建筑上。

彩画为建筑着以盛装，披上华服，于是中华礼乐文明在建筑上获得了验证，形成更辽阔而深沉的回响。

“不拘绳墨，笔底春风”，这是对即墨古城彩画艺术的诗意阐述。

那覆盖在质朴的木材表面的五彩画作，比想象的岁月更古老，更年轻。

光影中的五彩运化生新，在给木材以科学保护的同时，也展现出富丽堂皇艺术效果，赋予建筑以新的审美和礼乐文明价值。

有的彩画，展示威严荣耀；有的彩画，展示艺术生活。

在匠人们的工描细画之间，各色景象在屋檐、横梁腾跃舒展，一个个千姿百态的彩画世界，徐徐展开。

第十七章

CHAPTER 17

五色相生

光彩夺目的彩画世界

WUSE XIANGSHENG

17.1 浓墨重彩：油漆彩画工艺

打开一扇门，进入一个新世界，浸润在五色相生的韵律中。

油漆彩画技艺在传统建筑八大作中为油漆作与彩画作。它们虽分属两个不同工种，但密不可分。彩画自油漆工艺中衍生而来，是更具文化意味的装饰技艺。两者在操作上具有诸多共性，在此一并予以介绍。

相对于彩画作而言，油漆作在步骤上要简单一些，但两者皆以保护木结构本体和色彩装饰为主要目的。油漆和彩画的保护作用主要是在木材表面形成保护膜，将木材与外界隔离，以阻隔光照、雨水、风沙等外界环境因素对木材的侵蚀和破坏，同时防止霉菌和病虫害等生物损害，保护木结构，延长建筑寿命；装饰方面，经过油漆彩画处理的木构件表面平滑有光泽，配合贴金工艺，不仅丰富了古建筑室内外的色彩和质感，还具有“金碧辉煌”“雕梁画栋”的艺术效果。

中国传统古建筑油漆彩画的功用可概括为：地仗工艺开古建筑油彩之法度，油皮工艺赋予木构件以华美衣裳，贴金工艺进一步提升古

◎ 如意头图案彩画

◎ 文庙大城门彩绘

建筑价值并凸显富丽堂皇之美。

◎ 地仗作业

在技术层面，油漆作和彩画作共通的是对基底层的处理，专业术语称为“地仗”，这是中国古建筑的特有技术。囿于材质特性和加工技术，木结构表面往往比较粗糙，一些较大构件因采用拼接做法，使接缝处表面更加凹凸不平，与普通油漆工艺所需的平整光滑底层差距较大，必须通过对基底的处理使之达到上漆要求，这一过程即为地仗工艺。简言之，地仗工艺就是在木材表面敷以麻和灰料为主的多层相对软质的黏性材料，再通过刮磨找平等方式处理敷料表面，使之轮廓分明、表面平滑，达到油漆或彩画所需的平面要求。此道工序看上去平平无奇，但却最需耐心。只有筑牢基础，那些令人惊叹的技艺才有施展空间。

古建筑中，常用的地仗做法有“一麻五灰”“单披灰”等，适用于不同木构件表面。一方面，它能保证作画平面平整，便于油漆、附着颜料；另一方面，可加固保护面层，确保彩画在一定年限内不会开裂脱落，同时保护木构件不受风雨侵蚀。

对做完地仗的木构件表面上漆，又称“油皮”。一座符合传统形制的古建筑，油皮和彩画部位都有相应规定。大面积的油皮工艺和现代油漆涂料工艺差别不大，一般为上腻子，加二道漆、一道油等工艺，只有与彩画配合的部分需要精细操作和特殊处理。

对主题价值或装饰性要求较高的部位，可采用贴金或镏金工艺。贴金是指采用特殊调配的金胶油，将捶打至极薄的金箔贴到所需部位的工艺。由于金箔极为轻薄，而需要贴金的部位形状又很复杂，因此不能提前剪裁，要先将金胶油填充到贴金图案内部，等到黏性合适时，用特殊手法和工具依照图样宽度将整张金箔撕成条状贴至图案内，再对其边缘加以修正，清除浮金、罩油等。镏金工艺是指将黄金溶于水银，然后涂抹在建筑的银、铜等金属装饰构件及其他装饰物表面，再通过火烤蒸发掉水银，使金均匀平整地保留在金属表面的工艺。

传统的油漆材料及贴金和镏金所用介质，对人体黏膜和皮肤刺激较大，甚至可能含有一定的毒性成分，因此操作时需做好防护。随着技术和工艺的不断进步，油漆彩画施工所用材料对工匠的伤害不断降低。例如，用改性生漆代替容易引起皮肤过敏的大漆，这一做法既保留了大漆的优良性能，又解决了大漆毒性成分对人体的危害等问题。而在建筑上使用水银的镏金技艺已很少见。

◎ 文庙大成殿的贴金彩画造像龛

◎ 财神庙主殿藻井

17.2 浮翠流丹：彩画的传统样式和工艺

东西方建筑在装饰手法上表现各异，与建筑材料、人文环境和艺术心理相关。

西方建筑大量应用石料，所以廊柱装饰多用雕刻之法，时见穿凿，风格粗犷。而中国古建筑以土木为主，为养护木料，采取的装饰方法大多以勾线施彩为主。时光流转，彩画逐渐发展为一项专门的装饰技术，其中手工精湛者逐步将技术升华为艺术。

彩画是极具中国韵味和中国特色的建筑艺术形态，具有较强烈的装饰性、礼制性和纪念性色彩。其源自中国悠久的绘画传统，源头可追溯至上古时代。逮至人文始祖伏羲的开天一画，经历了漫长岁月的深沉浸染。彩画作为中国传统建筑特有的装饰手法，在春秋时期已有木结构建筑施彩的记载，宋代在营造法式上已有详细规定。明清时期，形成了完备的体系。

因彩画为手工绘制，即使在工艺和规制都很成熟的明清时期，具体到每处建筑，图案所蕴含的个人色彩和地域色彩依旧很强，也更具生命力和匠人智慧。其中，很多彩画元素或构图称谓多源于匠人的口口相传，这既有劳动人民对生活的朴素解读，也有着中国古代行业“不足为外人道”的传统。

◎ 文庙彩绘彩画一窥

◎ 文庙大成殿的金线大点金龙锦枋心旋子彩画

17.2.1 主次有序：彩画的基本样式

多数情况下，彩画以大木构件中的横额、垫板、枋木等为主要作业界面，形成了额枋彩画、斗栱彩画、椽子彩画、天花彩画等类型。其中，尤以额枋彩画最为显著，其他彩画因其绘画面积较小，样式也相对简单。

作为彩画绘制的关键部位，檐柱之间的额枋表面为彩画艺术的施展提供了更多的可能性。额枋的露明面可划分为四部分，从中心向两侧边缘依次称为枋心、藻头、盒子和箍头。其中，枋心和盒子是容纳核心图案和题材的主要面域；藻头用以分割枋心和盒子，起填补图案空白、调节彩画长度的作用，多以传统图案为主；箍头为彩画边缘的花边或色带装饰，同时兼有定调整幅彩画配色方案的作用。这四部分的划分、内容及色彩搭配均需按规定形制构图。在这样的基本结构之下，又根据等级、适用场合及相关技术要素划分为和玺彩画、旋子彩画和苏式彩画三种主要类型。

和玺彩画是古建筑彩画中等级最高的样式，一般只用于宫殿、坛庙的主殿和堂门。其主要特点是龙凤图案和大面积的沥粉贴金，又可细分金龙和玺、龙凤和玺及龙草和玺等不同等级的图案内容。

旋子彩画的等级次于和玺彩画，是以在盒子等部位固定装饰卷涡旋转纹的花瓣图案为主要特征的彩画。其风格可华丽，也可素雅，种类较多，适用范围广，除了宫殿之外的所有建筑均可使用。旋子彩画又根据用金量多少和花瓣颜色的繁简程度划分为不同等级，包括从最高等级的金琢墨石碾玉到最低等级的雅伍墨。

◎ 绘制火焰宝珠

◎ 金线勾勒斗栱

苏式彩画指苏浙一带流行的以风景人物为题材的民间彩画形式，多用于园林和民间建筑，形制多变，枋心位置的图案形式多样。不同于以上两种彩画的形式和图案要求，苏式彩画多以描摹典故、风景和吉祥图案等为主要内容，布局自由灵活，依照枋心图案的布局方式或边框形式，分为枋心式、包袱式和海墁式。

在更加重视华丽装饰的清代，除了强化和发展前述三种主要用于额枋部位的彩画外，斗栱彩画也有明确规定。根据彩画所在位置，斗栱彩画主要分布于斗栱身和垫栱板两部分。斗栱身的彩画主要为平涂和勾线，配合额枋彩画的规制，使用金线或墨线；垫栱板的彩画则依据斗栱间围合的三角形或梯形平面，有坐龙、凤舞、火焰宝珠、法轮草等样式，同样根据额枋彩画的规制配合使用，在额枋采用旋子彩画墨线大点金以下规制的彩画时，斗栱一般无图案装饰。

17.2.2 繁简有度：彩画工艺流程

同样是作画，建筑彩画虽然也可归入艺术范畴，但却少了一些属于自身天性的意趣。相对于画家而言，工匠要知道如何在规矩和创作间找到平衡点。建筑是安居之所，规制是治世法度，哪个角度都不能等闲视之。

◎ 描金

作为礼仪性、文化性、装饰性及保护性等功能并存的古建筑重要装饰手法，彩画同建筑本身一样，有着严格的技术规范和操作流程。

通常，工匠从构图阶段开始谋篇布局，分中起稿。彩画的图样称为“谱子”。做谱子时，首先在牛皮纸上按构件实际尺寸画出图案，俗称“起谱子”；再将构图修整精确，用大针沿谱子线均匀地扎出针孔备用，俗称“扎谱子”；然后把扎好的谱子紧附在构件表面，用粉包沿谱子上的线拍打，使白粉透过针孔复制在建筑构件上，拍出的谱子要准确、清晰，花纹连贯不走样，为上色打好基础，俗称“拍谱子”。谱子的定位标志着绘画准备工作的完成。

◎ 油漆彩画

彩画正式绘制起于沥粉[1]，沥粉过程中需确保线条流畅饱满，具有连贯性，粗细高低一致。沥粉干透后再贴金，这样做出的图案更具立体感，也更加生动。其间再经过铺底色、包黄胶、做晕色等步骤，使彩画整体色调柔和协调，整洁美观，达到“由深至浅”的效果，色块、色条、线条的色阶都要直顺、均匀、不虚不花。

彩画基础做好后，就开始绘制包括山水、人物、花鸟等内容的白活。白活多绘制在苏式彩画的包袱、枋心、聚锦、池子、廊心等处，有硬抹实开、落墨搭色、洋抹、拆垛等不同制度和做法，只有严格遵循各个程序，才能达到规制要求和艺术水准。整个彩画完成后，还需进行修饰调整，检查有无错漏的色块和线条，发现后及时修正。匠人只有尽心尽责，才能描画出精美的彩画。

这些繁复的工艺技巧，各有其特点。但相通之处，必须基于匠人对气候以及物性的深刻理解。木头与漆料、金属等各种材质贴合，需要一定的机缘，其温度、湿度和美观度等，都要在匠人的经验掌控之下呈现。

1　用装有土粉和胶混合成膏状物的尖端有孔的管子，按彩画图案描出隆起轮廓。

◎ 拍谱子（上左）

◎ 刷大色（上右）

◎ 刷小色（中左）

◎ 勾线（中右）

◎ 贴金（下）

17.3 笔底春风：即墨古城的彩画风采

仰观彩画，建筑的等级、规制与风格一目了然。

彩画之秘，在于透过色彩传递的精神内涵，也在于其呈现的主题价值、文化背景与艺术象征力。在匠人“施妆”的技艺与情感之中，彩画是一个传承与创新的过程，为建筑着以盛装的同时，渗透着技艺、艺术和礼仪的奥义以及中华民族特有的审美风尚。

作为即墨古城整体建设体系中的重要一维，彩画的设计制作是一项非常烦琐的工程，对于提升古城建筑艺术的审美至关重要。为确保古城彩画艺术水准，特聘古建彩画专家宋国晓、故宫博物院高级工程师杨红担任顾问。

17.3.1 和而不同：古城彩画的层次感

在传统建筑中，彩画不同于一般装饰，往往带有标明建筑规制、等级的功能，故不同建筑所用彩画图案与样式亦有所不同。从表现形式上看，即墨古城公共文化建筑主要采用旋子彩画和苏式彩画，采用古建筑油漆工艺，以地仗“一麻五灰”的传统做法打底子，再根据建筑规制，选取相应颜色油漆进行绘制。一些规制较高的公共文化建筑，还在博风板上的梅花钉、山花、飞檐椽头、大门门钉及门板槅扇等相应部位使用贴金工艺。从绘画内容上看，即墨古城彩画种类众多，题材丰富，山水、楼阁、花卉、人物，皆可入画。彩画匠人无须尺规约束，手持画笔，手眼相合间，墙上、廊上、凉亭上便自然铺陈出绚丽多姿、气韵生动的彩色画卷。

◎ 斗栱彩画

即墨县衙油漆彩画参考了目前保存较完好的河南内乡县衙、叶县县衙及山西平遥县衙的油漆彩画，

◎ 旌善亭彩画（左）

◎ 雅伍墨一字枋心旋子彩画（右）

梁柱等位置的油漆以黑色调为主，彩画为一字枋心雅伍墨，以青、绿色调为主，飞檐椽头绘墨线万字符，老檐椽头绘栀花图案，追求素雅的艺术效果，以与县衙本体的庄重肃穆气氛相吻合。

当然，这种效仿古制并非简单的移花接木，而是结合当地建筑艺术创作风格，融会贯通。位于县衙广场的申明亭和旌善亭上的彩画就参照了即墨本土的彩画样式。设计之初，设计师特意到清代彩画保存较为完整的移风店镇赵家村观音堂考察，以其彩画为原型参照，根据即墨县衙的具体情况，设计了富有地域特色的彩画图案。

纵观即墨古城各处公共文化建筑的彩画艺术，虽说各具特色，然就其规格、法度和技艺而言，文庙彩画最为出彩。仅就彩画工艺而言，文庙彩画有三大特点：其一是彩画规制高，在表现样式上多用金、龙等高等级色彩和图案，其中旋子彩画龙纹使用了多种颜色。其二是彩画部位最全，且整体和谐统一，建筑单体露出部分均施彩画，连通常仅做油漆保护的椽头也绘制了彩画，以此彰显文庙的特殊地位。其三是层次丰富，大成殿、大成门等主要建筑根据木构件的位置、大小和重要性，设计了不同等级的彩画图案。例如，大成殿和大成门均绘制了规制较高的大点金龙锦枋心旋子彩画，只是在金线、墨线上做了区别。金线大点金和墨线大点金都是清式旋子彩画的经典做法，其中金线大点金是旋子彩画中规制较高的一种，图案的轮廓线条均用沥粉金线勾画，花心与菱地点金，花瓣不作退晕。而墨线大点金是旋子彩画中仅次于金线大点金的一种，其图案轮廓均以墨线勾画，不退晕，而仅在旋花部分的旋眼、栀花心、菱角地、宝剑头等部位沥粉贴金。

另外，依据不同位置的需要，在大成殿的椽头绘制了四种不同层次的彩画。东西两庑及崇圣祠额枋上绘制墨线小点金一字枋心旋子彩画。名宦祠、乡贤祠则绘制雅伍墨一字枋心旋子彩画。墨线小点金是图案轮廓线均以墨线勾画，惟旋花的旋眼和栀花心点金；而雅伍墨是指所有轮廓线均以墨线勾画，不沥粉，不退晕，不点金。文庙的这些彩画图案，均凸显了古建筑的结构美和内在等级逻辑。

财神庙及鸭绿池戏台的彩画也样式繁多。财神庙主殿外檐上架大木绘制墨线大点金龙锦枋心旋子彩画，金线斗栱；内檐额枋、五架梁绘制雅伍墨旋子彩画；配殿绘制墨线小点金夔龙锦枋心旋子彩画，墨线斗栱。

戏台以舞榭歌台的形象面世，可视为一个民俗聚落中心，与此功能相适应，鸭绿池戏台及游廊绘制苏式彩画，呈现戏台特有的民间魅力。戏台上架大木绘制海墁藤萝图案；廊亭上架大木绘制金线包袱苏式彩画，包袱图案以花鸟虫草、山水风景、吉祥寓意图案为主；游廊垂花门绘制金线枋心苏式彩画。戏台及其附属建筑四角亭、垂花门、游廊的彩画，与庙宇经典的传统样本相比，更具有随性自然的韵味，可“花开四季”，亦可“才子佳人”，弥漫着民俗生活气息。

城隍庙外檐大架木额枋绘制墨线大点金龙锦枋心旋子彩画，室内绘夔福岔角云天花。

真武庙大殿外檐上架大木绘制墨线大点金龙锦枋心旋子彩画，墨线斗栱；室内绘制烟琢墨岔角云升降夔龙天花。山门绘墨线小点金一字枋心旋子彩画，飞檐椽头为墨线万字符，老檐椽头为栀花图案。配殿绘制雅伍墨旋子彩画，飞檐椽头为墨线万字符，老檐椽头为虎眼宝珠图案。

◎ 财神庙配殿墨线小点金夔龙锦枋心旋子彩画（左）

◎ 北戏台额枋（右）

◎ 戏台游廊四角亭苏式彩画

◎ 城隍庙天花彩画

◎ 城隍庙廊下斗拱彩画

文昌阁亦绘制旋子彩画，檐下装点精美，与其文运精神相契合。其外檐上架大木绘制墨线大点金龙锦枋心旋子彩画，内檐额枋、五架梁绘制雅伍墨旋子彩画。连檐瓦口、檐头椽望、斗栱、平板枋、垫栱板、角梁、博风板、山花板等部位以线条颜色、图案差异以及施工工艺呈现建筑的精美程度和规制。

经过工匠的巧手描画，即墨古城公共文化建筑的彩画争奇斗艳，各领风姿，焕发出动人的神采，成为吸引游客驻足观赏的一道风景。

17.3.2 俯仰之间：彩画匠人的痴迷与坚守

蹑足高处，接引吉祥。这是彩画匠人早已习惯的日常。

笔锋轻拂，把金龙彩凤、祥云宝树一并绘制下来。行人抬头仰望，目之所及都是吉祥的寓意与兆头。而这一切，都要从匠人浅淡却又庄重的起笔开始。

中国古建筑讲究“三分建筑七分彩”，说的是彩画对建筑形象的提升效果显著。精通彩画的匠人根据设计图或既成样式图谱，运用传统彩画工艺和技巧绘制在相应构件上。在当前技术条件下，定式彩画已可提前预制，但不能完全保证效果，因此，即墨古城选用了最传统的现场绘制方式。施工时，匠人登上高梯，仰目抬手进行绘制。这些

◎ 真武庙大殿藻井彩画

◎ 文昌阁藻井彩画

◎ 观音阁藻井彩画

◎ 绘制彩画的匠人

彩画匠人大部分从十几岁拜师学艺，有些曾参与修缮北京故宫午门、颐和园等古建筑。

一幅彩画的好坏全在匠心，容不得半点敷衍马虎。即墨古城每栋建筑的彩画由不同匠人合力完成，整体上美观和谐，这离不开匠人的坚守，对工艺的精益求精。绘制中，如果同一建筑不同位置的彩画出现一点偏差或瑕疵，他们都会直接压色重绘，以示对作品的尊重。古城彩画多在盛夏时节绘制，工作之辛苦不言而喻。正是匠人对传统工艺的严谨和认真，对古城建设的重视和用心，传统彩画工艺才得以在即墨古城绽放异彩。

文庙大成殿是最能凸显古城彩画工艺水准、展现匠人精湛技艺的建筑。其额枋采用金线大点金龙锦枋心旋子彩画，枋心讲究方圆周正，匠人以心、眼、手为准绳，不用尺规即可徒手完成。绘制如此丰富细腻的彩画，不仅需要彩画匠人对古建筑木构架各部位名称和用途了然于胸，更需对其建构逻辑和承力系统有深刻的理解。只有这样，才能明确主次，合理安排，使图案层次和结构层次融为一体。同时，由于颜料的性质和工时工序等原因，一根普通的梁上彩画至少需耗时两天方能完成，而文庙的旋子彩画需用时五六天。匠人李宏伟用 3 个多月的时间在文庙绘制了 700 多条龙，每一条都栩栩如生。

人们常以“画龙点睛”来形容灵气的重要性。试想一下，700 多条龙即便是点睛，也煞费周章。更何况，腾云起雾、鳞爪飞扬的龙族，其各个形态各不相同，若不是有十分的耐心和灵性，怕是难以为之。以手画之，技也；以心画之，境也。这是彩画匠人的禀赋。

◎ 文庙大成殿彩画（局部）

即墨古城项目创建了一个精品，通过木雕、石雕、铜雕、彩绘等工匠的手艺，

保留了一批非物质文化遗产，意义重大。

——全国工程勘察设计大师、中国建筑西北设计研究院总建筑师　赵元超

雕塑是城市文化精神的缩影，是文化滋养与艺术锻造的呈现。

即墨古城的雕塑主要以木质和铜质为主要材料雕琢而成。

雕塑是一种技法，亦是一种哲学，呈现出多与少、大与小、内与外的关系，

由外而内一步步减去废料，使轮廓慢慢显现出来，将内涵细细雕琢出来，将意味渐渐塑造出来。

无论是对传统故事细节的巧妙刻画，还是对吉祥纹样的精心勾勒，

都可在建筑外檐廊、建筑内部空间或者街巷出现，让人俯仰可得。

这是雕刻匠人的经典时光，他们带着对手艺的敬意，辛勤耕耘于即墨古城的春夏秋冬。

以小观大，是为雕塑艺术的神思密钥。

古城内外，小大之辩，不可不思，而光影流转，犹可回味。

第十八章

CHAPTER 18

出神入化

木雕与铜雕技艺

CHUSHEN RUHUA

18.1 源远流长：进入传统木雕艺术世界

木材有着自己的秉性和纹理，其萌发与成长，是自然的选择。自古以来，中国人便用木材资源提炼审美要素，因材施艺，因物象形。对木材的取舍鉴别，是一项专业技能，与“知人善用”相仿。如唐太宗李世民所言：“直者以为辕，曲者以为轮，长者以为栋梁，短者以为栱桷，无曲直长短，各种所施，明主之任人，亦由是也。”

木雕技艺，是在尊重自然造物的基础上，依据木头的材质纹理，化平淡为神奇的能力。一刀一錾，都蕴含着人类对自然的审美趋向。作为中国建筑发展史中的一项古老技艺，自新石器时代以来，木雕已有数千年历史。它们或典雅细腻，或粗犷厚重，让中国工艺技术异彩纷呈。

当刀与木相遇，瞬间变成装点世界的“妙笔”，刻画人类文明的印记。雕刻时光，内中所见，是艺术，亦是中华文明之美。以刀为笔，以木为纸，奏刀之先，意征笔墨。木雕作品，取材于自然，彰艺于指尖，成就于内心。

18.1.1 小大由之：木雕的种类

古建筑的木雕，根据部位不同，大致可分为大木雕刻和小木雕刻两类。小大之间，魅力俱在，木雕所至之处，可古朴典雅，亦可富丽堂皇。

大木雕刻主要指位于梁、枋、斗栱、望板等大木作上的装饰雕刻，是与彩画相配合的建筑构件。虽外露可见，但一般情况下处于较高位置，距离人较远，不便近距离欣赏。同时，作为建筑构件，它们大多位于室外，常年遭受风雨侵蚀和生物破坏，且不易更换，主要功用不在于装饰，而在于承重受力，有足够的强度支撑屋宇屹立不倒，因此相对于小木雕刻而言，属于粗雕，精细结构较少。

小木雕刻又称细木雕刻，指室内外的木装修构件，广义上也包括可移动的木质家具、陈设物上的花饰雕刻，可近距离仔细观赏；在室内的雕刻受气候影响和外力破坏的可能性较小，方便随时修补更换，因此在用料和工艺技术上有更高要求，于工匠而言也有更多创作空间。

花板槅扇、门楣、屋椽、雀替、窗格、栏杆等，皆有所见。

本章所述之木雕技艺，以小木雕刻为主，即以建筑木装修上的雕刻和独立的木雕艺术品为主。小中见大，小木雕刻同样可以呈现大气象。

18.1.2 各形其胜：木雕艺术应用

中国木雕起源于新石器时代，距今约7000年前的浙江余姚河姆渡遗址已有原始木雕出现。秦汉时期，木雕工艺趋于成熟，大量施彩木雕的出土，说明当时木雕工艺已达到较高水平。唐代木雕工艺趋于精美，保存至今的众多木雕佛像，便是中国古代雕刻艺术品中的杰作。宋元时期，木雕艺术在传承前代技法的基础上，其主题逐渐转入世俗化。至明清之际，木雕工艺发展更为繁盛，雕刻技法丰富，艺术题材多样，各种木雕工艺品广泛运用于建筑、造像与日常生活之中。较唐宋金元诸代，明清时期的木雕造型图案更加丰富、立体化。除了基本的采地雕和透雕，还创造出贴雕和嵌雕工艺。比较而言，明代木雕造型相对简约，而清代则趋于繁复，精致细腻。

采地雕又称落地雕刻，由一整块木料创作而成，呈现的是多层次立体效果。贴雕和嵌雕分别是采地雕的两种改良技术。贴雕是用薄板锼出所需图案加以雕饰，再于底板上剔出浅槽，将图案贴嵌上去的工艺，相较于采地雕，其最大优势是操作方式更省工省力，又因分开雕刻，可采用不同花纹和底色的木板进行组合，从而获得更为丰富的装饰效果；嵌雕则在凸起的雕刻上额外镶嵌更加突出的构件，如龙头、凤头、凤翅等，同样也是一种省工省料并能提升雕刻层次感的做法。

◎ 木雕

透雕，是明清时期木雕最常用的雕法，相比采地雕，图案更具装饰效果，常用于分隔空间。例如，可两面观看的花罩、槅扇等室内装修构件。

木雕图案有着吉祥寓意，体现着主人的身份意趣。古人乐于把自己的审美情趣与人格象征融入陈设装饰之中，所以更专注于从个人内心出发，丰富自身的修为，达到与外物声息相闻、心意相通，而那些饱满的雕饰，也在一定程度上代表了自己的追求。例如，帝王贵族的居所多用蝙蝠、“万”字、“寿”字、如意等纹样；文人墨客多用梅兰竹菊或博古轶事等纹样；庙宇则有专门的纹样。作为木结构建筑的装饰要素，门窗的棂条花格也变化繁复，常见纹样有灯笼锦、步步锦、龟背锦、盘长纹、冰裂纹和各类菱花纹等。

木雕技艺在传承过程中，浸染上了鲜明的地域特征，因创作方式和艺术效果不同而细分为诸多流派。明清以来，逐渐形成东阳木雕、乐清黄杨木雕、福建龙眼木雕、广东金漆木雕、中原木雕等流派，各自有着独特的工艺风格。即墨古城的木雕作品多为东阳木雕，选材灵活且应用广泛，造型凝练、线条清晰，适宜雕饰民居、祠堂、街巷、寺庙等建筑物。

18.2 栩栩如生：即墨古城木雕艺术管窥

木是柔和的，即使上了漆，也没有金属的光亮与侵略感。中国的五行学说中，木主仁。而木雕，其实就是那种充满了仁爱、平和而精致的艺术存在。

即墨古城建筑以明清风貌为主，因此木雕艺术品多取明清范式。这些木雕作品从设计到落位，无不经过木雕匠人一刀一斧的细致打磨修光，浓缩着传统艺术的精华，集结着传承与创新的因子。

即墨古城的木雕是一项繁复的艺术创作工程。其雕刻主题，特别注重与精神风貌的契合。所用木材讲求品质、雕刻适用性及其艺术表现力，选用多年自然风干的杉木、榆木、桧木、红松、菠萝格等优质木材，部分作品还使用了紫檀木、柚木等名贵木材，以保证木雕作品的精良品质。

18.2.1 龙飞凤舞：庙宇里的木雕装饰

木雕是将瞬间凝固永恒的艺术。大到宏观场景，小到细微表情，尽显形相。

在即墨古城的庙宇中，造像龛、背板、案桌、墙面装饰等部位，随处可见木雕的光影。它们以精美的图案和纹样装饰着殿堂空间，以细微的雕琢展现着精妙技艺。其中，案桌按照明清风格的供案制式，采用传统榫卯结构制作，雕刻有行云飞龙、狮子绣球、双龙戏珠、祥云飞凤、缠枝瑞兽、吉祥花草等浮雕图案，并饰以油漆彩画。

◎ 行云飞龙

文庙大成殿的木雕装饰最为丰富。大成殿造像龛由须弥座、大架、龛顶三部分构成，采用三

年以上自然风干的红松木，传统榫卯工艺制作。孔子造像龛顶部罩板为三龙戏珠贴金透雕，厚9厘米；斗栱为九踩，升斗全部贴金；四个垂珠头雕有荷花和风摆柳图案，贴金；绦环板为云龙纹贴金高浮雕，龛两山及后背采用木板，整体光滑平整；造像椅屏为红松木雕刻，屏风顶部为云龙贴金深浮雕。龛前有两根贴金盘龙柱，龙柱上朱色火焰蒸腾，金色祥云缭绕；门屏格用棂条组成三交六椀菱花。四配造像龛木雕工艺同孔子造像龛，罩板为二龙戏珠贴金透雕，垂珠头为莲花圆雕；花罩正面额枋的三块垫板均为流云双鹤贴金透雕；花罩正面的三块花板均为二龙戏珠贴金透雕。十二哲像龛罩板为二龙戏珠贴金透雕，花罩正面额枋的三块垫板均为双鹤飞翔贴金透雕，仙鹤口衔灵芝；花罩正面的三块花板均为二龙戏珠贴金透雕；花罩两侧垫板雕凤凰与祥云，贴金。

财神庙内造像龛采用五年以上蒸窑烘干的红松木，以传统榫卯工艺制作而成，为重檐歇山顶传统建筑外形，配五踩斗栱，通体贴金，饰以行龙纹片金岔角。财神庙内饰面木料大部分采用坚固耐用、质感极佳的金丝柚木，以传统吉祥纹作为装饰，表面配以各式龙凤、花雕等图案，凸显财神庙的富贵气质。特别是东、西墙面装饰的万代祥和主题浮雕，根据建筑结构划分装饰区，浮雕木作精细，角花饰库金。

准提精舍内，准提菩萨造像龛采用三年以上自然风干的桧木制作而成，龛顶形如毗卢帽，正、侧面有宝相花纹透雕，正上方嵌有一块贴金准提镜；八大菩萨造像上方为柚木雕刻的垂莲贴金花罩，花罩内顶板雕莲花图案，正面雕云纹，下方为宝相花纹透雕，圆柱雕有垂莲，贴金。

◎ 准提精舍造像背板（局部，左）

◎ 观音阁造像背板（局部，右）

准提精舍和观音阁内，背板木刻独具特色。准提菩萨身后为九龙护法背景图浮雕，配云纹，采用三年以上自然风干的进口柚木制作而成，八大菩萨身后的背板雕刻云纹和火焰造型的线条，线条部分贴金。观音阁内千手观音造像的背板，采用三年以上自然风干的进口柚木制作而成，雕莲花图案，线条描金；板上阳刻《普门品》经文，文字贴金。

◎ 孔子造像龛贴金盘龙柱

18.2.2 目不暇接：沿街商铺的木雕光影

公共文化建筑的木雕凸显殿堂的庄严，而商铺街市的木雕则透出一股市井的洒脱。这种氛围是世俗的、活泼的、亲切的，更有生活的意趣与灵动。

从花鸟草木到瑞兽山石，沿街商铺大小花板上的雕刻情态传神、栩栩如生。诸如“招财进宝”“迎春纳福”“鹤鹿同春”等，都是大众熟悉的传统吉祥题材。这些木雕装饰虽面积不大，却是一幅幅精心雕琢而成的民间风情画。每一块作品均由东阳木雕工匠依循原木天然纹理色泽，用传统工艺现场手工雕刻而成，汇集阴刻、阳刻、深浅浮雕、透雕等木雕技艺。从表现内容上看，刻画的主要是一些民间故事，雅俗共赏。

其中，潮海门内八角建筑外立面的木雕尤具代表性。建筑外廊采用东南亚进口菠萝格，此木耐腐、不宜开裂、便于雕刻。细看每一块木雕作品都刀工细腻，刻画的人物、动物、植物十分形象，也传递着吉祥的寓意。例如“荔枝黄鹂鸟图”寓意百子千孙，“松鹤图”寓意松鹤延年。八角建筑一层梁板处还雕刻有《二十四孝》中的十个故事，寓木雕以教化功能。

东阳木雕匠人，对待雕刻始终细致严谨，于入木三分中，精工细作地雕琢着作品。赵甫送便是其中的一位。他十几岁开始学徒，师从其父。父子二人参与修复了湖北明清古民居建筑博物馆，山西的鹳雀

◎ 赵甫送绘制木雕线稿（左）

◎ 木雕花鸟（右）

楼、搬迁保护的张飞庙……像赵甫送这样富有经验的木雕匠人，在即墨古城的施工现场有十几位，他们潜心雕刻，一旦投入工作，便进入忘我状态，经常一干就是一整天，历时 3 年完成了近 200 块梁上花板的雕琢。在传承传统手艺的同时，他们也十分注重图案的变化。例如，古城内同为“招财进宝”主题的雕板有数十块，由匠人依据木材大小、形状等精心设计雕琢而成，每块都各具特色。

木雕作品的雕刻过程复杂，要做出好作品很不容易，惟尽心尽力为之。对此，赵甫送介绍说：

> 东阳木雕有七道严格的制作工序，制作工序完成后还需用木砂纸打光并反复雕磨，其“花样”世代相承，古韵十足。即墨古城的梁上花板主要采用浮雕工艺，部分还采用透雕。我觉得透雕最难，难点在于下刀太深，若木质较硬，则很难掌握力道，雕刻起来更需耐心细致。

传统的精致与典雅，非有心者不能守护。木雕匠人在一刀一斧的雕琢中，将内在的艺术诗意慢慢引向远方。

◎ “黄鹂图”木雕花板

◎ “松鹤图”木雕花板

◎ 黄小明雕刻
《孔子圣迹图》

18.2.3 圣迹再现：木雕版《孔子圣迹图》

即墨古城要做成精品工程，精品工程是什么概念？就是今天做好了，明年、后年以至许多年以后，别人看来这就是文物。

——中国工艺美术大师、国家级非物质文化遗产“东阳木雕”代表性传承人 黄小明

跨界美学、中西糅合、独创竹简式木雕、超写实木雕、多层叠雕、国家级非物质文化遗产“东阳木雕”代表性传承人……这些构成了黄小明的“身份印记”。

2014 年 9 月，古城规划建设指挥部赴浙江东阳考察，就古城木雕建设与黄小明进行洽谈，即墨古城的规划定位引起了黄小明的兴趣。在实地考察即墨古城时，黄小明认为城墙砖块的处理、颜色的搭配、斑点的效果都做出了老城墙的味道，隐隐消弭了时代的界限。他对工艺技艺的追求，与即墨古城的建设初衷不谋而合，决定参与古城木雕的艺术创作。彼时，恰逢即墨文庙崇圣祠需制作《孔子圣迹图》，但图的呈现方式尚未确定，黄小明的技艺为古城带来了灵感。《孔子圣迹图》木雕便是其在古城的代表作之一。在后续建设中，即墨古城的楹联匾额等木雕作品都能看到他悉心创作的“印迹”。

《孔子圣迹图》是儒家文化的一部重要典籍，通过连环画的形式，集中展现了孔子的生平事迹。最早出现在宋代，成型于明代，经过历代作者和工匠的不断丰富完善，成为儒学教化的经典题材，表现形式

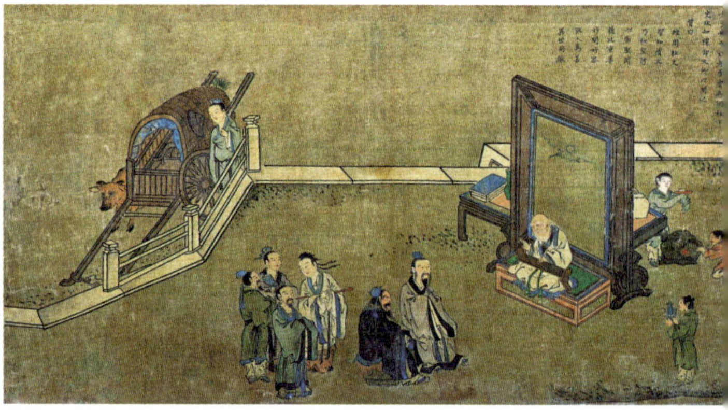

◎《孔子圣迹图》蓝本

有木刻版、彩画版、绢绘版、石刻版、珂罗本、影印本等。虽然图文作者、篇幅形式、绘制手段等各不相同，总体而言都以时间为经，以故事为纬，是我国现存最早的反映人物事迹较全、具有完整故事情节的连环画，同时也是一部形象化的孔子编年史，对普及儒学文化具有特殊意义。

明代至今，《孔子圣迹图》流传已有 500 余年历史。明万历十九年（1591 年），山东巡按御史何出光提议将曲阜孔庙内的木刻《孔子圣迹图》改为石刻，并于孔庙隙地辟建“圣迹殿”加以保存，后经多次增补，今孔庙圣迹殿内陈列有 120 块石刻，堪称《孔子圣迹图》之最全蓝本。

因即墨文庙崇圣祠的展示空间有限，遂从中精选了“钧天降圣”“俎豆礼容”“职司委吏”“命名荣贶”等孔子一生最具代表性的 36 幅图作为创作蓝本，以浮雕叙事形式展现孔子生平。基本图谱源自明代彩画版和石刻版，但这些版本的画面只有简单的人物和故事情节，且彩画版因年代久远，部分图像的细节模糊不清，而石刻版线条较为粗犷简洁，与木雕表现方式不同。因此，需要进一步创作。

《孔子圣迹图》选用椴木，以高浮雕、浅浮雕工艺雕刻而成。为凸显孔子的圣颜高古和雍容气度，使画面更加丰富、形象更为饱满、构图更加生动和谐，黄小明在深入研究每幅圣迹图版本的基础上，对人物表情、衣着服饰予以细化丰富，采用东阳木雕独有的叠雕技法着力刻画出契合主题的花鸟草木、山石峰峦，使人物与文化景观相得益彰，画面更为生动传神，将孔子生平事迹生动而细腻地展现出来。创

◎ 尼山致祷线稿

◎ 尼山致祷木雕

作完成后的圣迹图构图均衡和谐，线条流畅圆润，人物眉目清楚，各要素主次分明，相互呼应而又疏密有致。整体而言，作品精致，充满故事魅力和艺术张力，不仅彰显了传统木雕精妙技艺，还承载了博大精深的儒家文化，兼具工艺价值和文化价值。

黄小明倾心创作的《孔子圣迹图》等木雕作品，是即墨古城的艺术精品，展现了中国传统木雕的魅力。2018 年 7 月 3 日，联合国第八任秘书长潘基文到访即墨古城，瞻礼文庙，对《孔子圣迹图》等木雕作品大加赞赏。他说，他的一生深受儒家文化思想影响，孔子的很多思想令他受益匪浅，至今仍为他指引方向。

18.2.4 见微知著：城阁等古建筑模型木雕

学宫内，陈设着城阁、文昌阁、财神庙和东门里大街等七个木雕古建模型。这些模型由东阳木雕界首位省级女性工艺美术大师杜菊芳雕刻完成。她依据老照片、史料的相关描述及建筑效果图，以细腻的“刀笔”刻画出了即墨古城的建筑形态及生活场景，展示出即墨古城“文商德政”的不同侧面。

古建模型属于木作中的细木工艺，也是传统木雕的一个表现形式，由于是对具体建筑的等比例微缩，所以在精细化方面往往要求更高，不仅需要匠人有过硬的木雕、木工技艺，而且还要对传统建筑的营造法式有深入了解。古城的建筑模型，其斗栱、梁、花窗、栏杆、瓦片等均采用东阳木雕所特有的立体圆雕、浅浮雕、深浮雕、透雕等传统技艺雕刻而成，制作工艺十分繁复而严谨。用材采用名贵的紫檀木，每个模型有两三百个构件，并用榫卯拼装，最小构件只有两三毫米，必须用小针夹辅助安装。虽然雕刻和组装过程耗时且考验眼力，但呈现出的效果却非常精巧逼真。悉心观察模型的每一处细节，可品读出创作者的细腻情感和执着匠心。

◎ 文昌阁紫檀木雕模型

18.3 异彩纷呈：铜雕艺术概览

中华文明进入青铜时代以后，铜雕艺术暨相关铸铜技艺开始大放异彩，当时的铜雕主要用于祭祀，如鼎、簋、爵等。与木雕相比，铜雕加工制作要复杂得多。铜雕是以铜为原料，运用铸造、雕刻等手法制作的一种雕塑，别具金属质感，充满造型与纹饰之美。历史上，铜雕艺术精品不胜枚举，重要的有晚商的后母戊鼎及汉代的铜奔马等。二十世纪八十年代，中国城市铜雕开始兴起，并逐渐形成了完备的工艺流程。

18.3.1 失蜡铸造：铜雕的传统工艺

铜雕工艺十分考究，一般来说，其制作要经过金属冶炼、铸造或锻造、雕刻、镀色、磨光、修饰等工艺流程。就铸造方法来看，主要有失蜡法和模具法两种。失蜡法是一种古老的传统工艺，其基本特质是用蜡制成模，外敷造型材料而形成整体铸型。这种工艺历经数千年发展，至现代演变为无模可控熔铸工艺，亦称熔铜法。模具法主要运用于大型铜雕，经过分件浇铸，然后衔接成艺术整体。

即墨古城内的铜雕多采用青铜铸造，兼具历史感、艺术感、视觉效果、耐久性与环境适应性等特点，其中尤以人物雕塑作品最具代表性，展现了铜雕技艺魅力和现代审美风尚。青铜铸铜有三大优势，其一，纯度高，硬度强，抗氧化性能、抗压性能好，防开裂；其二，色调典雅，色彩稳定，抗磨性能好；其三，雕塑效果好，在艺术表现力和整体艺术质感上远优于黄铜作品。

铸铜雕塑工艺流程主要包括泥塑定型、翻制玻璃钢（或石膏）模型、表面修整、翻制模具、蜡壳制作、脱蜡、型壳焙烧、铜合金浇铸、清砂、铜件表面加工处理、表面着色等。其中，为表现人物形态及造型特色，须先制作泥塑，这是决定其整体雕塑艺术效果的一个关键环节，也是有别于锻铜作品的主要步骤。制作过程对表面纹饰精致度或变形控制，严格采用传统的失蜡法。

18.3.2 静态可观：铜雕艺术应用

在现代社会中，铜雕作为艺术品出现，主要表现为与自然环境融合的景观小品，或作为人文景观展示。从塑像内容划分，有人物雕塑、动物雕塑、景观雕塑等。铜雕不仅有制作的优势，实用性强，而且具有美化装饰功能，能有效提升空间环境，具有极高的人文价值，是城市记忆的重要标志。

从表现形式看，铜雕有具体形象和抽象形象两种主要表达形式。具体形象的雕塑，在人物形象的塑造上更加注重真实性，无论是对现代人物还是历史人物形象的塑造，都要准确把握人物的年代特征，其创作要尽可能真实反映人物的形态。而抽象形象的雕塑，更加注重创意性和自由性，在雕塑造型艺术上多维发展，留给人们欣赏和想象的空间。

相比于其他铜雕种类，景观雕塑主要是通过生动性、趣味性的艺术特征与现实生活相融，蕴含人生哲理。这种雕塑一般应用于园林、街巷，存在于城市空间与园林体系中，与人形成互动。而在具有文化特质和场所精神的城市区域，往往通过人物、动物、器物等文化符号打造主题雕塑，以此纪念重要人物和重大历史事件，表现人文气息，塑造文化环境，强调价值特性。

18.4 地域风采：即墨古城的铜雕艺术作品

即墨古城的铜雕作品既有人物雕塑、动物雕塑、景观雕塑，也有故事性雕塑，如王羲之、吴淑曼、循吏清风雕塑群、即墨原点、母与子、观棋不语、从头开始、听妈妈讲故事等，或纪念即墨古今人物、异国友人，或再现古城风情、民俗故事，将对历史的追思、对生活的愿景，生动形象地展示出来。

◎ 曹春生创作王羲之塑像泥稿

18.4.1 王羲之塑像

王羲之塑像由中央美术学院教授、著名雕塑艺术家曹春生设计创作，于2018年9月19日落成。

王羲之是东晋时期著名书法家。其先祖王吉，西汉时琅琊皋虞人，汉宣帝时任谏议大夫。东汉时，王吉后裔迁至临沂；西晋末年，王氏家族南迁建邺，后繁衍至江浙一带，涌现出大批朝廷重臣及文化名人。《汉书·王吉传》《晋书》《即墨县志》都明确记载了琅琊王氏家族的渊源及发展。其中影响最为深远的莫过于"书圣"王羲之。现即墨温泉街道西皋虞村尚存王吉墓群，王吉墓群2015年被公布为山东省第五批重点文物保护单位。

2017年7月，曹春生受邀参观即墨古城，被这里浓厚的历史文化底蕴深深吸引。他说：

> 即墨是琅琊王氏的祖脉，在这样一个特定环境中为王羲之塑像有特殊意义，希望能做一个传世作品，让后人更形象、更生动地了解历史，弘扬中华文化。

为此，他倾注了满腔热情。王羲之塑像取坐姿还是站姿，这是设计的第一步。曹春生设计制作了两个小稿，与建设者多次沟通交流后，认为坐像有更丰富的故事呈现。在造型设计环节，他通过定位王羲之的年龄段确定了其面貌特征，又通过研究魏晋南北朝时期的服饰、用具，确定了头饰、书案及砚台样式。结合王羲之在历史典籍、传统绘画和民间传说中的性格和形象，决定塑像以大氅、幅巾束发等为标志的呈现形式，塑造轻松、淡然的人物形象。在放大模型环节，曹春生仔细揣摩王羲之的神态，对细节刻画精益求精，虽已至耄耋之年，仍然爬到 2 米高的工作台上对人物面貌塑形雕琢。成稿后，又冒着酷暑，赴山西加工基地对蜡模进行微调，现场跟进塑像浇灌、铸造、打磨、上色等环节，力求尽善尽美。

◎ 王羲之塑像

如今，这尊为即墨古城量身打造的王羲之塑像坐落于学宫东南方，与瑯琊王氏祖脉坊比邻呼应。青铜铸造的书圣王羲之盘坐书案前，凝目专注，提笔欲书，神韵尽显魏晋风骨，将千年故事定格在一瞬间，似乎在诉说着瑯琊王氏 2000 余年的辉煌历史。

18.4.2 循吏清风雕塑群

在即墨古城县衙西街以政德文化为主题，立有“循吏清风”主题雕塑群，以铜雕艺术为主要表现形式，通过三组铜圆雕、三组铜浮雕长卷展现了即墨历史上 6 位循吏的事迹。

“治国有常，而利民为本；政教有经，而令行为上”[1]，古代的地方治理具有较大的偶然性，造福百姓的良臣能吏常被人以“青天”作比。在即墨历史上，留下了很多关于主政者的佳话。虽然时代变迁，但这些官员们敬事爱民、廉洁勤政的品质，对于今天的管理者而言仍有借鉴意义。

---

1 语出西汉刘安的《淮南子 · 氾论训》。

◎ 循吏清风雕塑群（局部）

三组铜浮雕以卷轴形式展开，卷轴为紫铜材质，画心由青铜制作，选取即墨大夫、郭琇、李毓昌三位在即墨历史上德能兼备、影响深远的人物，根据他们的生平事迹，创作了27幅作品。每个卷轴都由人物介绍和八个故事单元组成。即墨大夫铜浮雕绘制了廉直勤政、谗臣当道、讽喻进谏、一鸣惊人、烹阿大夫、封之万家、政治清明、强齐崛起等故事；郭琇铜浮雕以人物成长脉络为线，绘制发奋苦读、科第连捷、廉能知县、三疏直谏、蒙冤受审、直道难行、望风解绶、悠游林泉等故事；李毓昌铜浮雕以淮安奇案为脚本，绘制行端品正、洁身自爱、公正廉明、怒叱贪官、魄沉杯茗、沉冤昭雪、朝野雷震、褒节悯忠等故事。

三组青铜圆雕以童恢[1]、许铤[2]、康霖生[3]三位即墨县官为对象进行塑造，分别展现了汉代、明代、清代即墨县官治理即墨的故事。青铜圆雕以童恢训虎、许铤治水、康霖生制定清丈法的故事为脚本进行创作，把握人物时代特征，通过三组人物的神态和手势带入故事情节，细腻刻画人物表情和形态，力求惟妙惟肖。其中，“童恢训虎”圆雕表现了童恢断案的场景：一只老虎垂首认罪，另一只老虎昂首鸣冤；“许铤治水”圆雕展示许铤指挥百姓治理水患的场景；“康霖生制定清丈法”圆雕展示康霖生巡察田间，清丈土地，革除弊政的场景。

1 童恢，东汉光和五年（182年）出任不其县令。

2 许铤，明万历六年（1578年）出任即墨知县。

3 康霖生，清康熙九年（1670年）出任即墨知县。

◎ 即墨原点铜地雕

18.4.3 即墨原点地雕

在即墨县衙广场前，东、西门里大街与南门里大街交会处，镶嵌着一处地域标志性地雕——即墨原点。该地雕由雕塑家王志杰设计，锡青铜材质。在古代，此处是测量即墨距离其他区域的起点，故设地雕以志。

这块地雕为边长 1.423 米的正方形。“1.423”的数字代表从隋代建城（596 年）至即墨古城再造完工之年（2019 年）相距 1423 年。造型内圆外方，合于传统的天圆地方概念，即墨因墨水而得名，“墨”字最具代表性。整个地雕的核心图案为一个圆形篆书的“墨”字；而“墨”字的笔画，又仿佛是即墨古城的路网格局。“墨”字外圈有下凹的一圈，象征护城河，其上镌刻着“即墨原点”的文字和经纬线坐标（E120° 27′ 46.29234″；N36° 23′ 17.47688″）。另外，地雕上还标有国际通用的“N、E、S、W”方向标志。

18.4.4 花好月圆雕塑

◎ 花好月圆铜雕

花好月圆雕塑位于墨园西侧，由雕塑家李刚设计，铸铜工艺作品。

雕塑的整体构图中有圆月的轮廓，有山水的气象，有太湖石元素的变形，主体是一位坐在太湖石上吹奏长笛的女子，她双目微垂，神态安逸，衣衫仿佛与太湖石融为一体，充满了夜色静美，月光朦胧，笛声悠扬的意境。

雕塑主视面朝南，与街道形成对景，洁白的院墙和墙上的瓦楞装饰隐约透出院内的景致，丰富了雕塑的生活场景。太阳东升西落，女子的倩影投射在白墙之上，形成移动的光影，增加了雕塑的趣味性。

18.4.5 走街串巷雕塑

走街串巷雕塑位于五福巷南，由雕塑家郭宝寨设计，铸铜工艺作品。

"磨剪子嘞，戗菜刀……"一块磨刀石，一把戗刀，一条板凳，富有节奏的吆喝声，便是老磨刀匠的全部行头。磨刀匠走街串巷的这一场景，在相当长的一段时间里都是一种街巷文化的表征。如今，随着城市的发展，这个行当已逐渐消失。这尊雕塑再现了这一场景，饱经风霜的磨刀老人肩扛着磨刀工具，走在街巷中，将久远的记忆瞬间拉回眼前。

18.4.6 二十四节气地雕

二十四节气地雕位于万里云衢坊西侧，由雕塑家乔迁设计。

立春、雨水、惊蛰、春分、清明、谷雨、立夏、小满、芒种、夏至、小暑、大暑、立秋、处暑、白露、秋分、寒露、霜降、立冬、小雪、大雪、冬至、小寒和大寒二十四节气，是干支历中表示自然节律变化及确立"十二月建"的特定节令，是农耕社会重要的物候坐标。地雕整体呈椭圆形，由逆时针排列的24块铸铜地雕和二十四节气歌构成，形式规整简洁。24块地雕以浮雕的形式，把节气的时候、物候、气候三候变化以文字和花卉图案的形式表现出来，寓知识和艺术于一体。

即墨古城建筑设计与施工注重细节，牌坊石雕工艺精湛，代表了中国传统优秀技艺。

——中国工程院院士、首届梁思成建筑奖获得者　魏敦山

鸿蒙初辟以来，岁月不曾忘怀泥土和石头的本意。

凿刻之为，自人类文明起源之际就揭开了序章，

而伴随着文明演进之路，弥漫的是意味深长的艺术史，亦是千回百转的人类精神史。

从木雕到砖石雕，变与不变的逻辑一如既往，引起了新的审美自觉。

当南北雕刻技法汇聚即墨古城，共同形成传统艺术之大美，见证了中国文化的博大融合力与创造力。

岁月沉思，雕刻时光浮动之处，恰是人文精神闪耀之处。

即墨古城的砖雕和石雕作品不仅数量众多，还融合了各种雕刻技艺和手法。

北方砖石雕刻粗犷豪放，不拘小节；南方雕法则小巧别致，灵动鲜活。

在这里，匠人用他们双手的温度，将块块砖石唤醒，赋予其新的活力。

那一双巧手，一腔情思，温暖了大自然赐予的顽石。

从感性到理性，从形象到神态，冰冷的砖石被赋予了生命。

以形为表、以艺为趣、以神为魂，经过雕琢的砖石虽静默不语，却似与人神交，

仿佛在讲述那段不平凡的历史，诉说它与匠人那场朴实而华丽的相遇。

第十九章
CHAPTER
19

云根既济

砖石雕刻技艺

YUNGEN
JIJI

19.1 凿破鸿蒙：传统砖石雕技艺源流

作为古建筑的基本材料，砖石应用极广，一般运用属于砖石砌筑范畴，而一旦赋予其雕刻图案就有了装饰属性，属于本章所言砖石雕艺术范畴。一方面，它们与建筑结合为一体，成为构成建筑艺术整体的一部分；另一方面，它们亦可不依附建筑而存在，成为独立的艺术品。

砖石雕艺术源远流长，其诞生、嬗变与发展的轨迹，典型反映了人类文明进步的探索历程。

◎ 汉画像石
（即墨博物馆馆藏）

19.1.1 其来尚矣：砖石雕艺术的渊源

石雕早在史前岁月已初露光芒。从旧石器时代中期到新石器时代，原始先民打造的石质工具其实已经带有石雕艺术的基本属性，而那些雕凿在岩壁上的神秘石刻更是宝贵的艺术品，凝固了鸿蒙初辟的灵光。至于闪现于良渚文化、仰韶文化、红山文化和龙山文化等古文化形态中的玉石雕刻，已然呈现了原始石雕艺术的精巧。商周时期，大型石雕逐渐发展起来。秦汉时期，特别是随着汉画像石的出现，石雕艺术大放异彩，成为建筑艺术的典范。唐代，石雕臻于巅峰，其工艺从纯朴粗犷渐趋精致洗练，其间诞生了许多令人叹为观止的艺术精品。明清时期，石雕的运用更加广泛，种类繁多，成为建筑不可或缺的构件。

砖雕最早是模仿石雕的创作，是在砖瓦等人造建筑材料出现之后才产生的，由东周瓦当、空心砖和汉代画像砖发展而来，多作为墓室壁面的装饰品，后逐渐运用于宫殿、住宅、园林等建筑。经过两千多年的发展，明清时期砖雕成为建筑的主要装饰构件，常用在门楼、门罩、檐、花窗、照壁等部位。题材有花卉清供、神兽人物、福禄寿喜、文字书法、吉祥纹饰等，诸如龙凤呈祥、和合二仙、三阳开泰、麒麟送子、梅兰竹菊、狮子滚绣球、刘海戏金蟾、鲤鱼跳龙门等图样比较多见，以寓意吉祥的内容为主。砖雕发展过程中，逐渐形成了以徽州、苏州、天津、北京、河北、广东等地为代表的地域风格。

◎ 牡丹砖雕

19.1.2 砖石雕的种类与做法

古建筑中，对应用于建筑上起装饰作用的砖石雕刻，统称花活，又称为硬花活或凿活，以凿、雕、磨等雕刻手法为主，专门从事此项工艺的匠人古称凿花匠或花匠。与之相对的，是用灰浆堆砌创造花样的软花活或软活，加工手法以堆、镂等塑形手法为主，软活技艺主要用于室内装饰，在即墨古城应用不多。这种所谓的“花活”，与当下语境中的词义完全不同。在砖石上作艺，刀刀都是铁画银钩，功夫深浅一目了然。即墨古城的“花匠”们，从选料到出活，都有着明确的章法规矩，名门手笔屡见不鲜。

就硬花活或凿活而言，依照雕刻深度和立体程度，分为平雕、浮雕、透雕和立体雕四种，用建筑行业的行话称为平活、凿活、透活和圆身。平活相对简单，一般是将图案直接画在砖石料表面，用錾子和锤子相互配合，凿出浅沟，再根据设计要求对阴文或阳文进行平整美化。凿活与透活的图案层次较多，但操作程序与平活类似，大致分为打样、打糙和见细三个步骤，需要从整体到局部分层次反复进行。圆身是指立体雕塑，包括神像、人物和动物等，建筑大门口的石狮子就是一种典型的圆身。比较这四种雕刻手法，因形象和做法的区别，对工匠的技巧和审美能力要求也有所不同。其中，最考验技艺的是圆身，特别需要对透视关系有一种敏感度，匠人需根据主题和材料特性确定好比例关系后，方可开荒料，直到大致轮廓出来，再依据具体图谱深入加工，发挥个人创造力。

总体上看，砖石雕的工序和手法大致是一个从整体到局部、从粗糙到精细的过程。由浅入深，自平至奇。一块块荒料经雕琢之后，形态各异，被赋予了各自的灵性和属性，在不同位置上发挥着各自功用，或立于牌坊，或守在大门，或置于园林。其神态，庄严者有之，憨痴者有之，华美者有之，轩昂者亦有之，林林总总，不一而足。文字、花纹与造型，赋予砖石以寓意，让其超脱自身的体积限制，一眼望去，便有了某种极天际地的气场。

19.1.3 南北汇通：砖石雕技艺的多样化运用

即墨古城俨如一个砖石雕艺术世界，平活、凿活、透活和圆身四种雕刻手法皆有所见，表达了建设者对建筑内涵的理解，也彰显了匠人技艺的娴熟。

砖石雕材料选择、样式设计与古城的整体规划结构思路相契合，并着力突出不同功能建筑的文化气质。公共文化建筑多采用庄重典雅的大面积石雕，贵精不贵多，避免繁杂凌乱；而商业和居住建筑，则更偏好砖雕，突出体现生活的“烟火气”。

◎ 德配天地坊抱鼓石

即墨古城砖石雕数量众多，囊括了北方和南方不同派系的雕刻技艺，尤以北方石雕为重点。南北两派相辅相成，在即墨古城实现了汇合。具体说，牌坊、文庙等处的石雕出自被汉武帝盛赞为“雕刻之乡”的河北曲阳；真武庙、城隍庙等公共文化建筑石雕出自闻名遐迩的福建泉州。

石牌坊是古城石雕工艺的精华所在，可视为一种具有历史纪实感、艺术表现力和文明渗透力的大型公共艺术品。从结构上看，石牌坊主要由基石、耳座、横梁、匾额、脊檐、坊翅等部件组成，衔接处施以榫卯结构，并用铸铁片塞紧缝隙处，使其结构紧凑。各部件上饰以花纹、人物、动物等浮雕图案，以丰富主题和艺术表现力。从工艺上看，石牌坊采用高浮雕、浅浮雕、立体圆雕等表现手法雕凿而成，可谓是石雕技艺和表现手法的集大成者，形成了一条内蕴丰富而特色鲜明的人文廊道。

◎ 文庙八字墙砖雕

砖雕的设计制作，特别注重体现地方特色。工艺流程上，采用手工与机械相结合的方式，首先在生产地利用机械加工成砖雕粗坯，运抵现场后再由匠人进行手工雕琢，美化细节，这样既保证了艺术品质，也提高了安装效率。

19.2 精雕细琢：石牌坊制作的匠心坚守

在即墨古城，牌坊代表了传统石雕艺术的精华，蔚为大观，尤见匠心熠熠。

作为即墨古城极具标志性的文化景观，19座牌坊凝聚着建设者的智慧与心血。牌坊主题的确定，图案的研究，石料的选择，设计与制作的全过程中无处不体现着当代匠人的执着与创新。中国工艺美术大师、国家级非物质文化遗产“曲阳石雕”代表性传承人刘红立带领百余工匠，投身古城牌坊等石雕作品的创作，用作品诠释了中国匠人对传统的尊崇与坚守。

19.2.1 高山岩岩：来自洪荒岁月的石料

巨石可凿者，为天成之物，得之惟诚。

垒石为山，其中高大者峻极天外，俯瞰四野，被视为自然伟力的象征。因此，古人常说“勒石记功”，将功业或美誉镌刻在石头上，以期名传后世。岩石本身就是一种宝贵资源，长期的开采使用，使得先前寻常可见的大石料已不易得，特别是在更注重环境保护的当下，可利用的石材变得越来越稀缺。即墨古城牌坊重建过程中，一度遇到了“良材难觅”的困境。

石料是牌坊建设的基础，关系到牌坊的坚固与美观。建设者对牌坊石材选择尤为慎重，确定了许多硬性标准。比如同一座牌坊的石料须出自同一座石场，颜色和纹理要基本一致，材质与所建牌坊的主题相契合等。经过多次试验对比，抗压、耐腐蚀、不易磨损的优质青白石、青石、花岗岩等成为首选石料。但随之而来的石料寻找和采购，又成为摆在眼前的难题。

◎ 牌坊仰视图

◎ 牌坊侧面

牌坊建设对石料品质要求高，大块石料需求量大。而不少采石场因资源枯竭或环保要求而关闭，适合建设牌坊的大块优质石料更加难找。对此，宏州雕塑公司即墨古城项目经理李江涛深有体会，他说：

最初凭借公司多年的资源积累，基本保证了正常的施工进程，前期建设的棂星门坊、德配天地坊、道冠古今坊、斯文正路坊等4座牌坊，都选用了质地优良的青白石料。但是到了后期，特别是在制作墨邑重华坊时，随着各地执行国家环保政策的力度加大，寻找符合条件的石料更加困难。

据他介绍，墨邑重华坊比古城其他牌坊高出3米，其复杂的雕刻技艺要求石料的横截面宽不小于1米。为此，他们花了大半年时间到处寻找适用的石料，其间，只要听到有合适尺寸的石料就立即赶往现场查看，反反复复许多次，最后终于找到了比较理想的青白石。

山海名邦坊亦如此，在石料选择上也经历了一番波折。作为历史上即墨城地域标志性牌坊，山海名邦坊具有特殊的历史意义。着眼于其地域特色和文化代表性，选用红色调的花岗岩制作该牌坊，以期在牌坊群中起到“点丹”之效。最初拟选用崂山红花岗岩，体现本地特色，但此种石料被禁采已久，建设者特意到崂山北宅一带寻找存料，但寻找五六次都无功而返。最后，选用了与古城东城墙外田横祭海石雕材质相同的石料——五莲红花岗岩。这种石料具有抗压、不易磨损的特性，唯独颜色上与崂山红花岗岩相比稍显逊色，虽有遗憾，但却是当时能找到的最为接近设计理念和建设要求的石料了，牌坊建成后所呈现的效果也达到了预期。

19.2.2 刻画入微：考究风格细节

从牌坊纵观古城，可体会中国建筑艺术传统的深厚与广博，亦可体会匠心的虔诚与执着。即墨古城对牌坊的设计制作制定了严苛的标准，不仅注重整体形象的历史感与艺术感，而且特别注重细节的刻画。

刘红立带领他的团队对牌坊进行了深化设计。首先，他们对即墨城历史上牌坊的主题、风格与细节进行了深入分析和理解，以启发创作思路。通过分析老照片发现，即墨城的许多牌坊具有南北兼容的特点，大构件及整体明显具有北方建筑的浑厚与庄严之感，而翘檐儿等细节则体现了南方建筑的玲珑和巧劲儿。这种对结构和细节的解剖过程，使他们对即墨城牌坊的主题、风格与文化背景有了更深入的理解，也为牌坊式样的深化设计提供了灵感来源。

牌坊采用何种样式，运用何种手法，雕刻何种图案，涉及文化主题、艺术风格与整体效果。即墨古城规划建设的19座牌坊中，13座是历史上存在过的，有的还留有老照片。对于这一部分，须严格按照史料复原。在深化设计过程中，刘红立和团队仔细研究每一个构件的用材、图案寓意和雕刻手法，确保其造型、尺度和风格符合历史原貌。对未见明确历史记载的或新建的牌坊，则根据其主题和古城风貌的总体要求予以合理推断，从方志等史料中查找与此相关的历史信息，以辨其形制细节，力求作品形神兼备。经过长时间的研究、思索和讨论，逐渐形成了明确的设计思路。对此，刘红立介绍说：

> 每座牌坊的样式都要经过细致考究，不仅要符合传统规制，而且要与古城的整体氛围和谐统一。牌坊上每一个构件的纹样，都要与其所承载的思想和主题相契合，做到既协调美观，又不雷同。有些牌坊虽说形制上基本一致，但它们反映的内容，讲述的故事又各有不同，可以说每座牌坊都各具特色。

石雕是一项大气磅礴而又细致入微的工作，其精密程度几乎相当于文物复原，每一步都如同解密历史。工匠根据牌坊的整体立意、艺术风格及其所反映的风俗习惯等要素，细细雕琢，以展现作品的文化底蕴和人文情怀。对于技艺娴熟的匠人而言，创作一个传统题材的常规作品并非难事，他们胸中自有丘壑，往往直接上手雕刻。但即墨古城的石雕不同，其内容多取自当地的传统文化，工匠需用心体会、理解透彻后方能进行创作，这对他们是一个很大的考验。因此，即墨古城的每一件石雕作品正式雕刻前，均需制作小样，集体商讨、修改并通过后，方可进入具体的雕刻阶段。有时，仅有小样是远远不够的，还需在雕刻过程中反复推敲，逐步深化到位。例如，浮雕深浅明暗的对比度通常为 2 厘米，但有时呈现出的效果并不理想，需继续深化调整，加深到 3 厘米乃至 5 厘米，一步步逼近理想效果。就这样，作品随着细致入微的雕刻，变得越来越丰满、生动。对此，刘红立坦言：

◎ 墨邑重华坊抱鼓石

> 每个部分都必须研究到位，确保比例和细节的准确无误，否则一锤子下去，石雕就坏了。所以，无论出于对材料的珍惜，还是对作品的尊重，雕刻都要慎之又慎。这一过程中，方案有时被多次调整，与之相应的雕刻技艺也越来越复杂，我们经常因研究某个细节而通宵达旦，但当作品一一揭去面纱而显露真容时，内心充满喜悦和激动。

对牌坊创作的用心，也体现了匠人对即墨古城的情感，他们和这方土地结下了不解之缘。古城建成后，刘红立在即墨古城开设了“师合空间”门店，集中展示河北籍工艺美术大师的石雕艺术品，丰富了即墨古城的商业业态和艺术形态。

与刘红立有着相同经历的是李江涛，2014 年临近年关时，他接到负责即墨古城石雕项目的任务，这一干就是 6 年。时至今日，说起自己参与制作的大大小小的石雕，他依旧如数家珍。回忆起这段经历，他说：

> 当设计方案经过一次次修改、汇报、沟通之后，我的工作也逐渐从被动变为主动。这 6 年间，我学到了很多即墨的历史文化和民俗知识，也通过石雕技艺将其展现在牌坊上。这项工作让我对石雕工艺有了更深层次的认识，个人能力也得到了很大提升。可以说，即墨古城是我的第二故乡。

古城建成后，他也在即墨古城开了一家美食店作为副业，引入河北的特色美食保定驴肉，由建设者转变为经营者。

六度春秋，留下的记忆足可回味一生。因工作而结缘，有“第二故乡”情结的匠人不在少数，他们珍惜即墨古城所提供的施展技艺的舞台，而即墨古城的成功再造也得益于他们的精湛技艺和辛勤付出。可以说，这是古城与匠人的相互成就。

平心而论，匠人不是孤立地完成创作，而是沉浸在悠久的文化传统中工作，每一个细节的刻画，每一件作品的完成，都意味着古老建筑技艺的延续和深沉嘱托。

◎ 刘红立雕凿即墨古城牌坊

◎ 墨邑重华坊题额现场雕刻

◎ 世恩坊中梁高浮雕

19.3 仰之弥高：石牌坊建构的人文艺术长廊

牌坊，是即墨古城最引人注目的标志性景观之一，是历史凝聚下来的对这座城的旌表，列阵于长街。牌坊之上，字字皆华章；牌坊之下，步步可仰望。穿行于牌坊间，用脚步探知即墨的历史与文化脉络。移步间，可见人文华章，而生浩然正气。

即墨古城牌坊林立，除文庙前的棂星门坊、德配天地坊、道冠古今坊、斯文正路坊以及万里云衢坊5座外，从潮海门外到通济门外还有10座，依次为齐王田横坊、瑯琊王氏祖脉坊、湖广总督坊、世步青云坊、四世一品坊、恩宠宪臣坊、父子御史坊、总督三边坊、亚魁坊、即墨大夫坊；从环秀门外到即墨县衙有4座，依次为墨邑重华坊、世恩坊、玉壶冰清坊、山海名邦坊。

每一座牌坊或记录着一段动人往事，或承载着一段历史荣耀，展示了即墨古城深厚的人文底蕴。牌坊在复现历史并营造一种历史氛围的同时，也框定了古城的空间逻辑，给游客带来了明确的方向感和秩序感。可以说，牌坊显现了古城的博大、厚重与深沉之美。

19.3.1 棂星门坊

棂星门为文庙大门。元至正十二年（1352年），县尹董守中建棂星门坊。2015年10月重建。

棂星门坊为青白石材质，三间四柱三楼式。正脊两面线刻双龙，上方端坐四只瑞兽，两端鸱尾上翘。此坊与东西相连的八字墙形成弧度，仿佛张开双臂迎接八方文士，采用浅浮雕和高浮雕相结合的手法，着力表现文庙大门的雄浑大气。中门花板雕刻麒麟，边门花板雕刻仙鹤衔灵芝，寓意福禄久长、国泰民安。

题额“棂星门”系清乾隆皇帝手书。

◎ 棂星门坊

19.3.2 德配天地坊与道冠古今坊

文庙大门前立有德配天地坊和道冠古今坊。清康熙五十三年（1714年），郭琇建两坊于圣门外。2015年10月重建。

两坊均为单间两柱式，青白石材质，虽造型简约，然主题鲜明，寓意丰富。横梁上，祥云左右衬托着“德配天地”和“道冠古今”题额。抱鼓石上的卷草纹和寿字纹等吉祥图案，表征孔子的仁义君子之风。两坊题额均系明嘉靖年间山东巡抚曾铣手书，语出明陈凤梧所撰《孔子赞》，其文曰：

> 道冠古今，德配天地。删述六经，垂宪万世。
> 统承义皇，源启洙泗。报功报德，百王崇祀。

“道冠古今”意谓孔子之道冠绝古今，无与伦比；“德配天地”意谓孔子之仁德，与天地同辉。

德配天地坊和道冠古今坊相对而立，且在东西两侧与处于中心位置的棂星门坊相呼应，加上南侧的斯文正路坊和万里云衢坊，形成了一个紧密相连的整体，体现出同一主题。

◎ 道冠古今坊与棂星门坊

19.3.3 斯文正路坊

◎ 斯文正路坊抱鼓石浮雕

斯文正路坊位于文庙南侧神路上，正对棂星门。

明嘉靖二十五年（1546 年），知县许慎始建。2015 年 10 月重建。

此坊为青白石材质，三间四柱三楼式。主楼由五组斗栱组成额坊，主楼与边楼两端均有鸱吻。这是古城多座不出头式牌坊的基本样式，斗栱形态基本一致，但屋顶细节有所变化。有别于古城其他牌坊鸱吻多取鱼尾形，此坊鸱吻背上插着一柄剑。雕刻上，采用浅浮雕、高浮雕相结合的手法，横梁饰以卷草纹、水纹，花板饰以回字纹、万字纹，抱鼓石饰以莲花纹，这些吉祥图案表征儒家的人文思想内涵。整体上看，该坊呈现出简洁、大方、古朴的气息。

其正题额为“斯文正路”，系集唐代书法家颜真卿字。斯文，学子、文人、儒者之谓；正路，正道、正脉、正统之谓。此言儒学为天下学问之正脉，为中国文化之正统，希望学子们刻苦读书，奋发有为，以承孔子宗脉，行儒家正道，开文明正途。

◎ 斯文正路坊北视图

19.3.4 万里云衢坊

◎ 万里云衢坊东南视图

万里云衢坊是文庙神路上的标志性牌坊，与斯文正路坊南北呼应，在空间序列上皆有引入文庙之功用。

明嘉靖四十三年（1564年），知县汤明善始建万里云衢坊于神路南端，进一步强化了文庙内外空间格局的完整性与神圣性。2017年4月，万里云衢坊重建。

此坊为三间四柱冲天式，青白石材质，造型简约大方，呈昂扬向上之势。雕刻图案与前述文庙诸坊相协调，表征儒学精神和学子品性。抱鼓石刻祥云纹，寓意文脉连绵不断、如意长久。边门花板刻竹子和石榴，寓意虚心为学、壮志凌云。

其正题额“万里云衢”系集清代书法家王垿字，内容有“期多士，际风云而由此扶摇万里”[1]之喻意。

万里云衢坊与斯文正路坊俱是通向文庙的路标，为引导学子通向儒学理想而立。两者与棂星门坊、德配天地坊和道冠古今坊俱表征孔子及其所创立的儒学精神万古长存。

19.3.5 齐王田横坊

为纪念齐王田横暨五百士，2016年8月新立齐王田横坊。

此坊位于即墨古城潮海门广场，在空间上，奠立古城的东方起始坐标点；在时间上，为一段历史揭开序章。田横五百士的故事广为人知，谱写了楚汉相争之际一段慷慨悲壮的史诗，至今犹令人追怀不已。

齐王田横坊按王侯级规制建造，为三间四柱七楼式，白麻花岗

1　语出清同治版《即墨县志》。

◎ 齐王田横坊

背面浮雕（局部）

岩材质。整座牌坊雕刻精美，主要以高浮雕形式呈现主题。中门正面浮雕题材，取自中国现代美术教育家徐悲鸿的巨幅油画《田横五百士》，艺术化再现了田横应刘邦之诏赴洛阳前，在岛上与部属告别的悲壮场景。中门背面浮雕表现的是田横将士金戈铁马、纵横沙场的场面。两相呼应，将牌坊的文化主题刻画得生动传神，同时彰显了对历史人物的纪念意义。牌坊其他位置上的装饰图案则取传统吉祥纹样，雕刻多为高浮雕，如中门底梁上的二龙戏珠、边门花板上的梅兰竹菊、边门的仙鹤衔寿桃、边楼的团龙等，四柱上的水纹则为浅浮雕。上述浮雕图案，意喻田横暨五百士的高贵品格与忠勇风范。

此坊的正题额为“至贤高节”和“宾客慕义”，副题额为“齐王田横”和“田横五百士”。正、副题额均系集唐代书法家颜真卿字，阳刻。

◎ 齐王田横坊
侧面（局部）

◎ 齐王田横坊
东视图

19.3.6 瑯琊王氏祖脉坊

为纪念瑯琊王氏发祥于即墨的史迹，2016 年 4 月新建瑯琊王氏祖脉坊。

此坊位于即墨古城潮海门内侧，北邻学宫，与齐王田横坊在潮海门内外形成呼应之势，共同昭显即墨早期的历史荣光。

瑯琊王氏素享“华夏首望”之誉。传其始祖为周灵王太子晋[1]，至秦末，十九世王元为避战乱而东迁至今即墨一带，成为王氏始迁祖。晋室南渡以后，迁居江南的瑯琊王氏公推汉谏议大夫王吉为其始祖，家族荣光自此绵延，兴盛两千余年不衰。皋虞故地至今尚存王吉家族墓群。王吉为汉经学大家，兼通五经，为鸿儒良臣。其子王骏官至御史大夫，其孙王崇官至大司空，封扶平侯，皆为经国济世栋梁。后世名流辈出，其中包括东晋大书法家王羲之和明代杰出思想家王阳明、著名音乐家王邦直等。从历史的角度来看，瑯琊王氏标举即墨经学与家族文化的渊源，而且对中国文化发展产生了重大而深远的影响。有

◎ 瑯琊王氏祖脉坊西北视图

1 姬姓，名晋，字子乔，生于洛邑，为周灵王之子。

鉴于此，特立琅琊王氏祖脉坊。

此坊为三间四柱七楼式，青白石材质，采用浅浮雕、高浮雕相结合的手法雕刻。中门花板上有蝙蝠、寿桃浮雕，寓意福从天降、健康长寿；中门、边门底梁为牡丹花草纹浮雕，采用曲卷多变的线条，繁复华丽，层次丰富，其形象如同家族文化的发展历程，在自强不息中世代繁衍，乘源远流长之势；边楼花板上的凤凰浮雕，是天地祥和的象征，而牡丹浮雕则是荣华富贵的象征；四柱上刻祥云纹，亦表祥和；抱鼓石上刻有麒麟，为传说中的瑞兽，比喻德才兼备的杰出人物。

其正题额为“德光炎汉”和“祥发皋虞”，分别表明琅琊王氏的历史地位和家族渊源；副题额为“琅琊王氏祖脉”。正、副题额皆由著名哲学史家和哲学家、中国人民大学孔子研究院院长张立文题。

◎ 琅琊王氏祖脉坊东视图

◎ 建筑设计图：湖广总督坊

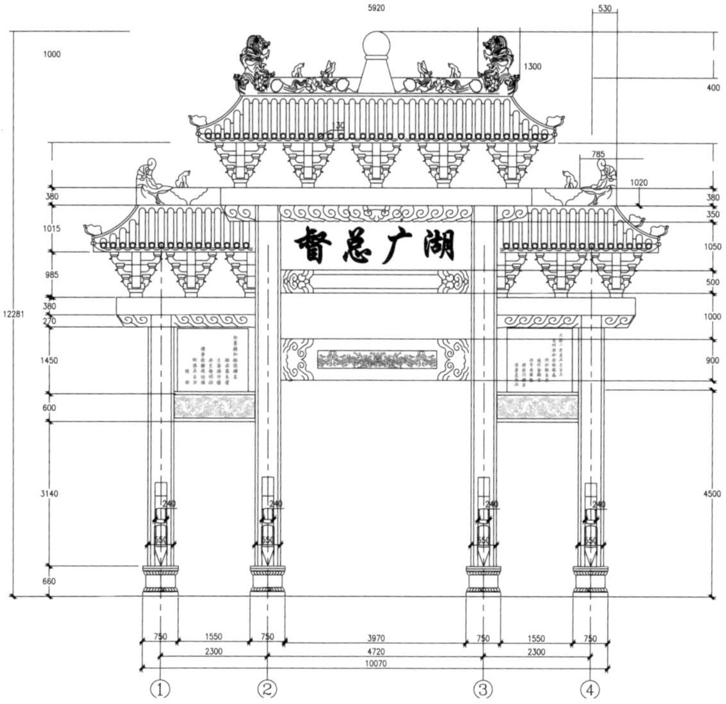

19.3.7 湖广总督坊

为纪念清代湖广总督郭琇，2016 年 8 月新建湖广总督坊。

郭琇（1638—1715 年），字瑞甫，号华野，即墨人。清康熙九年（1670 年）进士，初授江苏吴江县[1]知县，迁江南道御史、左都御史，任上直言进谏，曾有“三本震天下”之举，堪称一代铁面御史。康熙三十八年（1699 年）郭琇赴任湖广总督。康熙四十年（1701 年），他多次以病乞休，康熙帝则以“思一人代之不可得”为由拒绝。翌年，他再遭谗臣弹劾，罢归故里。康熙五十四年（1715 年），病逝于即墨。著有《疏稿》六卷。

此坊为三间四柱三楼式，白麻花岗岩材质。中门、边门底梁上刻莲花卷草纹图案，寓意清廉高洁；边门花板上刻蝙蝠、团花图案，寓意福泽绵延、繁荣昌盛。

其正题额“湖广总督”“铁面御史”，系集唐代书法家颜真卿字，阴阳刻；副题额“诰授左都御史知经筵事湖广总督郭琇”，记录了郭琇为官的经历，由中国书法家协会会员题写。

1 今属江苏苏州。

19.3.8 世步青云坊

世步青云坊原系明代为杨良臣、杨盐父子而立。始建于明嘉靖四十年（1561 年），明崇祯十五年（1642 年）毁于战乱。2016 年 7 月重建。

杨良臣（1461—1528 年），字舜卿，号南庄，明弘治十一年（1498 年）戊午科举人，曾任安徽太平知县、山西黎城知县、太原府通判等职，以勤政爱民著称，著有《南庄遗诗》。杨盐（1524—1621 年），字尔贡，号炼庵，杨良臣三子，明嘉靖四十年（1561 年）辛酉科举人，曾任山西吉州学正、南直隶沛县[1]知县等职，史称“清廉江北第一”，著有《味道楼集》。

此坊为三间四柱三楼式，鲁灰花岗岩材质。中门底梁下嵌有雀替，中门底梁与边门花板上镌刻着松竹梅“岁寒三友”浮雕，边门底梁镌刻着玉兰浮雕，表高洁、芬芳、吉祥之意，为君子之象。

其正题额“世步青云”系集明代状元杨慎字，阴阳刻；副题额“敕授太原通判杨良臣暨敕授文林郎南直隶沛县知县杨盐”，由中国书法家协会会员题写。

◎ 世步青云坊西视图

1 今属江苏徐州。

19.3.9 四世一品坊

◎ 四世一品坊西视图

四世一品坊原系明代为彰表兵部尚书黄嘉善及其曾祖父黄昭、祖父黄正、父黄作圣所立，是一座典型的家族牌坊，恩及祖孙四代。明天启元年（1621 年）始建。1958 年拆除。2016 年 6 月，依照老照片原制式重建。

黄嘉善（1549—1624 年），字惟尚，号梓山，即墨黄氏七世祖，明万历五年（1577 年）丁丑科进士。历任叶县[1]知县、大同知府、山西按察使司副使兼左卫兵备、都察院右都御史兼兵部右侍郎、兵部尚书等职，明泰昌元年（1620 年）加授光禄大夫、柱国、太子太保，并追封诰赠上三代，誉为“四世一品”，故有此坊。

此坊为三间四柱三楼式，青白石材质。整体上华贵大气，雕饰精美，主楼和边楼两端均立有鸱吻和瑞兽，顶端中心位置嵌有宝顶。中梁、边梁上的卷草纹浮雕亦见诸老照片。抱鼓石，一侧是菊花浮雕，寓意高洁优雅；另一侧是莲花浮雕，寓意“一品清廉”。

即墨古城诸牌坊中，四世一品坊是铭文内容最多的牌坊，留下较为丰富的历史信息。正题额“四世一品”原系明代书画家董其昌手书，依据老照片复制，阴刻。副题额暨花板铭文内容较多，由中国书法家协会会员题写。副题额为“诰赠光禄大夫太子太保兵部尚书曾祖黄昭祖黄正父黄作圣加授光禄大夫柱国太子太保兵部尚书黄嘉善”，昭显黄氏家族“四世一品”之荣耀。右侧花板题“天启元年夏五月吉旦”“莱州府知府林铭为”“同知鲍孟英”“通判郭显业”“推官薛国观”“经历汪麟英”“照磨虞良政”。左侧花板题“即墨县知县张继孟”“县丞罗良壁”“主簿孙守礼”“典史卫明柱”“儒学教谕赵迪德”“训导崔若岱、吴自治”。

---

1 今河南叶县。

19.3.10 总督三边坊

总督三边坊原系明代为表彰兵部尚书黄嘉善而立，明天启二年（1622 年）始建。1958 年拆除。2016 年 6 月，依照老照片重建。

黄嘉善在总督陕西三边军务时，指挥了著名的“三边大捷”，缘此兴立总督三边坊。即墨历史上的牌坊中，多为文功坊，而此为武治坊，为黄嘉善镇守三边的纪功坊，与四世一品坊一起标举其文武功业，可见其丰绩。

总督三边坊为三间四柱三楼式，青白石材质。总体上看，其样式、规制与前述四世一品坊大致相同，不同之处表现在细节和铭文上。观其屋顶，特色鲜明的一点是鸱尾分叉翘起，主楼左右鸱尾与宝顶之间各有两只瑞兽。中梁、边梁饰以祥云纹，有天地祥和之意。抱鼓石浮雕一侧为麒麟瑞兽，另一侧为松鹤延年。

其正题额“总督三边”系明代书法家王铎手迹，依老照片复原，阴刻；副题额为“都察院右都御史兼兵部右侍郎黄嘉善”，由中国书法家协会会员题写。右侧花板刻有“天启二年夏五月吉旦”“莱州府知府林铭为”“同知鲍孟英”“通判郭显业”“推官薛国观”“经历汪麟英”“照磨虞良政”；左侧花板刻有“即墨县知县张继孟”“县丞罗良壁”“主簿孙守礼”“典史卫明柱”“儒学教谕赵迪德”“训导吴自治、陈格”。

◎ 即墨古城历史影像：总督三边坊（摄于 1936 年，左）

◎ 总督三边坊抱鼓石（局部，右）

◎ 总督三边坊
东视图

◎ 即墨古城历史影像：恩宠宪臣坊（摄于约1951年）

◎ 恩宠宪臣坊西视图

19.3.11 恩宠宪臣坊

恩宠宪臣坊原系明代为表彰成都府通判、忠贤大夫周被立，始建于明崇祯初年。2016年6月重建。

周被，字永先，号春泽，明万历十三年（1585年）乙酉岁贡生，选任直隶蓟州[1]同知，后任苏州同知摄知州事。在担任广西布政使司经历并署永宁州[2]期间，他重视教育和民族团结，深孚众望，特别受到少数民族群众的爱戴。因政绩突出，擢四川成都府通判，未到任即病逝，诰赠忠贤大夫。

此坊为三间四柱三楼式，青白石材质。抱鼓石纹样为梅花、喜鹊和牡丹，寓意喜鹊登梅、喜上眉梢、好事连连、吉祥富贵。

其正题额为“恩宠宪臣”，系集唐代书法家柳公权字，阴刻；副题额为“成都府通判忠贤大夫周被”，由中国书法家协会会员题写。

1 今属天津。

2 今属广西桂林。

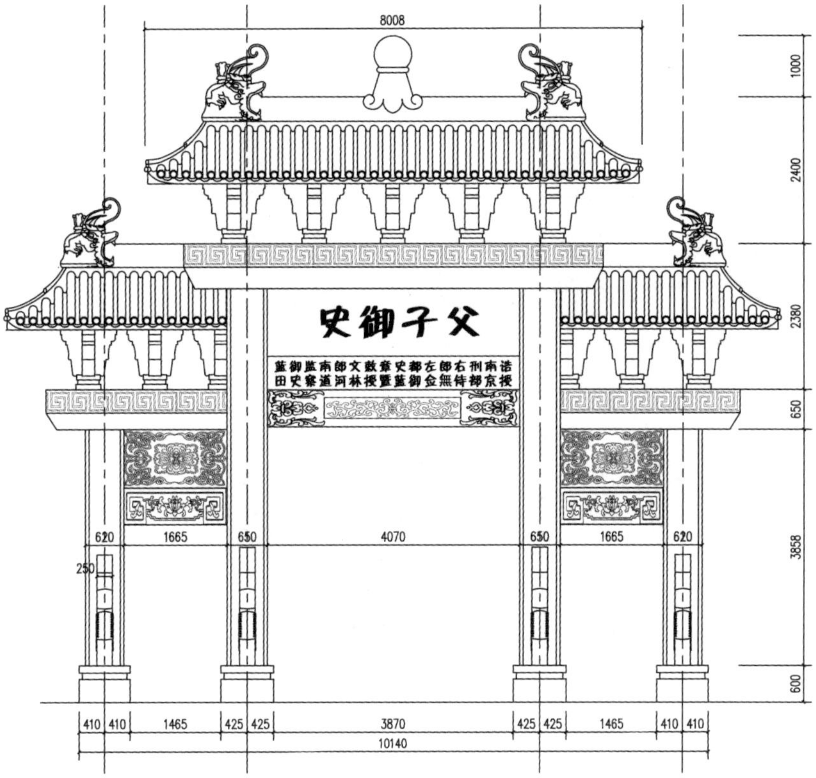

◎ 建筑设计图：
父子御史坊

19.3.12 父子御史坊

父子御史坊原为彰表监察御史蓝章所立，初称御史坊，始建于明弘治九年（1496 年）。嘉靖三年（1524 年）改题“父子御史”，兼以彰表同任监察御史的蓝田。清乾隆时圮。2016 年 7 月重建。

蓝章（1453—1525 年），字文绣，晚号大劳山人，明成化二十年（1484 年）甲辰科进士，曾任贵州道监察御史、大理寺右少卿、都察院左佥都御史及南京刑部右侍郎等职；正德十二年（1517 年）告归，赠正二品资善大夫。蓝田（1477—1555 年），为蓝章之子，字玉甫，号北泉，明嘉靖二年（1523 年）癸未科进士，曾任文林郎、河南道监察御史等职，因敢于弹劾权贵而名动朝野；嘉靖十年（1531 年）罢归乡里，致力于本地文化教育的发展。

此坊为三间四柱三楼式，鲁灰花岗岩材质。整体造型古朴典雅，屋顶中央立宝顶，鸱吻内敛，线条简洁而略有柔滑之感。中梁刻卷草纹，侧门花板刻花草，均有花开吉庆而生机勃勃之寓意。抱鼓石刻团花图案，朴实无华中寄寓盎然生机。

其正题额为“父子御史”，系集南朝书法家智永字，阴阳刻；副题额为“诰授南京刑部右侍郎兼左佥都御史蓝章暨敕授文林郎河南道监察御史蓝田”，由中国书法家协会会员题写。

◎ 亚魁坊西视图

19.3.13 亚魁坊

亚魁坊原系明代为彰表蓝田而立，始建于明弘治五年（1492 年）。清末已残缺不全，渐圮。2016 年 6 月重建。

该坊坐落于即墨古城西门里大街，为三间四柱三楼式，青白石材质。整体造型古朴典雅，鸱尾呈分叉翘起状，更显灵动感。花板上的喜鹊登梅浮雕，借“梅占百花魁”喻中举亚魁；蝙蝠、寿桃浮雕，寓意福寿安康。抱鼓石内圈为牡丹浮雕，外圈为草龙浮雕。

其正题额“亚魁”系集清代书法家翁方纲字，阳刻；副题额为“明弘治壬子科乡试举人蓝田”，由中国书法家协会会员题写。

19.3.14 即墨大夫坊

为纪念春秋战国时期齐国的三位即墨大夫，2017 年 4 月，在通济门广场新立即墨大夫坊。

即墨大夫是齐置即墨的军政长官，姓名失考。一位是齐威王时的即墨大夫，他政绩卓著，却因刚正不阿而遭谗言诋毁。齐威王查实情况后，以“子居即墨，田野辟，民人给，东方以宁”语之，封之万家，同时还烹了弄虚作假的阿大夫。从此，齐国国威大振，即墨之名遂彰显天下。历史上，还记载过另两位即墨大夫，一位抗击燕军，为国捐躯；另一位在齐国末年死谏齐王聚兵抗秦。旧时即墨圣庙内辟有九贤祠，三位即墨大夫祀其中。

即墨大夫坊为三间四柱七楼式，芝麻灰花岗岩材质。牌坊主体采用浅浮雕、高浮雕相结合的技法，雕凿精细，刻画入微。在中门正面花板上，以高浮雕技法镌刻了烹阿大夫、封即墨大夫万家、即墨大夫治下百姓安居乐业的图景。边楼花板上，和合二仙浮雕，寓意社会和谐、家庭美满；麻姑献寿浮雕，寓意福寿双全、天长地久。边门花板上雕刻海水江涯浮雕，寓意福山寿海、延绵不断。中门背面花板的团龙浮雕，寄寓攘除灾难、人间祥和之意。这些雕刻主次分明，刻画生动。

其正题额，正面为“勋载遗编”，意思是即墨大夫的事迹久已入载国史，传诸后世而光照千秋；背面为“贤良方正”，原指汉文帝时创设的一种官员举荐制度，语出司马迁《史记·孝文本纪》“当是之时，招尊方正贤良文学之士，或至公卿大夫”。这里借用此语，彰表即墨大夫德才兼备、清正廉洁、护国保民的高尚品质。副题额为“齐即墨三大夫”。正、副题额均系集《说文解字》小篆，阳刻。

◎ 即墨大夫坊西视图

◎ 和合二仙浮雕（左）

◎ 麻姑献寿浮雕（右）

◎ 即墨大夫坊
中门正面
花板浮雕

◎ 即墨大夫坊
团龙浮雕

19.3.15 墨邑重华坊

为纪念即墨古城的再造，2018 年 9 月新建墨邑重华坊。

墨邑重华坊坐落于即墨古城环秀门广场，作为即墨古城再造的标志性牌坊，该坊气势雄伟，是古城所有牌坊中规模最大、雕饰最精美的一座。

“墨邑重华”乃即墨古城重放光华之意。以“墨邑重华”概括即墨古城再造的意义和价值，言明即墨千秋文脉相传，辉光相继，于此盛世，必当融古开新，再创辉煌。

此坊为三间四柱五楼式，青白石材质。其主题额，正面为“即墨古

◎ 2017 年 6 月 10 日，钱绍武题写“墨邑重华”

◎ 建筑设计图：墨邑重华坊

城”，系中国文联原副主席冯骥才题写；背面为“墨邑重华”，系著名雕塑艺术家钱绍武题写。这是一座充满传统魅力和地域精神的牌坊，集结了浅浮雕、高浮雕、透雕、圆雕等传统雕刻手法，刻画了80多种图案，繁复而不失层次感，艺术化地呈现了即墨的历史记忆和风土人情。边门梁雕有耕海牧渔、齐商贸易、童恢训虎、秃尾巴老李传说、即墨大秧歌和即墨柳腔等即墨传统文化的经典题材，各自独立成篇而又互为关联。中门梁雕有九狮图、即墨花边、山水田园风光等，亦是即墨文化特色和地域精神的表达。花板透雕有青岛市花耐冬花。立柱上，龙凤呈祥，祥云缭绕，表征天地祥和、盛世太平。抱鼓石之上，狮子眺望远方，瑞兽盘旋其间，寓意吉祥如意。

总体上看，墨邑重华坊造型典雅，雕饰精美，技法精湛，在主题和艺术表现上令人印象深刻，通体洋溢着华美之气，宛若一幅立体化的历史文化锦卷。它打开即墨记忆，叙述着往昔岁月那些素朴而神奇的故事，恰如其分地表达了“墨邑重华”主题，将即墨人文精神表现得淋漓尽致。墨邑重华坊与即墨古城本体保持着底蕴、格调、气度上的隐秘协调，与环秀门相映生辉，呈现了即墨古城的第一印象，同时统摄周边风物，提升地景价值，形成了历史地理和文化心理上的呼应。

◎ 墨邑重华坊侧面浮雕

◎ 墨邑重华坊中门梁及花板浮雕

◎ 墨邑重华坊

19.3.16 世恩坊

◎ 即墨古城历史影像：世恩坊（摄于1951—1958年）

世恩坊原系明代为彰表赠右中允周赋、中允周如砥而立，始建于明万历四十三年（1615年）。这是明清两代即墨城里所立牌坊中外观最为华丽、气势最为壮观的一座，代表了古代石牌坊的艺术水准。2017年4月，依据老照片原制式重建。

周赋，字良卿，即墨章嘉埠人，因其次子周如砥的功绩，朝廷诰赠朝议大夫、右中允等荣誉官职。周如砥（1550—1615年），字季平，号砺斋，明万历十七年（1589年）己丑科进士，选庶吉士，授检讨，成为即墨入翰林院第一人，以中允掌国子监司业；明万历三十五年（1607年）进右庶子，擢国子监祭酒，誉满天下。他秉承儒家精神，为官清廉，礼贤下士，特别注重培养人才，奖掖后学，时人有“天下士多出其门”之誉。他治学严谨，窥遍百家，博采众长，有《青藜馆集》收入清代《四库全书》，另有《漕运志》《周太史文集》《青藜馆法帖》《道德经集议》等著作传世。晚年归乡，逝后祀乡贤祠。

◎ 世恩坊副题额暨中梁高浮雕（局部）

◎ 世恩坊南视图

世恩坊循其旧制，为三间四柱三楼式，青白石材质。该坊采用浅浮雕、高浮雕、镂雕等雕刻手法，是复建牌坊中工艺最复杂的一座。边梁为仙鹤浮雕，寓意祥瑞长寿；中梁为狮子戏绣球浮雕，有正义、威严、吉祥之意；上梁为鲤鱼跃龙门浮雕，寓意一举成名、奋发向上；抱鼓石为鲤鱼浮雕，谐音“利余”，寓意家家行利、代代富足。

其正题额“世恩”系集清代书法家王埣手迹，阳刻。副题额为“敕赠右春坊右中允周赋”和“己丑会魁国子监祭酒前右庶子兼翰林院侍读周如砥”，由中国书法家协会会员题写。

19.3.17 玉壶冰清坊

为纪念清代查赈大员李毓昌，2017 年 9 月新建玉壶冰清坊。

李毓昌（1771—1808 年），字皋言，号荣轩，即墨城阁里村人，清嘉庆十三年（1808 年）戊辰科进士，以“即用知县”分发江苏候补。

◎ 玉壶冰清坊北视图

是年，黄淮泛滥，朝廷拨赈银救济灾民。李毓昌等受派赴山阳县[1]查赈，因掌握了知县王伸汉克扣赈银的实据，拒收贿银，拟据实上报而被毒害，后冤案得以昭雪。嘉庆皇帝特旨赏加李毓昌知府衔，并御制《悯忠诗》，刻碑立于墓前，以示褒扬。

此坊为芝麻灰花岗岩材质，为三间四柱三楼冲天式。须弥座上刻凤鸟纹浮雕，抱鼓石上刻莲花鱼纹，边门花板饰以出水青莲，表征李毓昌出污泥而不染的高贵品德。

其正题额“玉壶冰清”系集宋代书法家米芾字，阴阳刻，意喻李毓昌的品格如玉似冰般的纯洁清明。副题额“清嘉庆戊辰科进士分发江苏即用知县赏加知府衔李毓昌”，由中国书法家协会会员题写。

1 今江苏省淮安市淮安区。

◎ 山海名邦坊花板浮雕

◎ 山海名邦坊西南视图

19.3.18 山海名邦坊

山海名邦坊原系明代为昭显即墨地域风貌所立，知县许铤于明万历初年始建。清乾隆十年（1745 年）损毁。2016 年 6 月重建。

许铤，号静峰，河北武清[1]人，明万历二年（1574 年）甲戌科进士，为即墨历史上卓有建树的一任知县，留迹深远。明万历六年（1578 年）他出任即墨知县，励精图治，开海通商，颇有政声。同时，他还主持修纂了即墨历史上的第一部县志——万历版《即墨志》。正是通过上任伊始的那次全域考察，他意识到了即墨为山海名邦之天时地利，乃立坊昭明“山海名邦”之要与“为国保民”之旨。

山海名邦坊为三间四柱三楼式，五莲红花岗岩材质。坊上雕刻了代表即墨山海环境的纹饰，中梁、边梁的浮雕由中间花饰配两侧云气纹构成，表征即墨山海云气缭绕的环境特色。中门及两侧花板上的浮雕为牡丹图案，寓意即墨繁荣昌盛。抱鼓石以水纹浮雕代表大海，以风火轮浮雕代表太阳，寓意山海名邦即墨如海上日出，将大放异彩于神州大地。

其正题额“山海名邦”“为国保民”，系集唐代书法家颜真卿字，阳刻。

1 今天津市武清区。

19.4 裁月镂云：庙宇坊巷及广场上的石雕

除牌坊外，即墨古城采用石雕工艺的还有文庙、真武庙、学宫等公共文化建筑以及各城门广场和散落在各处的坊巷地雕等，这些石雕各依其主，风格迥异，美轮美奂。从题材上看，石雕大多呈现出不同文化交融的特色。每个石雕作品都层次分明、雕刻精美，展现了中国传统建筑文化不同技艺相辅相成的包容与厚重。

因为自身承载的良好“寓意头”，这些石雕成为游客们追捧的对象，很多都成了各自所在建筑、街区的“网红”地标。

19.4.1 文庙丹陛石

丹陛石又称“陛阶石”，是古代宫殿门前台阶中间镶嵌的长方形石雕，通常以龙为雕刻主题，作为帝王身份的象征而出现。即墨文庙的丹陛石镶嵌于大成殿前主通道台阶中央位置，为双龙戏珠图案，以此彰显孔子的尊崇地位。

此丹陛石是由一整块青白石，采用高浮雕、浅浮雕等相结合的手法雕凿而成。丹陛石下方为高山海浪纹，中心位置是一颗圆润饱满的火焰宝珠。宝珠悬浮于半空中，在朵朵祥云中熠熠生辉，引来了双龙绕其飞舞盘旋，一条龙仰首探爪，龙须与火珠近在咫尺；另一条龙则摆尾回首，张口迎戏宝珠。整体上看，丹陛石构图丰富，逻辑关系清晰，立体感较强，表现出非凡的气势和逼真的形态，恰与大成殿的“气质”相匹配，可谓相得益彰。

如此精美的丹陛石堪称石雕珍品，不过它的制作并不是一蹴而就的。最初设计制作的丹陛石系现场雕刻完成，未做泥稿翻模，制作完成后的呈现效果不太理想。2015 年 11 月 13 日，著名古建专家、瓦石宗师刘大可在指导即墨文庙建设时指出，丹陛石的整体构图和龙的形象与文庙氛围不甚协调，表现不出文庙应有的精神气象。经慎重研判，古城规划建设指挥部决定重新雕刻，替换下来的丹陛石则被巧妙利用，

◎ 刘大可（左一）等在文庙研判原丹陛石

◎ 替换下来后镶嵌于西南城墙的原丹陛石

现镶嵌在古城西南城墙外侧，正对墨水河转弯处。据老城区居民回忆，历史上此处曾有镇水神兽雕像。这一物尽其用之举可谓恰到好处，虽非刻意设计，却契合了传统习俗，为城墙增色不少。

新丹陛石的雕刻不易，安装也面临挑战。当时文庙已经合围，吊车无法进入，只能在文庙东庑墙外越过屋顶向内吊装。吊装操作员看不到文庙内部的情况，而内部负责安装的人也看不到外面的情况，墙内墙外工作人员只能通过手机联系沟通。更让人担心的是，替换下来的丹陛石底部有条浅裂纹，吊车从其两端吊装，一旦中间断裂，无疑将损坏文庙建筑。整个安装过程非常紧张，在工作人员的默契配合下，丹陛石才顺利安全地完成更换，好在有惊无险。

丹陛石的更换，正体现了古城画卷绘制过程中所秉持的精神，细微之处的契合往往关系到整座建筑的特有气质，容不得半点马虎。

◎ 即墨文庙丹陛石

◎ 朱雀石雕

◎ 玄武石雕

◎ 真武庙山门前照壁

19.4.2 真武庙石雕

真武庙山门前照壁采用青石制作，精选了八卦图、八仙法器等道教文化的象征符号，麒麟、祥云和蝙蝠等传统吉祥图案，按其自然形态巧妙组合后进行雕刻，构图层次分明，阴阳虚实相生，令人耳目一新。蝙蝠谐福、麒麟献瑞等采用高浮雕技法雕刻而成。照壁正中为麒麟，周边刻有琴、棋、书、画以及葫芦、团扇、宝剑、莲花、花篮、鱼鼓、横笛、阴阳板等八仙法器，雕刻细腻灵动，有避凶求吉、兴善除害的寓意。位于中央上方的一只蝙蝠口衔三枚铜钱，寓意风调雨顺，国泰民安。

穿过山门，台阶两侧各置一尊青石圆雕，东侧为朱雀，西侧为玄武。朱雀整个身体匍匐在祥云上，双翅半开似待展翅飞翔，头似雄鹰般凶猛锐利，羽毛似铁甲钢针，双爪苍劲有力。玄武为龟蛇复合雕塑，

◎ 真武神迹之琼台受册

◎ 真武神迹之龟蛇二将

◎ 真武神迹之真武荡魔

龟的头部呈麒麟状，口衔宝珠，金目圆睁，自带一股霸气；龟背上盘旋着一条碗口粗的青蛇，蛇头向东，蛇信子似欲喷射而出，一刚一柔间凸显了玄武大帝的威严。

在通向真武大殿的阶梯环绕的墙壁上，依次镶嵌着三幅汉白玉石材雕刻而成的浮雕，分别讲述了与真武大帝相关的三个神话故事——“真武荡魔”“龟蛇二将”“琼台受册”。浮雕图案中，人物的表情、服饰及故事场景都刻画得十分形象生动。

19.4.3 鲤鱼跃龙门石雕

学宫南门前石阶上的鲤鱼跃龙门石雕为青白石材质，采用高浮雕、浅浮雕等技法雕刻而成，生动刻画了九条鲤鱼争相跃过龙门的景象。而最初安装在此的是由小方块青白石板拼成的团花簇锦石雕，因与学宫所承载的文化寓意不够贴切，遂予以重新设计制作。如今，这块石雕作品已成为市民游客经常驻足欣赏的艺术品。

具体来看，石雕下端为水纹和浪花，代表奔腾不息的黄河水；中央为高耸的龙门，龙门之上祥云环绕，三条跃过龙门的鲤鱼即将幻化成龙。龙门之下，六条鲤鱼或紧随其后拼命摆尾，跃跃欲试，或昂首于波浪中似呐喊助力，整体上传递着积极向上、顽强拼搏的精神。

在古代传说中，鲤鱼跃龙门幻化成龙的过程，犹如凤凰涅槃，蝶之蜕变，大成之后将青云直上。因此，以“鲤鱼跃龙门”比喻飞黄腾达之事，后又比喻逆流前进，奋发向上。在学宫门前设置鲤鱼跃龙门石雕恰与其建筑气质和文化内涵相契合。

古代即墨久经儒学濡养，文教之风兴盛。读书人常怀学而优则仕之愿，因此悬梁锥股刻苦攻读。“鲤鱼跃龙门”石雕托物言志，以事明理：无论做学问还是干事业，都应有跃龙门的志向与勇气。

◎ 学宫鲤鱼跃龙门石雕

◎ 金衣百子石地雕

◎ 吉庆有余石地雕

19.4.4 坊巷地雕

地雕，顾名思义，是镶嵌在地面上的雕刻，材质一般以坚固耐磨的石材和铜为主。即墨古城内精美的石质地雕作品众多，多分布于居住区的街巷及院内，成为装点街巷、院落景观的点睛之笔。

古城石质地雕多以浅浮雕、高浮雕等技法雕刻而成，以花草鸟兽、福禄寿喜等吉祥图案为主。这些富有吉祥寓意的雕刻图案，在古代寄托了院落主人对美好生活的祈愿，在当代仍有现实意义，被建设者广泛运用到即墨古城之中。

与公共文化建筑砖石雕的大气象不同，地雕作品守护的是一家家门户，或是祈愿满街富足，常不以神灵、瑞兽为雕刻对象，而是以花鸟鱼虫为装饰点缀，怡养近人，因而显得更为精细灵巧。

例如，“金衣百子”地雕刻画的是黄鹂鸟站在石榴树上啼鸣的场景。黄鹂鸟羽毛泛黄，如同身披金衣；石榴多籽，因熟透而炸裂，颗颗饱满，两者组合构图有官居高位、百子绕膝的吉祥寓意。“当朝一品”地雕刻画的是仙鹤展翅翱翔于云端的场景。在古代，“一品”与“鹤”皆为高等级官员的象征，地雕上的仙鹤鹤首高昂，展开双翼飞翔于云端，仙鹤的下方海水波涛汹涌、浪花滚滚，具有飞黄腾达、官升一品的寓意。“荣华富贵”地雕以芙蓉和牡丹花为主题，取“蓉”与“荣”同音，“花”即“华”，芙蓉花枝繁叶茂、含苞待放；牡丹亦称富贵花，雍容华贵、娇艳欲滴，又因其为花中之王，寓意富贵荣显。“吉庆有余”地雕十分灵动，在有限的圆形空间内，一条体态肥硕的锦鲤遨游其中，鱼尾修长飘逸，鱼鳞清晰可见，“鱼”与“余”同音，寓意年年有余、生活富裕。

诚如孟子“国之本在家”所言，若是家家殷实富足，生活如意，便是昌盛兴旺的世道。在这一点上，无论大小雕刻，愿景都是一样的。

◎ 匠心营城石雕

◎ 匠心营城石雕（局部）

19.4.5 城墙外石雕

即墨古城的石雕还有一部分置于城外的广场上。它们立于公共空间中，幕天席地，自成章节，因而更具超逸旷达之意。从题材上看，这些雕塑所记载和描绘的，是即墨人的共同记忆。

当流动的时光归于静默，柔软的记忆刻入坚实，这些雕塑便有了深刻的意蕴——抒发情思，寄托牵挂。

19.4.5.1 匠心营城石雕

匠心营城石雕是为纪念古城再造而立，人物形象曾先后几易其稿。其中，有“三人为众”的现代匠人形象，有开山凿石的古代匠人形象；有坐姿的，也有站姿的；有年轻的，也有年长的。匠人形象既要考虑与古城的整体风格相协调，又需体现古城建设过程中精益求精的理念。经过多轮研讨、对比修改，设计方案才最终确定下来。

该石雕高3米、长5米，选用五莲红花岗岩，采用圆雕、浮雕等雕刻技法，以隋唐时期匠人凝神聚力雕琢巨石为主要形象雕刻而成。匠人两臂半挽衣袖，右手举锤，左手握錾，聚目凝眉，神情专注，在一块巨石上悉心雕琢，錾下阴刻出“匠心营城”四个大字；其身下巨石造型，保留了原有的自然石形态，并逐步向上精细雕琢，形成自下而上的渐变艺术效果，象征着古城再造的“基石”，也寓意即墨古城的破土而生，建设者上下求索，自我雕琢，与古城共同成长的历程。巨石正面阴刻清同治年间即墨城池关厢图；背面阴刻红字“匠心营城”雕塑题记，内容为：

> 即墨古城再造工程于二〇一三年二月启动，二〇一九年一月竣工，为铭记这段历史，塑像以志。
>
> ——即墨古城片区规划建设指挥部
>
> 二〇一九年二月

2019年2月，匠心营城石雕落成，安置在即墨古城南城门广场西侧，成为展现古城能工巧匠的专注与坚守，传递“爱、畏、专、谦”大国工匠精神的标志性石雕。

19.4.5.2 清同治时期即墨七乡村庄图地雕

在古城南门与墨邑重华坊之间，铺装着一处大型地图地雕。晨昏间，常见男女老幼驻足于此，从上面星罗棋布的村庄，寻觅魂牵梦绕的故乡，仿佛时光倒流，将思绪带回了一百四十余年前的即墨大地。

彼时，即墨城关为三厢七铺，全县划为西移、灵山、东移、福海、里仁、仁化、海润七乡。为直观再现清末即墨的建置沿革、村庄布局、名称演变，留住城市发展进程中已消失的村名，明晰即墨与青岛的关系，这幅清同治时期即墨七乡村庄图大型地雕随古城再造应运而生。

地雕依据清同治版《即墨县志》所载“七乡村庄图”设计创作。原图所载行政区域轮廓、海洋、岛屿、山脉、河流、村庄的坐标位置、用字等均保持不变，仅对个别错误予以纠正，对不曾出现的村名不予添加，做到忠实于原图，呈现历史固有风貌。由于年代久远，许多村名发生了变化，加之原图模糊不清，部分村名无法辨识，为设计、雕刻带来了困难。对此，建设者秉承以史为据的原则，以原图为蓝本，查阅了近代以来即墨、青岛及周边地区的相关地图，并参照《山东省即墨县地名志》等史料，逐村核实、比对，针对发现的不同问题，认真查证处理。比如，原图中在东移乡标注了两处“河南”“苏口”，而缺少相邻村庄“前车家夼”和“后车家夼”，显系疏漏，予以纠正。原图中海润乡的“固庙庄”应为“团庙庄”即今团彪庄。对演变至今已更名的近百个村庄，保持其旧名不变，如张家埠、门家庄、周家茔、义和庄、库头、滕家沟、客旅店等[1]。对读音未变而用字发生变化的 20 余个村名，保持原字不变，如斩山、墨岛、乳石头等[2]。对少数辨认不清，又查不到相关佐证资料的村名，则采取实地查证的方式予以辨认，如原图中灵山乡靠近山后村的一个村名，因字迹无法辨认，相关地图上又查不到。为查实清楚，工作人员便深入附近村庄，经多方打听，从一位 90 多岁的老人口中得知村名为“葫芦湾”，原是一个小自然村，后与前山后村合并，已很久不用这个村名了。为尊重这段历史，仍在地雕中保留了这一村名。

◎ 清同治版《即墨县志》载七乡村庄图（局部）

经耐心细致地收集、考证、鉴别、纠错、认定，详细标注 1260 个村庄名字的纸质放大图终于定稿，随后交付专业人员设计制作。前期在车间完成了作品的浮雕部分，后期铺装到位后，对村名进行现场雕刻，确保其准确性。其间，文化研究组每天跟进雕刻施工，以便及时发现问题，或对市民、游客的疑问进行解答，并对错误进行纠正。

1 张家埠为今章嘉埠；门家庄为今兴隆庄；周家茔为今解家营；义和庄为今大荒；库头为今滹沱；滕家沟为今田庄；客旅店为今店集。

2 斩山为今湛山；墨岛为今麦岛；乳石头为今玉石头。

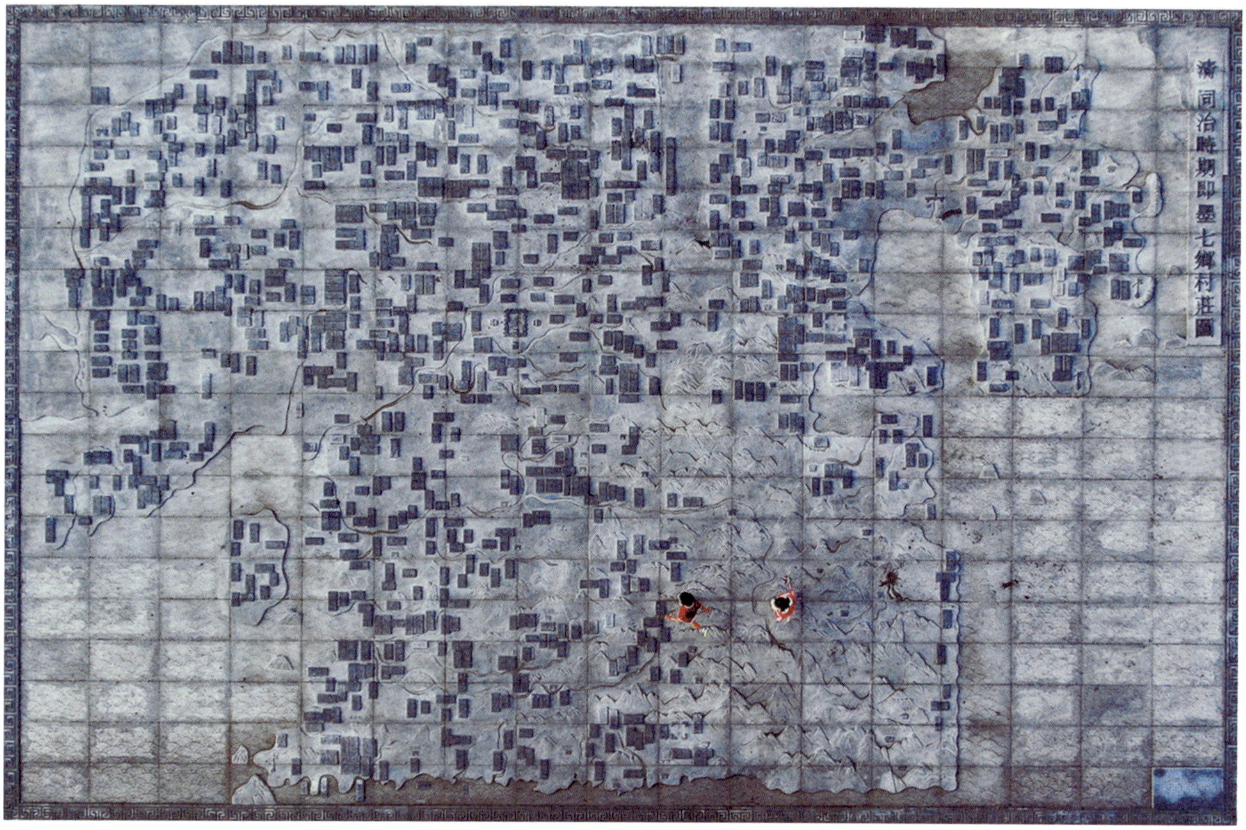

◎ 清同治时期即墨七乡村庄图地雕

2018 年 7 月，这处由宏州雕塑公司设计施工的大型地雕完成。该地雕为芝麻白花岗岩材质，长 18 米、宽 16 米，采用线刻浮雕、浅浮雕及高浮雕相结合的工艺，立体呈现了清末即墨的山川大势、村庄风貌。

旧梦虽已远，桑梓总关情。这幅地雕是打开近代即墨历史沿革的钥匙，可以一图识即墨，鉴古知今。站在气势恢宏的地雕前，沧海群山一览无余，远近村庄尽收眼底，由此开启寻梦之旅。

19.4.5.3 即墨古城赋景观石

古城北城墙外的北阁广场上矗立着一块重达百余吨的泰山石。该景观石的整体纹路清晰自然，似高山突起，层峦叠嶂，特别是南面部分，从远处看像一幅峥嵘轩峻的群山奇峰图。在其北面阴刻《即墨古城赋》，气势磅礴的赋词，与景观石的自然气韵十分相配。

殊不知，寻觅如此浑然天成的景观石可谓“踏破铁鞋”。进入景观设计阶段后，在北阁广场处拟设置一座景观石，将《即墨古城赋》

◎ 即墨古城赋景观石南视图

刻于其上，以连接古城内外，延续古城文脉。但找寻与《即墨古城赋》相匹配的景观石并非易事。据文化研究组组长刁岳岩回忆，景观石无论大小、厚重，关键要看其品相、纹路能否与古城赋相匹配，而这不是简单找一块石头就能满足的。为此，他们走遍了北方多个景观石市场，看了近万块石头，都没遇到满意的。

一个雨天，他们辗转来到泰安的一个石材市场，因该处地势低洼，积了不少雨水，打算转一圈就走，忽然在路口转角处，依稀看到一块山形纹路的泰山景观石，走近一看，大家内心不禁暗自称赞。同商家一番交涉后，果断交了定金，打算择日运走。不久，商家连打几次电话，表示另有顾客看好这块石头，准备加价购买，商量欲退定金。为避免夜长梦多，他们决定提前将景观石运回。最终，这块费尽心力寻觅而来的泰山石与《即墨古城赋》融为一体，成为北阁广场上一道独特的风景。

19.4.5.4 田横祭海石雕

田横五百士一直被视作节义的象征。明代即墨县丞周璠曾在诗作《田横岛》中有云，“穷岛至今多义骨，汉廷未许有降王”。然而他

◎ 田横祭海赋景观石

的话锋一转，又叹道“断碑卧地苔痕重，古庙无人祀典荒”。其中凄恻之情，充溢字里行间。而今，田横五百士墓已成为山东省重点文物保护单位，田横祭海节被列入第二批国家级非物质文化遗产名录。在即墨古城潮海门广场，除了齐王田横坊之外，另有一座宏伟大气的田横祭海石雕。

该石雕位于即墨古城东城墙外，长 11 米，五莲红花岗岩材质。石雕上端连绵起伏的山岛形状，由匠人精心打磨而成；中间雕刻《田横祭海赋》，两边分别镶嵌着中国非物质文化遗产和田横祭海标识，下端刻有海浪纹样，与潮海门广场的“海”主题相呼应。

这块石料的寻觅也着实不易。起初，为体现本地特色，寻找范围限定在青岛地区，但建设者多方寻找未果。一番考量后，决定选用威海产的石岛红花岗岩代替。但在开采中石料发生了两次断裂，达不到雕刻标准，只能放弃。几经周折，最后才选用了五莲红花岗岩。

19.5 气韵灵动：商业和居住建筑的砖雕

◎ 六合同春砖雕

如果说院落是中华文明的缩影，雕饰就是宅院建筑上不可或缺的精神图腾。色调质朴的精雕纹饰，蕴含着大千世界的奥妙哲思和宅院主人的精神气韵。

◎ 锦上富贵砖雕

由于即墨古城商业建筑追求相对开敞灵活的界面效果，多用木质门扇，门窗洞口面积相对较大，砖墙面较小，因此砖雕应用较少。根据所在区域的文化氛围，选取不同的民间故事、吉祥纹样，做成精致的“小方”，装饰于墀头、沿口等处；民国时期及新中式风貌建筑运用于女墙、山墙气窗的装饰，以几何图案或“灯笼砖”为主。

古城居住建筑的砖雕图案依照不同户型，构建了一套富有层次的装饰体系。各式各样的砖雕主要应用于建筑山墙、墀头、照壁等部位，结合区域的文化氛围和主题进行设计，种类多、叙事感强。一进院户型砖雕的主题为平安喜乐，以喜（喜鹊）上眉梢、五福（蝙蝠）临门、连年有余（鲤鱼）、马上封侯（猴）等体型较小的动植物为刻画对象，表达吉祥如意之意。二进院户型砖雕主题为富贵荣华，以松鹤延年、麒麟献瑞、狮子滚绣球、龙凤呈祥、凤穿牡丹等传统瑞兽和相对应的传统花卉植物组合为主。三合院户型砖雕主题为百花齐放，以石榴多子（籽）、福禄（葫芦）双全、岁寒三友（松、竹、梅）、玉堂（玉兰花、海棠）富贵（牡丹）等植物为主。

◎ 喜鹊登梅砖雕

◎ 凤穿牡丹砖雕

◎ 富贵平安砖雕

古城的再造尊重了即墨原有的历史样貌，

从细致程度可以看出其构建融入了即墨千年以来的文化内涵，

它以一个具象、精致的物质形态反映出了即墨精神的实质，对即墨文化道德的提高具有重要影响。

——北京大学教授 杨立华

汉时明月下，中国造像展开了新的历程。

三国曹植在《宝刀赋》中吟出“规圆景以定环，摅神思而造象”，

言明造像之奥秘，是一种技艺法度，亦是一种神思升华。

造像，指用黏土或石材、木材、金属、玉石等材料塑造物体形象，是一个有创造力的美学流程。

从技艺的落实到艺术的升华，每一步都决定着造像整体气韵的生成、人文内涵和艺术精神的塑造。

造像虽有囊括一切物体形象之意，然更有专指神像之意。

在中国传统文化形态中，造像的意义是将抽象化为具象，

将那些在中国记忆或者中国文明史中长久存在的精神寄托引入视野。

所以，与造像相遇，这是一个充满沉思性魅力的精神之旅。

即墨古城的造像，按材质主要分为脱胎漆器造像和木造像两种。

这些造像或以庄严大气之容呈现，或以精致小巧之姿显现，留给鉴赏者广阔的艺术品鉴空间。

其中，尤以脱胎漆器造像最具代表性，不仅造型典雅，且意态饱满，神韵生动，与庄严的木造像一起，

成为即墨古城传统造像工艺的瑰宝。

这些曾经为人们所景仰的圣贤和神祇，

作为历史文化符号重新回到古城，与安居乐业的百姓，共同守望着当下的清平世界。

第二十章

CHAPTER 20

超凡脱俗

脱胎漆器造像与木造像

CHAOFAN
TUOSU

20.1 光华一新：脱胎漆器造像工艺

脱胎漆器造像，又称夹纻造像或干漆造像，是随佛教发展而兴起的造像技艺，也是我国古代漆器制作工艺的一个分支。其始于汉代，魏晋南北朝时期已见流行之势，隋唐之际随着佛教中国化历史进程的推进，而臻于鼎盛。历史上，诞生了许多著名的造像，其中最为人所熟知的就是现藏日本奈良唐招提寺的鉴真大师像，其作为传世脱胎漆器造像的代表作，是世界多元文明交流、对话与融合的典范。

从材质和加工方法上看，脱胎漆器造像的特殊之处就是以生漆为主要材料。生漆亦称干漆，采自漆树[1]的液汁，最大优点是保护严密且配色鲜艳。漆器以质轻、坚固著称，不怕强酸或强碱的侵蚀，并有防潮、防蛀、防腐、防裂等经久耐用的特性。可以说，自此种工艺诞生以来，中国造像别开新境，脱胎漆器造像以其造型精美、形态自然、色泽鲜艳而备受尊崇。

在综合考量造像工艺、质量等因素的基础上，文庙、财神庙、真武庙和城隍庙造像采用脱胎漆器髹饰技艺制作，并聘请福州脱胎漆器髹饰技艺国家级非物质文化遗产代表性传承人黄时忠为顾问，对造像品质进行严格把控。

20.1.1 循序渐进：脱胎漆器造像工艺

脱胎漆器造像，主要包括泥塑造型和生漆脱胎两大阶段，每一阶段都要经过多道工艺流程方能完成。其中，制作泥塑要经过五大工艺流程，生漆脱胎要经过六大工艺流程，工序多达四五十道。

就即墨古城的脱胎漆器造像来看，造像的主要工艺流程为：

首先是泥塑造型，即对造像尺寸进行复核，准确无误后，按照1:1的比例搭骨架，上泥堆大型，再进行精细刻画，做好模具。

泥模完成后，对造像进行裱褙，在天然生漆中加入瓦灰等材料形

1　漆树是我国原产植物，属多年生落叶乔木，皮下含有丰富的液脂，用其液脂作涂料，有耐潮、耐高温、耐腐蚀等功能，还可配制出不同的色漆，颜色光彩照人。

成漆灰，以麻布或纱布均匀裱褙。裱褙时，需等每层漆灰干透后，以同样手法一遍麻布一遍漆灰多层裱褙，裱褙层数需依照造像大小和等级规格确定。例如，文庙的孔子造像为 5 层，厚度达 1 厘米。

全部裱褙完成后进行拼装，并对拼装的接缝处进行修补。小型造像可整体成型，不需要拼装。

整体拼装完成后，以大漆加入细瓦灰对造像表面进行处理，经过几遍修补、打磨，使造像表面趋于平滑，然后以传统大漆手法在造像表面贴金，以达到金碧辉煌的效果。贴金时须确保造像没有接缝。贴金后的造像表面要再覆盖一层大漆作为保护，以避免成像后因清洁或其他原因对造像造成损坏。

最后，再对造像进行描绘、上色，勾画造像纹饰。

从内里的骨架到外部的漆工，即墨古城脱胎漆器造像是传统工艺的积淀与流传，工艺遵从先“工”后“艺”原则，质量是根基。人们看到造像雍容高贵，金光灿然，殊不知这里面包含着多少探索和实践，是千百年来匠人们代代传承和不断创新的结晶。

◎ 泥塑

◎ 裱褙

◎ 漆线

◎ 贴金

◎ 彩绘

20.1.2 圣贤启明：文庙造像群

孔子生活在两千五百多年以前的春秋时代，其创立的儒学思想深刻影响了中国历史进程，在当代仍具有世界性的影响力。如今，孔子像在即墨文庙得以重塑，让心怀儒学向往的后人，有了顶礼膜拜之处，也让即墨千年文脉在物像上得以传承延续。

20.1.2.1 文庙造像材质的选择和艺术特征

即墨文庙是古城最早开始造像的公共文化建筑。造像从创意设计再到制作，其形象、风格、材质的确定，经历了一番思考和探索。

起初，文庙造像拟采用泥坯、黄铜等材质。但这些材料的普遍特点是质量较大。鉴于文庙地下空间顶部结构已施工完毕，若采用上述材质塑像，其质量将超出设计荷载要求。古城规划建设指挥部在前期考察时，发现了一种色彩明亮的玻璃钢材质造像。这种材料具有质量轻、耐腐蚀、成本低的优点，后经研究发现，其稳定性较差，一般室内造像十年左右就会开始变形，且脆弱易裂，遂未采用。2016 年，了解到南方有脱胎漆器造像，不仅耐腐蚀、不易变形，且质量轻。建设者立即赴厦门、泉州实地考察，最终确定文庙造像采用脱胎漆器髹饰技艺制作。制作完成后的造像色彩丰富细腻，质量仅为普通泥塑的 5%，可谓两全其美。

如今，文庙大成殿正中塑孔子坐像，其形象参照曲阜孔庙孔子像塑造。孔子坐像高 2.2 米，头戴十二旒冠冕，身着十二章王服，手捧

◎ 大成殿东侧十二哲造像（局部）

◎ 孔子像

镇圭，正襟危坐，面温神厉，双目直视远方，《论语·述而篇》所载“子温而厉，威而不猛，恭而安”的精神气质尽显无遗。

孔子像两侧为四配坐像，东为复圣颜回、述圣孔伋，西为宗圣曾参、亚圣孟轲。四配头戴九旒冠冕，身穿九章公服，手执躬圭。

大成殿东西两壁为十二哲坐像，东为闵损、冉雍、端木赐、仲由、卜商、有若；西为冉耕、宰予、冉求、言偃、颛孙师、朱熹。

与孔子造像一样，四配造像和十二哲造像均采用脱胎漆器髹饰技艺，按照历史人物特点，遵照相同工艺制作而成。

◎ 亚圣孟轲像（左）

宗圣曾参像（右）

◎ 复圣颜回像（左）

述圣孔伋像（右）

20.1.2.2 文庙造像的制作

为孔子塑像过程中，黄时忠提出了很多建议。他认为文庙虽奉祀古代人物，但每个地域都有各自风格。即墨历史上隶属齐国，应参照曲阜孔庙造像进行形象设计。因为是第一次接触孔子造像，他非常慎重，特地到曲阜孔庙考察研究，仔细观察造像的神情样貌，同时参阅了大量文献资料，细细斟酌其中有关孔子形象的描述。

众所周知，每个地方的民间造像已形成各自特有的地域风格，某些工艺习惯已根深蒂固，要做出改变往往很难。例如，南方的脱胎漆器造像多以佛造像为主，在设计制作孔子形象时就出现了这样一个问题：泥模做出来后，头部略小，且略显低垂，看上去有点类似于佛像形象。当时，黄时忠虽已年逾古稀，仍不辞辛苦多次到现场指导，并亲自修整细节。

优质生漆可以确保造像保存数百至上千年，但生漆市场鱼目混珠。按合同约定，造像必须使用生漆，一开始制作方为节约成本，使用了混合漆，黄时忠发现了这一问题，彼时孔子像的制作已持续 4 个月。为确保造像质量，古城规划建设指挥部要求制作方返工重塑，并通过黄时忠在西安找到了优质生漆。

脱胎裱褙需要在泥模上层层上漆，每一层漆都要充分晾干方能进入下一个流程。但实现漆的完全“脱水”需控制好温度和湿度，这里面有特殊技巧。在调试制作时，造像工匠发现生漆内部不易干。黄时忠根据自己的经验，在上漆的厚度、程序上给予指导，并建议在生漆中加入 50% 的水。这一在常人看来有掺假嫌疑的作法，却最终达到了漆层水分快速蒸发，同时所用生漆重量基本不变的效果。

此外，在为孔子像上色时，还遇到了色彩不协调的问题。由于生漆较难调色，上色晾干后颜色偏暗，有时不同部位的颜色还有差别。对此，黄时忠多次同制作方探讨、试验，最终决定采用进口亚克力材料进行着色，使造像的色彩均匀而自然，样貌、神情与人物性格特征也越发契合。

为了使造像更符合时代心理，更符合即墨文庙的整体氛围和精细化质量要求，遵循孔子“一以贯之”的精神，把事情做纯粹、做彻底，黄时忠对造像的每一个环节都亲力亲为。并非山东人的他，却有齐鲁情怀，年及古稀，仍以极其负责的态度攻读典籍，严格把关，他常提起孔子的“志于道，据于德，依于仁，游于艺”这句话，在承继传统的基础上大胆创新，呈现了文庙先贤先哲像的艺术风貌。

20.1.3 形神兼备：财神庙造像

“欲通天下财源，惟诚惟信；得赐世间福泽，乃义乃忠”。

财神庙作为文武财神的殿堂，充盈着文武兼备的潜在气质。其主殿正中塑武财神关公像，东配殿塑文财神比干像，西配殿塑文财神李诡祖像。中国文化思维中，越是指向财富，越要以忠信为宝；越是求其利，越要惟仁义取财。也许这就是财神信仰给人的启示。

20.1.3.1 关公形象的选定与塑造

◎ 关公造像泥模

主管财运的财神历来为百姓所奉祀，其形象也丰富多样。如前所述，即墨财神庙自确定武财神为关公后，财神的形象设计制作便开始启动。全国各地奉祀的关公形象有几十种，究竟哪个版本最为合适，让建设者踌躇许久。古城规划建设指挥部在考察多地后认为，关公为山西运城人，当地对他的崇拜最盛，其形象更具权威性，决定即墨财神庙的关公形象以山西关公形象为参照。即便如此，关公有站姿的，有坐姿的；有读《春秋》的，亦有持刀的；有穿铠甲的，亦有穿战袍的……一时间，多个版本，让人莫衷一是。

建设者对财神庙主殿空间进行了细致测量，在深入分析关公形象后，本着博采众长又独树一帜的原则，将其设计为身披战袍的坐姿形象，凸显关公的沉稳、庄重与威严。另外，还特别设计了脚踏水波样

方石的细节，以纪念其水淹七军、智取樊城的英雄事迹。

脱胎过程中有诸多细微的调整。其间，泥模只是塑形，框定尺度、比例和形体逻辑，而精微的面部神情刻画是在一步步脱胎过程中实现的。造像之奥秘，尤在于此。正式制作前，设计方首先制作了泥塑小样，但看上去脸大身子小，神态亦不到位。经反复沟通探讨，修改了多次，调整尺度比例，加宽下身，使关公形象初显。但做出原大的泥塑后，面部表情尚显生硬，眉头过紧，神采尚未舒展，在后续制作过程中又进行了精细调整。

其间，黄时忠把关甚严，一丝不苟。在制作现场，他仔细察看每一部位，发现造像的面部表情仍不太自然，手臂造型亦有偏差，遂立即予以修改。由于造像较高，他使用木棍，现场指挥工匠一点点调整到位。在他的精心指导和匠人的细腻雕琢下，关公义薄云天的形象得以显现。

◎ 黄时忠现场指导关公造像制作

◎ 关公造像龛

◎ 关公造像(局部)

20.1.3.2 财神庙造像的艺术特征

关公奉为武财神，其义其理，俱有深意。众所周知，关公本名关羽，原为三国豪杰，辅佐刘备打天下，创下了赫赫功业。在民间，关羽是大众熟知的历史人物之一，诸如“千里走单骑”“温酒斩华雄”等三国故事妇孺皆知，他几乎成为中华文化忠义精神与神勇气概的代名词，被后世奉为关圣大帝，世称关公。

《三国演义》中，如此描述关公的身形相貌：身长九尺，髯长二尺，面如重枣，唇若涂脂，丹凤眼，卧蚕眉，相貌堂堂，威风凛凛。即墨财神庙的关公造像力求将历史记载和世人心目中的关公形象生动展现，并未拘泥于色调，也专注于神态，通体贴金，突出主题，形成了鲜明的艺术风格。

关公造像高 3.4 米，身着战袍，神情凝重，目光炯炯，正襟危坐，左手置于膝上，右手轻拈美髯，英气逼人，形神兼备。造像表面细腻光洁，服饰的纹理及其他细节均摹画细腻，面部及手部皆擦赤金。人物形态极富感染力，身静而神动，眉目之间神采奕奕，似有天地真情为之凝聚。

关公造像东西两侧分别为关平和周仓造像。史载关平为关羽长子，随父征战捐躯。关平造像手持关公印信，表情端庄，目光专注，充满智慧，一派儒雅之风。周仓为关羽麾下大将，忠心耿耿。其造像眉头紧锁，怒目圆睁，手执青龙偃月刀，一派威猛之气。从艺术形象上看，关平与周仓以一文一武、一静一动分列左右。

比干也是一位由真实历史人物演化而来的文财神，为商朝宗室重臣，以忠君爱国、为民请命、敢于犯颜直谏的历史形象而名垂青史。他生前有散财济世之为，无偏无私，公平正义，透现了商道之本，被后人奉为财神。即墨财神庙比干造像高 2.6 米，为文官打扮，头戴纱帽，身着蟒袍，手捧如意，五绺长须，形象儒雅。

李诡祖在北方尤其是胶东地区广受信奉，也是一位真实的历史人物。他为南北朝人，北魏孝文帝时曾任曲梁[1]县令，清正廉洁，造福于民，去世后，百姓感念其恩德，立祠祭祀。民间称之为增福相公、增福财神，奉为九路财神之一。为寻找李诡祖的形象，建设者翻阅了大量史料都无收获，一筹莫展之时，发现了一张印有李诡祖画像的民国时期纸币，以此为参照进行设计。李诡祖造像高 2.6 米，锦衣玉带，冠冕朝靴，双手捧元宝，面露微笑，形象儒雅。

20.1.4 道法自然：真武庙造像

道教崇尚返璞归真，即墨真武庙的气氛正应此境。真武庙造像与壁画总体上与建筑风格协调，壁画以青绿山水呈现，室内布置也较为简约。当然，造像本身的技艺、艺术风格及其内在文化内含是一以贯之的。无论简朴还是繁复，内在的文化逻辑亦相互贯通。

走进真武庙山门，东西两侧有青龙、白虎造像。两尊造像均头戴金冠，身披铠甲，怒目圆睁。青龙像右手握戟，白虎像左手执剑，神态威严。

作为道教尊神，真武大帝的形象具有不确定性，不可能完全在历史人物的维度上来框定其具体形象。在塑造真武大帝形象

◎ 青龙造像（左）

◎ 白虎造像（右）

1　今河北永年。

◎ 真武大帝造像

时，建设者在综合对比各种历史形象的基础上，参照相关文献典籍，以人们所熟知的古代帝王形象为蓝本，进行设计创作。其间，数易其稿，反复推敲，以确保造像生动传神，符合历史和艺术逻辑。真武大帝造像为坐姿，通高 1.75 米，端坐于孔雀蓝宝座上，身着金锁甲胄，目含天光，披发跣足，手按宝剑，脚踏龟蛇，神态威严肃穆，金童玉女静立两侧，风、雨、雷、电四神造像分列大殿东西两侧。

吕祖殿内塑道教全真派祖师吕洞宾像。吕洞宾被奉为纯阳真人，作为八仙之一，存在于中国神话传说中。关于吕洞宾的形象，诸多道教史料中有明确记载，最详细的当属《吕祖全书·卷一·真人本传》，其中有这样的描述：

> 生而金形木质，道骨仙风，鹤顶龟背，虎体龙腮，翠眉层棱，凤眼朝鬓，颈修颧露，额阔身圆，鼻梁耸直，面色黄白……

吕洞宾造像为坐姿，通高 1.46 米，头戴道冠，身着道袍，神色自若，右手执拂尘，左手自然平放于膝，呈现出仙风道骨的风范。

灵官殿内塑王灵官像。王灵官是道教的护法镇山神将。其造像为站姿，通高 1.76 米，赤面髯须，身披金甲红袍，三目怒视，右手举钢鞭，形象威武勇猛，令人畏惧，将护法神所具有的风范表现得淋漓尽致。

20.1.5 正直无私：城隍庙造像

城隍庙的造像亦采用脱胎漆器髹饰技艺制作而成，其中城隍造像高 1.75 米；青霄元君和福德正神造像高均为 1.46 米；六十甲子太岁造像均高 0.48 米，通体贴金。

20.1.5.1 城隍的形象塑造

由于城隍具有地域属性，若简单参考其他地区的城隍形象进行创作，不能体现即墨特色。即墨县城隍虽有文字记载，但其形象缺乏相关史料佐证。因此，城隍造像设计经过了多方考察。建设者几经查访，找到坊子街村的百岁老人刘绪文，他年少时经常到即墨城隍庙游玩，对当时的城隍塑像尚留有记忆。经老人的回忆和描述，即墨县城隍的形象有了大概轮廓。

于是，黄时忠带领团队，根据老人的描述和城隍庙的建筑形制进行创作，形成了设计草图。后经反复讨论，认为城隍右手托元宝、左手持如意的细节略显繁复，遂予以调整，改为右手自然平放于膝上，使城隍形象更显从容。此外，还将官服改成了蟒袍，使其形象更加威严。

制作完成后的城隍造像以一位老者形象示人，坐姿，身着赤红蟒袍，头戴乌纱帽，手持如意，神情祥和，不怒而威，严肃中见慈祥，温和中见威厉，呈现出公忠体国、惩恶扬善的形象。

20.1.5.2 青霄元君的形象塑造

青霄元君亦称“灵山老母”或“灵山圣母”，是即墨由古而来的传统信仰。青霄元君像在城隍庙的塑造，经历了谨慎地思考和判断过程。最初拟在城隍东侧塑碧霞元君像，后考虑到青霄元君与即墨的特殊渊源和意义，遂塑青霄元君像，以突出地域特色。

关于灵山老母的历史记载，清乾隆版《即墨县志》中记载了元君祠石碑一事，行文如下：

> 灵山青霄元君祠，不知起于何时。万历年重修，掘得元君遗蜕并一石碑，乃周元王五年（471 年）建。碑载：元君

◎ 即墨城隍造像

招远王氏，许配墨邑金门，貌陋甚，十八岁尚未婚。孝事翁姑。一日出汲于山之东，遇一白马素袍者曰："吾奉帝命取尔上升，三月十五日其期也。"乃以巾搽元君面，容貌顿改。及期，果音乐远播，紫云罩山，遂登顶坐石而化。后，一小牧儿被雷击死，寻苏，言见云中羽扇鹤驾，顶冠翡翠曰："吾青霄元君也，敕尔传语，惟孝当钦。"土人遂建祠于山巅云。

中国自古即有因善得道、以孝成神的传说，青霄元君就是一个典型例证，以"惟孝当钦"诠释了生活中的精义。青霄元君是即墨特有的历史文化精神的凝结，在老百姓的心中是仁孝与善良的象征。因此，决定在城隍庙中塑青霄元君像。青霄元君造像头戴金冠，身着凤袍，面容慈祥，目光睿智，手执拂尘，端坐于龛中。

中国人很早就发明了天干地支与六十甲子，用来纪年。以天干和地支按顺序相配组合，称为六十甲子，亦称六十花甲子。道家将其纳入诸神谱系，乃有六十星宿信仰，即六十甲子日值日的六十位神，用天干地支循环组合命名。

即墨城隍庙内东西两侧塑有六十甲子太岁造像。最初，每尊造像并未设龛，整体上看过于简陋，亦不能凸显造像的精美，因此设计了书柜式小龛，将造像逐一安置于龛内。这样的设计使造像的比例在视觉上放大了不少，也使得空间感更强。

20.2 法相庄严：木造像工艺

木造像是造像的一种类别，顾名思义指用木材雕刻而成的造像。木造像随佛教在汉代传入并发端，兴盛于唐宋之际，明清时期全面繁荣。在古代，木造像具有鲜明的地域特征，不同地区在开相、造型、服饰及神韵等方面形成了各自的特点，可谓千姿百态，但其基本流程大致相同。

20.2.1 雕木为像：木造像工艺流程

木造像十分考验匠人的技艺水平，从最初的选材到对木材的切割，都需要一番仔细推敲和考量。其工艺流程大致分为相木、雕刻、上漆三大步骤，若再细致分解，其工序可分为木工的相木、开料、刨光及初步定位，雕工的打胚、扦光和打磨、上漆、漆线雕及后期根据需要髹金或上彩。总体而言，木造像的雕刻工艺繁杂考究，工匠需经过刻苦训练，并不断提升审美素养，方能游刃有余。

在即墨古城，准提精舍和观音阁造像均为木造像，属莆田木雕工艺。莆田木雕兴于唐宋，盛于明清。唐代，随着佛教的传播，莆田地区各大寺院已出现具有较高艺术水准的木雕装饰，北宋时期首开莆田木雕家具工艺先河，明代形成了造型简洁、明快清新的艺术风格，清代进入精细华美的辉煌时期。二十世纪八十年代以来，莆田木雕业快速发展，在佛造像领域名声大噪。准提菩萨、观音菩萨造像以加拿大桧木为原料制作，是莆田木雕在古城的代表作。端庄素雅的木造像通过匠人的精巧技艺呈现出来，为古城带来了祥和之气。

20.2.2 庄严华美：准提精舍造像艺术

即墨古城准提精舍内的造像以桧木和樟木为材料雕刻而成，展现了木雕柔美、流畅的特点，营造了庄严的殿堂氛围。

◎ 准提菩萨造像
正视图

20.2.2.1 准提菩萨造像艺术

“准提”有清净、明觉之意。即墨古城准提菩萨造像选用三年以上自然风干的加拿大桧木雕刻而成，桧木木质淡雅、纹理清晰，散发着特殊的芳香，在其表面采用素色喷漆加线条描金工艺，更能凸显佛造像清净淡雅、质朴沉稳、精美庄严的法相。其工艺流程具体包括设计小稿、泥塑小稿、泥塑开模、整模翻模、模型修整、小样放大、拼整木料、打胚、整胚、修光打磨、组装成型等数十个步骤。组装成型后造像表面还需进行磨光修细、喷底漆面漆、衣纹轮廓线描金等流程，才能呈现其应有之相。

雕刻完成后的准提菩萨造像重约500公斤，纹饰精细，整体精美素雅，跏趺坐于八角金刚台莲花座上，为十八臂造型。手心开眼，手上所持法器各异；背光以透雕形式凸显火焰造型；衣纹线描金，线条简约流畅；头冠毗卢帽，细微处的刻画清晰可见。

◎ 无尽意菩萨造像

◎ 虚空藏菩萨造像

◎ 天冠弥勒菩萨造像

◎ 大势至菩萨造像

（从左至右）

◎ 地藏菩萨造像

◎ 普贤菩萨造像

◎ 观音菩萨造像

◎ 文殊菩萨造像

（从左至右）

20.2.2.2 八大菩萨造像艺术

准提菩萨东西两侧是八大菩萨造像，为樟木雕刻，皆跏趺坐于金刚台莲花座上，衣着唐彩纹饰，面饰肉色珍珠粉，身后有祥云浮雕。其工艺流程同准提菩萨造像，后经细修磨光、喷底漆打磨后，表面施以唐彩，再进行描金贴金、修眉开眼。

大势至菩萨左手施期克印，右手持带茎莲花，发髻高隆如云朵，头戴宝瓶如意冠。

天冠弥勒菩萨左手曲臂执法轮，右手施无畏印，头戴金冠。

虚空藏菩萨左手托法轮，曲臂于胸前，右手执宝剑，头戴毗卢帽。

无尽意菩萨左手曲臂，右手置于腿上，双手执带茎莲花，花瓣高于肩，发髻高隆，戴如意形金环。

地藏菩萨左手置于腿上，手托如意宝珠，右手执金刚杵，头戴五佛毗卢帽。

普贤菩萨左手施期克印，右手置于腿上，手执带茎莲花，花瓣齐肩，头戴金冠。

观音菩萨左手置于腿上，手托如意宝瓶，右手持说法印，发髻高隆如云朵，头戴如意冠。

文殊菩萨左手置于腿上，手执翡翠如意，右手持说法印，发髻高隆，头戴如意金冠。

如同建筑的设计施工，有时设计很完美，但具体落实到实处，又需要一些微观调整，才能让每件作品在有限的空间内更好地呈现。准提精舍造像的设计与展陈便是如此。在展陈之初，施工方按设计要求将八大菩萨造像安置于莲花座上，但由于其体量与准提菩萨造像相差较大，整体上并不协调；同时，造像与其背后略高的祥云浮雕背板在比例上反差较大，使造像显得更小。为此，施工方做了多次调试，最后在八大菩萨造像后加太阳造型的头光进行装饰。这一做法既体现了光芒普照的美好寓意，也协调了空间比例，使得菩萨形象更加生动、饱满。

20.2.3 沉静圆满：观音阁造像艺术

观音阁现位于即墨古城怀远楼内，内塑观音菩萨造像，为千手千眼观音站像，高 4.8 米。千眼寓意智慧无穷，千手寓意法力无边。造像头戴化佛冠，身披天衣飘带，慈眉端庄，丰圆方颐，立于金刚台莲花座之上。观音像左右各 15 只手，每只手中都持有法器。造像背面用 970 只手做成圆形背光，每只手手心各有一只眼睛。整座造像重达 1000 公斤，采用三年以上自然风干的加拿大桧木雕刻而成。法器、配饰皆采用描金工艺，局部施以唐彩。

善财童子造像飘带绕身，双手合金刚掌，单脚踩于浪花莲叶上，灵气十足；龙女造像双脚立于浪花莲叶上，手捧夜明珠，发髻后盘，面带微笑，秀美灵动。两座造像总重约 260 公斤，亦采用三年以上自然风干的加拿大桧木制作而成。

◎ 千手观音造像

即墨古城建筑设计很精致，楹联匾额相得益彰，传统与现代、
物质文明与精神文明有机结合，是传承弘扬中华传统文化的一个途径和平台。

——中国文化书院副院长、北京大学中国哲学暨文化研究所所长 李中华

仓颉造汉字，思念漫太古。
一笔一画刻人文，三言两语点千秋——这是对即墨古城楹联匾额艺术的生动诠释。
汉唐日月下，中国即有在建筑上悬挂楹联匾额的传统，以示人文内涵。
绍其宗续，即墨古城的楹联匾额艺术集萃，洋洋大观。
漫步其中，不经意间，与楹联和匾额相逢，从中可领略人文因缘。
这里，楹联匾额是诗意、书魂和匠心的聚合，方寸之间见真谛。
在即墨古城，这些精美的楹联匾额在展现传统技艺和艺术魅力的同时，
还起着昭示地方文化特色的功用，映现即墨的山海气象、人文风范和历史荣光。

第二十一章
CHAPTER
21

春秋大雅

楹联匾额工艺

CHUNQIU
DAYA

21.1 文以载道：与书法相得益彰的楹联匾额艺术

走进即墨古城，俨然进入了一个楹联匾额的艺术世界。这些楹联匾额集文学、书法、技艺之美于一体，将各种艺术表现得淋漓尽致。作为建筑艺术整体上不可或缺的经典要素，楹联匾额既自成一景，亦包罗万象，方寸天地间承载着博大精深的历史文化。它以独特方式将建筑的内涵、功用与价值巧妙地表现出来。

21.1.1 檐下芳华：楹联匾额在建筑上的应用

楹联匾额是一门综合性艺术，将中国传统文学、书法、篆刻、雕刻与建筑艺术融会贯通，堪称各种技艺的集大成者。

说起楹联，人们首先想起的是对联。“天对地，雨对风，大陆对长空。山花对海树，赤日对苍穹……”《笠翁对韵》曾在旧时学堂中被反复吟咏。稚子开蒙，也常以此文为范例。这段对仗工稳、朗朗上口的短文就是对联，仿佛一条充满意趣的小径，引导学童由此奔向博大精深的传统文化大道。

对联是中国所特有的一种对偶文学，发端于桃符，句式上尤以骈文和律诗为源头，特别讲求文字平行、对仗工整、平仄协调、言简意赅，在音韵、语义和结构上有着极为严格的要求。广义上的对联起源甚早，其义理前缘可追溯至春秋时期；汉魏之际，随着骈文的兴起而获得发展良机；唐宋之际，得益于律诗而渐趋成熟并焕发神采，实现了表现形式的转换，被雕刻成多种材质的楹联高悬于宫殿庙宇，这是对联向楹联的转化；至明清时期，楹联匾额普遍与建筑园林结合在一起。

对联本身已是语言精华，在经历了韵脚、对仗、平仄、音调等规则方面的千锤百炼之后，变得凝练而精妙。一旦被书写或雕刻并悬挂于建筑之上，则意义非凡。在檐下和楹柱上匾额和楹联常搭配使用，在庙堂常为等级的象征；在家门书斋则是主人的理想追求、道德修养以及艺术格调的表达，既是自勉，亦是共享。匾额一般都是居中悬挂，位于屋檐及室内显眼位置。而楹联则往往以匾额为中心，对称悬挂于两侧。可以说，这是中国传统的“尚中”文化在楹联匾额上的具体体现。

在悬挂形式上，楹联变化不大，匾额则根据空间有相应变化。一般而言，匾额根据文字走向有横匾和竖匾之分，而横匾和竖匾的选用主要根据内容、檐下空间及装饰方法等因素决定。比如，唐宋时期木构建筑的斗栱层高大雄伟，匾额以竖匾为主，突出宏伟庄重的建筑气势；元明清时期，斗栱的承重功能逐渐退化，斗栱层压缩为檐下装饰，悬挂匾额的竖向空间变小，因而多用横匾。

与建筑深度结合，是楹联匾额的蝶变。可以说，建筑为楹联匾额提供了绝佳的平台载体，而楹联匾额亮明了建筑的属性及人文底蕴，被视为古建筑的“眼睛”。除装饰性之外，楹联匾额有三大功用：其一，标明建筑本身的性质、属性、功能与等级等信息，使人一目了然。其二，彰显建筑及其所在地的历史地理、文化渊源及其所承载的特殊使命，作为一个区域的文化标志，将一地之精神气象昭示天地八方。其三，在私邸则带有表达主人志趣及其所受褒奖等属性。可以说，悬挂上楹联匾额，建筑才算有了正式的身份和性格，丰富了文化内涵，完成了从营造到使用的过渡。

总体上看，楹联匾额的价值主要体现在两个方面：一是各种内容信息凝于其上而产生的主题价值，包括对文字内容的阐释与分享、题写者的身份地位以及书法等带有丰富文化信息的价值；二是制作方法所代表的技艺价值，这部分价值蕴藏在楹联匾额的制作细节之中，入木的分寸掌握与抱柱直径、檐墀进深相契合。

◎ 南戏台楹联

21.1.2 神融笔畅：楹联匾额的制作过程

如果说楹联匾额是建筑的点睛之处，那么内容则是楹联匾额的灵魂所在。结合即墨古城的具体情况，就建筑之上可见的楹联匾额来说，其诞生过程大致经历了六个阶段。

其一是创意阶段，基于建筑性质、属性、规格和风格进行研究并形成创意，设定符合要求的对联主题，确定内容和表现形式上的基本要求。

其二是撰稿阶段，根据主题和表现形式的需要进行创作，要求符合楹联匾额的规则和逻辑，符合建筑本身的属性和规格，能够充分体现建筑的历史价值和文化内涵。

其三是书写阶段，将文字内容以适宜的字体书写出来，框定所题之字、所落之款、所钤之章并呈现出整体布局。这个阶段楹联匾额的载体还是纸张。如果采用集字方式，该步骤可以省略。如果是复制以前的楹联匾额，虽不需要上述三步，但却需深入研究和仔细斟酌，确保内容与形式的精确性与历史要素的完整性，这对之后的设计与制作技艺有着更高的要求。

其四是设计阶段，对各要素的构成方式以及装饰方式进行设计，确定雕刻或堆字方式、匾心颜色及装饰纹样等要素以及楹联匾额的布局，并形成线稿。

其五是制作阶段，选定适宜的材料后，将书法内容呈现在所选材料上，一般是以雕刻或者堆字的形式完成。即墨古城的所有楹联匾额均为木质。

其六是安装阶段，将做好的楹联匾额悬挂于提前选定的位置，必要时还需布设灯光，以呈现夜间亮化效果。

隽永的楹联匾额内容与形式上要达到神融笔畅的效果，制作上要工艺精湛并呈现理想效果，上述每一步都缺一不可。这其中，人文创意、撰稿与书法创作非常关键，为楹联匾额的设计制作奠定基础，直接决定其历史与审美价值。当然，一切内涵、意境和法度都将体现在加工制作技艺上，其重要性不言而喻。

◎ 万寿宫匾额

21.1.3 精制良规：楹联匾额的制作工艺

楹联匾额制作是一门综合技艺，包含雕刻、堆字、油漆、贴金等工艺中的一种或多种。

这里所说的技艺，是从单一的书法技艺到复合艺术形式的创造性转换，即将已题写好的书法作品在另一种载体上呈现出来，并赋予其新的艺术内涵，达到长期使用的目的。

楹联匾额的审美价值通过种种传统工艺刻画，达到视觉上的点睛之效。简言之，可选择的材料有木、竹、砖、石、布及金属等。传统木结构建筑楹联匾额的主要材质多为木材，施以桐油、猪血、生漆、石膏、苎麻布、木炭、草木灰、沙叶、百节草、石绿、金粉、金铂等传统工艺材料；竹质多用于亭、廊，另有一些砖石质地的楹联匾额则镶嵌于构筑物或者墙面上。

楹联匾额的文字、内容、字体虽各有不同，但制作却有一定之规。木质楹联匾额的制作主要由制作本体的木工，将图样誊写并需要雕刻的雕刻工、上色描金的油漆工三个工种参与。一副楹联或一方匾额需要经过选材制坯、嵌补、褙麻、刮腻、上漆、水磨、复字、雕刻、贴金描粉、罩漆、擦漆推光等十余道工序方能制作完成，基本上囊括了中国传统建筑中对木材的制作加工工艺和髹饰方法。但由于楹联匾额的制作与雕刻在木构制作中相对普通，而比较独特的技艺也都集中在对匾心文字的加工美化上。因此，一般的传统建筑分类将楹联匾额工

山海毓名区看雄涛流金崂峰积翠
墨水河滨

艺纳入到油漆彩画的技艺中论述。

楹联匾额的边框装饰形式多样，可繁可简。其样式由建筑等级、功能和悬挂位置等因素决定，如悬挂于宫殿、庙宇等处的楹联匾额往往等级较高，其边框装饰也相对复杂。楹联的边框装饰相较于匾额略显单一，形式也相对简单。此外，匾额一般由雕刻文字的匾心、装饰保护匾心的边框以及用于悬挂的构件组成，边框和匾心通过传统榫卯结构连接。根据使用等级，匾额的基本样式大致分为斗子匾[1]、雕龙匾、花边匾、平面匾、清色匾、如意匾、纸绢匾等类型。

楹联匾额的规制还体现在纹饰和匾心颜色上。纹饰用以烘托主题，凸显地位，辨明身份，种类多种多样，其中应用最多的是龙纹、凤纹和花草纹，龙纹楹联匾额一般悬挂于皇家建筑或寺庙，以示身份显赫或崇敬，颜色大多为蓝底金字，其他楹联匾额的颜色主要根据建筑、景观及个人情感确定。根据不同建筑的身份、规制及整体氛围，匾心可选用蓝色、黑色、红色、棕色、深蓝色、石青色等。

楹联匾额的字体雕刻技法有阴刻、阳刻和阴阳刻三种。其上漆和贴金工艺基本与建筑油漆彩画工艺相同，地仗层通常采用一麻五灰、一麻四灰等工艺制作，有不易开裂、易修复等优点，适宜各种环境。这也是即墨古城楹联匾额的主要制作工艺。灰堆字和灰刻字对地仗层的平整度要求更高，不用地仗的清色匾则有专门的“烫蜡”及相应的美化保养工艺。

1　斗子匾亦称斗形匾，简称斗匾，因其平放时，状如盛粮之斗，故名。这是源于宋代的一种竖匾形制，主要有华带牌和风字牌两种样式。边框由牌帽、牌带和牌舌构成，四角呈花簇状的称华带牌，牌带下垂飘卷的称风字牌。

21.2 取则行远：即墨古城楹联匾额的征集与创作

即墨古城的楹联匾额蔚为大观。商家以此为招幌，私邸以此铭志趣，公共文化建筑以此亮明身份。其中尤以公共文化建筑的楹联匾额最为精美。每一副楹联，每一方匾额都浸润着文化韵味，凸显着即墨千年历史基因。可以说，其诞生过程既是对历史的探源，是对地域精神的寻根，亦是对民族文化的澄明。

2016 年 4 月，即墨古城被中国楹联学会确定为“中国楹联文化传承基地”。

21.2.1 玉圭金臬：楹联匾额的创作标准

有传统古建筑的景点处，往往都有楹联匾额为之“点睛”。为了呈现出传统楹联匾额的典雅与精致，古城规划建设指挥部确定了“三大标准”，即“内容有深度，有人文历史价值；书体恰如其分，有艺术鉴赏价值；制作典雅精妙，有传统工艺传承价值”。三者相辅相成，缺一不可，构成了一个完备的价值体系，是人文、书法和技艺的三重聚焦，以确保即墨古城楹联匾额的特色、品位与价值的有机统一，实现其历史感和艺术感的融合，从而与即墨的千秋文脉相匹配。

◎ 财神庙匾额

◎ 奎明楼匾额与山城保障匾额

21.2.2 有迹可循：楹联匾额的内容遴选

稽古以信，取则以达，怀远以雅。基于“三大标准”，文化研究组着手进行楹联匾额内容的创作。首先要做的一项基础性工作是深入挖掘和研究历史，这是确保即墨古城楹联匾额人文价值的基础。因此，文化研究组会同有关专家学者进行了大量的文献研究与史料调查工作，确定了一批历史上有记载的楹联匾额内容。对这部分内容，本着尊重历史的态度，予以合理复现。如奎明楼的“山城保障”匾，原为明嘉靖年间（1522—1566 年）即墨知县汤明善所题，时至今日仍具有重要的历史文化价值。奎明楼复题“山城保障”，以承续汤公流耀、护屏保障之心，昭显即墨古城的历史感。

有些建筑的楹联匾额在明清县志和相关历史文献中找不到踪迹，这就需要广泛搜寻历史信息，从中寻找线索和依据，或想方设法联系亲历、亲见、亲闻者，进行口述史采访。如即墨红万字会前廊檐下挂有“翰墨因缘”匾，见证了 1924 年即墨红万字会成立的一段旧事，缘起于一场文人雅集。耐人寻味的是，过去了许多年，彼时诸般因缘依旧保留在记忆中。2018 年筹建即墨红万字会展馆的过程中，古城规划建设指挥部专门邀请即墨红万字会第二任会长江灼三之子江志墨先生进行访谈。老先生已入鲐背之年，以前曾多次听父亲说过红万字会的故事，亦曾亲眼见过前廊檐下的“翰墨因缘”匾，知其渊源：此匾原为刘振堂书斋旧物。最初即墨红万字会在刘振堂家中成立，并建起房舍，遂将此匾悬挂于正房前廊。随后，文化研究组稽考史料，证实了“翰墨因缘”的来源。缘此，这方集苏轼字、以生漆堆字传统技艺制成的“翰墨因缘”匾悬挂于正房檐下，为这座建筑增添一抹历史色彩。

21.2.3 微言大义：楹联匾额内容的创作

即墨古城楹联匾额的创作通过思想与建筑产生共鸣。在充分挖掘历史信息基础上，确无历史踪迹可寻，且无相关史料或人物佐证的，根据楹联匾额所处位置、建筑本体特征及其文化内涵进行构思创作，实现其人文艺术魅力的延续与增长。

为保证楹联匾额的内涵与建筑气韵相辅相成，2015 年 1 月，文化研究组赴北京拜访中国楹联学会会长蒋有泉和副会长叶子彤、刘太品，交流后，认识到楹联学会的专业性正是古城所急需的。于是，古城规划建设指挥部与中国楹联学会合作，围绕古城主要公共文化建筑及景点、特色文化街区，开展楹联匾额定向征集活动，邀请了 76 位楹联名家参与，共征集楹联 318 副、匾额 126 方。经过逐幅分析、解读研究，好中选优，并邀请多位文化学者出谋划策，筛选出一批符合古城建筑特色及功能的楹联匾额。

为建筑确定一个符合历史地理渊源、可体现其内在底蕴的名字，通常有“微言大义”之效，名字不仅需要符合当代审美需求，还要朗朗上口。一方匾额虽聊聊几字，却要茹古涵今，反复斟酌，实非易事。

如南城楼的题额在史料中没有记载，因即墨古城北面是真武庙，最初遵循北玄武、南朱雀在方位上相呼应的原则，将南城楼拟名为“朱雀楼”，但总觉差强人意。于是向学者征询意见，有学者建议取名“向阳楼”，一番斟酌讨论后仍觉未尽其义。古城规划建设指挥部集思广益，认为“永和”语义祥和，命名为“永和楼”较为合适。匾额设计制作即将完工之时，又有人提出异议，“永和”易同历史上东汉、东晋的“永和”年号相混淆，也容易让人产生其他联想。随后，邀请著名哲学史家和哲学家、中国人民大学孔子研究院院长张立文题名，遂有“中和楼”。“中和”义理精深，出自《礼记》，其文曰：

> 喜怒哀乐之未发，谓之中；发而皆中节，谓之和；中也者，天下之大本也，和也者，天下之达道也。致中和，天地位焉，万物育焉。

◎ 中和楼匾额

"中"为天下之根本，"和"为天下通达之理，达到"中和"状态后，则天地各守其位，各尽其责，万物缘此而自由生长发育，恰应即墨古城南城门位置之要义。

21.2.4 鸾翔凤翥：楹联匾额书体的创作

妙笔丹青，点染挥洒，一笔即春秋。内容敲定后，楹联匾额工作进入字体的甄选和书法创作阶段，即言语与书法的交融，力求书体与对应的公共文化建筑相互彰显，既兼具书法的神采气韵，又提升建筑艺术魅力。

匾额文字至简，多采取集字方式，从历代名家传世字帖中甄选，点画间皆有来历。古城匾额集王羲之、颜真卿、米芾、苏轼、唐寅、董其昌、金农等中国历代书法大家字帖，根据不同书法家的笔法特点、艺术风格与公共文化建筑的契合度进行选择，涵盖草书、行书、楷书、隶书等多种字体。在集字过程中，讲究神韵，注重笔意相连，在一笔一画中寻找符合建筑和匾额内涵的书体，并进行分析比对。每一个成稿至少有三种集字方案，有的甚至达八九种，以使书体与文字意蕴相宜，实现语言与书体的完美融合。如学宫"明伦堂"三个字最初选择了宋代朱熹、明代朱之蕃、清代翁同龢的书法，后经权衡，考虑到朱熹是儒学集大成者，也是宋代传承发扬儒学思想的重要人物，而即墨学宫创建于宋代，且为儒学殿堂，此处选用朱熹的字帖更加贴合明伦堂的气韵。在制作匾额前，先将书法印在白纸板上，通过多次现场悬挂对比效果，确定匾额的尺寸和悬挂角度。万寿宫的匾额最初从宋代苏轼、米芾，清代康熙皇帝、乾隆皇帝等书法字帖中集字，形成了四个版本，经过比较，最终选取了康熙皇帝的字体。历史上，万寿宫是

◎ 明伦堂匾额

为帝王举行庆典的地方，而康熙皇帝不仅具有雄才大略，而且其书风遒劲刚健，备受世人喜爱，作为匾额更能体现万寿宫的建筑蕴意。

为体现当代书法神韵，古城规划建设指挥部邀请50多位中国书法家协会理事以上的书法家进行楹联书法创作，既有厚重古朴的小篆、隶书，又有端正典雅的楷书、飘逸洒脱的行草，呈现出名家集聚、流派纷呈的特征。如今，即墨古城内的书法艺术、建筑景观及其意境相互映衬，楹联的文字融神采和情思于一笔一画间，彰显着这座古城深厚的文化底蕴。

21.3 方寸天地：阅尽古城楹联匾额之美

楹联匾额美观醒目，是命名之作、抒情之作，亦是哲思之所在。

即墨古城的楹联匾额根据建筑的位置、布局、数量以及斗拱出檐大小量身定做，集聚了东阳木雕、福建木雕、扬州漆器、台州生漆堆字等制作技艺，选用椴木、杉木、松木等材质细腻、耐久度高的木材制作。其中，即墨县衙、文庙、财神庙、万寿宫的楹联匾额选用松木；学宫、启秀亭选用椴木；即墨红万字会、真武庙、城隍庙、准提精舍、文昌阁、观音阁等选用杉木。楹联匾额边框纹饰多种多样，有回形纹、万字纹、龙纹、凤纹及花草纹等。雕刻技法有浅浮雕、高浮雕。字体有阴刻、阳刻和阴阳刻。匾心颜色有黑色、石青色、蓝色、红色等。匾额样式囊括了雕龙匾、花边匾、平面匾、斗子匾等。根据建筑等级，部分楹联匾额文字及边框贴金。

这些楹联匾额文辞优美，炳炳烺烺；形制雍容，赳赳昂昂。因每座建筑功用与品位上的差异，其制作技艺和艺术风格各有可观之处。其中，学宫、即墨县衙、文庙、财神庙、戏台等建筑的楹联匾额在书体创作和制作工艺上具有代表性。

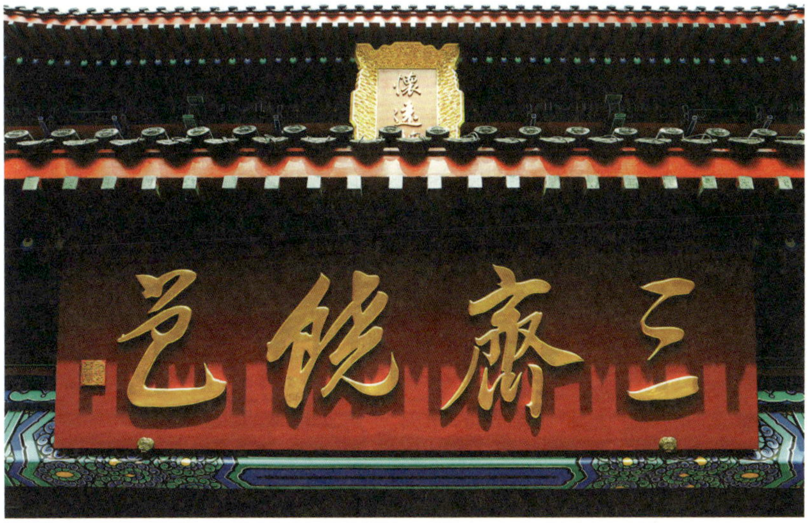

◎ 三齐饶邑匾额

21.3.1 人文荟萃：学宫楹联匾额

学宫与墨园为楹联匾额艺术集萃地。因建筑不施彩画，故其楹联匾额配色也力求简约，取黑底金字，选用较为平实且接近现代审美的椴木材质的花边匾，文字阴阳刻，整体上以典雅大方的形象示人。

学宫的楹联匾额洋溢着浓郁的人文气息。整体上看，兼备人文、艺术价值，内容上聚焦即墨人文地理和历史底蕴，着力刻画即墨山海胜境和千秋文脉，在咏史与写景中交互穿梭。

从咏史角度来看，一方面，言即墨历史可追溯至千年，齐置即墨，于墨水之畔筑城，而诸如即墨大夫、田单破燕及田横五百士等故事犹令人追怀不已，即墨当绍其风华，融古开新；另一方面，阐述人文与自然的鉴照之道，引出千年商都既具有仁义精神，亦崇尚工商文明的特质。

墨水河流，鉴百代沧桑史；
田横岛在，振一城仁义风。

今古呼应，百代沧桑中历练的仁义之风自古有之，于今犹盛，持续涵养着即墨古城的精神底蕴。学宫的“海山毓秀”“富甲海陬”“风高上古”等匾额揭示即墨文脉和地脉，聚焦城市文明和社会进步。回溯至两千年前，那时即墨之繁华至今令人追怀不已：

富盛并临淄，坐贾行商，什物经由刀币易；
春秋衍市集，茶楼酒肆，山风送得海舟回。

基于学宫建筑的跨度与体量，堂内悬挂两幅长联，紧扣即墨文化主题而兴发，分列明伦堂南北楹柱之上，抱柱高悬，气势不凡，将其精神气息恰如其分地渲染出来。

从写景角度来看，点明即墨优越的地理位势和卓越的人文禀赋，为山海胜境，有崂山余脉为之绵延，有淮涉八景为之畅怀，物阜民丰，天地祥和。以宏阔的历史背景为铺垫，以悠久历史为依托，得天时、地利与人和。阐明“明伦堂”所隐含的历史气质和学术义理。沉博绝

◎ 风高上古匾额（左）

◎ 径入蓬瀛匾额（右）

丽之间，已然将一座古城的历史精神和文化气质昭示出来。

七千年筑城墨水，及此溯前修，皆仰止大夫秉德治齐，田单竭智破燕，尚钦五百义师殉节，铸忠烈之魂，壮哉！绪遗风以古今上下；

三百里延脉崂山，至斯开丽嘱，且陶然危石锁龙飞浪，画阁凌虚向远，尤赏万千烟柳弄姿，弥和谐之气，伟也！焕盛景于春夏秋冬。

与学宫相应，墨园的楹联匾额同样意气飞扬，以“墨园三景”为题，吟咏学子情怀与知识禀赋，抒发人文与自然融合之美。在学宫北出口檐下悬挂着“径入蓬瀛”匾，颇有超然旷放之意，下方楹联点明墨园意境：

挹雅撷芳，门含阆苑邀青鸟；

披风听雨，眼醉荷塘卧彩虹。

上联言仙境，有西王母的青鸟为之接引；下联言墨园，有飞虹池为之浸润。

对莘莘学子来说，雅怀美景，更须精进学业，自当不负韶华。启秀亭楹联：

才奋鸿图垂典诰，

灵钟墨水毓菁华。

◎ 启秀亭（左）

◎ 学宫东门内侧楹联（右）

此楹联饱含对学子的期待，在此钟灵毓秀之地刻苦读书，日后必当奋发有为，大展鸿图，成为国之栋梁。墨园别处，互相应和，属意学子前程似锦。

21.3.2 公正廉明：即墨县衙楹联匾额

即墨县衙自带公正、严明的氛围。在确定楹联匾额样式、匾心底色和装饰要素时倾向于朴素庄严的基调，无边纹装饰，其上字体亦求规整，合乎主题和风格。

即墨县衙共有三进院落，从大门至三堂，建筑檐下及抱柱楹联主体均采用三年以上自然风干的樟子松木，整体配色同檐口彩画相协调。

◎ 即墨县署匾额

匾额为平面匾，楹联抱柱，仅用实木封边。匾心做一麻四灰地仗，除了旌善亭等个别匾额采用红色漆面，其余均采用黑色漆面。文字为阴阳刻，描石青色。

在内容上与建筑属性及其历史文化内涵相适应，以政德、礼制为主题，多言廉洁奉公、勤政爱民之意。同时，结合礼房、户房、吏房、兵房、刑房、工房等各部门的功能，阐明衙署职责。当然，围绕主题，行文中亦不乏即墨人文历史要素。

其中，大堂外悬挂一幅长联：

守三齐丰饶之邑，谋民利而轻己利，莫惭顶上青天、堂前赤子；

居千古忠义之邦，秉公心以摒私心，自可量包沧海、节砺崂峰。

言明为官者当为民谋利，同时，从政治文明角度对即墨历史地理进行了回顾，以“三齐丰饶之邑”凸显其地利，以“千古忠义之邦”昭示其精神。大堂内，有“忠爱”“明镜高悬”“清正廉洁”“执法如山”匾额，所呈现的俱是中国传统政治文明的基本内涵。

二堂挂“琴治堂”“鸣琴”“致远”三匾。“琴治”与“鸣琴”出自《吕氏春秋·察贤》“宓子贱治单父，弹鸣琴，身不下堂而单父治”，喻官吏善于理政。“致远”出自诸葛亮《戒子书》“非淡泊无以明志，非宁静无以致远”，言内心宁静而理想远大。二堂门外的楹联为：

日照琴堂，应擅鸣琴而治政；

风行竹圃，堪师听竹以酬民。

以日照琴堂、风行竹圃为兴，言为官者当善于理政，体恤民情，为百姓造福。

三堂“居正守中”匾与“治躬庄敬”匾俱言为官之道。“居正”语出《公羊传·隐公三年》“故君子大居正。宋之祸，宣公为之也”，谓遵循正道；“守中”语出《道德经》“多言数穷，不如守中”，用在此处意思是为官者当谨言慎行，内心清净，以致中和。楹联与匾额相呼应，门外楹联是：

千百载往古来今，县治始能安国治；

二三更思前想后，公心方可服民心。

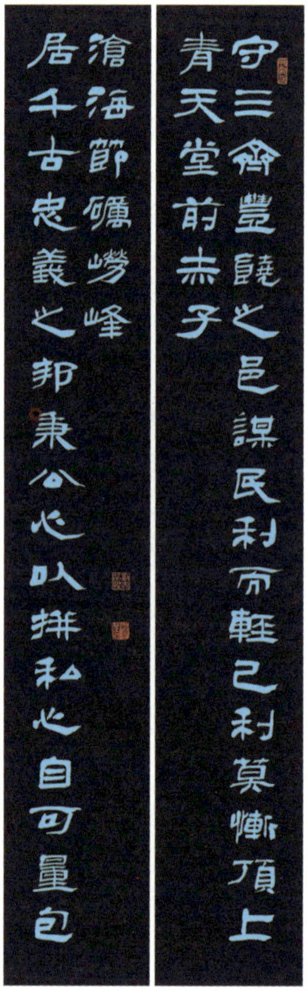

◎ 即墨县衙大堂外楹联（左）

◎ 即墨县衙二堂楹联匾额（右）

门内楹联是：

勤休言苦，历海滋山陬，躬察民情方可策；

静且养廉，沐邹风鲁韵，人添浩气自堪威。

两联相通，俱是倡导公心，勤政为民，宁静致远以养廉。

总体上看，即墨县衙的楹联匾额围绕勤政与廉政主题展开，既是即墨政通人和的反映，亦是对为官从政者的期冀，体现了封建社会吏治文化的基本内涵。内中所言，对当下政治生态、文化生态建设亦具有一定的启示作用，凸显了其历史和现实意义。

21.3.3 斯文在兹：文庙楹联匾额

即墨文庙的楹联匾额，根据殿堂属性、规格与风格的不同，配置了不同规制的楹联匾额，华丽斑斓，凝重庄严与建筑、彩画保持样式协调、主次有序的逻辑，在统一中有所变化。

位于中轴线上的大成门和大成殿是文庙最引人注目的建筑，其匾均采用竖匾中的斗子匾，边框如斗翘起，云龙戏珠贴金深浮雕，蓝色匾心。文字为清代雍正皇帝御笔，阳刻贴金。

大成殿前廊，中间三扇大门上方均有匾额，正中为“生民未有”，西侧为“与天地参”，东侧为“化成悠久”，均为赞美孔子之言。“生民未有”出自《孟子·公孙丑上》“出乎其类，拔乎其萃，自生民以来，未有盛于孔子也”，意为天地间自有生民以来，从未有如孔子之至高无上的圣贤。“与天地参”出自朱熹《中庸章句》“可以赞天地之化育，则可以与天地参矣”，意为孔子可与天地并列。“化成悠久”表达的是孔子的文德教化绵亘古今。

大成殿内，以孔子造像龛为中心，其上正中高悬“万世师表”和“斯文在兹”两匾，分别为清代康熙皇帝和光绪皇帝御题。两者俱为雕龙匾，虽在等级上较斗子匾略低，然雕饰更为华丽精细。从内容上看，两匾俱是对孔子文教礼乐功业的颂扬。另有“德齐帱载”和“圣集大成”两匾悬挂左右，分别由清代咸丰皇帝和道光皇帝御题。南壁中心殿门上方挂有“时中立极”匾，为清代乾隆皇帝御题，点出儒家的中和思想，言君子当以“中和”为修身标准，如此方能止于至善，进而达到圣贤的精神境界。如，

◎ 大成殿匾额

大成殿门外内侧楹联：

德冠生民，溯地辟天开，咸尊首出；

道隆群圣，统金声玉振，共仰大成。

◎ 大成门楹联

◎ 物阜民熙匾额

大成殿内楹联：

气备四时，与天地鬼神日月合其德；

教垂万世，继尧舜禹汤文武作之师。

文庙的楹联匾额主题一脉相承，俱是颂扬孔子，言明孔子先觉先知，所奠立的伦常准则绵延古今。其道德文章冠绝生民，贯穿始终，为开天辟地第一圣人。孔子至诚至圣，其功业、教化与天地同在。读毕，仿佛是一次儒学精神的洗礼。

即墨文庙的楹联匾额均采用三年以上自然风干的红松木，以传统榫卯工艺制作，雕饰精美。大成殿、大成门及崇圣祠的楹联匾额做云龙贴金边框，文字阳刻贴金。名宦祠、乡贤祠及东西两庑等建筑采用样式简洁朴素的横匾，边框做回纹贴金浮雕，蓝色匾心，文字阳刻贴金；抱柱楹联为无边框的素联，文字阴阳刻。

21.3.4 惟诚惟信：财神庙楹联匾额

财神庙楹联匾额的主题是诚信忠义，即匾额“德裕财丰”之意。

◎ 财神庙主殿南立面楹联匾额

从建筑样式上看，财神庙主殿为重檐歇山十字顶建筑，富丽堂皇。重檐之下，悬挂一竖一横两方匾额，首先亮明了建筑的身份及其文化内涵。其一为“财神庙”匾，因二层檐口下斗栱层较高，故采用竖匾，为传统的如意毗卢帽斗子匾；其二为“泉流汇海”匾，为横向斗子匾，挂于一层檐口下。“泉”者，一语双关，古言钱币，今则合于“泉海即墨”之意，于个人可取其财源广进之寓意，于即墨则意味着千年商都的复兴，其盛如海，其行如日。东配殿的“海国财薮”匾和“南风之时”匾，西配殿的“物阜民熙”和“惟善至宝”匾俱合主题，这几方匾额选用五年以上蒸窑烘干的松木制作而成，榫卯结构，边框做金龙戏珠高浮雕，匾心做一麻五灰地仗，蓝色漆面，文字阳刻贴金，古雅有致。廊柱间抱柱楹联的配色做法与匾额相统一，虽形制有所不同，然工艺相同。

财神庙主殿内外楹联主题鲜明，“德裕财丰”，意谓有德方有财，德越盛而财越丰。“以仁为宝”“唯义取财”“惟诚惟信”“乃义乃忠”等楹联内容阐明财富之道，教喻人们求财要尊奉诚信忠义，这是中国文化的财运观，也是即墨千年商都文明持久发展之本。

财神庙东门楹联

21.3.5 妙演人天：鸭绿池戏台楹联匾额

财神庙与鸭绿池戏台是作为一个建筑组团而规划建设的，戏台也常被视作庙宇的一部分，然楹联匾额却大异其趣。与财神庙宣示义利观的道德教化色彩不同，戏台及其周边游廊的楹联匾额则轻松谐趣了许多。

匾额书法亦如戏中事，古雅而灵动，不激不厉间，若见金石书卷气；非雾非花中，似闻锦瑟箜篌音。边框做龙凤浮雕或花草纹贴金装饰，蓝底金字，赏心悦目。戏台南立面檐下"妙演人天"匾，点明戏之妙趣，人在其中，是看客，亦是演员，正映上演的"水袖翻飞，柳腔醉目"之场景；北立面檐下"勿作戏观"匾，意指浮生若梦，切勿游戏人生。戏台的东西两端分别悬挂"龙飞"匾和"凤舞"匾，匾额字体系集唐太宗李世民书法字帖。

戏台东、西游廊垂花门楹联采用五年以上烘干红松木，边框不施雕饰，做单披灰，联心一麻五灰，文字贴金。游廊楹联"四面花光扑亭榭；一声檀板入钧天"和"鸭绿闻香浮粉墨；皮黄流水舞云霞"呼应鸭绿池戏台美景。

戏至此，人已醉，一切景语皆情语也。所谓"初闻不知曲中意，再闻已是曲中人"，道出了人与戏的关系。

◎ 妙演人天匾额

即墨古城要体现文化内涵、底蕴，就要推陈出新，

围绕“创意文化产品”和“体验性、沉浸性文化”做探索和展开。

希望古城在不久的将来能够发展成为一个具有生活美学的文化展示中心，

让更多人享受传统文化，打造出更多属于即墨古城的文创产品。

——中国人民大学教授 金元浦

规划、建设与运营，是即墨古城复生的三部曲。

一座充满活力的古城应该是文化的二元容器：

一半装满本地的文化与故事，

并不断孕育发酵出更加醇厚的文化魅力，让家乡人品出乡愁，让外乡人读出地域文化；

另一半则是海纳百川的文化驿站，

来自全国甚至世界各地的人们，愿意带着自己的故事来到这里与人分享，同时各取所需，满载而归

在规划之初，建设者便深谙此理，特别注重人文内涵的培育、解读与共享，

在积极推进工程建设的同时，致力于文化铸魂和文化赋能，以聚拢起兴旺的人气，

使古城的内涵不断丰富，外延不断拓展，业态不断优化。

经过近十年的规划建设与运营，如今，一座文化、商业、旅游深度融合，

集生活温度、商业热度、文化深度和国际广度的古城正日渐被人们所熟知、喜爱。

第二十二章

CHAPTER 22

蒸蒸日上

文旅商生态融合的活化营造

ZHENGZHENG RISHANG

22.1 岁月雅音：辞赋音律中的古城

唐诗，晋字，汉文章。这是中国传统文化中被广泛认可的巅峰，其地位如同各自领域内的东岳北辰，无可非议。所谓“汉文章”，首屈一指的是汉赋，其华丽工稳的风格，堪称古文界之翘楚。即墨古城建设过程中，便有西安的辞赋名家到此，写就了气势磅礴的《即墨古城赋》。

与此同时，小柯创作的歌曲《墨邑姑娘》以独特视角，对古城的精神气质深情诠释。

这些介于生活和艺术之间的精品丰富了古城的文化内涵，助推了大众对城市人文精神的共情。

22.1.1 意蕴深长：《即墨古城赋》

《即墨古城赋》由陕西省赋学会会长商子秦潜心创作，数易其稿精炼斟酌而成。2006 年初，商子秦受邀为即墨撰写《田横祭海文》，从那时起他便开始研究即墨历史文化。即墨古城片区改造项目启动后，受古城规划建设指挥部之邀，他再次来到即墨，被古城的建筑艺术所感染。他认为，文化是城市之魂，古城再造不仅有利于改善人居环境，还将对传承发展城市历史文化产生深远影响。

灰瓦绛窗，耳畔鸟语，景色宜人。在创作采风时，商子秦致力于文化精神的提炼。他发现当地的自然条件、传统习俗和文化模式均与内陆城市有很大差异，即墨的“山海文化”是一种由自然环境、历史文化和商业发展等因素共同促成的独特的区域文化，这也为他创作《即墨古城赋》提供了有力的文化支撑。

> ……雄哉即墨，城池古朴，三门鼎足，龙舌含珠。矢堞森列，楼台耸峙，一衙三堂，四阁高矗。大成殿堂，尊学宫考院之先；古幽庙宇，尽关帝真武之属。阔门深院，鳞次栉比，九陌八街，纵横棋布。望古城之雄伟，德仁广被；观屋宇之风采，神工鬼斧……

《即墨古城赋》旁征博引、意蕴深长，既浓缩了即墨的历史渊源、人文精髓、自然景观和城市发展特色，又开启了古城新篇章。以此为脚本，青岛籍著名表演艺术家唐国强出镜拍摄即墨古城形象宣传片，中国播音主持“金话筒奖”获得者包志坚配音朗诵，展示了即墨深厚的历史人文底蕴和优美的自然风光。

22.1.2 灵思涌动：《墨邑姑娘》

（男）我从照片上看到你的模样，你曾经那么美，让人痴狂；

（女）我被困在往事里，逃不出百年的墙，终于等来你的倔强；

（男）用一生为了你，我愿做你的工匠，

（合）让我活生生地浮现在身旁……

在舒缓的旋律中，即墨古城再造的缘由和始末，建设者的苦心孤诣、匠心营城被深情表达，一个跨越时空的故事浮现于世人眼前。

2021 年 1 月中旬，著名音乐人小柯到即墨古城采风。学宫里，一组组黑白老照片，传递着即墨的深厚历史文化底蕴；影像中，一帧帧画面，诠释着即墨古城由破败的棚户区到青岛文旅新地标的蝶变。街巷间，青砖灰瓦古朴凝重，凉亭水榭精巧别致，飞檐斗栱精妙绝伦，叙说着无数建设者夜以继日、精雕细琢的匠人情怀……品味古城的一砖一瓦，小柯被即墨古城凝聚的匠心智慧和建筑之美深深打动，创作灵思在他脑海中涌动。回到北京后，1 月 18 日他仅用几个小时便创作出《墨邑姑娘》，并录制了歌曲小样。

当年 7 月 8 日，《墨邑姑娘》歌曲和 MV 在即墨古城正式发布。MV 在即墨古城取景，由小柯创作、演唱、执导并出演。从取景到拍摄，皆凝聚了小柯对即墨古城的历史之美、建筑之美和人文之美的诠释，通过描述艺术家与作品的关系，反映了建设者与即墨古城的关系。短短几分钟，连接了历史与当下，远方与眼前，想象及现实。终懂得时光易逝，景物常新，莫辜负眼前人。看似在讲述一个爱情故事，实则在情感的跌宕和咏叹中，述说了对生活的珍惜热爱，也以“墨邑姑娘”的形象，隐喻了即墨古城的温婉风韵。

◎《墨邑姑娘》MV 首发式

22.2 辉光日新：艺术馆建设

即墨古城就像一个大型的历史实景博物馆，可以和到访者进行互动，而每一个人都能为我们带来历史的记忆、历史的怀念、历史的想象，每一个人都是历史文化的参与者、建设者。

——清华大学副教授、中国建筑学会工业建筑遗产学术委员会秘书长 刘伯英

文化需要介质，依托于声音、影像或者文字传递；文化也需要容器，寄身于典籍、器物以及各种展馆之中。而各种文化艺术形态又可以融汇浸润，互相博彩。

即墨古城中，蕴藏着古今中外多种艺术形态。各种艺术的收藏和展览，是文化气息的舒卷和吐纳。这里有充满特色的艺术馆，它们构成了古城绵延不绝的文化链条，满足人们开拓视野，提升艺术品位的需求。郎朗博物馆 & 郎朗艺术世界、郎朗的院子和娘本唐卡艺术馆的落户，既是当代艺术家对古城的认可，也预示着即墨古城将成为当代乃至未来的文化艺术阵地。

◎ 宣传海报

22.2.1 乐享殿堂：郎朗博物馆 & 郎朗艺术世界、郎朗的院子

此心安处即吾乡，我时常牵挂着即墨，很愿意在这片热土上做些艺术传播、人才培育和生活美学领域的事。

——即墨古城形象大使、联合国和平使者、国际钢琴大师 郎朗

郎朗，联合国和平使者、国际钢琴大师，在音乐道路上获得了许多荣誉。2008 年，他在青岛演出时偶至即墨，被即墨的人文风情所吸

引，从此与即墨结下了不解之缘。2010 年 8 月 20 日，郎朗万人钢琴音乐会在青岛举办，郎朗对即墨的印象进一步加深。

2018 年 4 月 28 日，郎朗应邀到即墨古城参观，被这里的砖、瓦、雕刻、街巷的古朴与精美所震撼，表示愿将全球首个郎朗博物馆设在即墨古城，并欣然受邀担任古城形象大使。他说：

> 在这里，我感受到了深厚的传统文化底蕴，看到了传统文化与现代艺术的有机融合。即墨古城是古今融合之体，更是走向全国、面向全球的文化平台。

而此时，古城规划建设指挥部总指挥宋宗军正思索着古城需要一个符合其文化定位并能产生广泛共鸣的宣传语。是日晚，他静思默想，回想起郎朗曾说过“在即墨古城，有回家的感觉”，这时，宋代词人苏轼《定风波·南海归赠王定国侍人寓娘》一词中的“此心安处是吾乡”浮现于脑海，此句正应即墨古城给人们带来的归属感。但这还不足以同即墨古城产生联系，细细斟酌，以“即”代替“是”，一字双关，“此心安处即吾乡”正贴合即墨古城再造的初心！

2018 年 4 月 30 日，郎朗博物馆 & 艺术世界和郎朗的院子落户即墨古城新闻发布会举行。“此心安处即吾乡”作为即墨古城的宣传语正式推出。作为即墨古城的形象大使，郎朗坦言自己是“回家”创业，将以此为契机，与即墨共同打造具有国际性、创新性的城市文化品牌。

高山流水，知音难觅。从此刻起，音乐家的心，因为古城而再度澎湃；而古城，也因郎朗的眷顾依恋，增添了更多激越或跌宕的韵调，更富生命色彩。

郎朗博物馆 & 郎朗艺术世界、郎朗的院子，是一个集文化、艺术、教育、商业跨界融合的综合体，是商业与艺术、产品与艺术展品、室内设计与展厅策展等不同板块相融合的产物，也是即墨古城所独有的运营模式，展现了全新的文化艺术高度。

郎朗博物馆毗邻古城基督教堂，分成功之道、誉满全球、多面郎朗三个部分，通过郎朗成长过程中的学习与演奏照片、郎朗在音乐界的成就及个人荣誉、郎朗的书信实物等，全面展现郎朗的成才经历、成功之道，精神风范及多彩人生。在展示形式上，采用试听装置、投影艺术墙等多媒体互动方式，开启乐享殿堂，聆听郎朗的经典之作，体悟与音乐相连的艺术人生。

◎ 郎朗为郎朗牌钢琴签名

◎ 郎朗的餐厅内景（局部）

郎朗的艺术世界设有郎朗音乐餐厅、郎朗音乐厅、郎朗钢琴音乐学校等。这里是集文化图书、西餐美食、钢琴音乐于一身的艺术餐厅，也是小型音乐会的演奏场所。作为国内唯一的施坦威精选学校，郎朗钢琴音乐学校拥有丰富的国内外高等教育资源，可以与知名音乐学府近距离接触。此外，这里还可举办国际音乐论坛、钢琴艺术培训、钢琴艺术节等活动，并在文化产业、公益慈善等领域开展深度合作，助力拓展即墨古城的文化深度和国际广度。

郎朗的院子是一家集住宿、餐饮、互动体验于一体的综合品牌店，内设客房、茶室、会议室、影音室、钢琴室和多功能厅。院内还销售郎朗的黑胶唱片、光碟、书籍等。郎朗的院子以郎朗音乐元素为主题，打造舒适的生活方式与文旅体验，让入住者在“诗意的栖居”中感受艺术的熏陶。在多功能厅内陈列着郎朗的两架钢琴，一架为郎朗人生中的第一架钢琴，标志着他踏上钢琴之路的起点；另一架来自郎朗主演的电影《梦幻钢琴》，在影片中是一架会飞的神奇钢琴。郎朗的院子整体设计及装饰立足于“删繁去奢”，体现现代建筑的审美观念，同时也与即墨古城的古典建筑风格相契合，营造出一座充满艺术情怀和体验的人文府邸。

22.2.2 曼妙莲花：娘本唐卡艺术馆

第一眼看到即墨古城，心里就认定了这里。即墨古城拥有深厚的历史文化，可以为唐卡艺术创作提供很好的给养，我将努力让唐卡艺术在这里生根、发芽，传承、发扬。即墨将成为我的第二故乡。

——国家级非物质遗产项目热贡唐卡艺术代表性传承人、中国工艺美术大师　娘本

雪域之上，长明着虔诚的灯。唐卡之上，莲花盛开，描画着不会褪色的信仰。

唐卡是指用彩缎装裱后悬挂的卷轴画，是藏族文化中的一种独具匠心的绘画艺术形式，题材以宗教佛像为主，涉及历史、政治、经济、文化、民间传说、建筑、医学、天文等诸多领域，堪称“藏文化的百科全书”。其颜料取材于纯天然的动植物、矿物宝石等，具有千年不变色的特点。“热贡唐卡艺术”是唐卡技艺中颇具影响力的艺术流派，2006年6月唐卡被列入首批国家级非物质文化遗产名录。2009年10月，唐卡等“热贡艺术”名列联合国教科文组织审议批准的76项人类非物质文化遗产代表作名录。

娘本师从中国工艺美术大师夏吾才让，是其真传弟子。他的作品色彩绚丽大方，画面构图精细复杂、人物神态生动，不仅有热贡艺术的特点，还兼蓄众家之长，其作品多次荣获国家级大奖，部分作品被国家博物馆、中国艺术研究院、中国美术馆等机构收藏，为抢救、传承和弘扬唐卡艺术作出了突出贡献。

2018年7月18日，娘本应邀来即墨古城考察。这里古朴素雅的风貌深深吸引了他，他眼中的古城无处不精美，处处皆可入画。缘此，娘本唐卡艺术馆落户即墨古城，成为国内首家以“娘本”命名的唐卡艺术馆。

娘本唐卡艺术馆占地面积1450平方米，建筑面积1300平方米。展馆结合传统北方建筑风格，提炼藏族传统建筑和服饰的纹样元素，

采用红色、金色、橙色、绿色、蓝色及青绿色等传统颜色，将藏文化中的传统元素巧妙融于古城建筑，营造了典雅宁静的独特氛围，形成集展示、互动、休闲等功能于一体的空间布局，使这座两进四合院成为即墨古城艺术馆群落的代表。

◎ 2018 年 12 月 12 日，讨论壁画绘制方案

艺术馆设有接待门厅、唐卡艺术起源展厅、唐卡制作展厅、新唐卡展区、老唐卡展区，系统地展示了唐卡的艺术魅力和娘本的艺术成就。唐卡艺术起源展厅主要介绍唐卡的历史发展演变；唐卡制作展厅展示唐卡绘制工具和原料；新唐卡展区主展娘本及其学生的唐卡作品；老唐卡展区主展娘本收藏的元、明、清时期的老唐卡作品。展厅囊括金唐、黑唐、红唐、彩唐等热贡唐卡种类，作品达七十余幅。

此外，即墨古城收藏了娘本创作的八幅唐卡作品，分别是《三十三观音》《海岛观音》、两幅《二十四诸天》及四幅天王画像，共计 800 余平尺。准提精舍和观音阁壁画即其复制本。这些作品按照汉传佛教的形象设计，参照山西宝宁寺明代水陆画，采用唐卡技法勾勒绘制菩萨形象。其间，还通过了中国社会科学院荣誉学部委员、世界宗教研究所教授杨曾文和北京佛教文化研究所研究员能仁法师，对菩萨形象、画面布局的论证。

2020 年 11 月，娘本唐卡艺术馆与郎朗博物馆同期落成，进一步丰富了即墨古城的文化艺术色彩。

◎ 娘本唐卡作品

《二十四诸天》（局部）

◎ 娘本唐卡作品

《三十三观音》

22.3 师说与对话：文化讲堂的魅力

即墨古城在弘扬和传承国学上的做法很好。要将学宫规划好，并长期常态化利用，让人们在这里学到优秀的国学文化，让经典在这里不断地传承下去，即墨古城也一定会兴盛下去。

——台湾大学教授 傅佩荣

文化的古城不能囿于古城的文化，而是要从即墨古城出发，开启丰富多彩的文化与哲思之旅。即墨古城是一块能量巨大的文化磁石，不仅从尘封的岁月中析出闪闪发光的文化精粹，还能不断吸引全国乃至世界各地的声音，通过不同的载体和形式，传递文化之韵。

杏坛春雨，滋润人心。在文化传承和传播过程中，学宫担负了重要使命。春秋战国之际，齐都临淄的稷下学宫，见证过先秦文化最为灿烂的一幕。诸子高坐，百家争鸣，弘道授业。曾经与临淄“并夸殷盛”的即墨，在两千年后，也筑起了一座“学宫”，延请名师，弘道育人。物换星移，梦回故国，即墨古城学宫向着历史的远方问道求知，奏响今世的文化强音。

学宫自建成之日起，对其传统功能的延续和使用功能的拓展就从未停止。2015年，在学宫举办了雅集系列经典文化传承活动，礼韵、养之道、曲艺、国学尚礼等拉开了国学讲堂的序幕。

2017年12月27日，即墨古城大讲堂拉开帷幕。自开讲以来，大小讲座不下百场，内容涵盖文学、哲学、历史、艺术、音乐、医学等方面。单霁翔的“匠者仁心——让文化遗产资源活起来”、葛剑雄的“地域文化的魅力和前景”、张立文的“传统文化与人类命运共同体”、王国平的“实现从‘旅游城市’向‘城市旅游’历史性跨越”、叶小文的“中国强起来的文化支撑”、王石的“命运共同体目标下的文化趋势”等，不断丰富着城市的文化内涵，提升着古城的气质与活力，使“即墨古城大讲堂”逐渐成为声名远扬的文化品牌。

明伦之礼，敷教之义，以师说分享文化之蕴，以对话启发传承之思，促进与国内外学术界、文化界、教育界等各领域的广泛交流与合作，有利于在古城形成以文养文的人文环境，不断增强文化底蕴。除了作为发扬中国传统文化的载体，学宫还承担着时尚化、国际化思维和灵感的培育与传播的作用。“城市复兴与街区发展”高端对话、“和合与人类命运共同体对话”“中国原创音乐剧——小柯专场讲座”等一系列文化交流活动，让学宫成为区域性的学术主场，开拓了即墨古城的学术视野。同时，即墨古城的院落内，丰富多彩的各类文化活动也轮番举办，这些活动更加注重互动性，体现了即墨古城的多元文化特点。

◎ 张立文做客即墨古城大讲堂

22.4 化民成俗：传统文化活动的开展

即墨古城品质之高、规模之大，让我震惊。几乎找不到能挑出毛病的地方。怎么围绕即墨古城这块翡翠做好金镶玉的模式值得研究。

——浙江省委原常委、杭州市委原书记　王国平

从晨曦到暮霭，从寂静到繁华，这是一座有生活温度的古城，这里有精彩纷呈的文化活动、有最生动的时光故事……

以即墨文脉标志性建筑的即墨文庙为载体，通过发掘、抢救、保护传统礼仪，适时开展诸如祭孔典礼、开笔礼、成人礼等活动。这些活动不仅有生活感、仪式感，还有深刻的教育意义。依托财神庙等公共文化建筑和东、西门里大街等商业街，在传统节日组织开展形式多样的民俗文化活动，打造独具胶东特色的节庆氛围，逐渐培育起“来即墨古城过大年”等活动品牌，通过民俗活动让古城“动”起来、“闹”起来、“活”起来。古城有了生机，也多了几份韵味。

22.4.1 以礼立人：传统礼仪活动

文庙更重要的是活化活用，祭孔是中国尊师重教传统的重要标志，而文庙从初设起即有教化的功用，时至今日，更应该利用文庙这一载体，通过各种各样的文化活动实现其教育教化作用。

——孔子第七十九代嫡长孙、孔子基金会会长 孔垂长

儒学是中国传统文化的重要部分，对中国历史演变和文化发展产生了极为深远的影响。当今，弘扬优秀传统文化是建立文化自信的必由之路，这方面文庙具有得天独厚的优势，可以发挥积极作用。

2017 年 4 月，古城规划建设指挥部前往曲阜尼山恭请圣土圣水，通过庄严的仪式，表达对孔子及其创立的儒学思想的景仰。同年 5 月，

即墨文庙开庙暨祭孔典礼隆重举行，孔子第七十九代嫡长孙、孔子基金会会长孔垂长受邀担任主祭官，并与市长吕涛共同为孔子圣像揭幕。典礼上，古城规划建设指挥部总指挥宋宗军诵读了《丁酉年即墨文庙开庙暨祭孔典礼祭文》[1]。祭孔典礼肃穆、庄严、神圣，以“乐、歌、舞、礼”四种艺术形式，形象阐释了孔子学说中“礼”的含义，表达了“仁者爱人”“以礼立人”的思想。海内外社会各界500余人出席了典礼。

◎ 在尼山上恭取圣土

◎ 在尼山夫子洞中恭取圣水

出席开庙暨祭孔典礼的即墨杨氏后人，中国社会科学院荣誉学部委员、世界宗教研究所教授杨曾文先生认为：

> 从本质上讲，祭孔是对中国优秀传统文化的尊重与传承，也是对中国文化及其创造者们表达敬意的途径和方式。一个充满自信和创造力的民族，必定拥有宽容的品性，正确对待传统文化和现实文化，从多元文化中择善而从。

如今，祭孔典礼已成为即墨古城弘扬儒学文化的重要活动，每年秋季举办，实现了传统礼仪文化在现代生活中的活态传承。

“不学礼，无以立”。大到国家的礼制，小到个人的礼节，都是重要的规矩法度。于文庙中成礼，更具教育意义。缘此，开笔礼、成人礼成为文庙的特色活动。一描一念里，感悟先贤教诲；一叩一拜间，触摸历史的根基。薪火相传，慎思笃行，传统文脉在这里延续，历史情怀从此处唤醒。

开笔礼是学童启蒙开智、识字习礼的开端。文庙开放后，举办了多次开笔礼活动。仪式由正衣冠、拜师行礼、朱砂启智、击鼓明志等环节组成。学童身着汉服在老师和家长的见证下，步神路，过泮桥，

1 祭文由著名哲学史家和哲学家、中国人民大学孔子研究院院长张立文和陕西省赋学会会长商子秦共同撰写。

◎ 孔垂长担任主祭官

◎ 学童开笔礼

入大成门，在大成殿前整冠肃立，完成一系列开笔仪式。与开笔礼相呼应的人生重要仪式还有成人礼。自 2018 年起，即墨古城组织青年学子在文庙举办隆重的成人礼，学子们身穿汉服，加冠佩笄，宣读誓言，在父母师长共同见证下，完成成人礼仪式。这些传统礼仪活动旨在让学子在庄严的仪式中感受中华民族优秀的传统文化，培养尊师孝亲、切问精思、笃信好学的优秀品质。

巍巍文庙，朗朗书声，这里是思想传承之地。在文庙举行传统仪式，是从根脉之上汲取精神之养，意义非凡。如今，即墨古城已成为即墨乃至青岛学子体验传统文化之旅的新地标，持续发挥着其在传承和弘扬优秀传统文化中的教化作用，并通过开展“研学游”活动，使青少年近距离体验传统文化的魅力。

22.4.2 寻味乡愁：民俗文化活动

有一种愁绪，时间带不走，醇酒抹不去，会随时光逐步沉淀，萦绕心怀。这种愁绪不是个人的、偶发的，会在某些佳节、某种场景被唤起。

“日暮乡关何处是，烟波江上使人愁。”[1] 辽阔海天，遥望乡关，杯酒难诉，乡愁难遣。林林总总的民俗活动，便是唤起记忆，疗愈那一缕乡愁的良药。即墨古城延续了地域民俗传统，也容留了无数人的乡情与记忆。

传承不息的地域民俗与非物质文化遗产，让当地市民与八方来客重新认识传统文化，感知中华文明脉搏，畅享节日欢乐，古城的生活温度因此升腾。

“来即墨古城过大年”系列活动于2018年1月拉开帷幕。此后，每年如期举办。一进腊月门，一系列年俗活动按节点依次登场，贯穿年头与年尾，囊括年货大集、写春联送春联、新春灯会等传统文化活动，舞龙舞狮、财神巡游、抛绣球等民俗活动以及灯光秀、书画展等动态创新活动。听大鼓书、看舞狮、扭秧歌、划旱船……在即墨古城，这些濒临失传的本地视听文化有了新的生存土壤，也为春节的年味注入了怀旧、质朴又满含现代感的因子，为市民游客开启了一场既熟悉又新奇的新春之旅。

除夕祈福鸣钟是中国传统的辞旧迎新盛会。即墨古城奎明楼内悬挂一口潮海钟，除夕夜，祈福鸣钟仪式在此举行，108响钟声响彻古城。108响钟声，代表每年的12个月、24节气、72候，表达岁月不居、辞旧迎新之意；也寓意去除人生的108种烦恼，获得吉祥和安康。敲响钟声，预示着除旧迎新，寄托着人们对未来的憧憬与祝福。

“东风夜放花千树。更吹落、星如雨。宝马雕车香满路。凤箫声动，玉壶光转，一夜鱼龙舞。”[2] 八百年前，上元灯节的欢腾盛况在即墨古城得以重现。每年正月期间举办的迎新春灯会，现已成为古城的新亮点。灯会主题融合即墨当年的发展成果与当下时尚元素进行创新设计，

1 语出唐代崔颢《黄鹤楼》

2 语出南宋辛弃疾《青玉案·元夕》

自 2019 年起，打造了融合传统技法与现代科技的灯会以及高新科技的立体光影秀，灯光映射城门、城墙之上，让进入即墨古城的人们感受即墨的发展变化。除了每年靓丽多彩的主题灯会，还有花树、花灯和灯谜，游人穿梭其中，兴致盎然。

正月初五日是迎财神的日子。这一天，即墨古城都会举办丰富多彩的民俗活动。商家纷纷参加接财神仪式，以求“大发利市”，场面热闹非凡，成为正月里古城的一大盛景。当天，古城还有财神巡游活动，沿年货大集街区发放古城商家代金券、红包、糖果等礼品。远离家乡 60 多年，杨曾文感慨颇多，他说：

> 财神文化是中国民间传统信仰，是民众崇尚忠义、诚信的道德情操，更是追求美满和谐，创造美好生活的朴素愿望的真实反映。

22.4.3 贺岁新春：即墨古城荣登央视

> 古城让我很感动，它连接着历史，更走向未来。古城要体现这种传承、积淀，就要推陈出新，围绕“创造性转化”和“创新性发展”作探索和创作。希望即墨古城成为不仅是山东，也是中华文化新的“标志城”，成为人们了解中华文化的高地。

——十三届全国政协委员、全国政协文史和学习委员会副主任 叶小文

古城之形足以寄情，古城之貌足以动容。

经过几年的建设与培育，即墨古城逐渐成为展现即墨与青岛文化底蕴、民俗风情和经济社会发展成就的一扇窗口。2021 年，央视“新春走基层，文化进万家”系列活动《我们的中国梦——东西南北贺新春》特别节目将即墨选为东部城市代表，与河北崇礼、广西百色一起展现祖国不同地域的春节习俗和特色。该节目于 1 月 9 日至 11 日录制完

成，时长180分钟，自2月10日（腊月二十九）起，于央视综合频道（CCTV-1）、综艺频道（CCTV-3）黄金时间相继播出。

《我们的中国梦——东西南北贺新春》特别节目是由中共中央宣传部统一部署、中央广播电视总台承制的春节贺岁节目，素有“小春晚”之称。央视综艺节目主持人朱迅与《新闻联播》主播刚强共同担当即墨分会场主持，央视牛年春晚的总导播张骥、总撰稿张晓夺分别担任节目总导演、总撰稿。在即墨古城拍摄现场，处处张灯结彩，年味儿十足，通过舞台设计、49桌观众席桌宴、59辆集市花车，将葛村榼子、即墨老酒、即墨花边、田横面塑、大欧鸟笼、即墨智造小胖机器人等即墨特色产品和科技创新元素，呈现于全国观众眼前。节目中，黄圣依、万茜、陈立农、杨迪等知名艺人都带来了精彩表演，其中，刚强与即墨柳腔演员合作演唱的柳腔民谣《花灯记》、朱迅演唱的《田横小夜曲》都富有浓郁的即墨特色，成为节目亮点。即墨海水温泉、蛟龙号、海洋试点国家实验室、田横祭海节、文庙成人礼等即墨元素也在节目中精彩呈现。

◎ 活动录制现场（左）

◎ 《就是这么牛》节目（右）

22.5 魅力四射：时尚文化活动的创兴

文化建设应循序渐进，遵循发展规律，控制发展节奏，只有慢下来，才会有心思体验文化，形成共鸣。古城文创产品的开发应注重商品或产品的专业性、设计感。

——同济大学建筑设计研究院（集团）有限公司执行总建筑师 张洛先

建筑是凝固的音乐，音乐是盛装的时光。而即墨古城的盛装时光，永远是经典与创新共存、乡愁与新颖结合的，洋溢着艺术的“真善美”，又带着浓浓的烟火气。“古台芳榭，飞燕蹴红英。舞困榆钱自落，秋千外、绿水桥平。东风里，朱门映柳，低按小秦筝”。秦观描述扬州的繁华，寥寥几句，便是姿态万千，音色俱在。如今，这样的情景在即墨古城再现。

一座有故事的城，应是多元文化的聚落。如果说深厚的历史文化底蕴是即墨古城的内在生命力，那么丰富的文化活动就是外在的“筋骨皮”。如果说传统国学文化活动和民俗文化活动衬托了即墨古城的“古”，那么国际民谣季、青岛国际啤酒节等主题活动则凸显了即墨古城的“新”。这些富有时代气息的活动以其鲜活、灵动、时尚，吸引着年轻人为之驻足、喝彩，极大地提升了古城的热度和活力。

22.5.1 大俗大雅：古城民谣季

要与国际接轨，音乐基因很重要。中国的乡村民谣，与城市基因息息相关。音乐应该有乡愁，有韵味。

——著名词曲作家、教育家 付林

即墨古城的建筑之美，美在文化底蕴，要打造乡愁承载地、城市会客厅、地域文化名片，除休闲娱乐功能之外，还需有文化调性。如何吸引更多人关注古城，让古城焕发光彩，是建设者一直不断探索的发展方向。

民谣季是即墨古城着力打造的文化品牌。即墨古城的空间布局不适合做大演艺、大制作，而音乐是大众日常生活不可或缺的艺术。民谣的亲民性、体验性、互动性与古城的空间形态更为相称，具有大俗大雅、大道至简的特点，也是群众喜闻乐见的一种艺术形式。

2016 年 10 月，民谣首次登陆即墨古城，一场以“民谣”为主题的文化风潮宛若清泉喷涌，漫延至古城“一城、两街、十景、十三坊”，沁润着青砖黛瓦、绿池金秋，带给这座古城勃勃生机。以其浓厚的文化色彩，彰显了即墨古城深厚的文化底蕴和强大的文化包容力，渲染了民谣节火热氛围。古城和民谣与生俱来的戏剧性，成功启动了即墨古城运营发展的文化引擎，使其一跃成为青岛一道崭新而靓丽的风景。著名音乐人、“2016 即墨古城民谣节”总策划科尔沁夫表示：

> 选择在即墨古城举办民谣节，是因为古城与民谣的气质十分契合，两者均有深厚的人文情怀，又有历史怀旧感，还能反映时代的变迁。

首届民谣节为尚处于施工收尾阶段的古城带来了近 40 万人的客流，新华社、搜狐、新浪、网易等 30 余家媒体聚焦古城，持续发稿 300 余篇，大大提升了即墨古城的知名度。民谣，从此浸染上了即墨的独特味道，有了新的特质。

民谣节将有温度的生活唱进了人心，那些流转于心底的调子，将民谣与即墨古城深深地融合在一起，让这座古城更具归属感。民谣与古城的首次文化碰撞就产生了强烈而又充满激情的“化学反应”，以不同的姿态演绎着传统文化与才艺的传承。民谣的魅力在古城不断散发。此后，民谣节每届都有创新，不断注入青春与活力，幻化出缤纷姿态，成长为即墨古城的一大文化品牌。

经过两届民谣节，即墨古城传统的演唱会模式遇到了瓶颈，要想持续引流，就需对其赋能升级。2018 年，恰逢上合组织青岛峰会举行，古城民谣节选择在百花齐放的春季启幕。从 4 月 19 日到 6 月 30 日，跨越春夏两季，实现了从“民谣节”到“民谣季”的转型跨越。来自上合组织国家、“一带一路”沿线国家和国内的 33 组音乐人、近 200

位世界音乐艺术家，在古城演绎出中外文化交流的碰撞与融合。民谣跨越国界，流转于古城，古城的音乐基因被国际范的青春民谣唤醒。

2019年，即墨古城民谣季突破了传统演出模式，给大众带来了全新的视听感受。2020年，民谣季主打“清新民谣”“治愈民谣”“青春民谣”等主题，融合原创、非物质文化遗产和公益元素，采用“舞台演唱会 + 音乐人工坊 + 街头互动演出”的组合形式展开。其中，10月7日的即墨原创黑胶作品首唱会聚焦原创音乐人、柳腔、盲人大鼓书，以原创民谣的形式展现即墨音乐。同时，邀请为留守儿童创作公益歌曲《偷偷长大》的主创者现场演唱，传递扶贫协作、慈善帮扶留守儿童的公益之音。可以说，“2020即墨古城民谣季”不仅是乐迷的狂欢，更给本土原创音乐提供了滋养的土壤。

◎ 民谣季活动

古风出新韵，音律动高穹。到古城听民谣，早已是青岛市民和外地游客的向往之旅。韵味古城成为当代民谣的摇篮，清新民谣外化成温润古城的肌骨，这里是“民谣无处不在”的充满生活温度的即墨古城。

22.5.2 时尚活力：青岛国际啤酒节

百年青岛，源自千年即墨。即墨古城以崭新姿态开放以后，迫切需要大型盛会来聚拢人气，激发活力。2017 年，古城将目光聚焦具有本土特色、人气十足的青岛国际啤酒节，并首次在即墨古城设置会场，融汇古风古韵与新潮新意：鸭绿池戏台、即墨县衙广场摇身变成啤酒花园，采用“会场演出 + 艺术巡游 + 暖场活动 + 老照片展”的形式开启啤酒节活动，既凸显了“青岛与世界干杯”的啤酒节主题，又彰显了独具即墨本土特色的古城韵味。

2019 年，即墨古城再次成为青岛国际啤酒节会场，并率先拉开帷幕。活动持续 45 天，邀请来自全国各地的专业演出团队，为市民游客带来模仿秀、杂技表演、歌舞表演等，与古城民谣季一起，共同打造了一场激情澎湃的视听盛宴，渲染了即墨古城千年文脉风韵与夏日啤酒狂欢的激情、时尚与活力。

◎ 举杯，与古城同醉

2020 年，第 30 届青岛国际啤酒节即墨会场以“赴即墨之约，与古城同醉”为主题，举办了开幕式、灯光秀、花车巡游、淘宝夜市、魔术杂技、民谣驻唱等活动，采用线上、线下互动的方式，组织“云喝酒大赛”，烘托啤酒节火热氛围。在新冠病毒感染疫情常态化防控背景下，倡导不聚集、不扎堆，保持友好社交距离，开创了 1 个主场地、N 个分会场的“1+N”模式，使啤酒节不只局限于主场地。

如今，一步一景的古城，与时尚动感的啤酒节激情碰撞，已然成为夏日即墨古城一张闪亮名片，助力古城以文带旅、以旅兴商、以商促文，打造时尚、活力的即墨古城夜生活。

22.5.3 开放包容：国际多元文化交流活动

借助本土和国际化资源，打造中西合璧、古今融合的文化空间，不断提升即墨古城的国际知名度，是古城发展的脉动之一。自开放以来，即墨古城以开放、包容的姿态，举办了多场国际文化交流活动，向世界展示古城风采。

2017 年至 2018 年，即墨古城连续举办两场充满异域风情的音乐演出——美国蓝草乡村乐队展演，不仅为市民奉献了原汁原味的美国乡村音乐，还改编演唱了《茉莉花》等中国民谣，传统曲调里出现精心谱就的蓝草变调，不同国家的文化通过音乐完美融合在一起，是共生，也是新生，是音乐交流之旅，也是文化共享之旅。

一砖一瓦皆灵秀，一柱一石俱神采。即墨古城独具匠心的建筑神韵、引人入胜的园林美景，吸引着众多艺术家。2017 年 7 月，国际水彩名家绘古城活动开展，赫尔曼·佩克尔、李东风、安迪·埃文森、阿尔瓦罗等一百多位中外水彩画家以即墨古城人文景观为题材，用水彩画的艺术形式，捕捉、定格古城的风韵与气质，带来了一场国际水彩艺术盛宴。光与影调和，形与色交融，一场国际水彩写生活动让众多国际艺术名家身临其境感受古城的“表情”与“温度”，带来了不同文化背景、多样表现风格与艺术理念的交融荟萃。正如上海市美术家协会水彩、粉画艺术委员会副主任、著名画家平龙所说：

即墨古城既有北方建筑的粗犷，又不失南派建筑的精细；既有传统文化积淀，又适应现代人的生活，是一幅美丽而又古典的画卷，不论哪个视角都非常入画。

◎ 异域风情与传统戏台的碰撞

◎ 国际水彩名家绘古城

即墨古城优美怡人的景色和质朴厚重的历史文化，同样吸引着上海合作组织青年代表和世界旅游小姐“到访”。2019 年 4 月，来自上海合作组织成员国、观察员国和对话伙伴国的 14 个国家的 200 多名青年代表访问青岛。他们来到古城，体验了隆重的入城迎宾礼，欣赏了精彩的编钟编磬演奏，“非遗”文化展演，感受中华传统文化的魅力；同年 9 月，来自俄罗斯、美国、法国等 67 个国家和地区的佳丽齐聚古城，参加2019 世界旅游小姐全球集结仪式，在即墨古城留下了美好回忆。她们欣赏着古城韵味深厚的传统风貌，欣喜于她充满传统与时尚魅力的文化氛围，惊叹于她包容万象的艺术情怀，一时间流连忘返。

22.6 商业热度：重现千年繁华盛景

街区发展应重点关注业态运维，重视软件建设，通过梳理商业和居住区域的关系，形成主街、次街、居住入户的丰富空间序列。通过丰富城内业态，逐步形成可行、可坐、可观的慢节奏，提升古城的热度。

——中国建筑学会副理事长、上海市建筑学会理事长　曹嘉明

商业业态是经营者为满足不同消费需求而形成的经营模式或营业形态，而商业业态规划则是一个区域中具有整体性和战略意义的商业组合，综合反映了这个区域的整体定位和特色。即墨，素来以商闻名，发达的区域经济让当代即墨“千年商都”风采重现。正因如此，继古开今的即墨古城也面临抉择：因循古制尽复旧观，还是随俗为变向新而行？

总体上看，即墨古城的商业业态，包含着人文传承、活化利用等多方面的考量，既要有内在的“品质感”，又需要一定的“世俗化”，所以分清“动线”和“静线”，归置“居住区”与“商业区”，对古城的业态规划十分重要。如今，古城的商业业态日趋丰富多样，成为即墨商业活动最活跃的区域之一。

22.6.1 喜闻乐见：古城内的特色商业

即墨古城以文汇商，以商养文。商业如同其血脉，是最具生活气息也是最活跃的板块。城内涵盖多种业态、充满生活气息的特色店铺，这些店铺和熙熙攘攘的人群持续聚拢着古城的生活温度，彰显着古城持久的生命力。

“非遗”经济

非物质文化遗产是一个民族文化的延续，见证了民族文化的发展进程。即墨传统农商文化盛行，保存下来许多非物质文化遗产。如何让其保持源源不断的生命力？从经济学角度来看，只有将文化资源转化为文化生产力，带来经济效益，才能有更多的资金反哺“非遗”文

化的保护和发展。从文化角度来看，保护和发展“非遗”经济对发挥文化本位优势，拓展文化资源范围，形成文化产业链条和区域特色经济等具有重要意义。缘此，非物质文化遗产的传承和利用成为即墨古城以文汇商的重要发展业态。

◎ 古城“非遗”店铺内景

为实现非物质文化遗产保护和开发的良性运转，古城在招商时注重整体性、多样性、地域性和发展性的和谐统一，通过切实可行的市场运作，确立了“以发展本地非物质文化遗产为主，面向全国招募为辅”的招商理念，为国家级非物质文化遗产传承人预留了发展空间，并为其入驻古城提供优惠政策。如今，即墨古城西门里大街是“非遗”传承人的聚集之地。大欧鸟笼、葛村榼子、黄氏烙画、即墨麻片、官庄竹编、高家糖球、曲阳石雕等丰富多彩的非物质文化遗产，使即墨古城业态更加丰富。

与此同时，古城持续不断地策划相关主题活动，并在古城官网开辟“非遗文化”专区等方式，线上线下宣传推广“非遗”文化，使其与商业、旅游深度融合，挖掘潜在的经济价值，推动其更广泛地走向市场，实现社会效益和经济效益的最优化。

特色商业街

因地制宜，动静相宜。营造有差异化的氛围，可育化多种业态和商机。即墨古城的多条特色商业街与建筑密切贴合，以各自的特点串联起古城的生活百态。

婚庆一条街是以婚姻登记为中心、基督教堂为依托，挖掘古城历史文化底蕴，打造富有仪式感的婚庆基地。聚合了婚纱摄影、服装定制、珠宝首饰、婚庆服务等业态，借助古城四季美景打造婚纱摄影基地，发展婚庆经济，形成市场延伸效应。

文化业态集聚街分布在墨城北街西段和墨城西街北段区域，其沿街商铺逐步形成了以古玩字画等文化类业态为主的文化集合区。同时，启动古城文化大集，引进文玩手串、古钱币、古籍、奇石根雕等，与县衙西街的文化街形成联动效应，推动文化业态规模化发展。

美食小吃一条街汇聚了国内外特色美味，有知名连锁品牌，包罗江南美食、西北风味、少数民族特色美食等，各种集合店与摊位小吃互为补充，形成规模优势和个性特色。现有城隍庙小吃街、财神庙小吃街、酒吧一条街等，呈现出集中化、规模化发展态势。

即墨对口帮扶的文县和紫云县特色产品店——“印象文县”“贵州特产紫云店东西协作示范店”也是一大亮点。基于优势互补、长期合作的原则，即墨古城为帮扶县提供店铺和免费装修等优惠政策，并通过线上线下各种渠道进行宣传推介，将其特色农产品“背出大山，走进青岛”，让游客在即墨寻得来自大山的自然美味的同时，丰富了古城商业业态，实现了互利共赢。

酒店民宿

留一处空间，仰望星空，放慢脚步，细品古城的日间美景、夜色繁华，感受返璞归真、淡然恬静的生活。

酒店、民宿商业板块的设置是旅游目的地不可或缺的硬件设施，它是度假、游学、会议的载体，可以增加游客的停留时间，带动相关产业发展。即墨古城的酒店、民宿是商业的一大亮点，有君澜度假酒店、郎朗的院子、十三月民谣家、墨栖、花迹合一等，不仅满足商务旅行、居家出行的居住需求，还可为音乐人等不同人群提供别具特色的入住体验，成为古城夜经济的重要组成板块。

◎ 君澜度假酒店大堂

一边连接着千年商都的厚重底蕴，一边延续着开放包容的城市态度，君澜度假酒店于静谧之处为入住者提供了穿越千年、感受历史的安闲休憩之所。“人文、

优雅、精致、舒心”，是其竭力打造的度假感受。酒店配备多种房型标准，城市会客厅、商务书吧、茶餐厅、亲子乐园、文艺沙龙等特色设施，让住店客人体验丰富多彩的度假生活。餐饮方面，拥有中西各式餐厅，是主题宴会、商务洽谈等的上佳之选。内部居住环境融合传统文化风雅格调，秉承“家庭、俱乐部、博物馆”一体化理念，将“琴、棋、书、画、茶、香、禅、儒、道”糅进度假体验的点滴之中，让每一位入住宾客都能从视觉、触觉、听觉等各方面获得轻松享受。

即墨古城除了主打高端度假体验的酒店，还有独具特色的民宿。例如，“十三月民谣家”音乐民宿以音乐为特色，特别吸引音乐爱好者入住。老板卢中强的另一个身份是十三月文化的创始人和近四届即墨古城民谣季的策划人。民宿为明清四合院格局，由苏州“右见”民宿团队倾力打造。院内设置一个小舞台，两个顶级的录音棚、专业排练室以及七间客房、一个小酒吧，恰好满足乐队从创作、排练、制作到生活、休闲的需求。参加“2020 即墨古城民谣季”演出的泰山乐队一进小院就被迷住了，他们表示，乐队在小院里聊天、排练、录制，很容易进入专注状态，是一个很“乌托邦”的地方，很适合在这里录制专辑。

22.6.2 体验经济：商业模式升级

随着时间的推移，即墨古城也在不断探索新的商业运营模式。特别是 2020 年，新的消费形态开始形成，进入“体验经济”的后时代，即沉浸式体验。文化参与、主题度假、个性化消费以及线上线下相结合的消费模式受到大众追捧，古城的招商运营策略在原有基础上发生了新的变化，确立了“历史文化 + 商业体验 + 旅游度假”的复合经营模式定位：按照“复合多元运营、文化商务并重、边际效应叠加”的经营理念，打造一座有生活温度、商业热度、文化深度和国际广度的活力之城和一个集文化、商业、旅游、住宿、度假、游学、深度体验于一体的城市文化客厅。古城业态规划突出和强化了体验类的综合集合店业态，着力引进如设计品集合店、郎朗艺术世界等文化体验、休闲购物、居住餐饮相结合的跨界融合品牌，以形成规模优势大、集客能力强、可自带流量并能精准锁定目标客群的商业效应，使体验类业态成为古城特色核心商业模式。体验集合店、餐饮、特色商业、酒店民宿、公共文化建筑等延伸服务综合发力，共同凝聚即墨古城的核心竞争力。

同时，为满足城内居民和游客的生活和游玩所需，古城持续对入驻的商业品牌提供升级服务，如入场包装升级、大数据辅助经营、一站式证件办理辅助及优质商家品牌奖励等，在线上线下跨界推广宣传的基础上，协同旅行社、旅游景点、酒店等，牵头组建古城商业联盟——“墨城荟”，通过与城外商业主体之间共享客户资源的方式，提升客流量和游客的消费黏性，实现游客在各商家网络中心的无缝导流。

古城亦新城。古城的“新”不仅体现在丰富多彩的时尚活动上，还体现在引入符合年轻人消费需求的科技体验项目上。2019 年，VR（虚拟现实）体验馆入驻古城，利用以计算机为核心的高科技手段，采用人机交互设备，把体验者与计算机生成的三维虚拟环境连接在一起，通过视觉、听觉和触觉等，让观众有身临其境之感。此外，依托即墨县衙等历史文化场所，引入 MR（混合现实）体验项目，采用先进的混合现实技术，将历史、传说故事进行动画演绎，同时融入即墨柳腔，打造集历史性、文化性和趣味性于一体的文化旅游产品。一系列科技体验项目现已成为古城商业模式升级的重要组成部分，吸引了更多目标顾客参与，进一步推动了古城商业业态内在价值的实现。

22.6.3 即墨古城 IP：“墨小牛”

> 即墨历经千年未改其名，有着深厚的文化底蕴。即墨古城要体现这种文化内涵、底蕴，就要推陈出新，围绕“创意文化产品”和“体验性、沉浸性文化”进行探索。
>
> ——中国人民大学教授　金元浦

文创产品是将地域文化创意化的作品，它与普通旅游纪念品之间的差别在于“文化”二字，这也是文创产品能带给人们惊喜和新鲜感的原因。作为拥有千年历史文脉的古城，如何让自己的文创作品脱颖而出，甚至成为爆款？除了在功能和外观上下功夫，更重要的是将地域文化与文创产品相结合。即墨古城的文创产品设计思路来源较为广泛，不仅包括传统的建筑元素、独特的园林景观、精美的实物景点等，还包括独具地域特色的“非遗”技艺、底蕴深厚的人文历史故事等元素。自2016年古城开放以来，设计研发了带有古城特色的明信片、邮票、笔墨纸砚等系列文创产品，其中最出彩的莫过于“墨小牛”系列。

◎ “墨小牛”IP形象

为进一步提高影响力和知名度，即墨古城以文商旅综合发展为导向，从当地丰富的历史故事中找寻属于即墨古城的IP形象，以统领、凝结古城的文化元素。2020年10月“墨小牛”设计完成。其形象从“墨”字转化而来，主体为红色调，寓意“火牛”的色彩，腰间护甲的“墨”字来自即墨古城县衙广场的“即墨原点”地雕，尾巴上还设计了一团火簇，灵感源于2300年前田单火牛阵中的“火牛”。设计者还特别对“墨小牛”眼部形态及周边颜色进行了精心处理，使其有别于一般吉祥物的呆萌风，自带威严，不仅有“牛气冲天”之势，还兼具麒麟瑞兽的形象。

“墨小牛”诞生3个月后，即驶上IP推广的快车道，成功引起中央电视台关注，从农历腊月二十九晚间的央视《我们的中国梦——东西南北贺新春》特别节目的初次亮相，到农历大年三十下午央视长达四个小时的《春晚GO青春》网络直播的再度亮相，在央视春晚《牛起来》[1]节目中与明星艺人的共同出镜，再到成为央视元宵晚会的吉祥物嘉宾，与众艺人一道为现场观众送元宵——“墨小牛”连续登上春节期间央视最重要的综艺舞台，一时间家喻户晓。

2021年2月12日，“墨小牛”即墨古城旗舰店试运营，“墨小牛”形象的玩偶摆件、围巾、手套、服饰等系列产品琳琅满目。为推进全国文明典范城市创建工作，由即墨区委宣传部策划并制作的“您懂得·别忘了”墨小牛系列公益动画片正式推出，以生动活泼、喜闻

1　由即墨区委宣传部选送，以XR（延展现实）技术，呈现“墨小牛”与众明星同台演出的创意节目。

◎ 墨小牛公益动画

乐见的形式倡导城市文明规范，不仅对提升城市文明水平有积极意义，而且让“墨小牛”形象更加鲜活生动，深入人心。

古城正青春，即墨不寂寞。“墨小牛”高度浓缩了即墨古城的历史文化内涵，其诞生、升级、赋能不仅可以贯穿始终，还将把城市性格、人文禀赋、产业特色展现在大众面前，成为一个有传播力的文化符号。

22.6.4 消费升级：夜经济主题活动

夜经济是衡量一座城市经济繁荣程度的“晴雨表”。2019 年，在国家大力倡导发展“夜经济”的背景下，即墨依托古城大力发展夜间经济，举办了“悦即墨 • 夜古城”夜经济主题活动，围绕年轻人等重点群体立体打造时尚、活力的夜生活，在满足广大市民游客生活消费需求的同时，激发城市服务活力，促进城市消费提档升级。

“悦即墨 • 夜古城”夜经济主题活动于 2019 年 6 月 29 日启幕，持续至 10 月 31 日，一场为期 130 天的夏夜狂欢，为市民和游客带来了独具特色的盛夏纳凉体验。

活动与古城民谣季完美融合，国内乐坛实力派歌手在鸭绿池戏台轮流登台献唱；古城内各商家尽显其能，联合举办了竹竿舞、蒙古舞等独具民族特色的表演；南城门广场，“田单火牛阵”灯光秀璀璨演绎；即墨多支本土乐队竞相登台演唱原创歌曲，用时尚的语境，诠释着现代与传统的碰撞。

夜经济语境下，即墨古城的美景与美食是完美搭档。在即墨县衙广场，网红小吃汇聚；城隍庙小吃街上，当地美食让游客大饱口福。除了特色小吃，正餐也让人垂涎欲滴，杭帮菜、鲁菜、湘菜、蒙古味道、贵州风味等各地美食应有尽有。此外，还有青岛国际啤酒节即墨古城会场为市民游客准备了最地道、原汁原味的青岛啤酒。

夜色中的古城人潮涌动，戏曲、相声、乐器演奏、灯光秀等在这里轮番上演，点亮夜间时尚生活。据统计，活动期间，平均每天有 1.5 万至 2 万人选择夜游古城。2019 年 10 月，即墨古城与济南泉城路等 11 个街区一起被省商务厅公布为“山东省首批步行街改造提升试点街区”。2019 年 12 月 6 日，中国十大夜经济影响力城市颁奖典礼在青岛举行，作为青岛文旅新地标的即墨古城，以融合“传统与现代、文化与时尚”，立体化打造独具特色的夜间经济样板，成功摘得青岛城市夜经济地标称号。

◎ 活动丰富多彩的夜古城

◎ 古城内商铺

2020 年，“悦即墨 · 夜古城”夜经济主题活动在新冠病毒感染疫情缓解之际再次按下启动键。为适应新形势，本次活动在 2019 年基础上进行了创新，通过线上、线下相结合的方式，以鸭绿池戏台为主会场，主要公共文化建筑、节点等为分会场，开展公益演出、文化展演等活动，通过多个网络流量平台进行直播，充分展现古城文商旅业态，并借助民谣季、啤酒节、免单节、光影秀以及特色商家演艺、淘宝夜市、文化大集、免费游城墙、商家优惠促销等系列板块“组合拳”，不断释放古城的时尚“网红力”。

值得一提的是，地摊经济作为即墨古城夜经济的序幕，是当年“悦即墨 · 夜古城”主题活动的一大亮点。致力于后疫情时代稳就业、保民生，即墨古城实施发展地摊经济的举措，统一规划、招商各品类地摊商家，在东、西门里大街和南门里大街设沿街外摆摊位，让市民游客体验即墨风土人情，再现青岛版的“清明上河图”。

经过两年的精心运营，民谣季、青岛国际啤酒节等品牌活动有机穿插其中，聚拢起大量人气。即墨古城已成为夏秋季夜间市民游客消费娱乐的网红打卡地。自全面对外开放之日起，年客流量突破 550 万人次，单日最高客流量达 11.5 万人次。截至 2021 年，累计接待游客量 1300 余万人次。即墨古城日益繁荣的夜间旅游不仅满足了消费者高品质、多元化的需求，还为促进城市文化和旅游消费提供强力支持。

2021 年 11 月，文化和旅游部正式公布了第一批国家级夜间文化和旅游消费集聚区名单，即墨古城与北京前门大街、上海外滩等 119 个项目入选文化和旅游部“第一批国家级夜间文化和旅游消费聚集区”，山东省内入选的还有台儿庄古城、尼山圣境等 5 个项目。同月，即墨古城东、西门里大街被山东省文化和旅游厅公布为“第一批省级旅游休闲街区”。

月上柳梢头，人约黄昏后。夕阳西下，精彩才刚刚开始；明月高挂，常有人流连忘返。觥筹交错间，即墨古城褪去白天的庄重，以开放包容之姿活泼起来，目之所及皆是民俗与时尚的融合。

◎ 夜间繁华热闹的东、西门里大街

将古城的创作理念、工匠精神、工法技法等总结与记录下来，

为即墨今后历史的发展留下一个技术档案，留下实实在在的技术的宝贵财富，这个非常重要。

——清华大学副教授、中国建筑学会工业建筑遗产学术委员会秘书长 刘伯英

往事历历，如在眼前。余韵袅袅，经久不散。

回望十年前那片破败不堪的老城，人们大概不会想到，如今即墨古城这番兴旺繁荣的光景。

几年来，古城逐渐成长，从轮廓框架的形成到肌理的清晰，再到思维与调性的培育，一天天丰满起来。

即墨古城内蕴的和谐共振，是决定其自身气度和高度的重要保障。

作为一个融合文旅、商业和居住功能的城市综合体，古城整体风貌的延续性非常重要。

古城未来的保护与维修必然要引起足够的重视，应贯穿古城发展运营的始终。

定好“规矩”，保证即墨古城的整体风貌，除了要在艺术上延续建设者的匠心技艺，保持古城的“本色”，

更重要的是凝聚全体经营者、居住者的发展共识，为未来发展积蓄加速前行的动力。

前期建设过程中，工艺细节、所用材料、施工流程都有详细记录，为后期维修和翻新留下了可供参考的依据。

在后期整体风貌的保护与维护中，要随时关注从整体到局部乃至细节的变化，为保养修整提供技术支持，共同呵护古城的传统建筑。

第二十三章

CHAPTER 23

任重道远

古城整体风貌的保持与维护

RENZHONG DAOYUAN

23.1 历久弥新：传统建筑本体的维护

对传统建筑加以维护，使其“历久弥新”，是所有建筑人的共同愿望。导致文物建筑和传统建筑破坏和损伤的原因主要有两类：一是自然力的作用，二是使用中的损耗。自然力的作用包括建筑外立面的风雨侵蚀和环境温湿度变化、动物活动、植物生长等，有时还包括地基沉降和墙体胀裂等；使用损耗包括日常踩踏和触摸、灯光油烟熏烤、涉水房间潮气作用等日常损坏，以及诸如搬动或者物理或化学伤害。分析建筑可能受到的损坏，有重点、有针对性地进行日常巡查和维护，是古城开放之后相当长的时间内，对传统建筑的有效保护方式。

如前所述，中式传统建筑大体分为支撑、围护和保护层三大体系：支撑结构主要为大木构架；围护结构为屋面、绝大部分砌块墙体和包含门窗在内的木质墙面；而保护层则包括木构架表面的油漆彩画以及墙体的粉刷、顶棚装修等。另外，建筑露台台阶和庭院铺装虽然基本不影响建筑本体的结构安全，但是关系到美观和使用功能，也在日常维护之列。

所有的外力侵蚀都是从损坏保护层开始的，合格的传统建筑只要外保护层不被损坏，内部木构架、墙体等关键构件被破坏的可能性极小。相应地，一旦由于某种原因导致破坏力深入内部，造成了木构架和墙身损坏，维修起来也往往会“伤筋动骨”，甚至必须重修重砌。

对于保护层和围护结构已经破败严重甚至结构岌岌可危的文物建筑，因其独有的历史文化价值，在修缮保护中，应遵循在保证安全的前提下采取最小干预原则，采用化学或物理方式，尽可能多地保存其历史风貌和信息，尽量减少重绘或重建等颠覆性变动，此类操作不同于一般意义上的建筑日常维护。而针对即墨古城内更大量的新建并持续使用的传统建筑，其维护修缮思路分三个层次：

第一个层次是出于维护美观的考虑。例如，延缓和修复油漆彩画的褪色、变色、开裂、空鼓等病变，清洁墙面地面的污染物和构件缝隙内的灰尘和动物生活痕迹等；及时修补或替换不影响结构安全的砌体残块和细小裂纹等。这种维护修复的是传统建筑最常见、也最轻微的病害。

第二个层次是维持建筑的使用功能。诸如围护结构破损、老化造成的保温防水性能下降或丧失；周边树木根系生长导致建筑内外地面凹凸不平；某些有机材质生虫发霉，影响使用等。需要定期检查，防微杜渐，一旦发现端倪，应及时交由专业人员处理，避免继续恶化。使用时还应避免随意在建筑本体、构件上钉钉、开洞、打膨胀螺丝等人为破损行为。

第三个层次是保证建筑本身和使用者的生命财产安全。例如，维护建筑整体和构件的稳定性和安全性，杜绝建筑坍塌损毁以及诸如构件高空坠落、栏杆倾倒等对使用者和游览者造成的安全隐患。此类病害大多源于老化和过度使用，发生概率随建筑的使用时长和使用强度同步提升，需要特别注意。

对文物保护单位和传统木结构建筑最好的保护就是合理适度利用，并进行细致的日常维护。岁月的痕迹不是突如其来的巨变，而是日积月累的逐渐叠加，而使用中的建筑若有人精心看护，保持日常清洁，就能够及时观察到微小损伤，进行维护和保养，有效防止因“伤情”扩大而导致的大修甚至重建。这是延长建筑使用寿命、节约人力、物力的最佳方式。

23.1.1 砖瓦石构件的日常维护

砖瓦石，特别是屋顶和墙身，是对木构架最严密厚实的保护。如果其本身不渗水、不漏雨，被包裹在内部的木材就极难糟朽。因此，做好砖瓦石的日常保护与及时维修，不仅能够保障建筑遮风避雨、保温隔热等基本使用功能，也是对建筑木结构的最好保护。冬日降雪后，应及时组织人员清扫城墙步道、马道、县衙大院等处的砖墁地面积雪，防止融雪结冰而致砖体冻裂。另外，砖瓦石构件本身自重较大，诸如石栏杆、屋面瓦和屋脊装饰等构件，本身也承担着一部分外力，并面临外力意外撞击的风险，因此保证这些构件的安全稳定以及安装节点的牢固，避免高空坠落伤人，也是砖瓦石日常检查维修的重要内容。

砖瓦石构件经常遭遇的安全威胁有地下水、管道漏水或地面积水等对建筑基础和墙体的破坏，潮气和雨水的渗入对砌块的侵蚀，树根、

◎ 施以油漆保护的木质门

野草根系生长对地面或屋顶的强力损坏等。这些威胁往往会导致屋顶破洞或瓦件离析甚至掉落、石活松动、砖墁地破裂，以及墙体灰皮空鼓或脱落、下沉、裂缝、鼓胀、砌块酥碱或残缺，墙身空鼓、歪闪等问题，需要定期探察、长期维护。日常应注意观察檐瓦、滴水等处，发现破损、渗水等问题，应及时处理，防止因雨水渗漏而至椽、板朽烂。

23.1.2 大木构架的日常维护

中国古建筑的精华，在乎土木。木结构机关之精巧，是古代工匠想象力的集成。其中，大木构架恰似一座建筑的“主心骨”，一旦损坏，便无生机。因此，对它的保护至关重要。

大木构架是支撑传统建筑的关键体系。中式传统建筑承力体系的安全性和荷载余量极高，很多地区都有木构架糟朽严重，但建筑整体依旧屹立不倒的实例。由于木料本身的物理特性——易糟朽、易遭病虫害破坏，糟朽病害一旦发生，极易扩散，非常难处理。传统建筑对木构架的保护十分严密：不需要裸露的部分均被砖瓦石等物理性质相对稳定坚硬的材料包裹，裸露的诸如屋顶结构、室内梁柱或斗栱，除去一些特别名贵、抗糟朽能力极强的木材之外，基本都要施以油漆彩画，起装饰作用的同时，作为柔性的缓冲层和密闭稳定的保护层。

所以，木构架遭遇病害，就意味着油漆彩画和砖瓦石构件的保护功能已遭破坏。在检测维修过程中，需先全面或局部清理和拆除维护构件，将木构架暴露出来，处理完病害之后，再重新修补砖瓦石构件或施以油漆彩画，其修补和维护工作必然复杂而庞大。对室外的木柱与柱础交接部分，应防止因保护层开裂、保养不及时而出现内腐等问题。

23.1.3 油漆彩画层的日常维护

◎ 油漆彩画维护效果

油漆彩画除了有表层色彩图案装饰的作用外，最主要的功能是通过柔性平整的地仗层作为缓冲，以胶性油性的油漆颜料作为密封，为裸露在外的木质构件提供保护层，阻挡外界的物理和化学伤害，因此，也是最容易出现破损和病害的部位。此外，为了美观，一些不会降低保护功能的性质变化，如褪色、干结的污渍、堆积的灰尘等，也需要做适当处理。针对这些问题，只需要定期检查油漆彩画、建筑外墙和屋面是否存在破损污渍，发现问题及时修补清理，即可基本保证建筑美观、耐用和坚固。

根据彩画建筑的身份，彩画的保护和修复有两种思路。文物保护单位的彩画有单独保留价值，处理方式趋向于保守，以保存原状为目的，采取“最小干预”原则，进行适度修补，以保存其相关信息；对一些孤例或者较少见的彩画样式则视情况，可通过化学手段做标本式保留。而古城其他新建传统建筑的彩画，应以保证其美观性为出发点，加强日常维护，以及延长艺术品寿命。因意外导致局部破坏严重的位置，需请专业工匠补绘。

23.2 精美如初：文化陈列品的保养

精致、肃穆的公共文化建筑展陈以及精巧细腻、富有文化意蕴的雕塑作品，与古城整体风貌协调融合，共同演绎着即墨古城的古老与现代、传统与时尚，使游客在不经意间感受其厚重的文化底蕴和建设者精益求精的匠心精神。保护好这些作品就是保护后世的文物。

23.2.1 公共文化建筑陈列的维护

如果说风貌古朴、造型庄重的建筑构建了古城的“筋”和“骨”，那么展陈精品则丰满了古城的“血”和“肉”，让这座古城更加生动，富有灵性。

即墨古城公共文化建筑的展陈集合了能工巧匠的创意和智慧，既有传统意蕴，又能体现地域特色。可以说，无论是供欣赏的陈列品，还是承载展陈物品的“容器”，每一件都是值得收藏的艺术品。在后期运营维护中，需与专业的展陈团队和匠人沟通协商，根据展陈物品的材质等，确定科学合理的保护环境和条件，制定兼具安全性和观赏性的保护方案，并定期进行维护。

此外，公共文化建筑展陈的维护还应包括对灯光照明设施的维护，定期对这些设施进行综合维修保养，确保展陈达到设计效果。需要注意的是，古城内公共文化建筑多为木结构，其陈列品亦多为易燃物品，因此防火也是后期运营管理工作的重点。

23.2.2 雕塑作品的维护

雕塑作品有提升城市文化品位、美化城市环境的功能。即墨古城的大街小巷及各景观节点上，雕刻精良、造型各异、形象逼真的雕塑作品随处可见，它们成为古城不可或缺的风景。根据国内外城市和旅游景区的经验，随着时间的演进，不少雕塑都会出现不同程度的损坏。按照雕塑的维护工艺进行维护管理，保持雕塑的完好与整洁，才能最大限度地延长其使用寿命，使其更好地发挥装饰、审美和教育作用。

雕塑的损坏可分为自然损坏和人为破坏两种。自然损坏主要指雨水、空气等自然因素对雕塑的侵蚀。应对此类损坏，需准确分析雕塑材质的物理和化学性质及当地气候环境特点，提出适宜的保护方案。人为损坏是指触摸、涂写、刻画及偷盗等行为对雕塑造成的损坏，这是造成雕塑损坏的主要原因，也是保护的难点。针对以上损坏，应制定相关管理办法，禁止单位和个人在雕塑上涂写、刻画、吊挂、拉线或张贴、悬挂启示、广告等，严禁游客攀爬，并安排专人管理，加强巡查，发现破坏行为及时制止、处理。同时，对不同材质的塑像制定适宜的保护方案，定期进行清洁保养。例如，古城内存在大量的铜质雕塑，应避免有害物质，特别是酸性物质、氯化物等化学产品接触雕塑。

23.3 未雨绸缪：古城防涝和绿化景观的维护

整体上看，即墨古城整体地势较外围市政道路高，排水条件较好。据统计，古城南侧墨水河 50 年一遇的洪水水位均低于雨水管道顶标高，对市政道路排水影响较小。但史料记载，即墨城曾多次遭遇洪水侵蚀，西南城墙小坝留下的历史修缮痕迹便是最好的佐证。此外，古城地下被整体开挖，蓄水能力相对较弱，若遇极端强降雨，亦可能发生内涝，不能排除内涝和雨水倒灌地下空间的可能。因此，在后期运营中，排水与防涝、植被的灌溉与养护十分必要。

23.3.1 地下空间的防汛排水

地下空间位于城市低处，常年面临地下潮气和地下水浸泡侵蚀、城市地表水流和雨水倒灌以及洪灾、城市内涝等不同程度的水患威胁。即便前期做到精细测算和设计，也难防滴水不漏。因此，要定期检查、维护排水设施，做好各种排水管道和排水设备的运行维护，确保排水设施处于正常状态。同时，要定期举办防汛抢险演练，提高反应速度和应急处置能力，验证应急预案的可操作性和实用性，不断完善相关预案，确保遇到威胁古城地下空间安全的自然灾害时，能够及时调配应急人员和物资。

23.3.2 绿化景观的养护

即墨古城的绿化率较高，植被种类及数量较多，加上城墙周边的城市绿地公园，植物的日常浇灌和养护是一项艰巨而复杂的工作。由于地下整体开挖，古城内大部分区域覆土厚度仅为 1.5 米，土壤抗旱、防涝能力有限，日常浇灌应根据气候条件、植物生长特性等，做到少量多次，水量适宜，防止因内涝导致大型乔木烂根甚至死亡。在后期进行补植、增植等绿化时，应选择对水肥要求不高，且耐干旱、耐寒冷、耐高温、抗病虫害、耐修剪的根系发达的浅根系植物种植，切忌大面积栽植深根系植物，防止植物根系生长对古城地下空间结构造成破坏。

◎ 古城绿化养护

此外，景观设计时考虑到植被的成活率和适应性等因素，尽量选择本地原生树种，并且在混合种植时，把生长习性和对水量需求相似的植物放在一起，但在个别有特殊需要的位置，会适度种植一些养护要求和树形、花期美观度较高的植被，此类树种需要重点关注，必要时予以特殊照料。

俗语有云，“三分栽，七分养”，绿化景观的后期养护很大程度上决定着园林景观能否保持良好风貌。因此，除了合理浇灌、施肥之外，园林养护人员还需根据植物的生长状态，对其进行修剪整形；同时，严密监控各个季节常见病虫害的发生、发展，及时做好病虫害防治工作，随时随地清除杂草、自生杂树等。夏季做好遮阴防晒工作，冬季对不耐低温的植物提前进行防霜防冻保护，确保绿化植被健康生长，保持园林景观的美观及纯净度。

保护古城的建筑、设施、展陈等，除了细致科学的管理之外，从根本上说，还要依靠公序良俗的倡导以及旅居者、使用者的自觉。保护即墨古城，这不仅是建设者和管理者的责任，更需要每一位到访者的参与。

即墨古城记录了即墨厚重的历史，也凝结了建设者的智慧与辛劳。她不仅属于即墨，更属于所有对历史文化、对生活美景有热爱的人。赢得赞赏，也赢得尊重。让所有人都爱上这座城，保护这座城，才能更好地承载文化，延续文明。

附录一：即墨古城片区改造工作领导小组

组长：郑德雁

常务副组长：于　澎、郭可汾、宋宗军

副组长：刘守君、孙俭习

成员：江志学、宋希民、宫传春、黄克春、赵韶先、王中开、高新刚、林　平、韩丛珠、王将德、江海涛、谭　春、任日平、江黎明、郝　波、李永军、毕安传、王德高、邵立晓、李洪全、房世勤、刘永军、蓝英杰、牛兆利、刘新梅、刘明洲、刘廷涛、康新、王明慧、于　波、兰　杰、韩延吉、黄祖栋、毛成喜、宫成新、位　涛、刘俊传、冯淑忠、陆克喜、孟昭平、王少宇、辛　渤、张晓伟、刘　伟、朱　克、王　勇

附录二：即墨古城片区拆迁指挥部

总指挥：于　澎

常务副总指挥：郭可汾、刘守君

副总指挥：王宏志、鞠朝友、李志红、高洪钢、迟建珉、代庆旭、周文毅、孙明明、杨乃君、王立峰、孙文英、孙红兵、孙青国、刘　伟、朱　克、王　勇

成员：江志学、张明海、宋希民、宫传春、黄克春、赵韶先、高新刚、林　平、韩丛珠、王将德、江海涛、江黎明、李永军、毕安传、王德高、

邵立晓、李洪全、蓝英杰、牛兆利、刘廷涛、康　新、于　波、兰　杰、位　涛、石正先

综合协调组：邵立晓、孙介明、王孝官、徐壮举、周道永、刘　德、赵　霞、于吉昌、杜吉勇、陆培香、何　伶、王　刚、杨明涛、曹　杰、郭淑芳、刘淑芳、张守恩、矫　宁、尤　佳、张兴杰

征收拆迁组：康　新、王作召、胡振伟、修振爱、郑向礼、张子勃、孙振涛、孙仁华、韩乃崇、刘丽艳、杨超华、宫健健、张春德、鞠正成、陈　冰、郑庭元、冯贞孝、廉　洁、李文婧、姜德仁、梁泽专、修士元、单晨东、王　明、胡业群

信访和法律咨询组：黄克春、生　涛、高立强、于宗学、王明光、修树旺、任祥勤、李德晓、王凤霞

督查督办组：江志学、王玉福、宋德民、黄显宏、宫　颖、张建业

安全保卫组：石正先、于　涛、俞志武、王海涛、王　坤、仇方翩、李　祥

企业工作组：位　涛、吕　军、孙振涛、孙志任、国世迅、陈　浩、孙加义、代警卫、郑　斌、仇平宗、谷　丰、苏敬业

驻东关村工作组：孙仁华、杨莉莉、郭中俊、蓝恭海

驻新建村工作组：王俊秀、王新宁、管志远、刘　冰

驻南关村工作组：周黎明、贾利有、李月欣、李风山

驻北关村工作组：兰国新、汤凤兰、韩玉杰、王　军

驻后庵村 工作组：黄祖超、曹显成、李延波、张正洪

驻阁里村 工作组：栾欠清、崔　军、张　鹏、江守忠

驻中山居委会工作组：姜　杰、张正仁、王海涛、朱崇福、金旭亮、蒲腾腾、王培培、于　娴、刘　鑫、韩昀轩、孙洋洋、高岩玲

驻北阁村工作组：胡　明、汤凤兰、冯作永、王召瑞

驻新生村工作组：代旭东、俞志武、解世民、于　健

驻考院村工作组：朱崇进、张正仁、荣海燕、黄吉宁

驻胜利居委会工作组：梅良本、杨莉莉、江清华、王修政、翟元元、毕云凤、丁成军、陈秀娣、姜楠楠、江世鹏

驻坊子街村、西北关村、大同村工作组：王方江、刘德军、陈寿竹、孙春雷、董安君

附录三：即墨古城片区规划建设指挥部

总指挥：宋宗军（2013.2—2019.2）

常务副总指挥：孙俭习（2013.2—2019.2）

副总指挥：兰　杰（2013.2—2015.2）

李根远（2013.2—2014.10）

万吉慧（2014.10—2019.2）

曲维伟（2014.10—2019.2）

江崇杰（2013.6—2014.8）

邵立晓（兼，2013.2—2017.1）

康　新（兼，2013.2—2014.2）

王明慧（兼，2013.2—2014.10）

位　涛（兼，2013.2—2014.10）

李移平（兼，2014.10—2016.1）

黄迪川（兼，2016.1—2017.7）

成员：宋德民、刘　德、林建强、孙旭光、唐新金、周黎明、于　刚、朱崇进、孙永健、郑向礼、刘吉全、迟超勋、姜　杰、庄世金、陈文灵、王聿工、宋立顺、张子勃、华龙玉、袁　民、孙建文、牟　军、蓝恭璀、刘　健、聂德玉、孙振涛、刘俊传、李召展、刘明波、矫立华、郑宣文、姜墩金、王作召、修振爱、胡振伟

综合协调组：林建强、张子勃、刘云鹏、王　婧、李瑞强、毛开阳、毛庆波、孙显宝、刘洪鹏、王乃尧、李　乐、李丙江、董　妍、王　程、刘承栋、杨修超、李克霞、迟丽娜、李　健、江　飞

规划建设组：孙永健、迟超勋、华龙玉、李知峰、王　辉、王友刚、郭　雷、纪建传、宋　良、刘玉勇、宋　青、于克强、时松林、李祖涛、刁志海、韩方晓、刘　鸿、安洪辉、于良凯、徐　栋、高聿明、王　硕、周新阳

投资融资组：吴显波、于水友、傅鲁江、王　丛、付　杰、刘　芳、宋　宏、国凤凤、彭希华、李盛楠、徐亚飞、单雨萌

财政审计组：于　刚、庄世金、鲁军瑞

文化研究组：刁岳岩、陈海波、韩　璐、孟祥猛

招商销售组：牟　军、杜吉运、温延敏、胡　翔、衣冠鑫、逄瑞政

运营管理组：孙建文、乔　鸽、宫　磊

宣传推介组：杨明涛、刘　德、张世岩、宁友鹏、姜兆荣、曹　杰、刘　征、宋柠銮、张　敏、金正辉、杨　升、吕新亮

活动策划组：吴晓磊、黄卫星、仇甜田、陈　燕、杨敬涛、张雅鑫

即墨古城顾问（排名不分先后）

张立文、冯骥才、杨曾文、葛剑雄、刘大可、王贵祥、释明海、黄时忠、刘红立、黄小明、杨　红、陆建松、钱文忠、商子秦、孔祥林、刘黎平、巩升起

主要合作团队

北京华清安地建筑设计有限公司

青岛天泰集团股份有限公司

江苏南通三建集团股份有限公司

中建八局第四建设有限公司

北京房修二古代建筑有限公司

湖北殷祖古建园林工程有限公司

曲阳宏州雕塑园林有限公司

苏州太湖古典园林建筑有限公司

北京市园林古建有限公司

李大伟照明设计工作室

清智美（北京）城市规划设计有限公司

青岛市崂山区古建建筑工程有限公司

厦门万安智能股份有限公司

北京中辰筑合照明工程有限公司

青岛境语景观规划设计有限公司

主要参建单位

广州集美组室内设计工程有限公司

金螳螂装饰股份有限公司

德阁莱茵建筑设计有限公司

重庆元禾大千艺术品有限公司

浙江世贸君澜酒店管理有限公司

文化艺术团队

青海黄南州热贡画院

厦门市日九设计装饰工程有限公司

浙江新东阳木雕有限公司

福建泉州古建筑有限公司

随州市曾侯乙编钟编磬艺术有限公司

福建省南安市鑫华宗艺雕塑厂

莆田庄严苑工艺品有限公司

天禹文化集团有限公司

中艺建筑装饰有限公司

曲阜市三孔文化旅游服务有限责任公司

扬州飞天漆器有限公司

中国楹联学会

中国文化书院

雕塑团队

山西宇达青铜文化艺术股份有限公司

曹春生、于化云、郭宝寨、李刚、乔迁、宋应春及其团队

宣传策划团队

深圳黑弧奥美广告传媒有限公司

北京水晶石数字科技股份有限公司

深圳市时代纪录影视有限公司

青岛东唐影视科技有限公司

青岛五十工文化传媒有限公司

附录四：即墨市古城历史文化旅游资源普查领导小组

组长：宋宗军

副组长：孙俭习、刘　伟

成员：兰　杰、林建强、蓝英杰、王明慧、姜修亭、宋立顺、张可先、单存浩、迟超勋、孙建文、王聿工、华龙玉、杨鹏贤、杜永芬

普查办公室：

陈海波、杜吉运、韩　璐、李瑞强、李迎伟、李　锋、江玉海、于永红、赵延宏、范延森、房启利、黄义波

普查顾问委员会：

李义安、黄济显、于成珉、黄聿佺、孙　鹏、江志礼、赵宝云

附录五：即墨古城及各公共文化建筑复建记

即墨古城复建记

夫名城者，必有所自，必有所荣。即墨乃名城也，其所自久远矣，齐威以此治吏，田单凭此复国，楚汉设为国，隋迁现址为县治，两千余岁矣。其所荣亦不虚，面海背山，有地理之胜；繁华殷盛，有富饶之实。今青岛以富都闻于天下，其所自者，即墨也。

然古今陵谷茫茫，市朝耕桑，即墨亦不免。百余年来，兵戈战火之余，古来城池牌坊，八景十胜，或在草莱，或已荒圮，旧时规模，惟于德人影图中可睹其仿佛。

癸巳年春，拟复古城。溯原图而复旧观，疏老城而安居民，觅昔日亭台楼阁所在，邀专家设计，延巧匠施工，以旧址整体复建。历六载，又见一城两街，再睹十景十三坊。戊戌岁末，鼓瑟吹笙，以迎嘉宾。

入斯城也，睹牌坊庙宇，楼台轩榭，依稀见前贤古圣之迹，则知风流所来久远矣，名邦之荣，岂偶然哉？繁华非一日而成，后人不忘前人经营，则其盛可固矣。

登斯楼也，见山海之胜，辐辏云集，时尚男女与中和奎明并行，民生安居与晨钟暮鼓相谐，于古人风流，非惟考古怀想而已，后人续前人风流，则风流可久矣。

青岛市即墨区人民政府

二〇一九年二月

学宫复建记

学宫者，官学也，名见于西周，盛始于田齐。临淄有稷下学宫，聚天下精英，集诸子各家，所谓百家争鸣，以稷下为枢也。学宫之于山东，久远矣。

即墨学宫，亦曰儒学，学署，城厢东北隅。问其始造，乃在北宋，明朝扩建，弘治尤盛。康熙乾隆，或修或增。迨于同治，犹有缮葺。

遥想学宫当年，文采风流鼎盛。聿自明初，生员固定；至于清初，廪生有额。丑辰未戌，是谓岁考；寅巳申亥，是谓科考。三年两考，官拨钱粮。诸生朝夕住读，听教诲于明伦堂，试策论于月季考。四书并非唯一，通晓刑名钱谷。并非不闻窗外，国家律例须记。集即墨英才而教之，山海名邦，文盛于斯。

当时规模，县志有载，亭台楼堂，不胜其数。北有启秀亭，南有修业斋，飞虹池结连碧叶，尊经阁连绵书薮，岂有穷尽，叹为观止。

1911年拆废，2013年复建。度旧址，承古艺，材不苟用，料皆上乘，无一处用胶钉，无一寸非实木。论材质，南洋优质花旗松树；论规模，民用最大单体木构。举目可观北方楼台，环视亦睹江南园林。大殿金柱檐柱各十二，林立兮足观，恢恢乎有余，金碧辉煌。面南题“海山毓秀”，所谓山海环绕，清水流韵。面东题“富甲海陬”，所谓商都富地也。面北题“径入蓬瀛”，所谓即墨有仙境之胜。

行于学宫殿堂、亭台、水榭，海上清风徐来，崂山翠爽入目，若闻学子朗朗诵读，先生敦敦教诲，伴悠悠古琴，听潺潺清流，岂惟发思古之幽情，亦振当今学子之心，即墨学脉，于斯不废，幸哉幸哉。

张立文[1]

二〇一六年十一月

1 张立文，著名哲学史家和哲学家、中国人民大学孔子研究院院长。

文庙复建记

中华圣贤，庙貌盈天下者，惟孔子也。盖国家崇儒，自西汉始，东汉以孔子配享周公，曹魏则以孔子为主祀。唐初，复以周公为主祀者再，然不过十年尔。自是以孔子为主祀，至于清季，千二百余年。

孔子专祠，自东晋始，北齐遍郡国，唐初遍州县。又列国家祀典，命地方长官主祭。地方礼制庙宇之高者，莫过于文庙。

即墨之有文庙，旧志所载，始于元至元七年，然自唐宋以来，州县无不设文庙，即墨莱夷故地，战国名城，自秦设县，历代相沿，岂于此城独阙文庙？且即墨人杰地灵，崂山秀拔，墨水萦环，财赋长甲于海滨，人物俊秀于天下。昔齐几近覆灭，七十城收复凭田单；昔汉屡相诏催，五百士殉义从田横。王羲之祥发皋虞，黄嘉善宣威大同。蓝田美玉，安期仙枣，车船辐辏，精英罗列，斯文隆盛，岂无文庙？然上溯仅至于元，如孔子所云：文献不足也。故不得不慎。

文庙者，可证国家兴衰。国家兴则文庙备，国家衰则文庙败。清光绪二十四年正月初一，德军驻文庙，损孔子及子路像，前者损肢，后者掘目。即墨举人黄象毂集举人百又三人，上书督察院，广东举人梁启超等八百三十一人则上书曰："毁圣像则失天下之人心，失天下之圣教，事之重大，未有过此"，圣裔孔广謇等十七人、福建举人林旭等三百六十九人，亦皆上书。士庶震怒，朝廷交涉，德军致歉。然于 1929 年，毁于兵火。

即墨文庙工始于 2015 年 1 月 18 日，竣于次年八月。嗟我文庙，炎光辉赫，群像毕备，诸殿皆置。大成殿雄踞中央，大成门、棂星门峙于前，崇圣祠殿于后，两庑与名宦及乡贤二祠护左右，德配天地、道冠古今二坊庙前东西相射，殿内龛中塑孔子、四配、十二哲像，两庑壁上绘七十二贤像，瞻仰有貌，信仰有所。登莱二府十九所文庙，今皆无存，惟即墨重建为先，人文蔚起，拭目可待。夫文庙者，一城之文脉也，文庙在，则文脉可续，盛矣哉，宋晁说之曰：斯文不坠。于此证之。

孔祥林[1]

二〇一六年八月

---

1 孔祥林，世界儒学大会原秘书长、孔子第七十五代孙。

财神庙复建记

即墨商贸繁荣，自古奉关公、比干、李诡祖三财神。

关公，武财神也，即墨关庙，见诸史录，二十余处。比干者，文财神也，殷商忠良，民曰：比干既剖心，则以民心为心，坦荡无偏，可为财神。李诡祖者，北魏曲梁令，有治绩，民所爱，以为财神，后唐明宗敕封“神君增福相公”，元世祖敕封“福善平施公”。此三公，即墨奉之久矣。

2016 年，于昔日春秋阁所在复财神庙，以见往日之观。殿上神灵，皆塑金身。关公信义，比干忠直，李公文雅。大殿巍峨，戏台凌空，飞檐拱斗，古风俨然。前临街衢，势成半围。戏在街中，街入戏里。祈财以养民，粉墨以娱神。鸭绿池碧波清浅，财神殿香火氤氲。

左中右三殿财神，皆非商贾。关公，将军也，以勇义称；比干，忠臣也，以直谏称；李公，循吏也，以仁惠称。其生平行事为人皆与利无涉，然奉以为财神者，乃以忠、义、信、直、仁为财神也。逐乎利而不溺于利，能拔乎其上，利不碍义，以义为利，则为广益众生之大利也。即墨名邦，明义利之辩，则万世大利不竭，若有神助焉。

李光富[1]

二〇一七年十月

1 李光富，中国道教协会会长。

真武庙复建记

真武为神，渊源久矣。楚辞有文，史记有载，或曰龟蛇，或曰黑帝，或曰北方七宿。本名玄武，宋朝易名。明永乐登基，托言真武，敕州郡立庙，即墨于斯时始有真武庙，庙在县署北城高处。

2016 年，复建真武庙。山门供青龙、白虎，院内供朱雀、玄武。台阶三层，二层左曰灵官殿，右曰吕祖殿；三层主殿，主祀真武大帝，披发跣足，执剑怒目，左右列风雨雷电之神。一殿之内，天象森罗，栋宇之间，星辰广布。

夫真武所司，主风雨，荡魔邪，消灾障，救苦难。《元始天尊说北方真武妙经》曰：真武尝为净乐王子，不恋富贵，誓扫妖孽，苦修飞升。既以为神，广施天下，民之所恶苦，驱之歼之；民之所利乐，助之全之。

故真武之神，当有寄托，聚苍生求福之心，寓仁人利他之志。凡以苍生为念者，苍生必以为神，所谓神者，乃利苍生者也。则志士仁人，亦可为神。战国田单，凭即墨一城，驱敌复齐，解裘济民，其与真武之德，可得辉映也。

真武之在即墨，适得其宜，祛除邪魔之志，利乐众生之德，千秋深远，福德衍庆。

谢荣增[1]

二〇一七年八月

1　谢荣增，中国道教协会副会长、福建省道教协会会长。

城隍庙复建记

城隍，本意护城河，班固《两都赋序》曰："京师修宫室，浚城隍"，后衍为神灵，鉴善恶，司祸福，护城池，掌民政。孙权立庙，六朝致祭，唐宋滋盛，明洪武爵城隍以王公侯伯。

即墨城隍庙，县丞杨泰中建于明洪武十二年。明弘治二年、嘉靖九年，清道光十八年三度重修，香火盛。城隍像两翼有楹联曰："举念须检点上有神明下有鬼，做事看报应远在儿女近在身"。2015年，即墨复建城隍庙。

嗟乎，古人非徒以城隍设庙也，或以化民，或以警吏。刑赏之不足，则有城隍鉴临，使作奸犯科，虐民贪渎者，无所逃于天地间，虽明无所惩，然暗有所诛。故曰城隍者，岂设像于庙乎？实乃设教于心也。设公义廉明、善善恶恶于心也。人心以此敬畏，乾坤以此清朗。

且又非徒以城隍设教也，亦以贤人良吏设教也。今仰观乎城隍，俯思乎古即墨之良吏，郭琇骨鲠，劾权臣而惊朝野；毓昌廉介，拒贿货而香百代。即墨一方古贤，已设教乎天下也。

以设城隍之意，外以治事，内以治心，事无苟且，心存光明，则于人于己，庶几乎矣。

林　舟[1]

二〇一七年六月

1　林舟，中国道教协会副会长、福建省道教协会名誉会长。

奎明楼复建记

天下名邑，岂无名楼以助其胜？名楼之设，可助登临之胜，而名邑非登临不足以尽览其美也。即墨，胶东名邑，其有奎明楼，由来久矣。有汤明善者，明嘉靖时治即墨，以为于斯设楼，兹土当大盛，遂于癸亥年始建奎明楼，后毁于战乱。2015 年，复建奎明楼。

楼在东门，登高抚栏，遥望海天，惊涛雪浪，舟楫云集，何其广也。又睹甲第崇垣，人稠物茂，毂击肩摩，一览而并收其盛，登此楼，当知古人用意。

名楼之设，可添风雅诗骚。奎者，星宿也，主文章；奎明者，文运昌盛也。故先贤设此楼，欲启文脉，闳神思，夺魁元，入桂籍，意不在近。墨邑文采，济济多士，不负奎明，奎明亦不负即墨，辉映相得，郁郁乎文哉。

即墨之胜，岂止山海，亦以高远，非如此不足有千年风流，登奎明楼，观岁序更替，怀万家忧乐，岂不高远乎？

钱文忠[1]

二〇一七年五月

---

1 钱文忠，复旦大学教授。

怀远楼复建记

即墨城西有通济门，其楼曰怀远。怀远者，古来抚边之精要也，齐桓公尝欲谋郑，管仲谏曰：“招携以礼，怀远以德，德礼不易，无人不怀”。桓公遂寝干戈，修礼于诸侯。惟德与礼，能使二心归于一心，循斯道而行，齐桓公能九匡诸侯，齐国大治，岂偶然哉。德可以怀远，亦可以致治嘉即墨。

夫即墨，齐国名邑，虽在海隅，然屡以德显。齐威大夫，吏德也；齐失七十二城，田单孤城复国，报国之德也；天下归汉，惟田横五百士不臣，亢节之德也。以此三德，足以彰天下而垂青史。故即墨虽小，然其德非小。

2015 年，复建怀远楼。登楼眺远，见四野茫茫，古意苍苍，或指点曰：“此齐大夫治理之所，遗风犹在；此田单破燕之地，烽火不再；此田横义士殉节之岛，气节凛然”，能无所思乎？

盖一地之兴替，岂在地理，亦在其德。徒凭地理，其兴也忽；若凭其德，其兴也久。德，足以怀远，亦足以长久。即墨之兴也久，物丰埠盛，古县翘楚，先秦闻名，两汉绵延至明清，迄于今，以上承古贤之德，且风流长续，不绝于青史。即墨之德，有谋也，有节也，有所为也，若田单；亦有所不为也，若田横。千秋不易，秉持不衰，勉哉即墨！

王贵祥[1]

二〇一七年三月

1　王贵祥，清华大学建筑学院建筑历史与文物建筑保护研究所所长、中国紫禁城学会副会长。

观音阁复建记

即墨古城初有四阁，以祀神佛。其西阁亘东西街市，奉千手千眼观音，亦名观音阁。历岁既久，与城皆圮。近岁古城再建，四阁接迹重光。

观音，即观世音菩萨也，中华古来多奉。法华经有观世音普门品，言观音事甚详。以菩萨慈悲神通，众生称名，往往得救。中唐所译，有千手千眼观世音菩萨大悲心陀罗尼经说，有观世音菩萨诵持大悲心咒。皆曰菩萨誓愿众生安乐，故显千手千眼之相，施大慈悲，拔救利益众生，近则消灾得福，远则悟道解脱。唐以来，观音皆以女相见，慈眉善目，有马郎妇观音，有杨柳观音，如此诸般，不一而足。观音成道，亦有故事。河南宝丰县香山寺有千手千眼观世音菩萨得道正果史话碑，宋蒋之奇所书。其文曰：上古有国主，其曰庄王，生三女，其小者曰妙善，奉佛甚虔，然不为庄王所喜，至于摈弃。妙善乃上香山，修行得道，世人尊之为仙。逢父得恶疾，妙善损手眼救父，庄王得愈。乃往山中致谢，一晤方知所谓仙人者，妙善也。庄王且愧且泣，妙善手眼居然复全，且化身千手千眼大悲观音菩萨。其事动人，流布甚广。

即墨民风淳朴，乐善崇礼，古来皆然。四阁奉佛祀神，寓民众求安平富饶之心也。欣逢盛世，古城复建，盛景再现，随顺民意，欢喜赞叹之余，谨撰铭记之：

即墨古城，名闻中外。南仰崂岱，东濒黄海。

崇礼尚义，淳朴传代。古城重建，气韵犹在。

西阁观音，灵圣慈祥。拔苦与乐，佑护十方。

欣逢盛世，共建小康。炎黄复兴，民富国强。

杨曾文[1]

二〇一六年十二月

1　杨曾文，中国社会科学院荣誉学部委员、世界宗教研究所教授。

文昌阁复建记

古之人事，常与星象呼应，科举亦然。自隋唐迄于清，皆谓上界司文武爵禄科考功名者，文昌帝君也。其上应文昌六星，下应梓潼忠烈，二神合一，主功名禄位。

即墨有文昌阁，明万历三十年（1602 年）知县刘应旗建，祀文昌。顺治丁亥年（1647 年），水溢平城，阁亦倒圮。清康熙五年（1666 年），署县事姜调鼎复建。雍正元年（1723 年），邑人高文正捐地以养庙人。乾隆五十二年（1787 年），知县叶栖凤重修。同治十年（1871 年），知县林溥重修。2015 年，复建文昌阁。

古人读书所为者何？一则功名，一则兼济。欲兼济天下，先由功名之途；欲功名得所，须怀兼济之志。魁星点额，文昌青睐，此学子梦寐所求也。文昌之祀，天下风靡，匹亚乎孔子，足见功名之于人心，何其盛也。然功名既得，当思兼济天下，不然，功名不得其终。

《文昌帝君阴骘文》亦云：“吾一十七世为士大夫身，未尝虐民酷吏”，则文昌非惟主功名，亦劝诫人心，当存正念。惟有正念，功名方得其正也。

夫即墨者，亦科甲隆盛之地，蓝田、黄嘉善、周如砥、郭琇、李毓昌诸贤，皆得意于科举功名，又能兼济天下，或逆鳞强谏，或只身退敌，或上书减赋，或弹劾纳兰，或查赈殉职，明乎此，则明乎文昌阁之设为何也。

王守常[1]

二〇一九年二月

1　王守常，中国文化书院院长、北京大学教授。

准提精舍复建记

巍巍华夏，人文浩瀚。钟灵胜地，每有名刹，多毓人杰。即墨者，胶东胜地也。战国田单，火牛破敌。田横蹈海，五百成仁。至明季有黄宗昌者，官至监察御史，秉公进谏，不畏强权，以弹劾逆党，触忤当道，罢官归乡。旋，即墨被兵，宗昌率乡人拒守，城赖以全。凡此皆即墨之人杰也。

准提精舍者，即墨之名刹也。位于古城西北，乃黄宗昌舍宅扩建而成，又名准提庵、准提禅林。以供奉准提佛母得名。准提佛母，具名七俱胝准提佛母，出自唐开元年间天竺三藏金刚智所译之佛说七俱胝佛母准提大明陀罗尼经，乃唐密之独部密法，以持诵准提咒为功。准提法明末于官宦士林中颇为流行。持诵获验、逢凶化吉者，多见史录。或宗昌亦属此列，得沾法益。故辟地建寺以报佛恩耶。古城名刹，佛母庄严，凡数百载，庇佑一方。香火绵延，福缘广播，此中因缘，不可思议矣。

然诸行无常，是生灭法。精舍毁于战火。至癸巳年即墨市政府始于旧址重建。一期因缘，于焉又盛。儒云，仓廪实而知礼节。佛云，若人散乱心，入于塔庙中，一称南无佛，皆共成佛道。佛以象设教，因教生信，因信启智。古刹复兴，幽显蒙益。象教复苏，群生获福。即墨前景，无有限量矣。信知国运教运，兴衰同步。人心佛心，圣凡一如。吾乐见即墨古城文化复兴，佛光普照。

谨以为记，欢喜赞叹，无有穷尽焉。

释明海[1]

二〇一七年一月

1　释明海，中国佛教协会驻会副会长、河北柏林禅寺住持。

基督教堂复建记

同治十二年（1873 年），基督教始入即墨，多在乡野。光绪二十八年（1902 年），德国牧师卢维廉夫妇入城设教会，城中闻唱诗赞美，读经祷告。又三年，筑教堂，有钟楼矗然，上立十字架。逢礼拜，鸣钟于巅，声闻四野。值战乱，屡变易。1959 年，则一为“即墨县基督教会”，不复为他国傀儡。2014 年，复建。

嗟乎，即墨教堂，一卷晚清史也。初，兵衅起于巨野教案，敌舰狼突，强租胶澳，德人经营，乃立教堂。复其旧容，阅其穹顶砖石，如阅具体而微之晚清史。

嗟乎，即墨教堂，一卷风情史也。即墨近代，风俗非一，有文庙之弦诵，有城隍之穆穆，有佛寺之清凉，又复闻教堂雅歌。婚娶燕燕，见证于斯，良人似山间羚羊，佳偶似沙仑玫瑰，亦一妙也。

有此教堂，亦为墨邑添一妙也。

刘黎平[1]

二〇一七年十二月

1　刘黎平，《广州日报》编辑。

维我即墨，雄踞齐鲁，瀛海龙翔，山川凤翥，胶东璀璨明珠，齐国大邑通都，青岛文化根脉，神州古县翘楚。刀币铸法化安邦，书院尊经学鸿儒，国宝藏莲华真经，牌坊彰城池气度。山魂海韵，钟灵毓秀，崇文厚德，百代诗书。鱼盐耕牧，民丰物阜，商贾云集，旺达港埠。毂击肩摩，举袂成幕，殷盛繁华，并夸淄都。

古哉即墨，人文恒久，史追北辛，莱夷之属。战国初建，齐威名出，东周大邑，齐之下都。秦始县治，汉为王都，隋代重置，人杰辈出。崇刚直不阿之宏德，首贤即墨大夫；赞火牛战阵之谋略，田单智勇神武；仰忠义高节之浩气，田横五百壮士；感犯颜进谏之胆识，王吉鲠臣风骨。蓝氏父子名臣，嘉善戍边功著。如砥文章名天下，王垓著述琉球书。弹劾权臣郭琇三疏，查赈殉忠毓昌千古。大英雄高山仰止，真风流千秋追慕。

美哉即墨，海疆牖户，崂峰拱卫，沽河绕护。水连新罗，衢通燕赵，金滩海拥，边卫石筑。鹤山问道，仙台凌空，马山探奇，石林棱柱。淮涉八景，清丽雅逸，墨水流韵，赏心悦目。琼岛如链，仙山缥缈，温泉润梦，惠泽黎庶。胜迹山水，皆成瑰丽诗章；雄秀海天，尽入泼彩画图。

雄哉即墨，城池古朴，三门鼎足，龙舌含珠。矢堞森列，楼台耸峙，一衙三堂，四阁高矗。大成殿堂，尊学宫考院之先；古幽庙宇，尽关帝真武之属。阔门深院，鳞次栉比，九陌八街，纵横棋布。望古城之雄伟，德仁广被；观屋宇之风采，神工鬼斧。

谁言岁月沧桑，难觅当年之土木；试看凤凰涅槃，再现重生之惊殊。盛哉即墨，崛起东部。疏老城兮起古城，溯原图兮绘宏图。一城两长街流光溢彩，市景并群坊惠风碧树。胶东之花，柳腔绕梁，即墨老酒，佳酿流馥。田横祭海，斑斓民俗，宾客云集，游子眷顾。醉街市之繁华，城运昌晟；圆即墨之城梦，祥和永驻。

壮哉即墨，当惊世殊，文化铸魂，商都强骨。即行致远，墨香恒久，舞动泉海，城兴国富。

商子秦[1]

二〇一五年五月

1　商子秦，陕西省赋学会会长。

附录七：田横祭海文

维四序之春，农历如月，滨海古镇田横，又届祭海盛典。值此良辰，启戟遥临，潮涌星驰，水阔天长。敬备时果美酒，祭颂浩浩大海，而告之以文曰：

宇宙洪荒，沧海茫茫，碧波万倾，潮落潮涨。鱼虾丰硕，鸥鸟翱翔。虬龙世界，生命故乡。万物生灵在此孕育，蓝色星球得以辉煌。壮哉大海，伟哉大洋！斗转星移，历经岁月更迭，日月轮回，阅尽人间沧桑。深承恩泽，惠赐宝藏，人海相谐，情缘深长。

田横古镇，胶东渔乡。东濒黄海，名得齐王，五百壮士，高节重义，至贤至忠，青史传扬。人杰地灵，丹青山海，风景这边独好。物华天宝，鱼虾参贝，遍布热土一方。大道如虹，云帆远航，旅游胜地，满目风光。

方今国逢盛世，四海安康，古镇逢春，岁岁嘉祥。耕海牧渔，乘风破浪，育养加销，百业兴旺，龙骧鹏举，民富镇强，齐鲁名埠，声名远扬。

田横祭海，风俗绵长，五百春秋，日趋兴旺，祈祷福祉，祝愿安康，三牲供奉，万户焚香。乐动丝竹，酒献佳酿，渔乡节庆，渊源流长。

时维杏月，序属阳春，祭海盛典又届，田横古镇，碧海丹阳，尽裹节日盛妆。宾客纷至，万民云集。海天鼓震，金滩歌扬；舟楫列阵，帆樯雄壮；旌旗猎猎，礼炮鸣响；诚以阅师之际，祈告大海；潮遂人愿，锦鳞遍渊，凯凯而归，兴我家邦！

举此盛典，把酒祭海，殷殷之情，幸哉尚飨！

商子秦

二〇〇六年三月

附录八：丁酉年即墨文庙开庙暨祭孔典礼祭文

岁在丁酉，时届孟夏，鳌湾崂峰，河清海晏。欣逢即墨，古城焕明，文庙重光。粢盛既洁，玄酒谨荐，祭我先师，怀吾至圣。其辞曰：嗟我夫子！圣者天纵。祖述尧舜，弘开道统。宪章文武，继踵周公。宅心仁义，表德中庸。推己及人，乃恕乃忠。修齐治平，和而不同。诗礼传家，学兴泮宫。文明郁郁，万代景从。

即墨文脉，儒学开宗。斯文在兹，远慕齐风。文庙肇始，根追元蒙。三朝隆盛，开张恢宏。嗟乎近世，焚于烟烽。盛世辉熠，木铎洪钟。棂星高矗，殿宇飞甍。碑坊穆穆，圣体雍雍。玉阶泮池，氤氲祥兴。洙泗德泽，尼山文种。天生烝民，儒道是从。崇文厚德，天下大同。

今之即墨，崛起胶东。人文荟萃，城运兴隆。商贾阜盛，都邑繁荣。讲信修睦，业兴文丰。德治教化，超拔时空。伟业共襄，海隅同梦。

大哉圣学，伟哉圣孔！肃拜追远，大吕黄钟。佑我即墨，惟道是崇。福泽苍生，德及庶众。俎豆馨香，圣明其永。

大礼告成，伏惟尚飨！

张立文 商子秦

二〇一七年五月

附录九：奎明楼潮海钟铭文

岁于乙未，泰启三阳。古城即墨，盛世重光。

洪钟赫赫，遗史煌煌。金声以远，紫气而长。

九贤刚正，百代端良。壮士高节，义撼齐疆。

其鸣鉴世，所励兴邦。德音不绝，名邑永昌。

商子秦

二〇一五年十月

墨邑姑娘

小柯　词曲

小柯　苏诗丁演唱

扫码欣赏《墨邑姑娘》MV

2012 年

2 月 24 日，即墨县衙修复工程讨论会。自此始，即墨古城片区拆迁规划建设前期准备工作启动。

7 月 6 日，市政府下发《关于开展即墨古城历史文化旅游资源普查工作的通知》（即政发〔2012〕30 号），组建即墨市古城历史文化旅游资源普查办公室。

10 月 16 日，市委、市政府召开即墨古城片区规划方案专题汇报会。

12 月 1 日，即墨古城片区规划方案专家咨询会。

12 月 11 日，市委专题会议，听取即墨古城片区规划方案专家咨询会成果、即墨古城片区改造工作架构、招商及投入机制等情况汇报。

2013 年

1 月 18 日，市第十七届人民代表大会第二次会议，通过《关于实施即墨古城片区改造建设延续千年历史文脉的议案》。

2 月 18 日，中共即墨市第十三届委员会第三十次常委会会议，研究通过即墨古城片区改造工作领导小组、拆迁指挥部和古城规划建设指挥部成立事项。

2 月 27 日，古城规划建设指挥部第一次全体会议。

3 月 13 日，即墨古城片区规划设计方案汇报会。

4 月 19 日，安置区修建性详细规划、建筑单体设计和核心区概念规划方案专家评审会。

5 月 10 日，古城规划建设指挥部与拆迁指挥部对接，讨论确定安置区修建性详细规划及单体户型方案。

6 月 17 日，安置区建设合作框架协议签约仪式，并配套成立即墨市鼎泰盛开发建设有限公司。

6 月 24 日，古城规划建设指挥部专题会议，研究确定即墨市鼎泰盛开发建设有限公司组建等事宜。

6 月 26 日，古建筑保护及古建材收集专题会议。

6 月 27 日，核心区建设合作框架协议签约仪式。

8月2日，市第十七届人民政府第十次常务会会议，研究通过安置区融资方案。

8月12日，气象局搬迁协调会。

8月17日，安置区规划设计方案汇报会议。

8月23日，安置区居民选房顺序号抓阄。

8月30日，古城规划建设指挥部、天泰集团、江苏一德集团三方联席会议，研究即墨古城概念性规划设计方案。

9月6日，市委专题会议，听取《即墨古城概念性规划设计方案》。

9月13日，市第十七届人民政府第十二次常务会议，研究通过核心区建设项目合作协议。

11月18日，古城规划建设指挥部专题会议，研究天泰集团、江苏一德集团关于《即墨古城概念性规划设计方案》。

11月19日，即墨古城片区改造项目开工仪式。

2014年

1月13日，市城乡规划委员会第一次主任办公会议，研究通过安置区控制性详细规划方案。

1月25日，古城规划建设指挥部专题会议，研究安置区商业规划方案、景观方案和即墨古城修建性详细规划。

1月26日，市委、市政府主要领导听取华清安地关于即墨古城规划设计方案汇报。

3月4日，古城规划建设指挥部专题会议，研究确定学宫方案、安置区商业及景观方案。

3月14日，古城规划建设指挥部专题会议，研究确定即墨古城地下空间、城墙、商业、首发区等方案。

3月28日，学宫基础开挖；6月27日，开始主体施工。

4月15—17日，即墨古城修建性详细规划方案征求市人大代表、政协委员及市级老干部意见座谈会。

4月30日，古城规划建设指挥部专题会议，研究安置区商业、景观设计、人防工程方案和即墨古城公共文化建筑修改方案。

6月6日，市城中村改造领导小组会议，研究通过即墨古城片区拆迁改造方案。

7月4日，即墨古城景观、亮化方案汇报会。

7月19日，即墨古城修建性详细规划方案咨询会。

7月29日，即墨古城修建性详细规划方案专家论证会。

8月1日，即墨古城商业街区策划方案专题会议，研究牌坊群、地上地下空间、街巷名称、文化定位等事宜。

8月8日，市城乡规划委员会2014年第三次主任办公会议，通过即墨古城修建性详细规划方案，决定采取地下大开挖方式。

8月19日，即墨古城公共文化建筑方案研讨会，研究教堂、牌坊、及其他公共文化建筑单体设计方案。

9月19日，鼎泰德公司董事会第一次会议。

10月27日，文峰塔方案论证会。

11月7日，古城规划建设指挥部组建文化研究团队。

11月9日，即墨古城公共文化建筑施工图评审会。

11月24日，即墨文庙评标会。

12月29日，安置区封顶。

2015年

2月27日，即墨县衙修缮、财神庙、鸭绿池戏台、城隍庙、真武庙等公共文化建筑评标会。

4月7日，安置区回迁工作启动。

4月11日，《即墨古城赋》创作初稿讨论会。

6月4日，即墨古城牌坊设计方案专题论证会。

6月28日，安置区回迁居民领取选房证。

7月1日，即墨古城雕塑方案专题论证会。

8月17日，即墨古城部分公共文化建筑展陈设计方案论证会，研究即墨县衙、即墨文庙、财神庙、学宫展陈方案。

10月26日，奎明楼潮海钟启用。

12月8日，“情寄古城·留住记忆”即墨古城学宫藏品征集启动暨即墨乡贤文献资料捐赠仪式。

12月18日，市第十七届人民政府第四十九次常务会会议，研究通过即墨古城委托代建、销售、招商及运营管理，安置区地下车位处置等事宜。

2016 年

1 月 13—20 日，安置区文富居、莲花居、文昌居先后回迁分房。

2 月 7—17 日，即墨古城首发区试开放。

3 月 14 日，财神庙上梁；5 月 10 日，财神庙合脊。

4 月 12 日，田横祭海石安装。

4 月 22 日，即墨文庙彩绘施工。

4 月 24 日，即墨古城·中国楹联文化传承基地揭牌仪式、中国（即墨古城）第九届楹联学术研讨会。

7 月 8 日，即墨古城战略合作签约暨即墨古城民谣节新闻发布会。

8 月 7 日，第六届中国营造技术保护与发展学术论坛暨《中国古建筑营造技术导则》首发式举行。

9 月 8 日，即墨县衙大堂修缮合脊。

9 月 16 日，东、西门里大街对外开放。

10 月 2 日，即墨古城首届民谣节开幕。

2017 年

1 月 9 日，北阁广场泰山石安装。

4 月 15 日，古城规划建设指挥部赴曲阜迎取圣土圣水。

5 月 26 日，即墨文庙开庙暨首次祭孔典礼。

6 月 25 日，即墨古城北区开放。

7 月 1—2 日，即墨古城“城市复兴与街区发展”首次高端对话。

7 月 7—15 日，美国肯塔基州蓝草乡村乐队“蓝草清音·悦动古城”音乐周。

7 月 10 日，国际水彩名家绘古城活动。

7 月 29 日，第 27 届青岛国际啤酒节即墨古城会场开幕。

8 月 6—7 日，即墨古城“城市复兴与街区发展”第二次高端对话。

9 月 8 日，即墨文庙首场学童开笔礼。

9 月 16 日—10 月 8 日，2017 即墨古城民谣节。

10 月 1 日—11 月 30 日，即墨古城美术馆开馆暨济南·青岛当代艺术对话展。

11 月 9 日，第六届中国·青岛（即墨）国际雕塑艺术节开幕。

12 月 27 日，“即墨古城大讲堂”启动。著名历史地理学家、复旦大学教授葛剑雄作为开讲嘉宾，主讲“地域文化的魅力和前景”。

12 月 28 日，浙江省委原常委、杭州市委原书记王国平做客即墨古城大讲堂，主讲“‘旅游城市’向‘城市旅游’的历史性跨越”。

2018 年

1 月 28 日，环秀门及南门里大街启用。

1 月 29 日，财神庙开庙。

3 月 17—18 日，“即墨古城·中国文化大讲堂”启动。中国文化书院院长、北京大学教授王守常作为开讲嘉宾，主讲“文化自信和中国智慧”。中国文化书院副院长、北京大学中国哲学暨文化研究所所长李中华主讲“老子智慧和《道德经》”。

4 月 3 日，即墨县衙展陈设计方案专题论证会；10 月 12 日，即墨县衙展陈方案评审会。

4 月 21 日，“民谣与城市性格”——2018 即墨古城国际民谣季名家对话。

4 月 22 日，2018 即墨古城国际民谣季启动。

4 月 30 日，郎朗博物馆 & 郎朗艺术世界和郎朗的院子落户即墨古城新闻发布会举行,并正式推出郎朗代言词——“此心安处即吾乡”。

5 月 4 日，即墨文庙首场成人礼。

6 月 5 日，准提精舍、观音阁、文昌阁展陈方案评审会。

6 月 24 日，城隍庙、真武庙开庙。

7 月 6—8 日，即墨古城受邀参加“生态文明贵阳国际论坛”，与西安、遵义、杭州市拱墅区一同在“发现城市之美”分论坛上分享即墨古城成功“再造”案例。

7 月 13 日，中华文化促进会主席王石做客“即墨古城·中国文化大讲堂”，主讲“命运共同体目标下的文化趋势”。

7 月 18 日，安置区回迁居民领取房权证。

7月23日，“娘本唐卡艺术馆”签约仪式举行。

7月24日，南阁、北阁同日合脊。

8月25—26日，“和合与人类命运共同体对话”学术会议。

9月12—30日，墨邑重华牌坊安装。

9月19日，王羲之雕塑揭幕。

9月28日，即墨古城受邀出席2018安仁论坛之“特色小镇的交流与合作”分论坛，并做案例分享。同日，即墨古城与周庄古镇、同里古镇、台儿庄古城、西江千户苗寨等一同被授予中华文化促进会文化名镇协作体会员单位。

10月28日，著名学者、《百家讲坛》主讲人阎崇年做客即墨古城大讲堂，主讲“从大故宫寻求解读历史的突破口”。

10月29日，即墨古城环秀门石狮揭幕。

10月31日，十三届全国政协委员、全国政协文史和学习委员会副主任叶小文做客即墨古城大讲堂，主讲“中国强起来的文化支撑”。

11月28日，古城基督教堂内部提升、即墨红万字会展陈专题论证会。

12月6日、12月29日，郎朗博物馆 & 郎朗艺术世界和郎朗的院子的展陈设计方案研讨会。

12月12日，古城规划建设指挥部在北京组织古城壁画方案讨论会。

12月24日，君澜度假酒店和基督教堂内部提升专题会议。

12月31日，即墨区十八届人大常委会第十五次会议，审议通过《关于实施即墨古城片区改造建设延续千年历史文脉的议案》办结情况报告。

2019年

1月1日，即墨古城编钟编磬启用。湖北省博物馆、湖北省文物考古研究所党委书记兼常务副馆长万全文参加启用仪式，并在学宫明伦堂主讲“从曾侯乙文物看当时的礼乐文化”。

1月12日，2019“来即墨古城过大年”启幕。

1月15日，“诗与远方的牵手”——2019青岛文旅融合高峰论坛暨青岛旅游总评榜颁奖典礼举行，即墨古城获评“青岛文旅新十景”“青岛态度·魅力古城”。

1月15日，郎朗博物馆&郎朗艺术世界和郎朗的院子方案评审会。

2月2日，古城规划建设指挥部全体会议。会上宣布，根据区委常委会研究意见，鉴于即墨古城已如期建成，从即日起撤销即墨古城片区规划建设指挥部。至此，古城规划建设指挥部已圆满完成历史使命。

10月，即墨古城与济南泉城路等11个街区一起被省商务厅公布为“山东省首批步行街改造提升试点街区”。

2020年

7月6日，即墨县衙、即墨红万字会对外开放。

11月26日，郎朗的院子、娘本唐卡艺术馆对外开放。

2021年

1月9—11日，央视新春走基层文化进万家系列活动“我们的中国梦——东西南北贺新春”在即墨古城录制，并于2月10—11日，分别在CCTV-1、CCTV-3播出。

2月11日，即墨古城IP墨小牛登上央视春晚，在刘德华、关晓彤、王一博的创意表演《牛起来》节目中精彩亮相。

2月26日，墨小牛成为央视元宵晚会的吉祥物嘉宾，与众艺人一道为现场观众送元宵。

11月5日，即墨古城入选文化和旅游部公布的第一批“国家级夜间文化和旅游消费集聚区”。

2015

2017

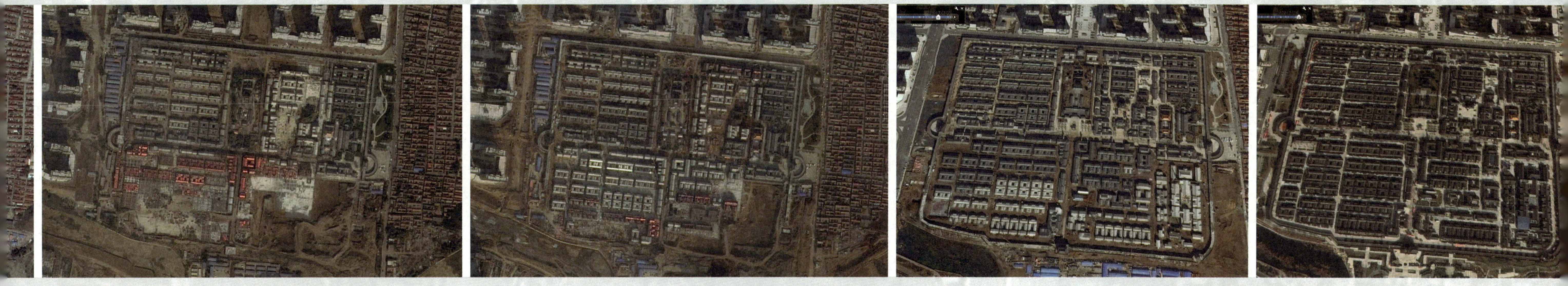

2016

2020

附录十二：即墨古城片区卫星图记录

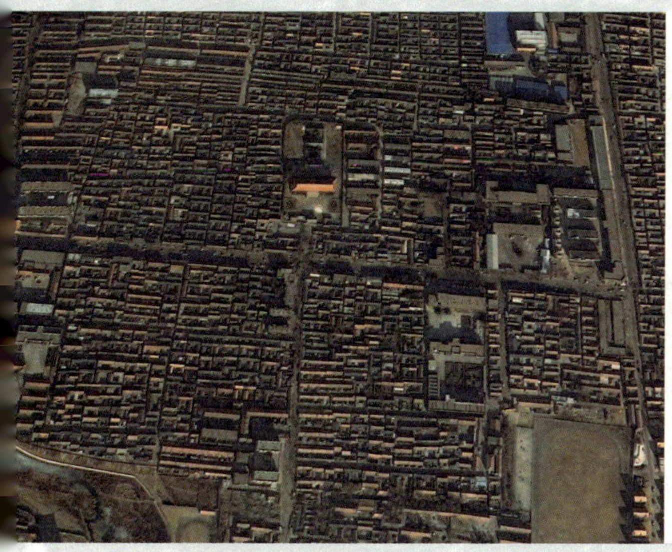

2003

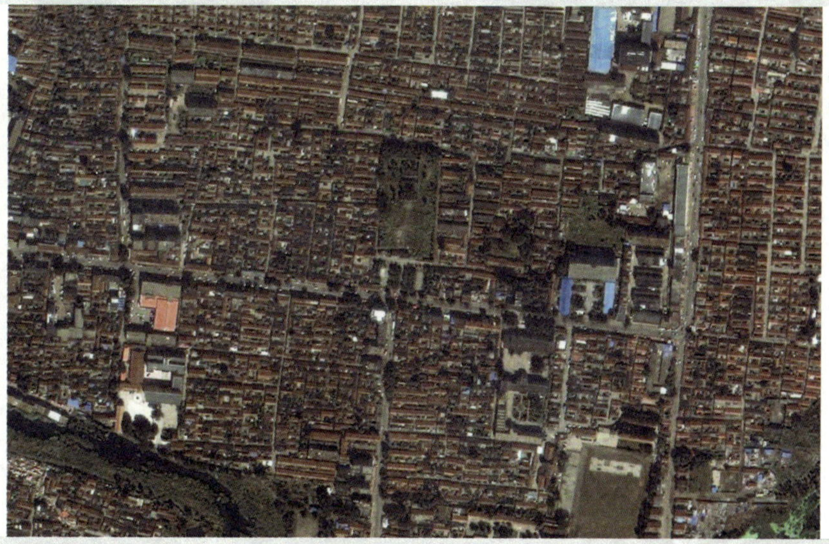

2012

2013

2014

参考文献

[1]（汉）司马迁．史记 [M]. 北京：中华书局，1982.

[2]（汉）刘向．战国策 [M]. 辽宁：万卷出版公司，2008.

[3]（明）王守仁．王阳明全集 [M]. 上海：上海古籍出版社，2014.

[4]（宋）李诫撰，邹其昌点校．营造法式（修订本）[M]. 北京：人民出版社，2011.

[5]（明）许铤．即墨志 [M]. 明万历版．北京：中国和平出版社，2005.

[6]（清）尤淑孝．即墨县志 [M]. 清乾隆版．北京：中国和平出版社，2005.

[7]（清）林溥．即墨县志 [M]. 清同治版．北京：中国和平出版社，2005.

[8]（清）周铭旂．即墨县乡土志 [M]. 北京：中国文史出版社，2011.

[9]（清）黄肇颚．崂山续志 [M]. 济南：山东省地图出版社，2008.

[10] 梁思成．清工部《工程作法则例》图解 [M]. 北京：清华大学出版社，2006.

[11] 梁思成．中国建筑史 [M]. 天津：百花文艺出版社，2005 年．

[12] 马炳坚．中国古建筑木作营造技术 [M]. 2 版．北京：科学出版社，2003.

[13] 刘大可．中国古建筑瓦石营法 [M]. 2 版．北京：中国建筑工业出版社，2015.

[14] 边精一．中国古建筑油漆彩画 [M]. 北京：中国建材工业出版社，2007.
[15] 田永复．中国古建筑知识手册 [M].2 版．北京：科学出版社，2019.
[16] 冯骥才．古风•中国古代建筑艺术 [M]. 老牌坊，老戏台，老门楼，老阁楼．北京：人民美术出版社，2003.
[17] 贾珺．北方私家园林 [M]. 北京：清华大学出版社，2013.
[18] 凡建秋．唐卡艺术解读 [M]. 北京：文物出版社，2015.
[19] 李剑平．中国古建筑名词图解词典 [M]. 太原：山西科学技术出版社，2020.
[20] 王佃利，王玉龙，黄晴，等．古城更新：空间生产视角下的城市振兴 [M]. 北京：北京大学出版社，2019.
[21] 王其钧．中国建筑图解词典 [M]. 北京：机械工业出版社，2019.
[22] 刘伯英．美丽中国・宽窄巷：成都宽窄巷子历史文化保护区的复兴 [M]. 北京：中国建筑工业出版社，2014.
[23] 山东大学文化遗产研究院．东方考古：第 10 集 [M]. 北京：科学出版社，2014.
[24] 商衍鎏．清代科举考试述录及有关著作 [M]. 天津：百花文艺出版社，2004.
[25] 朱保炯，谢沛霖．明清进士题名碑录索引：全三册 [M]. 上海：上海古籍出版社，1980.
[26] 巩升起．海陆一体化维度上的东方秘境：不其文化研究 [M]. 北京：文物出版社，2015.
[27] 宋宗军．即墨古城系列丛书：楹联 [M]. 济南：山东美术出版社，2020.
[28] 宋宗军．即墨古城 [M]. 济南：山东美术出版社，2020.
[29] 黄济显．即墨古城照片档案 [M]. 北京：中国文史出版社，2007.
[30] 黄济显．即墨古城图文集 [M]. 北京：中国文史出版社，2004.
[31] 孙鹏．即墨史乘 [M]. 北京：方志出版社，2010.

[32] 董安荣，韩乃林，江志礼，等．即墨历史文化丛书 [M]．北京：中国书籍出版社，2013.
[33] 张可先 ．史记即墨 [M]．济南：山东画报出版社，2012.
[34] 张可先．即墨掌故 [M]．济南：济南出版社，2014.
[35] 张可先．即墨掌故 （二）[M]．济南：济南出版社，2021.
[36] 江志礼．即墨市文化志 [M]．北京：中国和平出版社，2010.
[37] 张可先．即墨古城望族文化丛书 [M]．北京：中国文史出版社，2017.
[38] 张可先．即墨江氏 [M]．北京：中国文史出版社，2020.
[39] 姜保国．非遗荟萃 [M]．北京：中国文史出版社，2016.
[40] 即墨古城规划建设指挥部．即墨古城图文日志 (2013—2019)（内部资料）[M].2020.

结语

即墨古城再造从动议伊始，便受到了社会各界的密切关注。在此过程中，也出现过质疑声，但是随着规划建设的深入，效果逐步呈现，最终被学术界和社会大众所认可；同时，规划严谨、设计细腻、施工考究的工程建设水平被业界所接受，肯定的声音占据了主流。各领域专家学者纷纷表达了自己对即墨古城的解读和看法，大家逐渐意识到：即墨古城在营造过程中，开创了一条顺应时代发展需求和城市文化发展方向的城市更新之路。

鉴于即墨古城规划、建设和运营过程中部分理念方法具有创新性，一些宝贵的经验做法需要及时总结归纳。2017 年，即墨古城先后举办了两次“城市复兴与街区发展”高端对话，邀请了原建设部副部长、中国建筑学会原理事长宋春华，北京市城市规划设计研究院原院长柯焕章等在内的十数位知名城市规划与建筑设计领域的专家学者，汇聚一堂，畅论即墨古城片区改造项目建设过程中的经验与成果，对其未来发展建言献策。以此次对话为契机，专家学者们就当前中国城市更新与建设中面临的传统与现代、复古与创新的关系问题进行深入探讨，留下了很多建设性的理论观点。

诚如中国工程院院士、首届梁思成建筑奖获奖者魏敦山所言：

> 即墨古城的再造以详尽的历史资料为依托，聘请专业团队进行高标准规划设计，遍访名家学者指导把关，并充分学

习借鉴国内各类案例，以改善民生、延续文脉和城市更新为目标，其建造过程及建成效果获得了社会、文化及建筑学术界的普遍认可。

随着城市风貌、社会效益的逐渐显现，即墨古城获得了越来越多的到访者的肯定和赞赏，社会影响力越来越高：

2014年10月被中国建筑学会授予“2014年全国人居经典规划金奖”；

2015年获教育部优秀规划设计一等奖；

2018年受邀参加生态文明贵阳国际论坛，作“发现城市之美”推介；受邀参加2018安仁论坛之“特色小镇的交流与合作”论坛，被授予中华文化促进会文化名镇协作体会员单位；

2018年第十三届“中照照明奖”获照明工程设计奖（公园、广场）二等奖（第一名）；

2019年1月入选“青岛文旅新十景”，获“青岛态度—魅力古城”奖，被评为“青岛城市夜经济地标”，并获批山东省首批步行街改造提升试点街区；

2019年10月，与济南泉城路等11个街区一起被省商务厅公布为“山东省首批步行街改造提升试点街区”；

2020年，获评青岛市首批时尚艺术街区、时尚景点打卡地，再次荣登青岛旅游风云榜；民谣季获评时尚文化活动，策划推出的《即墨盲人大鼓书》获评第十二届华语金曲奖唯一“年度最佳戏曲专辑”；

2021年11月，入选文化和旅游部公布的第一批国家级夜间文化和旅游消费集聚区名单；当月，入选山东省文化和旅游厅公布的第一批省级旅游休闲街区名单；

2022年4月，在青岛市十七届人大一次会议上，即墨古城作为地域文商旅融合发展的代表，被写入《政府工作报告》；

2022年8月，国务委员兼外长在即墨古城先后同来华访问的韩国外长、尼泊尔外长举行会谈；

……

即墨古城从论证、策划、规划、设计、建设、招商、运营，逐步走上正轨，并逐步培植起自我生长能力，传统文化与现代艺术在这里和谐交融，彰显了这座千年古城厚重的文化底蕴，呈现着对中华优秀传统的文化自信，演绎着现代文明的多样与璀璨。

而今，即墨古城因文化，而有自信气质；因自信，而更具文化气息。即墨古城的复生，只是民族文化复兴的沧海一粟。作为古城建设者，深知复兴之路的艰辛，也更直观地感受着复兴浪潮的伟力。

寸心报春晖，滴水见沧海。愿即墨古城，明天更美好。

◎ 即墨古城学宫（2022年8月9日，国务委员兼外长与来华访问的韩国外长会谈场景）

编后记

《墨邑重华——即墨古城复生之道》历经四载春秋，即将付梓，可喜可贺。其间，探幽索隐，取精用弘，乃有此兼具纪实性质、文献价值和艺术之美的厚重书卷。对于编委会成员来说，种种甘苦，实难言表，虽无筚路褴褛之功，亦见披荆斩棘之意，终成此铭心之作。回顾编纂过程，如同重走一番筑城之路，诸多思考、探索和奋战的记忆一一重现。

历经数千年沧桑，丰沛厚重的历史文化海涵春育，让即墨在时空转移中展现着变幻的光彩。本书的记录与探索，或许只是对这几千年即墨建城史的管窥蠡测，难以尽述其丰神；然而对于眼前这座“即墨古城”而言，这应是一本描述翔实、考据权威的参考资料。所有编撰人员及专家顾问无不慎终如始，切磋琢磨，力求留下对古城建设历程的真切鉴证，并冀望因此触发更多深层思考。

即墨为东方名城，是中国历史上罕有的两千年未改其名者，声闻史籍，代不绝书，而博古通今，名显八方，形成了内蕴深厚而个性鲜明的历史文化形象。千载之下，历尽沧桑的即墨城成为杂乱不堪的棚户区，它将何去何从？如何处理好改善民生与延续千年历史文脉的关系，如何在城市更新维度上实现历史与当代价值的双重平衡？这成为一个关键。有鉴于此，自 2012 年起，即墨市委、市政府将即墨古城片区改造纳入议事日程，组织开展文化资源普查，摸清文化存量，进行缜密的研究和论证，广泛征求民意，形成了普遍的社会共识。2013

年 1 月，即墨市十七届人民代表大会第二次会议上通过的《关于实施即墨古城片区改造建设延续千年历史文脉的议案》备受瞩目，人心所向。同年 2 月，即墨古城片区改造工作领导小组成立，下设拆迁指挥部和规划建设指挥部。由此，一场集八方之智、万众之力的筑城工程轰轰烈烈地展开，以期集聚即墨历史文化元素、乡愁记忆和时代内涵，将大家心中的“城”筑起来。

客观地看，这项工程不是简单的建设开发，而是一场致广大而尽精微、拥有多个主旨与层次的筑城行动；是集历史文化、建筑艺术、园林景观、社会生态、环境保护等诸多学科于一体的科学与艺术的探索行动。在这一过程中，悠久的历史文化成为筑城之魂，百姓的民生福祉成为筑城之本，建设者的努力、匠人的坚守成为筑城之基，而丰富的历史文献和照片史料成为筑城的重要依据。

在古城的建设历程中，实证与变通、传承与创新始终共生并行。春秋六载，先后有三千多名建设者投入到筑城过程中，千余名工匠在这里施展才华，体现了传统技艺之美，造就了建筑艺术之美。这里，闪耀着文化研究者探寻历史奥秘的思想，烙刻下规划设计者踏勘传统法度的脚印，洋溢着施工者塑造精品工程的风采，闪动着管理者追求理想目标的身影。辛勤的探索，不倦的求证，在各方专家学者的指导和广大市民的支持下，取法自然，汇智八方，在正和博弈中融合，探索中国传统建筑的当代表现形式，力求传承与创新的平衡。于是，一座精细化、生态化、人文化的古城逐渐亮出了真容，拥有了内核，正逐渐生长为一座有生活温度的古城。

实践已经充分证明，即墨古城的建设接续了历史与现实，既有文化概念上的历史价值，又有发展层面的现实意义。这座城承载着古人的智慧和今人的担当，展现了“因时而动”和“因地制宜”，在求真务实的探索中形成了自身的特有气质和独到经验。

着眼于即墨古城的历史文脉传承和未来发展需要，急需对其历史渊源、规划建设历程和建筑技艺进行总结。2019 年 7 月，著名古建专家、瓦石宗师刘大可向中国建材工业出版社建议编撰关于筑城的系列丛书，将即墨古城推荐为该系列的开篇之作，本书的编撰工作由此有序展开。

本书部分作者参与了古城的规划建设工作，他们力求真实记录筑城过程，将即墨古城的诞生经过及其内在价值鲜活地呈现出来。全书分为上、下册，上册讲述即墨的历史渊源与古城再造的时代背景、古城的规划设计与建设，下册讲述即墨古城的建筑技艺与匠心以及商业运营，采用纪实与阐释相结合的方法，载录即墨古城的筑造全景，铭刻建设者的探索历程，呈现千年文脉在民生改善和城市更新过程中的历史传承与空间转换，表征人文精神的延续与艺术风范的融合之道。

本书编撰过程中，编委会成员历时数月查阅了古城的阵列档案，通过对大量影像资料和数百万文字资料的分析整理，提炼出目录和要点。为了真实记录筑城过程中的徘徊与抉择，编纂人员走访了古城一线建设者，通过他们的口述，获取了真实的一手资料和感人故事。在此基础上，详加阐释分析，悉心总结古城规划建设的规律、逻辑和方法论，并对相关审美要素予以提炼和诠释。可以说，书稿的结集历经艰辛，由约入博，由博返约，从初稿到结稿，先后经历了几十次修改调整，希冀本书既有纪实文献价值，亦有学术研究价值，兼具科学性、文学性和艺术性。文稿经悉心修改而渐趋完备，图片亦经多方查阅甄选而略成大观，而掩卷长思，仍有“书不尽言，言不尽意”之情，难免有挂一漏万之处，尚祈各领域方家和广大读者不吝指正！

在此，编委会特别对为本书付出辛勤努力、提供珍贵资料、予以关心和帮助的有关人士深表谢意！本书的编纂得到亲历古城建设的各级领导、古城规划建设的相关合作方的鼎力支持，在此恕不一一例举。

本书采用了已故著名雕塑艺术家钱绍武先生为即墨古城所题写的“墨邑重华”作为书名，谨此致以追思。本书编委会还邀请了多位历史、建筑和文学领域的专家学者对本书指导把控。阮仪三先生通览书稿并题词鼓励。宋春华先生担任主审并为本书题写序言。刘大可先生从规划建设与建筑技艺维度上对本书进行了审核。程玉海、王春元、张可先等诸位先生亦对书稿的具体内容提出了不少宝贵意见。借此机会，向关心即墨古城规划建设的各级领导、专家学者和广大市民表示崇高的敬意，向为即墨古城规划建设作出贡献的社会各界人士表达诚挚的谢意！

凡属过往，皆为序章。本书仅是即墨古城建设发展史上的一个阶段性回顾总结，而今后之宏阔蓝图，更待新篇。诚如书名“墨邑重华”所昭示的精神意蕴，冀望即墨古城融古开新，在过去、现在和未来的博大、深邃而生动的一体中永放光华！

《墨邑重华》编委会

2023 年 9 月 7 日

封面题字　　钱绍武
封底篆刻　　高　岩

责任编辑　　章　曲
助理编辑　　丁　力
文稿编辑　　汪永涛
图书设计　　乔　峰